内 容 简 介

本书系"第二次青藏高原综合科学考察研究"之青藏高原强对流及闪电灾害科学考察的总结性专著，由参加科考的五个单位科研人员共同撰写。全书共10章，主要论述拉萨和那曲外场观测及其雷暴与闪电的物理特征，青藏高原及周边地区的雷暴、闪电和强闪电活动特征，高原东部地形过渡区域和川藏铁路沿线的闪电活动特征，以及西藏地区的雷电灾害统计等。

本书可供大气科学、气候学、环境科学等专业的科研、教学等相关人员参考使用。

审图号：GS京(2024)1617号

图书在版编目(CIP)数据

青藏高原雷暴与闪电 / 郄秀书等著. --北京：科学出版社，2025.6
（第二次青藏高原综合科学考察研究丛书）. --ISBN 978-7-03-082296-3

Ⅰ. P446; P427.32

中国国家版本馆CIP数据核字第2025E5V142号

责任编辑：杨帅英　赵晶雪 / 责任校对：郝甜甜
责任印制：徐晓晨 / 封面设计：马晓敏

科学出版社 出版
北京东黄城根北街16号
邮政编码：100717
http://www.sciencep.com
北京建宏印刷有限公司印刷
科学出版社发行　各地新华书店经销

*

2025年6月第 一 版　　开本：787×1092　1/16
2025年6月第一次印刷　印张：17 1/4
字数：410 000

定价：248.00元

（如有印装质量问题，我社负责调换）

"第二次青藏高原综合科学考察研究丛书"
指导委员会

主　任	孙鸿烈	中国科学院地理科学与资源研究所
副主任	陈宜瑜	国家自然科学基金委员会
	秦大河	中国气象局
委　员	姚檀栋	中国科学院青藏高原研究所
	安芷生	中国科学院地球环境研究所
	李廷栋	中国地质科学院地质研究所
	程国栋	中国科学院西北生态环境资源研究院
	刘昌明	中国科学院地理科学与资源研究所
	郑绵平	中国地质科学院矿产资源研究所
	李文华	中国科学院地理科学与资源研究所
	吴国雄	中国科学院大气物理研究所
	滕吉文	中国科学院地质与地球物理研究所
	郑　度	中国科学院地理科学与资源研究所
	钟大赉	中国科学院地质与地球物理研究所
	石耀霖	中国科学院大学
	张亚平	中国科学院
	丁一汇	中国气象局国家气候中心
	吕达仁	中国科学院大气物理研究所
	张　经	华东师范大学
	郭华东	中国科学院空天信息创新研究院
	陶　澍	北京大学

刘丛强	天津大学
龚健雅	武汉大学
焦念志	厦门大学
赖远明	中国科学院西北生态环境资源研究院
胡春宏	中国水利水电科学研究院
郭正堂	中国科学院地质与地球物理研究所
王会军	南京信息工程大学
周成虎	中国科学院地理科学与资源研究所
吴立新	中国海洋大学
夏　军	武汉大学
陈大可	自然资源部第二海洋研究所
张人禾	复旦大学
杨经绥	南京大学
邵明安	中国科学院地理科学与资源研究所
侯增谦	国家自然科学基金委员会
吴丰昌	中国环境科学研究院
孙和平	中国科学院精密测量科学与技术创新研究院
于贵瑞	中国科学院地理科学与资源研究所
王　赤	中国科学院国家空间科学中心
肖文交	中国科学院新疆生态与地理研究所
朱永官	中国科学院城市环境研究所

"第二次青藏高原综合科学考察研究丛书"编辑委员会

主　编　姚檀栋

副主编　徐祥德　欧阳志云　傅伯杰　施　鹏　陈发虎　丁　林
　　　　　吴福元　崔　鹏　葛全胜

编　委　
王　浩　王成善　多　吉　沈树忠　张建云　张培震
陈德亮　高　锐　彭建兵　马耀明　王小丹　王中根
王宁练　王伟财　王建萍　王艳芬　王　强　王　磊
车　静　牛富俊　勾晓华　卞建春　文　亚　方小敏
方创琳　邓　涛　石培礼　卢宏玮　史培军　白　玲
朴世龙　曲建升　朱立平　邬光剑　刘卫东　刘屹岷
刘国华　刘　禹　刘勇勤　汤秋鸿　安宝晟　祁生文
许　倞　孙　航　赤来旺杰　严　庆　苏　靖　李小雁
李加洪　李亚林　李晓峰　李清泉　李　嵘　李　新
杨永平　杨林生　杨晓燕　沈　吉　宋长青　宋献方
张扬建　张进江　张知彬　张宪洲　张晓山　张鸿翔
张镱锂　陆日宇　陈　志　陈晓东　范宏瑞　罗　勇
周广胜　周天军　周　涛　郑文俊　封志明　赵　平
赵千钧　赵新全　段青云　施建成　秦克章　徐柏青
徐　勇　高　晶　郭学良　郭　柯　席建超　黄建平
康世昌　梁尔源　葛永刚　温　敏　蔡　榕　翟盘茂
樊　杰　潘开文　潘保田　薛　娴　薛　强　戴　霜

《青藏高原雷暴与闪电》
编写委员会

主　任　　郄秀书
副主任　　吕伟涛　孙竹玲
委　员（按姓氏汉语拼音排序）
　　　　　　蒋如斌　刘冬霞　王　飞　王彦辉
　　　　　　吴学珂　徐　晨　姚　雯　袁善锋
　　　　　　张　阳　张鸿波　张文娟　张义军
　　　　　　赵　阳　郑　栋　周筠珺

第二次青藏高原综合科学考察队
青藏高原雷暴与闪电科考分队人员名单

姓名	职务	单位
郄秀书	分队长	中国科学院大气物理研究所
孙竹玲	副分队长	中国科学院大气物理研究所
吕伟涛	副分队长	中国气象科学研究院
郑栋	副分队长	中国气象科学研究院
张义军	副分队长	复旦大学
赵阳	副分队长	南京信息工程大学
周筠珺	副分队长	成都信息工程大学
袁善锋	队员	中国科学院大气物理研究所
刘明远	队员	中国科学院大气物理研究所
蒋如斌	队员	中国科学院大气物理研究所
刘冬霞	队员	中国科学院大气物理研究所
徐晨	队员	中国科学院大气物理研究所
王东方	队员	中国科学院大气物理研究所
张鸿波	队员	中国科学院大气物理研究所
杨静	队员	中国科学院大气物理研究所
李丰全	队员	中国科学院大气物理研究所
韦蕾	队员	中国科学院大气物理研究所

李进梁	队　员	中国科学院大气物理研究所 / 兰州大学
孙春发	队　员	中国科学院大气物理研究所
朱可欣	队　员	中国科学院大气物理研究所
吕慧敏	队　员	中国科学院大气物理研究所
唐国瑛	队　员	中国科学院大气物理研究所
陈睿凌	队　员	中国科学院大气物理研究所
朱江皖	队　员	中国科学院大气物理研究所
冯济洲	队　员	中国科学院大气物理研究所
底绍轩	队　员	中国科学院大气物理研究所
王钲淇	队　员	中国科学院大气物理研究所
黄子凡	队　员	中国科学院大气物理研究所
张　阳	队　员	中国气象科学研究院
姚　雯	队　员	中国气象科学研究院
王　飞	队　员	中国气象科学研究院
张文娟	队　员	中国气象科学研究院
马　颖	队　员	中国气象科学研究院
范祥鹏	队　员	中国气象科学研究院
马瑞阳	队　员	中国气象科学研究院
刘啸捷	队　员	中国气象科学研究院
杜洋星熠	队　员	中国气象科学研究院
黄思莹	队　员	中国气象科学研究院
王国印	队　员	复旦大学
潘　赟	队　员	复旦大学
崔延星	队　员	复旦大学
王薇善	队　员	复旦大学

梁栋斌	队　员	复旦大学
李　哲	队　员	复旦大学
李雨芮	队　员	复旦大学
于欣宏	队　员	复旦大学
赵浩克	队　员	复旦大学
王彦辉	队　员	南京信息工程大学
郑天雪	队　员	南京信息工程大学
陶心怡	队　员	南京信息工程大学
邱振峰	队　员	南京信息工程大学
田耀文	队　员	南京信息工程大学
吴　萍	队　员	南京信息工程大学
房　敏	队　员	南京信息工程大学
任　欣	队　员	南京信息工程大学
闫金磊	队　员	南京信息工程大学
毕李霞	队　员	南京信息工程大学
吴　佳	队　员	南京信息工程大学
徐　康	队　员	南京信息工程大学
程　成	队　员	南京信息工程大学
范欣海	队　员	南京信息工程大学
赵鹏国	队　员	成都信息工程大学
周　峰	队　员	成都信息工程大学
舒　磊	队　员	成都信息工程大学
徐文瀚	队　员	成都信息工程大学
严志涛	队　员	成都信息工程大学
惠　雷	队　员	成都信息工程大学

陈谦墨	队　员	成都信息工程大学
戴乐添	队　员	成都信息工程大学
刘　畅	队　员	北京信息科技大学

丛书序一

青藏高原是地球上最年轻、海拔最高、面积最大的高原，西起帕米尔高原和兴都库什、东到横断山脉，北起昆仑山和祁连山、南至喜马拉雅山区，高原面海拔4500米上下，是地球上最独特的地质－地理单元，是开展地球演化、圈层相互作用及人地关系研究的天然实验室。

鉴于青藏高原区位的特殊性和重要性，新中国成立以来，在我国重大科技规划中，青藏高原持续被列为重点关注区域。《1956—1967年科学技术发展远景规划》《1963—1972年科学技术发展规划》《1978—1985年全国科学技术发展规划纲要》等规划中都列入针对青藏高原的相关任务。1971年，周恩来总理主持召开全国科学技术工作会议，制订了基础研究八年科技发展规划（1972—1980年），青藏高原科学考察是五个核心内容之一，从而拉开了第一次大规模青藏高原综合科学考察研究的序幕。经过近20年的不懈努力，第一次青藏综合科考全面完成了250多万平方千米的考察，产出了近100部专著和论文集，成果荣获了1987年国家自然科学奖一等奖，在推动区域经济建设和社会发展、巩固国防边防和国家西部大开发战略的实施中发挥了不可替代的作用。

自第一次青藏综合科考开展以来的近50年，青藏高原自然与社会环境发生了重大变化，气候变暖幅度是同期全球平均值的两倍，青藏高原生态环境和水循环格局发生了显著变化，如冰川退缩、冻土退化、冰湖溃决、冰崩、草地退化、泥石流频发，严重影响了人类生存环境和经济社会的发展。青藏高原还是"一带一路"环境变化的核心驱动区，将对"一带一路"20多个共建国家和30多亿人口的生存与发展带来影响。

2017年8月19日，第二次青藏高原综合科学考察研究启动，习近平总书记发来贺信，指出"青藏高原是世界屋脊、亚洲水塔，是地球第三极，是我国重要的生态安全屏障、战略资源储备基地，是中华民族特色文化的重要保护地",要求第二次青藏高原综合科学考察研究要"聚焦水、生态、人类活动,着力解决青藏高原资源环境承载力、灾害风险、绿色发展途径等方面的问题,为守护好世界上最后一方净土、建设美丽的青藏高原作出新贡献,让青藏高原各族群众生活更加幸福安康"。习近平总书记的贺信传达了党中央对青藏高原可持续发展和建设国家生态保护屏障的战略方针。

第二次青藏综合科考将围绕青藏高原地球系统变化及其影响这一关键科学问题,开展西风–季风协同作用及其影响、亚洲水塔动态变化与影响、生态系统与生态安全、生态安全屏障功能与优化体系、生物多样性保护与可持续利用、人类活动与生存环境安全、高原生长与演化、资源能源现状与远景评估、地质环境与灾害、区域绿色发展途径等 10 大科学问题的研究,以服务国家战略需求和区域可持续发展。

"第二次青藏高原综合科学考察研究丛书"将系统展示科考成果,从多角度综合反映过去 50 年来青藏高原环境变化的过程、机制及其对人类社会的影响。相信第二次青藏综合科考将继续发扬老一辈科学家艰苦奋斗、团结奋进、勇攀高峰的精神,不忘初心,砥砺前行,为守护好世界上最后一方净土、建设美丽的青藏高原作出新的更大贡献!

孙鸿烈
第一次青藏科考队队长

丛书序二

青藏高原及其周边山地作为地球第三极矗立在北半球，同南极和北极一样既是全球变化的发动机，又是全球变化的放大器。2000年前人们就认识到青藏高原北缘昆仑山的重要性，公元18世纪人们就发现珠穆朗玛峰的存在，19世纪以来，人们对青藏高原的科考水平不断从一个高度推向另一个高度。随着人类远足能力的不断加强，逐梦三极的科考日益频繁。虽然青藏高原科考长期以来一直在通过不同的方式在不同的地区进行着，但对于整个青藏高原的综合科考迄今只有两次。第一次是20世纪70年代开始的第一次青藏科考。这次科考在地学与生物学等科学领域取得了一系列重大成果，奠定了青藏高原科学研究的基础，为推动社会发展、国防安全和西部大开发提供了重要科学依据。第二次是刚刚开始的第二次青藏科考。第二次青藏科考最初是从区域发展和国家需求层面提出来的，后来成为科学家的共同行动。中国科学院的A类先导专项率先支持启动了第二次青藏科考。刚刚启动的国家专项支持，使得第二次青藏科考有了广度和深度的提升。

习近平总书记高度关怀第二次青藏科考，在2017年8月19日第二次青藏科考启动之际，专门给科考队发来贺信，作出重要指示，以高屋建瓴的战略胸怀和俯瞰全球的国际视野，深刻阐述了青藏高原环境变化研究的重要性，希望第二次青藏科考队聚焦水、生态、人类活动，揭示青藏高原环境变化机理，为生态屏障优化和亚洲水塔安全、美丽青藏高原建设作出贡献。殷切期望广大科考人员发扬老一辈科学家艰苦奋斗、团结奋进、勇攀高峰的精神，为守护好世界上最后一方净土顽强拼搏。这充分体现了习近平生态文明思想和绿色发展理念，是第二次青藏科考的基本遵循。

第二次青藏科考的目标是阐明过去环境变化规律，预估未来变化与影响，服务区域经济社会高质量发展，引领国际青藏高原研究，促进全球生态环境保护。为此，第二次青藏科考组织了10大任务和 60 多个专题,在亚洲水塔区、喜马拉雅区、横断山高山峡谷区、祁连山–阿尔金区、天山–帕米尔区等 5 大综合考察研究区的 19 个关键区,开展综合科学考察研究,强化野外观测研究体系布局、科考数据集成、新技术融合和灾害预警体系建设,产出科学考察研究报告、国际科学前沿文章、服务国家需求评估和咨询报告、科学传播产品四大体系的科考成果。

两次青藏综合科考有其相同的地方。表现在两次科考都具有学科齐全的特点,两次科考都有全国不同部门科学家广泛参与,两次科考都是国家专项支持。两次青藏综合科考也有其不同的地方。第一,两次科考的目标不一样:第一次科考是以科学发现为目标;第二次科考是以摸清变化和影响为目标。第二,两次科考的基础不一样:第一次青藏科考时青藏高原交通整体落后、技术手段普遍缺乏;第二次青藏科考时青藏高原交通四通八达,新技术、新手段、新方法日新月异。第三,两次科考的理念不一样:第一次科考的理念是不同学科考察研究的平行推进;第二次科考的理念是实现多学科交叉与融合和地球系统多圈层作用考察研究新突破。

"第二次青藏高原综合科学考察研究丛书"是第二次青藏科考成果四大产出体系的重要组成部分,是系统阐述青藏高原环境变化过程与机理、评估环境变化影响、提出科学应对方案的综合文库。希望丛书的出版能全方位展示青藏高原科学考察研究的新成果和地球系统科学研究的新进展,能为推动青藏高原环境保护和可持续发展、推进国家生态文明建设、促进全球生态环境保护做出应有的贡献。

姚檀栋
第二次青藏科考队队长

前　言

青藏高原夏季频繁发生雷暴对流活动，对高原降水、对流层和平流层的物质交换、潜热释放、辐射收支等有直接影响。在青藏高原多尺度复杂地形的影响下，高原雷暴对流活动具有明显独特的物理结构和时空分布特征，云内的电荷结构和所产生的雷电（也称闪电）也呈现出显著的特殊性。然而，受高原客观条件和探测技术的限制，高原雷暴的观测数据匮乏，制约人们对高原闪电和雷暴的定量研究，使人们仍未清晰认识高原的对流雷暴云结构、微物理特征及与特殊电荷结构的内在联系。

随着近年来青藏高原区域人们生活改善和经济快速发展，当地铁路、通信、电力、旅游等持续发展，电子和微电子技术广泛应用，雷电已成为青藏高原上一种不可忽视的危及人身安全、经济生产和社会可持续发展的自然灾害。因此，针对青藏高原雷暴和闪电活动开展综合科学考察，发展不同地形条件下典型区域的雷电探测和定位能力，结合大范围卫星遥感观测资料构建点、面结合的立体观测体系，深入研究青藏高原雷暴对流及闪电活动的时空分布、演变特征以及多尺度复杂地形对雷暴和闪电活动的影响，深化对高原深对流雷暴云结构及其动力和微物理过程的认识，对于提高强对流灾害性天气的预测、预报水平和防治能力都有着重要的科学意义。

"第二次青藏高原综合科学考察研究"任务一"西风－季风协同作用及其影响"专题四"极端天气气候事件与灾害风险"之青藏高原强对流及闪电灾害科学考察任务执行以来，我们已在拉萨、那曲地区等雷电较为活跃的关键区域，开展了相应的实地科学考察工作，并结合多种探测资料，在高原及周边地形过渡区域（藏东地区、川西高原、云贵高原、祁连山地区）的雷暴和闪电时空分布特征及区域差异的影响因素等方面取得了重要进展。相关科考工作将为西风－季风协同作用和青藏高原多尺度复杂地形影响下的极端天气气候事件与灾害风险研究提供观测基础，为强对流灾害性天气的防灾减灾及国家重大建设工程保障提供科学依据。本书分为 10 章，主要内容如下。

第 1 章介绍第二次青藏高原雷暴和闪电科考的背景、意义、目标及内容等。

第 2 章回顾第二次青藏高原综合科学考察实施之前，在青藏高原东北边缘周边地带的甘肃中川镇、东乡族自治县（简称东乡县）、平凉市等地区进行的高原雷暴和闪电观测实验以及所取得的研究结果，并引出了本书关注研究的相关科学问题。

第 3 章介绍在青藏高原东南部雷暴与闪电科考关键区域——拉萨开展的高精度、高分辨率雷暴和闪电观测实验，拉萨雷暴和闪电活动特征以及闪电物理特征和发展过程等研究。

第 4 章介绍在青藏高原中部科考关键区域——那曲开展的闪电多站组网观测实验、那曲深对流活动特征、那曲及周边地区的闪电活动特征、那曲雷暴地闪频次与雷暴结构参量关系等研究。

第 5 章介绍青藏高原雷暴活动特征，包括雷暴时空分布特征、高原及周边地区雷暴结构特征和区域差异、雷暴的强度特征及其对应的热动力特征、降水特征的对比分析。

第 6 章介绍青藏高原闪电时空分布特征、闪电特征参量的空间分布特征，高原及周边地区闪电特征分布的差异性及其受季节变化影响的表征。

第 7 章介绍青藏高原强闪电、中高层放电的时空分布特征，以及青藏高原闪电和强闪电的变化趋势。

第 8 章介绍青藏高原东部地形过渡区域，包括藏东过渡地区地闪活动特征，川西高原及邻近区域、云贵高原以及祁连山地区的闪电活动特征，及其与环境气象因子、环流背景和对流参数的联系等。

第 9 章介绍针对川藏铁路沿线雷电灾害应对和防护开展的闪电活动特征研究，包括铁路沿线闪电空间分布特征及主要站点的闪电长期变化趋势。

第 10 章介绍 2002～2019 年西藏地区的雷电灾害统计。

本书由中国科学院大气物理研究所组织撰写，中国气象科学研究院、复旦大学、南京信息工程大学、成都信息工程大学参与撰写。郄秀书负责确定本书的撰写思路、总体框架、章节目录，并承担部分章节的撰写以及全书的修改补充任务。本书的具体分工如下：第 1 章由郄秀书、孙竹玲完成；第 2 章由郄秀书、张义军、王彦辉、赵阳完成；第 3 章由孙竹玲、李丰全、郄秀书、袁善锋、朱可欣、孙春发、韦蕾完成；第 4 章由郑栋、张义军、樊鹏磊、张阳、吕伟涛、姚雯、张文娟完成；第 5 章由蒋如斌、郄秀书、吴学珂、李进梁、韦蕾、徐晨完成；第 6 章由郄秀书、李进梁、徐晨、吴学珂、韦蕾完成；第 7 章由孙竹玲、徐晨、郄秀书、郄锴、韦蕾完成；第 8 章由周筠珺、赵阳、王彦辉、赵鹏国完成；第 9 章由张鸿波、韦蕾、朱可欣、郄秀书、王宇、刘冬霞、

前　言

郄锴完成；第 10 章由吕伟涛、王飞、姚雯、张义军、郑栋完成。郄秀书负责全书的统稿工作，孙竹玲、徐晨协助统稿。

本书是"第二次青藏高原综合科学考察研究"任务一"西风–季风协同作用及其影响"专题四"极端天气气候事件与灾害风险"（2019QZKK0104）的成果，由参与科学考察的五家单位——中国科学院大气物理研究所、中国气象科学研究院、复旦大学、南京信息工程大学、成都信息工程大学的科研人员共同撰写，并得到了中国科学院青藏高原研究所、西藏自治区气象局、那曲市气象局、南瑞集团有限公司等多家单位的大力支持，在此一并表示衷心感谢！

鉴于青藏高原环境恶劣、地形地貌多样、关键城市区域电磁环境复杂，现场科考站点有限，特别是科考时间较短，目前所取得的观测资料依然不足以完全揭示青藏高原的雷暴和闪电活动规律，研究结果还可能存在一定的局限性甚至不确定性。因此，书中难免存在不妥和疏漏之处，恳请读者批评指正！随着后续研究的开展和深入，探测技术将持续发展和进步，观测资料也将不断积累和丰富，我们对青藏高原雷暴和闪电活动的认识也将不断扩展，特别是对高原不同地区的雷暴和闪电特征规律的认识将不断深化。

《青藏高原雷暴与闪电》编写委员会
2024 年 7 月

摘 要

青藏高原平均海拔超过 4000m，是世界上海拔最高的高原。夏季风与青藏高原的协同作用，使得高原雷暴活动频发，并对全球能量交换、水循环以及全球气候变化有重要影响。由于青藏高原山脉、沟壑、湖泊、河流等多尺度复杂地形，高原的雷暴和闪电（也称雷电）活动表现出独特的区域性特征。但由于青藏高原地广人稀，气象观测站点少且分散，以及高大山脉地形限制天气雷达探测效率和探测范围等客观因素，针对高原地区雷暴演变过程的完整的观测资料严重匮乏，对青藏高原雷暴活动对流结构特征、微物理特征与电荷结构联系，以及高原季风和多尺度复杂地形对雷暴和闪电的影响等方面的认识仍然不足。探测手段的限制也极大地制约了高原地区对闪电这一重要天气灾害的预警预报和科学防治能力，在一定程度上影响了青藏高原可持续发展及国家重大工程建设进展。开展"第二次青藏高原综合科学考察研究"之青藏高原强对流及闪电灾害科学考察，深入研究青藏高原雷暴的时空分布和对流结构特征、高原季风和多尺度复杂地形对雷暴和闪电的影响，无论对深入理解高原对流活动的触发和增强机制，还是对了解有关平流层-对流层的能量和物质交换等都有着重要的科学意义，也是国家提高青藏高原强对流雷暴灾害性天气的预报水平和防灾减灾能力的重大需求。

本次科考工作综合利用了闪电三维定位系统、闪电干涉仪定位系统、高速摄像等先进观测手段，在青藏高原中部和东南部不同地形特征的典型区域开展实地观测实验，构建了青藏高原不同区域的闪电多参量探测及宽频段长短基线闪电定位配置的综合探测系统；研发了到达时间差（TDOA）方法和电磁时间反转（EMTR）方法相结合的闪电甚高频（VHF）干涉仪融合定位算法，实现了对闪电通道弱放电辐射源的高时间分辨率二维定位和成像；结合多源雷电综合观测资料，形成了高原及周边地区的闪电综合观测数据集；并通过在拉萨和那曲等地的外场观测实验，阐明了青藏高原典型地区闪电的物理特征及其复杂性；进一步证实了青藏高原雷暴云的电荷结构具有比通常情况下更强的下部正电荷区，并且上部和下部正电荷区都参与闪电放电的特征，阐明了高原雷暴和雷电特殊性的成因。

本次科考同时利用卫星遥感资料和地基天气雷达资料等，通过定点观测和大范围卫星遥感资料研究相结合，揭示了高原不同地形区域闪电的时空分布特征和活动规律，加深了对高原雷暴强对流活动和雷电时空分布特征的宏观认识：青藏高原上雷暴发生次数较多，甚至多于同纬度的中国东部地区，但其雷暴产生的闪电频数却很低；高原雷暴峰值区域位于青藏高原东南部和中部地区；青藏高原上闪电密度的地理分布呈现自东向西逐渐减小的趋势，高原东部地区平均闪电密度最大，西部最小。

本次科考综合利用多种观测资料，研究了西风－季风以及山脉、沟壑、湖泊、河流等多尺度复杂地形对青藏高原雷暴和闪电活动的影响，其表现为：青藏高原闪电活动受季风影响明显，当高原整体被盛行西风控制时，闪电活动较少，而被南亚夏季风控制时，闪电活动较多；青藏高原主体闪电活动中心呈现明显的季节性移动，整体表现出随季风进退的同步"西进东退"特征；强深对流占比的空间分布显示，在平坦的地形区域，深对流更易发展为强深对流；较低的对流有效位能、大的垂直风切变以及干燥的中低层大气和高云底有利于正地闪的产生等。

受高原复杂的地理地形环境、气候特征影响，川藏铁路沿线的闪电活动呈现空间和时间上的不均匀分布：其中，成都—雅安铁路东侧段的闪电活动最为频繁，其次为西侧段拉萨站点、中间段林芝—昌都；闪电活动日变化峰值时间基本出现在下午，而且随测站经度的增大而逐渐提前，但雅安—成都西段频发的闪电峰值时间出现在凌晨。川藏线东侧段站点附近的闪电电流强度高于西侧段；川藏铁路沿线大部分区域的闪电活动呈现出显著的长期变化趋势，其中拉萨站及其附近、在建的林芝—雅安段的闪电活动呈增加趋势，而成都—雅安段的闪电活动则为下降趋势。西藏自治区的雷击导致人员受伤和身亡的事故多发地区为那曲、日喀则、山南和昌都等，且多发生在进行放牧、挖虫草等活动的野外空旷环境。

"第二次青藏高原综合科学考察研究"之青藏高原强对流及闪电灾害科学考察，对于深入理解高原季风和多尺度复杂地形对雷暴和闪电的影响有重要的科学意义，并可以为提高青藏高原关键地区及国家重大工程建设的雷电监测、预警预报能力提供科学依据。未来科考团队将继续利用先进雷电探测仪器和定位结果，在关键地区开展雷暴活动的实地观测和科考，通过观测资料与数值模拟相结合，分析研究高原雷暴强对流活动的闪电及其与水成物粒子，特别是冰相粒子之间的联系，以实现未来一定时段内闪电活动的预警预报，并开展示范应用，以提高青藏高原地区闪电活动的预警预报能力。本次科考面向国家"一带一路"倡议需求，针对国家重大建设工程的雷击灾害风险开展关键技术攻关，实施雷暴和闪电灾害监测预警信息化工程，提高雷电、冰雹、强降水等多灾种和灾害链综合监测、风险早期识别和预报预警能力，以保障人民群众生命财产安全和国家安全。

目 录

第1章 引言 ··· 1
  1.1 青藏高原雷暴与闪电科考的目标及内容 ··· 2
      1.1.1 雷暴与闪电科考的必要性 ··· 2
      1.1.2 青藏高原强对流及闪电灾害的科考目标 ··· 3
      1.1.3 雷暴与闪电的科考内容 ·· 4
  1.2 青藏高原强对流及闪电灾害科考的关键区域 ·· 5
      1.2.1 科考的关键区域 ··· 5
      1.2.2 科考方案 ·· 5

第2章 青藏高原雷暴电学与闪电研究回顾 ··· 9
  2.1 已开展观测实验的地点和使用的观测设备 ··· 10
  2.2 雷暴云产生的地面电场特征 ··· 11
  2.3 高原地区雷暴云的电荷结构 ··· 13
      2.3.1 基于多站闪电电场变化的雷暴云内电荷区反演 ··································· 13
      2.3.2 闪电辐射源三维定位系统与雷暴云电荷结构 ······································ 14
      2.3.3 基于电场探空观测的雷暴云内电荷结构 ·· 17
      2.3.4 高原雷暴云特殊电荷结构的成因探讨 ··· 18
  2.4 高原地区的闪电放电特征 ··· 19
      2.4.1 高原地区的云闪、地闪放电特征 ·· 19
      2.4.2 球状闪电放电特征 ·· 22
      2.4.3 双极性窄脉冲放电特征 ·· 23
  2.5 基于LIS/OTD卫星资料的高原雷电活动特征研究 ······································· 23
      2.5.1 青藏高原的闪电时空分布 ··· 23
      2.5.2 青藏高原的闪电与环境热动力参量和降水的关系 ······························· 24
  2.6 小结 ·· 25

第3章 拉萨雷暴和闪电观测及其物理特征 ··· 31
  3.1 拉萨雷暴和闪电观测实验 ··· 32
      3.1.1 实验布站及仪器介绍 ··· 32

3.1.2　闪电 VHF 干涉定位算法的研发 ··· 34
　3.2　拉萨雷暴和闪电活动特征 ·· 37
　　　3.2.1　闪电的统计特征 ··· 37
　　　3.2.2　典型雷暴的地面电场和闪电特征 ·· 39
　　　3.2.3　典型雷暴云内的电荷结构特征 ·· 41
　3.3　拉萨闪电物理特征和发展过程 ·· 45
　　　3.3.1　地闪回击波形的统计特征 ·· 45
　　　3.3.2　闪电放电特征 ··· 48
　　　3.3.3　正、负先导发展特征 ··· 54
　3.4　小结 ·· 57

第 4 章　那曲雷暴的多站组网观测和雷暴及闪电活动特征 ······························ 61
　4.1　那曲闪电的多站组网观测实验 ·· 62
　　　4.1.1　实验背景 ··· 62
　　　4.1.2　站点考察和建设 ··· 63
　　　4.1.3　LFEDA 基本情况和定位原理 ·· 68
　　　4.1.4　LFEDA 系统定位性能 ··· 69
　4.2　那曲深对流活动特征 ·· 70
　　　4.2.1　深对流活动的时间分布特征 ·· 70
　　　4.2.2　深对流活动的空间分布特征 ·· 72
　　　4.2.3　深对流活动的垂直和水平结构特征 ······································ 73
　4.3　那曲及周边地区的闪电活动特征 ·· 77
　　　4.3.1　那曲地闪活动的时空分布 ·· 78
　　　4.3.2　那曲闪电活动随高度分布 ·· 80
　4.4　那曲雷暴地闪频次与雷暴结构参量关系 ······································· 83
　　　4.4.1　相关参量的说明和计算 ·· 83
　　　4.4.2　地闪发生位置附近的雷达参量特征 ····································· 84
　　　4.4.3　地闪频次与雷达参量相关性分析 ·· 85
　4.5　小结 ·· 88

第 5 章　青藏高原的雷暴活动特征 ·· 93
　5.1　资料和方法 ··· 94
　5.2　青藏高原雷暴活动的季节变化特征 ·· 95
　5.3　青藏高原雷暴云的对流参量及结构特征 ······································· 96
　5.4　青藏高原雷暴环境热动力特征 ·· 101
　5.5　青藏高原及周边地区的雷暴活动特征对比 ····································· 102
　　　5.5.1　雷暴活动的空间分布特征 ·· 102
　　　5.5.2　雷暴活动的季节变化和日变化特征 ····································· 106
　　　5.5.3　雷暴云的对流特征和结构特征 ·· 109

目录

  5.5.4 亚洲夏季风爆发前后青藏高原雷暴系统分布特征对比……………112
 5.6 小结……………………………………………………………………114
第6章 青藏高原的闪电活动特征……………………………………………119
 6.1 资料和方法………………………………………………………………120
 6.2 青藏高原闪电时空分布特征……………………………………………121
 6.3 西风-季风影响下的青藏高原闪电活动…………………………………124
 6.4 青藏高原及周边地区的闪电空间分布特征……………………………127
  6.4.1 闪电密度的空间分布特征……………………………………127
  6.4.2 闪电特征参量的空间分布特征………………………………128
 6.5 青藏高原及周边地区的闪电季节变化特征……………………………130
  6.5.1 闪电密度的季节变化特征……………………………………130
  6.5.2 不同纬度和经度带的闪电季节变化特征……………………131
  6.5.3 闪电特征参量的季节变化特征………………………………133
 6.6 青藏高原及周边地区闪电与降水的空间分布特征……………………140
 6.7 小结……………………………………………………………………141
第7章 青藏高原的强闪电活动特征…………………………………………145
 7.1 资料和方法………………………………………………………………146
  7.1.1 全球闪电定位网数据…………………………………………146
  7.1.2 红色精灵和高层大气闪电成像仪数据………………………147
 7.2 青藏高原强闪电时空分布特征…………………………………………148
  7.2.1 青藏高原强闪电的空间分布特征……………………………148
  7.2.2 青藏高原强闪电的季节变化特征……………………………151
  7.2.3 青藏高原强闪电的日变化特征………………………………152
  7.2.4 青藏高原及周边地区强闪电活动特征对比…………………154
 7.3 青藏高原中高层放电的时空分布特征…………………………………156
  7.3.1 研究区域的中高层放电事件分布特征………………………157
  7.3.2 闪电的逐小时和季节分布特征………………………………157
  7.3.3 中高层放电的逐月分布特征…………………………………158
 7.4 青藏高原闪电和强闪电的变化趋势……………………………………160
 7.5 小结……………………………………………………………………161
第8章 青藏高原东部地形过渡区域的闪电活动特征…………………………167
 8.1 资料和方法………………………………………………………………168
  8.1.1 雷电资料与处理………………………………………………168
  8.1.2 非雷电数据与处理……………………………………………171
 8.2 藏东过渡地区的地闪活动特征…………………………………………172
  8.2.1 地闪活动时空分布特征………………………………………172
  8.2.2 地闪活动时空分布的环境热动力场…………………………174

8.3 川西高原及邻近区域的闪电活动特征 ································ 176
8.3.1 闪电活动与环境因子的相关关系分析 ································ 176
8.3.2 气象因子对闪电活动的指示作用 ································ 180
8.3.3 气溶胶对闪电活动的可能影响 ································ 185
8.4 云贵高原的闪电活动特征 ································ 189
8.4.1 基于 WWLLN 的闪电时空分布特征 ································ 189
8.4.2 强雷暴对流参数与地闪活动关系的分析 ································ 193
8.5 祁连山地区的闪电活动特征 ································ 201
8.5.1 闪电放电过程定位及闪电放电特征分析 ································ 201
8.5.2 双极性窄脉冲放电特征及物理参数 ································ 203
8.6 小结 ································ 205

第 9 章 川藏铁路沿线的闪电活动特征 ································ 209
9.1 川藏铁路沿线的闪电空间分布 ································ 211
9.1.1 基于 LIS/OTD 的川藏铁路沿线闪电空间分布 ································ 211
9.1.2 基于 CGLLS 的川藏铁路沿线地闪空间分布 ································ 212
9.1.3 基于 WWLLN 的川藏铁路沿线强闪电空间分布 ································ 213
9.2 川藏铁路沿线主要站点的闪电时间变化和回击电流强度 ································ 214
9.2.1 地闪的季节变化 ································ 215
9.2.2 地闪的日变化 ································ 218
9.2.3 地闪回击电流强度分布 ································ 220
9.3 川藏铁路沿线的闪电长期变化趋势 ································ 222
9.3.1 川藏铁路主要站点附近的闪电长期变化趋势 ································ 223
9.3.2 川藏铁路沿线区域闪电长期变化趋势的空间分布 ································ 225
9.4 小结 ································ 225

第 10 章 西藏地区的雷电灾害统计 ································ 229
10.1 西藏地区的雷电灾害 ································ 230
10.2 西藏古建筑的雷电灾害 ································ 233
10.3 小结 ································ 234

附录 ································ 237
附录 1 2019～2021 年青藏高原雷暴和闪电科考日志 ································ 238
附录 2 青藏高原雷暴和闪电科考照片 ································ 240

第 1 章

引 言

青藏高原平均海拔超过4000m，是世界上海拔最高的高原。高原山脉、沟壑、湖泊、河流等多尺度复杂地形，以及夏季大范围异常的高原热力、动力作用和地－气交换过程，对全球气候变化以及灾害性天气的形成有重要影响（叶笃正和高由禧，1979；Wu et al.，2007；徐祥德等，2001；Zhao et al.，2018）。亚洲季风爆发后，频繁发生的雷暴对流活动是青藏高原夏季主要的天气过程（叶笃正和高由禧，1979），强烈的对流活动对高原降水、对流层和平流层的物质交换、辐射收支等有直接影响（吴国雄等，2004；Fu et al.，2006）。高原上的雷暴云不仅有其独特的对流结构和时空分布特征（Luo et al.，2011；Qie et al.，2014），云内的电荷结构和所产生的闪电（也称雷电）也呈现出显著的特殊性（Qie et al.，2000，2005；张义军等，2003）。因此，深入研究青藏高原雷暴的时空分布和对流结构特征，以及高原季风和多尺度复杂地形对雷暴和闪电的影响，无论是对深入理解高原对流活动的触发和增强机制，还是对了解有关平流层-对流层的能量和物质交换等都有着重要的科学意义，也能够提高青藏高原强对流雷暴灾害性天气预报水平和满足防灾减灾的重大需求。

1.1 青藏高原雷暴与闪电科考的目标及内容

1.1.1 雷暴与闪电科考的必要性

雷暴是产生雷电的强对流云。已有研究表明，青藏高原上雷暴的电荷结构与平原地区有很大差别，并且雷电特征也呈现出一定的特殊性。通常的雷暴电荷结构多为上正－中负－下正的电荷分布，但是有限的研究表明，青藏高原中部那曲地区和东北边缘的祁连山地区、东部的黄土高原地区等的雷暴云下部存在一个范围大、持续时间长的正电荷区，弱的雷暴云呈现为上负－下正的反偶极性电荷结构，上部电荷结构很弱或不存在（Qie et al.，2000，2005；张义军等，2003；赵阳等，2004；Qie and Zhang，2019），雷暴云中下部的大范围正电荷区对雷电的发生也有重要影响。但目前为止，对青藏高原地区雷暴特殊电荷结构的代表性以及成因还缺乏清晰的认识。

雷电产生于起电的雷暴云中，是与强对流密切相关的一种大气放电现象。雷电具有瞬间高温、大电流、高电压和强电磁辐射特征，地闪放电通道的瞬时温度可高达30000℃左右，峰值电流可达几十安甚至上千安，因此常造成人员伤亡、建筑损毁、电子设备损坏，影响电力、通信、铁路系统等的正常运行，给社会经济发展造成很大威胁和严重损失。随着青藏高原区域民生和经济的进步、旅游业的振兴，铁路、通信、电力等迅猛发展，电子和微电子技术的应用也日益普及，雷电已成为青藏高原上一种不可忽视的危及人身安全、经济生产和社会发展的自然灾害，迫切需要对雷电及其灾害开展调查研究，并阐明其时空分布特征、物理机理和变化规律，从而为青藏高原的气象灾害防治提供理论基础。

雷电的发生与强对流的发展密不可分。青藏高原发生的强对流是对流层物质进入平流层的重要通道，在全球能量交换、水物质的重新分配以及对流层和平流层之间的物质能量交换中起着至关重要的作用。同时，雷电也是对流层中上部氮氧化物的主要来源，进而影响中上层大气的臭氧浓度分布。雷电作为氮肥的"天然加工厂"和野火的点火源，对维护地球的生态平衡和演化也有重要作用。已有研究表明，青藏高原中部、东部、喜马拉雅山南麓区域是夏季雷电和强对流发展的活跃区域，特别是喜马拉雅山脉南麓是全球对流最强烈并伴有活跃的雷电活动的区域之一，其雷电密度超过了 50 flash/(km^2·a)（Cecil et al.，2014；郄秀书等，2003）。因此，研究青藏高原的雷电和深对流系统的时空分布、对流结构和相互作用特征，对于深入理解有关平流层-对流层的能量和物质交换，以及大气层间耦合机制等有重要的科学意义。

虽然已有的研究对青藏高原雷暴和闪电活动特征有了诸多基本认识，揭示了高原雷暴和闪电的一些特殊性，但由于青藏高原地广人稀，气象观测站点少且分散，如闪电定位站网仅在高原东部布设稳定的测站，而在广袤的高原西部，自 2016 年之后才布设了非常稀疏的测站（Xu et al.，2022），而且受复杂地形特别是多个高大山脉的影响，站点探测效率不高。天气雷达同样受高原多山脉地形的影响，对雷达探测的遮挡非常严重，可探测范围也非常有限，因此很难获得一次雷暴天气从生成、发展到成熟、消散整个生命史的完整观测资料。

卫星观测虽可实现全覆盖观测，但也存在自身的局限性。例如，常用的热带降雨测量卫星（TRMM）等极轨卫星，每次过境的观测时间短；风云四号、葵花八号等地球同步轨道卫星的空间精度相对较低。已有研究曾利用有限的卫星资料和全球闪电定位网资料，给出了较粗略的闪电时空分布（Qie et al.，2003；郄秀书和 Toumi，2003）；前期研究主要在位于黄土高原的甘肃平凉、中川、永登，青藏高原东北部边缘的祁连山南部青海大通回族土族自治县（简称大通县），西藏那曲和拉萨都开展过时间长短不等的雷电观测实验，获得了关于高原闪电和雷暴电荷结构的一些创新性认识（Qie et al.，2000，2005；张义军等，2003）。但是，前期的研究受到探测技术的限制，缺少高时空分辨率的闪电三维定位资料，研究结果多为半定量和定性的研究；高原雷暴对流活动的研究中，也只关注了对流活动的宏观特征，缺乏对高原对流云结构以及与云内的起电和闪电密切相关的微物理特征的深入研究。

1.1.2 青藏高原强对流及闪电灾害的科考目标

本次科考将综合利用闪电三维定位系统、闪电干涉仪定位系统、高速摄像等先进观测手段，在青藏高原中部和东南部不同地形特征的典型区域开展加密观测，建立长短基线配置、多站组网的综合观测实验基地，同时利用全球闪电定位网、卫星遥感等大空间尺度覆盖的观测资料，点、面结合揭示青藏高原及周边地区多尺度复杂地形下雷暴和闪电的时空分布特征和演变规律。

科考目标是在发展先进雷电探测手段的基础上，构建青藏高原不同区域的闪电多参量探测及宽频段长短基线闪电定位配置的综合探测系统，通过野外综合科学考察和观测实验，结合多种卫星观测资料，获取雷电高分辨率综合观测资料，形成高原及周边地区的闪电综合观测数据集。通过科考还将揭示青藏高原不同地形区域闪电的时空分布特征和活动规律，以及雷击灾害的时空分布特征；认识高原雷暴的电荷结构及其对雷电放电特征的影响，阐明高原雷暴和雷电特殊性的成因；利用数值模拟与观测资料相结合，分析研究高原雷暴强对流活动的闪电及其与水成物粒子，特别是冰相粒子之间的联系，提高关键地区的闪电预警预报能力。

1.1.3 雷暴与闪电的科考内容

针对不同地形条件，科考的任务是架设高时空分辨率的雷电观测站点，通过外场观测实验，揭示高原典型地区闪电的物理特征和雷暴云的电荷结构；利用卫星遥感资料和地基天气雷达资料等，获得对高原雷暴强对流活动和雷电时空分布特征的宏观认识。通过定点观测和大范围卫星遥感资料研究相结合，系统认识高原雷暴强对流和闪电特征，揭示西风－季风以及山脉、沟壑、湖泊、河流等多尺度复杂地形对雷暴和闪电活动的影响。科考的重点内容如下。

1. 青藏高原东南部地区闪电活动的综合试验观测

本次科考将在拉萨地区建立闪电综合观测实验基地，建设甚高频（VHF）高分辨率闪电定位系统，实现对闪电放电过程和放电通道的射频成像；结合高速摄像系统，获取闪电的放电结构及通道发展信息，揭示闪电的发生、发展特征和物理过程，以及高原闪电放电与低海拔地区放电特征的异同和成因；基于雷暴强对流云内的闪电辐射源分布反演雷暴云中的电荷分布和结构信息，结合天气雷达、探空等观测资料，探讨其电荷结构的形成和演变特征，揭示雷暴云中的电荷分布对闪电放电物理过程的影响；利用观测仪器和定位结果，对雷暴活动进行实时监测和未来一定时段内闪电活动的预警预报，并开展示范应用。

2. 青藏高原中部地区闪电和雷暴强对流综合观测

本次科考将在以山脉、沟壑为地形特征的青藏高原中部那曲地区，建立综合观测实验基地，建设闪电三维定位网络，获取闪电活动的三维位置信息以及闪电通道的发展信息；利用天气雷达、探空等观测手段，获取试验区域在山地、沟壑地形影响下的雷暴对流发展和演变的相关资料；着重研究雷暴对流云结构特征和雷暴云尺度的闪电活动特征；系统研究夏季雷暴对流云内的电荷结构及其成因，揭示雷暴云中的电荷分布对闪电类型、极性以及放电物理特征等的影响。

3. 青藏高原闪电和雷暴强对流的时空分布特征和活动规律

本次科考将通过建设多站同步的闪电探测网络，结合卫星遥感观测资料，分析青藏高原复杂地形影响下的闪电时空分布特征；利用闪电所指示的强对流发展特征，结合降水雷达观测资料，研究高原雷暴强对流分布和结构特征；利用地基气象要素观测资料以及气象再分析资料，研究青藏高原大气热动力参量、水汽参量、环流水汽输送等对高原雷暴对流和闪电活动的影响，分析闪电活动变化对上述参量变化的响应特征；研究青藏高原雷暴强对流和闪电活动随区域和季节的变化规律和成因，对比研究不同区域和季节的闪电活动所对应的对流云降水结构差异，明确影响雷暴强对流和闪电活动特征的关键因子。

1.2 青藏高原强对流及闪电灾害科考的关键区域

1.2.1 科考的关键区域

已有的卫星观测资料表明，西藏那曲、藏东南地区、祁连山南坡等地是青藏高原上雷电活动较活跃的区域，而喜马拉雅山南麓则是全球雷电频繁发生的几个区域之一。因此，本次科考将在利用卫星资料、甚低频（VLF）全球雷电定位网资料的研究基础上，选择雷电活动较活跃的典型区域，在西藏那曲、藏东南、拉萨等地区建立观测站网，利用高精度、高分辨率、精细化的雷电探测系统，在雷电活跃季节开展雷电和雷暴观测实验。与此同时，本次科考也关注研究青藏高原东部地形过渡区域的闪电活动特征。

1.2.2 科考方案

考虑到年平均闪电和雷暴密度、区域代表性、后勤保障等条件，选择在西藏拉萨和那曲开展夏季野外观测实验，并在西藏墨脱、纳木错、羊八井，以及四川稻城进行补充观测实验。雷暴与闪电科考的关键区域和测站布设情况如图1.1所示。利用高精度、

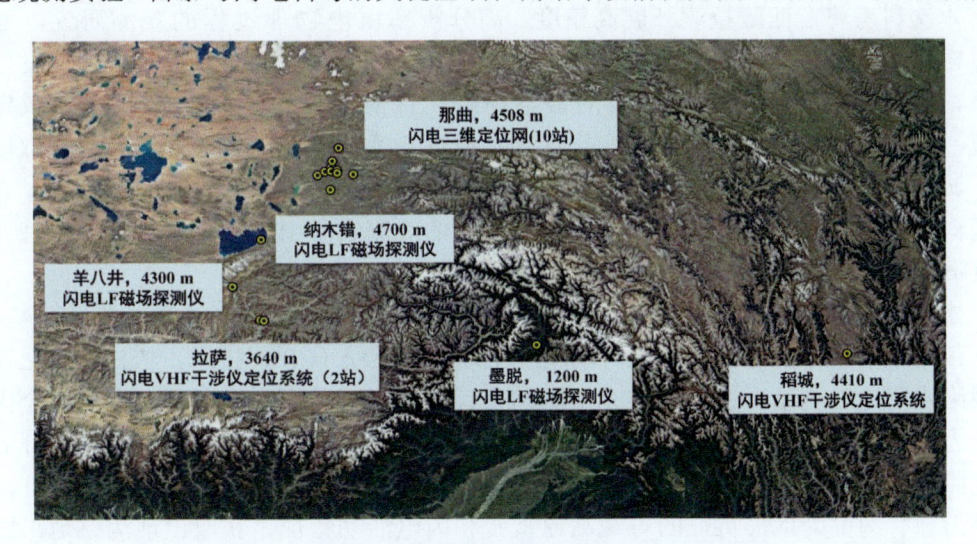

图1.1 雷暴与闪电科考的关键区域和测站布设情况
其中黄圈指示布设站点

高分辨率、精细化雷电探测系统，科考将分别在拉萨和那曲建立观测站网，在雷电活跃季节，开展雷电和雷暴观测实验；同时，利用高灵敏度低频（LF）电磁波具有受地形影响小、传播距离远的属性，在青藏高原和周边选择布设闪电 LF 电磁波观测站点，以便在较大区域范围内对青藏高原及周边地区的闪电活动进行观测研究。青藏高原及周边闪电 LF 电磁波观测站点设置如图 1.2 所示，科考所用仪器和具体情况详见第 3 章和第 4 章内容。

图 1.2 青藏高原及周边闪电 LF 电磁波观测站点设置

本次科考将在西藏拉萨开展高精度、高分辨率雷电物理过程的观测研究，建立对雷电发展通道具有高精度描绘能力的 VHF 动态定位系统，并在雷电频繁发生的季节，设立加强观测站点，架设的雷电精细化探测系统包括闪电 VHF 干涉仪定位系统、高速摄像系统、闪电电场变化仪等。通过夏季加强观测实验，科考将获取以山脉、城市为代表的雷电放电物理特征，反演获得雷暴云内的电荷结构特征，并结合雷达资料探讨雷暴电荷结构的微物理成因。拉萨的观测实验由中国科学院大气物理研究所负责实施。

本次科考将在西藏那曲建设长基线雷电探测和三维定位网络，基于高灵敏度 LF/VLF 闪电辐射信号探测技术、高时间精度全球定位系统（GPS）技术，依托前期已建立的网络式闪电观测站，进一步扩充探测站点、升级和改进探测设备，建立具有全闪定位能力的长基线雷电探测和三维定位网络。本次科考在项目执行期间，将持续开展定位观测，全面认识以那曲为代表的复杂下垫面高原雷电及其灾害的时空分布特征，揭示以山脉、沟壑为地形特征的青藏高原雷暴和闪电活动特征，获取山地沟壑地形影响下的雷暴对流发展和演变的相关资料与规律。那曲的观测实验由中国气象科学研究院和复旦大学负责实施。

与此同时，本次科考也将对青藏高原东部边缘地形过渡区域的闪电活动进行研究，包括川西高原、云贵高原和祁连山地区，分别由成都信息工程大学和南京信息工程大学负责实施。

综合雷电观测实验资料，并结合历史观测资料、全球雷电定位资料、卫星闪电资料研究高原雷电的时空分布特征，揭示青藏高原上不同区域闪电和雷暴活动特征及地域差别，特别关注山脉、湖泊等地形地貌，以及西风、季风等对闪电和雷暴活动特征的影响；利用天气雷达资料、地面气象站资料等，揭示青藏高原雷暴云对流结构和电荷结构特征，以及青藏高原雷暴云与周边地区的特征差异及成因；进一步结合相关的卫星资料和数值模式，研究高原雷暴和闪电对大气氮氧化物和臭氧等的影响。这部分工作由参加科考的五个单位共同完成，分别是中国科学院大气物理研究所、中国气象科学研究院、复旦大学、南京信息工程大学和成都信息工程大学。

参考文献

郄秀书, Toumi R. 2003. 卫星观测到的青藏高原雷电活动特征. 高原气象, 22(3): 288-294.

郄秀书, 周筠珺, 袁铁. 2003. 卫星观测到的全球闪电活动及其地域差异. 地球物理学报, 46(6): 743-750, 885.

吴国雄, 毛江玉, 段安民, 等. 2004. 青藏高原影响亚洲夏季气候研究的最新进展. 气象学报, 62(5): 528-540.

徐祥德, 周明煜, 陈家宜, 等. 2001. 青藏高原地-气过程动力、热力结构综合物理图象. 中国科学(D辑: 地球科学), 31(5): 428-441.

叶笃正, 高由禧. 1979. 青藏高原气象学. 北京: 科学出版社.

张义军, 董万胜, 赵阳, 等. 2003. 青藏高原雷暴电荷结构和闪电云内过程的辐射特征研究. 中国科学(D辑), 33: 101-107.

赵阳, 张义军, 董万胜, 等. 2004. 青藏高原那曲地区雷电特征初步分析. 地球物理学报, 47(3): 405-410.

Cecil D J, Buechler D E, Blakeslee R J. 2014. Gridded lightning climatology from TRMM-LIS and OTD: Dataset description. Atmospheric Research, 135: 404-414.

Fu R, Hu Y L, Wright J S, et al. 2006. Short circuit of water vapor and polluted air to the global stratosphere by convective transport over the Tibetan Plateau. Proceedings of the National Academy of Sciences of the United States of America, 103: 5664-5669.

Luo Y L, Zhang R H, Qian W M, et al. 2011. Intercomparison of deep convection over the Tibetan Plateau-Asian monsoon region and subtropical North America in boreal summer using CloudSat/CALIPSO data. Journal of Climate, 24: 2164-2177.

Qie X, Toumi R, Yuan T. 2003. Lightning activities on the Tibetan Plateau as observed by the lightning imaging sensor. Journal of Geophysical Research, 108(D17): 4551.

Qie X, Wu X, Yuan T, et al. 2014. Comprehensive pattern of deep convective systems over the Tibetan Plateau-South Asian monsoon region based on TRMM data. Journal of Climate, 27: 6612-6626.

Qie X, Yu Y, Liu X, et al. 2000. Charge analysis on lightning discharges to the ground in Chinese inland plateau (close to Tibet). Annales Geophysicae, 18: 1340-1348.

Qie X, Zhang Y. 2019. A review of atmospheric electricity research in China from 2011 to 2018. Advances in Atmospheric Sciences, 36(9): 994-1014.

Qie X, Zhang T, Chen C, et al. 2005. The lower positive charge center and its effect on lightning discharges on the Tibetan Plateau. Geophysical Research Letters, 32: L05814.

Wu G, Liu Y, Zhang Q, et al. 2007. The influence of mechanical and thermal forcing by the Tibetan Plateau on Asian climate. Journal of Hydrometeorology, 8(4): 770-789.

Xu M, Qie X, Pang W, et al. 2022. Lightning climatology across the Chinese continent from 2010 to 2020. Atmospheric Research, 2022: 106251.

Zhao P, Xu X, Chen F, et al. 2018. The third atmospheric scientific experiment for understanding the earth-atmosphere coupled system over the Tibetan Plateau and its effects. Bulletin of the American Meteorological Society, 99(4): 757-776.

第 2 章

青藏高原雷暴电学与闪电研究回顾

我国对青藏高原雷暴电学和闪电特征的系统研究开始于 20 世纪 80 年代，以中国科学院兰州高原大气物理研究所（简称兰高所）[1959～1999 年，该研究所名称为兰高所；1999～2015 年，兰高所与其他研究所整合为中国科学院寒区旱区环境与工程研究所（简称寒旱所）；2016 年至今，寒旱所与其他研究所（中心）整合为中国科学院西北生态环境资源研究院]为代表的大气电学研究者利用大气电场仪、闪电电场变化仪、三站地闪定位仪等观测手段，在青藏高原边缘的甘肃平凉市、中川镇、东乡县等地区，对黄土高原多地的雷暴开展了观测实验，发现甘肃地区的雷暴云底部存在电荷量大、分布范围广、持续时间长的正电荷区（陈倩等，1982；王才伟等，1987；刘欣生等，1987；邵选民和刘欣生，1987；Liu et al.，1989），通常与平原地区雷暴下部正电荷区较小的典型三极性电荷结构有一定差别，特殊的电荷结构对雷电的物理特征也有很大的影响（郄秀书等，1988，1990）。90 年代以来，他们又先后在甘肃永登县、中川镇、平凉市，青海大通县，西藏那曲市等地开展了雷暴电学和闪电观测实验，证实了这种特殊的电荷分布存在于高原的不同地区，并进一步揭示了高原雷暴云的特殊三极性和反极性电荷结构，进而导致高原的闪电特征与平原地区存在差异。本章主要回顾第二次青藏高原综合科学考察实施之前，在高原不同地区开展的雷暴电学和闪电观测实验以及所取得的主要研究成果。

2.1 已开展观测实验的地点和使用的观测设备

20 世纪 80 年代初，兰高所先后在甘肃平凉、中川、永登开展了雷暴电学和闪电观测实验，主要利用了大气电场探测仪、闪电电场变化仪（简称慢天线和快天线）以及闪电辐射计等观测设备。随着电子技术的发展，特别是高时间精度 GPS 技术的引入，基于 GPS 时间同步的多站闪电电场变化观测成为主要观测方式，并用于雷暴云电荷结构的反演研究。1996 年开始，兰高所与日本大阪大学、岐阜大学等合作，相继在甘肃中川和平凉开展了闪电电场变化的多站同步观测（刘欣生等，1998；Qie et al.，2000）和人工引发雷电实验（Chen et al.，1999）。2002 年，在青藏铁路建设的前期基础研究中，寒旱所承担了有关高原雷电活动的研究，并在西藏那曲开展了观测实验（Zhang et al.，2004；赵阳等，2004），同时其承担的国家自然科学基金重点项目也在青海大通县、西藏那曲市和甘肃中川镇开展了雷电观测实验（Qie et al.，2005a，2005b；王东方等，2009）。随后，寒旱所在甘肃平凉市和青海大通县还相继开展了雷暴云内电场探空实验（赵中阔等，2009；Zhang et al.，2015）。黄土高原和青藏高原不同海拔的已有观测实验如表 2.1 所示。

表 2.1 黄土高原和青藏高原不同海拔的已有观测实验

地点	经纬度	海拔/m	目的	测站数	单位	年份
甘肃平凉市	106°69.0′E、35°57.0′N	1630	闪电与冰雹	1	兰高所、寒旱所	1984 年以前
			闪电与人工引雷	6		1997、2001
			闪电多站观测	6		2005～2007
			电场探空	1		2006～2009

续表

地点	经纬度	海拔/m	目的	测站数	单位	年份
甘肃东乡县	103°10.0′E、35°30.0′N	2610	闪电与冰雹	1	兰高所	1985
甘肃中川镇	103°39.3′E、36°36.2′N	2000	闪电与人工引雷 闪电多站观测 闪电多站观测	5 6 8	兰高所、寒旱所	1986～1987 1996 2004
甘肃永登县	103°43′E、37°6.0′N	2200	闪电与人工引雷	1	兰高所	1989～1992
青海大通县	101°34.9′E、37°3.8′N	2650	闪电多站观测 闪电多站观测 电场探空	5 7	寒旱所	2002 2008～2018 2016～2017
西藏那曲市	92°03.0′E、31°29.0′N	4508	闪电与人工引雷 闪电多站观测	1 8	寒旱所、中国气象科学研究院	2002～2005 2013～2017

2000年以来，我国在甘肃平凉市、中川镇以及青海大通县和西藏那曲市四个地区的观测实验中，使用的基本观测仪器包括场磨式大气平均电场仪、慢天线和快天线；此外，还使用了宽带干涉仪定位系统（Zhang et al.，2004）、基于到达时间差法的短基线VHF辐射源定位系统（张泉等，2003；Qie et al.，2005a，2005b）、1 ms时间分辨率的高速摄像机（孔祥贞等，2006）、长基线到达时间差法的闪电VHF辐射源三维定位系统（张广庶等，2010，2015）等。在青海大通县观测期间，还进行了闪电光谱学的相关观测（袁萍等，2004；Cen et al.，2014）。在甘肃中川镇和平凉市使用了中心频率为280 MHz的闪电窄带干涉仪定位系统（张广庶等，2008），在甘肃平凉市和青海大通县也增加了雷暴云电场探空观测（赵中阔等，2008，2009）。此外，中国气象科学研究院（简称气科院）于2013～2017年在西藏那曲市进行了闪电多站定位系统与双线偏振雷达的联合观测（孟青等，2018）。

除了青藏高原的实地观测实验，我国科学家还利用了美国Micro-Lab卫星上所携带的闪电光学瞬态探测器（OTD）和热带降雨测量卫星（TRMM）所携带的闪电成像仪（LIS）得到的闪电资料，研究了青藏高原闪电活动的时空分布特征（Qie et al.，2003；郄秀书等，2003；张廷龙等，2004）。这些前期研究帮助我们对青藏高原雷暴电学和闪电特征有了宏观的认识，为第二次青藏高原综合科学考察的雷暴和雷电观测奠定了重要的研究基础。

2.2 雷暴云产生的地面电场特征

在甘肃平凉市、中川镇以及青海大通县和西藏那曲市四个观测区域中，海拔最高的是位于青藏高原中部的那曲市。观测表明，那曲市的雷暴发生频次最高，相应的年均雷暴日数约为90天。该地区的雷暴通常尺度小、寿命短，一般发生在下午或傍晚，大多数平均持续时间不到1 h。雷暴主要发生时段在13:00～22:00（北京时间，下同，除非特别说明），其中70%发生在13:00～18:00。雷暴发生频繁，但持续时间短（Zhang et al.，2004），有时在一个雷暴日可以观测到多个雷暴过程过境。例如，2003年8月13日，多达五次雷暴过程先后经过那曲观测站（Qie et al.，2005b）。在那曲观测到的30次过顶雷暴中，接近68%的雷暴产生降雹（或霰粒），但降雹持续时间小于10 min。高原雷暴降雹多的原因之一是在云底部存在丰富的霰粒或冰雹，由于高原雷暴云底较低，冰雹或霰粒在降落的过程中未被融化，因此容易在地面观测到降雹。虽然在高原季风期，不稳定的地面大气条件容易在高原地区触发雷暴，但大部分起电并不强，雷暴的平均闪电频次通常为1～3 flash/min，远小于其他较低海拔区域的雷暴闪电频次（张廷龙等，2004）。

2002年，寒旱所在青海大通县观测到10次过顶雷暴，均发生在14:00～21:00，在雷暴发生期间，通常也会在地表观测到很短时间的降雹（Qie et al.，2005a）；2004年在甘肃中川镇观测到11次过顶雷暴，其中7次发生在14:00～18:00，3次发生在18:00～22:00（Zhang et al.，2004）；2005年和2006年在甘肃平凉市观测到13次过顶雷暴，其日变化与中川镇相似。甘肃中川镇和平凉市的雷暴中偶尔会观测到降雹，但是较那曲市和大通县的降雹比例要小很多。

根据雷暴云下方地面电场的极性，张廷龙等（2009）将内陆高原地区雷暴分为特殊型和常规型两类，对应的地面电场变化见图2.1。特殊型雷暴在当顶阶段地面电场呈正极性（与晴天电场极性一致，对应头顶为正电荷），即雷暴下部存在范围较大的正电荷区（LPCC）；常规型雷暴在成熟阶段雷暴下方可观测到地面电场为负极性，与中国东部和其他大部分低海拔地区的夏季雷暴相似。

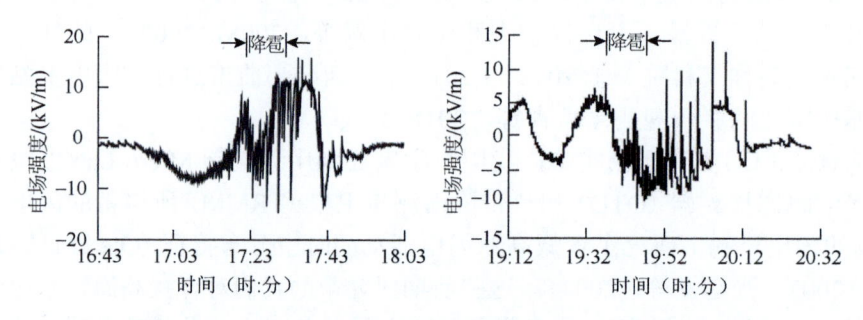

图2.1 那曲两次过顶雷暴引起的地面电场变化（张廷龙等，2009）
发生于2004年7月28日

表2.2给出了四个地区两种雷暴类型的统计结果。在海拔最高的青藏高原中部那曲市，特殊型雷暴约占总雷暴的73%，大通县、中川镇、平凉市三个地区分别占60%、55%和46%，特殊型雷暴的发生率随观测区域海拔的增加而增加（Qie et al.，2009）。

表2.2 四个地区的雷暴类型统计结果

地区	高度/m	雷暴个例次	特殊型 个例次	特殊型 占比/%	常规型 个例次	常规型 占比/%
那曲市	4500	30	22	73	8	27
大通县	2550	10	6	60	4	40

续表

地区	高度/m	雷暴个例次	特殊型 个例次	特殊型 占比/%	常规型 个例次	常规型 占比/%
中川镇	1970	11	6	55	5	45
平凉市	1630	13	6	46	7	54

观测也发现，降水过程对雷暴下方的地面电场有一定的影响，如在青海大通县观测发现，一次雷暴天气过程中的短时强降水可以改变大气平均电场的极性（周筠珺等，2004）。Qie 等（2005a）观测到在雷暴过程开始降雹后，地面电场显示了极性的反转。Fan 等（2018）也在同一地区观测到冰雹前后电场变化极性的反转，而且在云砧下不同测站的四个大气平均电场记录到一致的电场变化，从时间节点和变化趋势来看，这似乎与冰雹在云中生长和下落引起的电荷结构变化有关。

2.3 高原地区雷暴云的电荷结构

青藏高原雷暴云电荷结构的研究基于四种方式：一是通过闪电电场变化的多站测量估算雷暴云内的电荷区中心，从而获得与闪电有关的主要电荷区域（Qie et al., 2000; Cui et al., 2009）；二是通过闪电辐射源三维定位信息表征参与放电的雷暴电荷区，从而大体上描绘雷暴电荷结构（张广庶等，2010; Li et al., 2013）；三是气球携带电场探空仪入云，直接探测路径上的电场廓线，进一步利用泊松方程计算探空路径上雷暴云内的电荷密度，得到云内的垂直电荷分布（赵中阔等，2009; Zhang et al., 2015）；四是利用耦合水成物粒子起电机制的雷暴云数值模式，研究雷暴电荷结构的形成和发展过程（张义军等，1999; 郭凤霞等，2007）。

2.3.1 基于多站闪电电场变化的雷暴云内电荷区反演

在场地允许的情况下，利用闪电电场变化的多站同步测量是估算雷暴云内部电荷中心的有效方法之一。当闪电到观测点的距离与电荷源的尺寸相比足够大时，可以分别利用单点电荷模型和点偶极子模型，研究地闪和云闪（IC）所中和的等效电荷中心位置、电荷量或电荷矩，并据此推断电荷结构（Liu and Krehbiel, 1985; 邵选民和刘欣生, 1987; Qie et al., 2000）。前期的观测实验在甘肃平凉市、中川镇和青海大通县都采用了五站以上闪电电场变化同步观测来反演雷暴云电荷结构。对于很多雷暴而言，云闪通常发生在云的下部并中和云下部偶极子（邵选民和刘欣生，1987; Qie et al., 2002）。而在甘肃中川镇一次雷暴的成熟阶段所发生的 10 次云闪中，5 次发生在上部，5 次发生在下部（Cui et al., 2009），说明该地区有些雷暴存在上部正电荷区，上部偶极子也可以产生云闪，下部云闪的电荷矩高度为 3.3～5.6 km，上部云闪的电荷矩高度为 6.8～7.7 km。Zhang 等（2009）通过对青海大通县的 16 次负地闪和 2 次正地闪进行分析发现，其所产生的总计 65 次负回击中和的电荷中心高度为 5.7～7.7 km，两次正回

击的电荷中心高度分别为 7.7 km 和 8.7 km，其负电荷源与 Qie 等（2000）的结果相似，但 Qie 等（2000）的正电荷源位于海拔 4 km 处，即正电荷区的高度。

Fan 等（2014）利用点电荷模型和点偶极子模型分析了大通县两次负地闪长连续电流的缓慢电场变化，发现长连续电流平均值可达 800 A，分别中和了 39.5 C 和 60.8 C 的负电荷，提供中和电荷的负电荷层一般位于地面上方 2.5～4.7 km 处。

这些结果表明，青藏高原上存在多种类型的雷暴电荷结构，包括只有下部偶极子的反偶极结构、具有大范围较强下部正电荷区的特殊类型三极性电荷结构，以及常规的三极性电荷结构等。在特殊类型的三极性电荷结构雷暴中，上部和下部正电荷区都可能是闪电的电荷源。西藏那曲市、青海大通县、甘肃中川镇和平凉市 4 个不同海拔地区的雷暴电学特征虽然存在一定的差异，但在云下部大范围正电荷区特征方面表现出一致性。

2.3.2 闪电辐射源三维定位系统与雷暴云电荷结构

由于闪电辐射脉冲的产生与云内强电场区域发生的空气击穿密切相关，因此利用闪电 VHF 辐射源定位系统对闪电的辐射源三维定位结果，结合辐射源密度分布、辐射脉冲强度以及先导传输特征等，并参考闪电快电场变化的脉冲极性，可以有效地推断雷暴云内参与放电的主要电荷区，得到雷暴云内的电荷结构。Li 等（2013）利用 VHF 闪电辐射源三维定位结果，对 2009 年 8 月 6 日发生在青海大通县的一次孤立雷暴进行了分析，在雷暴发展的初始阶段 [9:08～9:20，协调世界时（UTC）]，闪电辐射源三维定位系统在 12 min 内定位了 8900 多个辐射源。图 2.2 为雷暴发展阶段在 9:17:34（UTC）发生的一次云闪的辐射源三维定位图。初始击穿距地面约 4 km，首先垂直向下发展到 3 km 高度，继而发展到 1.5 km 附近并水平延伸。约 70 ms 后，在 4 km 高度附近产生了一些辐射源 [图 2.2(a)、图 2.2(b)、图 2.2(e) 中椭圆圈出部分] 并水平延伸。放电持续时间约 180 ms，整体呈双层发展结构。从可探测的初始击穿通道发展方向和上下两层电荷区辐射源特征进行判断，较高的辐射源发展区域（约 4 km 高度处，

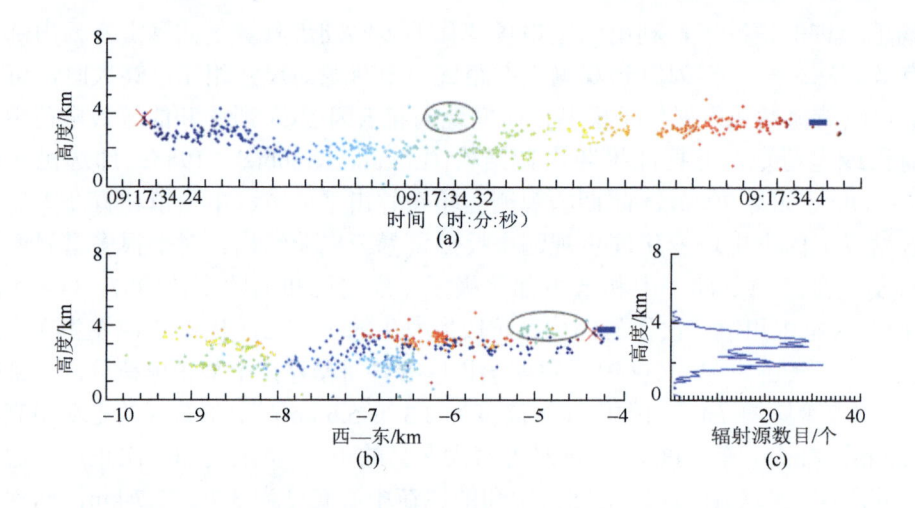

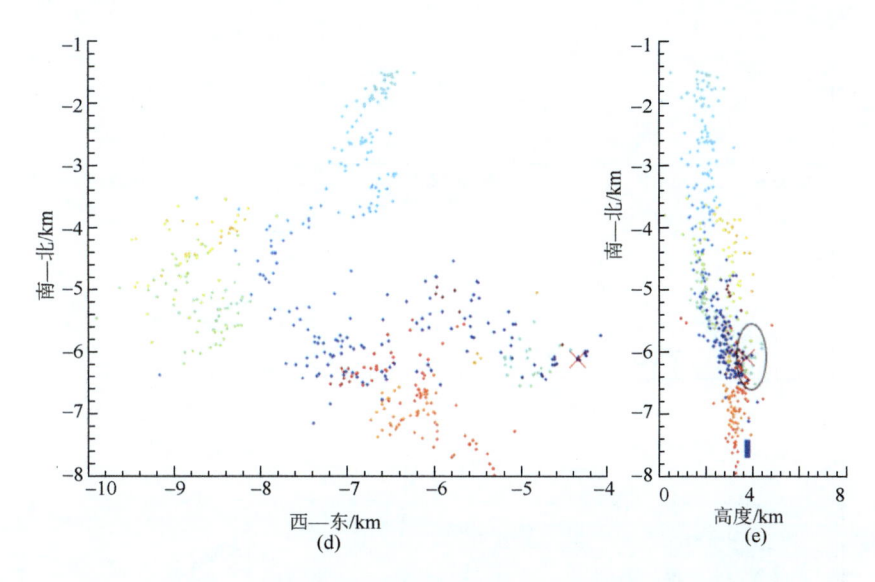

图 2.2 2009 年 8 月 6 日 9:17:34（UTC）发生的一次云闪的辐射源三维定位图（Li et al., 2013）
(a) 高度–时间图；(b) 南北垂直投影；(c) 辐射源高度分布；(d) 俯视图；(e) 东西垂直投影。
━ 表示负电荷区所在高度；× 表示闪电的起始位置和时间。图中不同颜色的点代表辐射源的时空位置

标记为"–"）为负电荷区，低处辐射源集中区域（约 1.5 km 高度处）被推断为正电荷区域，也说明这次云内放电是发生在反偶极电荷结构中的一次反极性云闪。

雷暴发展的初始阶段，共有 17 个闪电放电过程，其中 16 个云闪放电中有 14 个表现出类似的双层结构。唯一的地闪放电在初始击穿开始后，云闪过程也表现出类似云闪的双层结构。因此推断，雷暴初始发展阶段，在 1～3 km 的高度存在一个水平范围约为 10 km 的正电荷区域，在 4 km 的高度存在一个负电荷区域。雷暴成熟期的 15 min 内，定位闪电总数为 33 次（近万个辐射源）。所有云闪初始击穿均在 4 km 左右开始，辐射源集中在 1～3 km 高的正电荷区域。有 7 个地闪在 4 km 的高度开始，其中 5 个直接向下发展到地面，2 个首先向下发展到 3 km 的电荷区域，然后沿着该电荷区域水平发展一段时间后到达地面。因此推断，雷暴在成熟期的电荷结构与初始阶段基本一致。

雷暴消散阶段既有正极性云闪，也有反极性云闪。在闪电开始时，有多次闪电初始击穿位于 4 km 高度附近，并向上发展，表明在上部区域有一个小规模的正电荷区域（高度 5～6 km）。随后，大部分闪电放电主要发生在 4 km 负电荷区和 3 km 正电荷区（33 次云闪）之间，大部分辐射源集中在约 3 km 高度附近。而在最后的 8 min 中，观察到辐射源从 1.8 km 向上发展形成反极性云闪，或向下发展形成负地闪。

图 2.3 为发生一次负地闪的辐射源三维定位图。这次放电过程持续了 500 ms，包含 7 次回击。闪电放电开始于 2.2 km 并直接发展到地面，约 32 ms 后产生第一次回击。辐射源主要集中于 2 km 高度附近。第二次回击后，云内闪电通道呈现双层结构，并分别在约 2 km 和 3 km 的高度上水平延伸。

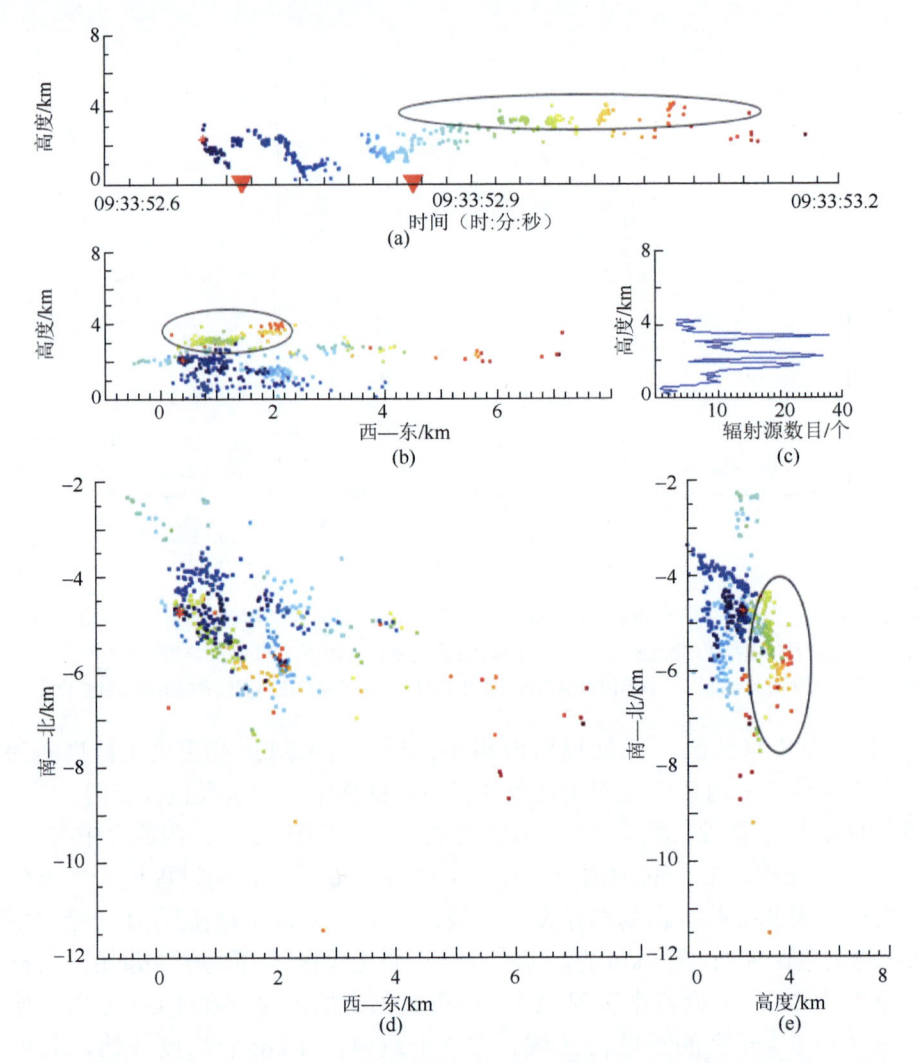

图 2.3　2009 年 8 月 6 日 9:33:52（UTC）发生的一次负地闪的辐射源三维定位图（Li et al.，2013）
(a) 高度-时间图；(b) 南北垂直投影；(c) 辐射源高度分布；(d) 俯视图；(e) 东西垂直投影。
＊表示闪电的起始位置和时间。▼指示前两次回击的发生时间。图中不同颜色的点代表辐射源的时空位置

在最后的 8 min 内，7 个云闪放电双层结构分别分布在 4 km 和 5 km 高度上，10 个云闪放电双层结构分别分布在 1.5 km 和 3 km 高度上。因此可以推断，在雷暴消散阶段，电荷结构转变为四层，开始下部负电荷区较弱，上部正电荷区较强，随后，下部负电荷区增强，上部正电荷区减弱。

如图 2.4 所示，这次雷暴过程在地面上观测到占主导地位的正电场（相当于头顶上的正电荷）。雷暴在发展和成熟阶段呈现出上负下正的反偶极电荷结构，而消散阶段在垂直方向上呈现正负交替的四层结构，离地高度分别为 5 km、4 km、3 km 和 1.8 km。与基于多站闪电电场变化对云内电荷结构的反演类似，利用闪电辐射源三维定位也只能获得参与闪电放电的电荷区域，如果电荷区域不参与闪电放电，则闪电定位系统不能反演出该电荷区域。

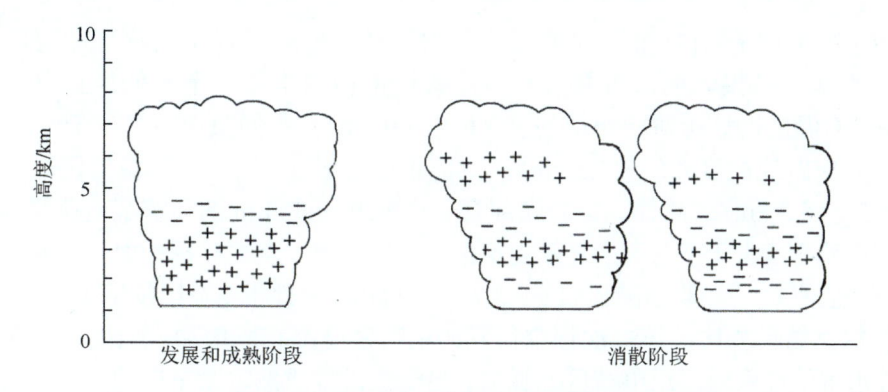

图 2.4　2009 年 8 月 6 日雷暴电荷结构演变示意图（Li et al.，2013）

2.3.3　基于电场探空观测的雷暴云内电荷结构

　　雷暴云内的电场探空是了解雷暴电荷结构的重要的原位测量手段之一。为定量了解雷暴云内的电场分布以确定雷暴的电荷结构，赵中阔等（2008）根据强电场环境中的尖端放电原理，研制了基于尖端放电电流传感器的雷暴云强电场探空系统，利用该电流传感器，同时配合温度、相对湿度、GPS 等传感器，组成了雷暴云内电场综合探空仪。通过对 2008 年夏季平凉地区一次过顶雷暴活跃阶段的探空资料进行分析发现，在雷暴云及其下边界存在 4 个电荷区域（图 2.5）：在海拔 4.3～4.5 km（云底）存在一个负屏蔽电荷层；在 4.5～5.3 km 存在一个正电荷区，对应 –2～3℃温度层；在 5.4～6.6 km 存在一个负电荷区，对应温度 –3～10 ℃；在 6.7～7.2 km 存在一个正电荷区，对应温度 –11～14 ℃（赵中阔等，2009）。该观测结果支持中国内陆高原地区雷暴云内（0℃层之上）存在三极性电荷结构，但下部正电荷区较正常三极性结构要强的结论。

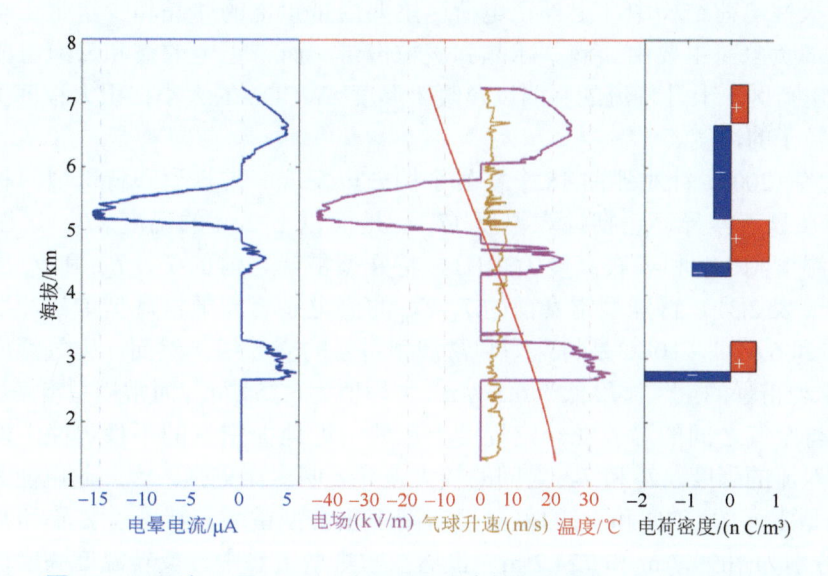

图 2.5　2008 年 7 月 20 日一次雷暴云内电场探空结果（赵中阔等，2009）

Zhang 等（2015）对甘肃平凉地区的一次雷暴云先后进行了两次气球电场探空实验，第一次探空结果表明，雷暴云具有三极性电荷结构：一个较低的正电荷区，位于 –15～3℃温度区域（对应距地高度 2.0～4.0 km）；中间负电荷区位于 –3～3℃温度区域（对应距地高度 4.5～5.3 km）；上部正电荷区在 –10～3℃温度区域（对应距地高度 5.3～6.3 km）。此外，雷暴底部有一个深度约 400 m 的负屏蔽电荷层，中间负电荷区的电荷密度大于下部和上部正电荷区的电荷密度。第二次探空时，雷暴云下部正电荷中心完全消失，中部负电荷区位于 3.7～4.2 km，上部正电荷区位于 4.2～4.7 km。与第一次探空结果相比，第二次探空得到的电荷密度都有所增加，但电荷区深度有所降低，降水可能导致低层正电荷区的耗散。另一次雷暴成熟阶段早期的探空结果表明，在探空路径上存在 7 个正、负极性交替的主要电荷区，其中在温度低于 0 ℃ 的云内区域有 5 个电荷区，最低区域为正电荷区（Zhang et al.，2018），表明真实雷暴云的电荷结构比三极性模型更为复杂，下部反偶极结构是雷暴中电荷最密集的区域。

2.3.4 高原雷暴云特殊电荷结构的成因探讨

青藏高原上特殊型雷暴的电荷结构大致上可以用具有比通常雷暴正电荷区强的三极性电荷结构或反极性电荷结构来表示。张义军等（2000）利用雷暴电耦合模式对具有较大正电荷区的雷暴电荷结构进行模拟研究发现，放电的始发位置主要集中在 4.4～4.8 km 和 6.4～6.8 km 高度上，其相应的环境温度约为 –10℃ 和 –25℃，大约有 10% 的闪电发生在雷暴云中部负电荷区与上部正电荷区之间，90% 的闪电发生在雷暴云中部负电荷区与下部正电荷区之间。郭凤霞等（2007）采用三维电耦合雷暴云模式进行的数值模拟表明，正电荷区的高度主要由大霰粒子产生，对应于非感应带电区域，特殊型雷暴云内存在最大上升气流区的范围以及总比含水量都大于常规型雷暴。在高原雷暴的三极性电荷结构中，上部正电荷区主要由带正电的冰晶和少量带正电的霰粒子组成，中部负电荷主要由云滴、冰晶和霰粒携带，而带正电的霰和云滴组成了雷暴云下部的正电荷区，上升气流的强弱以及暖云厚度（WCD）的大小在很大程度上决定了云内水成物粒子的浓度。

张廷龙等（2009）针对那曲 18 个雷暴个例分析发现，常规型和特殊型两种雷暴的五个参数存在显著差异，包括地表温度（T_s）、地面以上 2 m 的温度（T_{2m}）、湿球位温（θ_w）、相对湿度（RH）和云底高度（CBH），特殊型雷暴之前的 T_s、T_{2m} 和 θ_w 显著高于常规型雷暴（表 2.3）。特殊型雷暴前的 T_s–T_{2m} 的值也显著高于常规型雷暴，平均值分别为 18.6 ℃ 和 6.6 ℃，10 ℃ 是特殊型和常规型雷暴的交界线。然而，空气湿度呈现相反趋势，特殊型雷暴的空气湿度低于 6.5 g/m³，平均值为 6.25 g/m³，而常规型雷暴则为 6.76 g/m³。地面与空气之间的温差在一定程度上反映了近地面空气的不稳定性，以及雷暴形成过程中对流的强度，T_s 和 T_{2m} 之间的较大差异表明对流更强，因此起电能力更强。此外，特殊型雷暴的 CBH 和 θ_w 的差异也略高于正常型雷暴。特殊型雷暴和常规型雷暴的 CBH 分别为 1099.7 m 和 724.2 m。虽然在常规型雷暴中，反转温度高度以下霰和冰雹粒子也可以通过非感应起电机制带正电荷，但较小的地气温差 T_s-T_{2m} 导致的弱上升气流，可能导致云中的降水粒子密度很小，正电荷区内的电荷密度可能很弱。然而，当粒子被输送到中间层时，霰和冰雹可能增长到足以通过非感应起电机制带负电荷，因此，正电荷区上方的负电荷区可能更强，并控制雷暴下方地面电场的极性。张廷龙等（2012）利用 X 波段多普勒双偏振雷达在甘肃平凉地区获取的一次雷暴过程资料研究发现，霰粒子和干雪的演变特征与雷暴的发展、成熟到减弱过程比较一致，雷暴云下部正电荷区的强弱最有可能由霰粒子的多少来决定，霰粒－冰晶起电机制可以较好地解释雷暴云内三极性电荷结构的形成。

表 2.3 两种雷暴前的热力学参数

雷暴类型	样本数	T_s/℃	T_{2m}/℃	θ_w/℃	RH/%	CBH/m
特殊型	11	32.1	13.5	25.0	55.4	1099.7
常规型	7	17.6	11.1	24.5	66.0	724.2

2.4 高原地区的闪电放电特征

闪电是雷暴云起电到一定程度的产物。2000 年以来，在青海大通县、甘肃平凉市、甘肃中川镇、西藏那曲市都开展了闪电物理过程的观测实验研究，所用测量仪器包括快天线、慢天线电场变化测量仪。青海大通县的后期观测中，还使用了高速摄像、光栅摄谱仪、闪电 VHF 辐射源三维定位系统等。虽然在早期，尤其 2010 年之前，多数高时间分辨率的观测仪器处于发展的初级阶段，但研究者们仍获得了一些以前国际上没有认识到的闪电放电现象。

2.4.1 高原地区的云闪、地闪放电特征

1. 闪电放电电场波形特征

青藏高原雷暴天气过程中发生的闪电与低海拔地区相比存在许多的特殊性，主要表现在以下几个方面。

（1）在甘肃永登和平凉开展的多年人工引发雷电实验中，所有的雷电都是在正极性地面大气电场（对应头顶为正电荷，与晴天大气电场极性一致）环境中成功的，而且仅有持续时间为 300 ms 左右的正极性连续电流过程（Liu et al.，1994；刘欣生等，1998），而所有在负极性地面电场的引雷均未获得成功。

（2）雷暴云下部的正电荷区活跃地参与云闪和负地闪的放电过程，造成云闪多发生于下部的反偶极子之间（邵选民和刘欣生，1987；王道洪等，1990；Qie et al.，2002）；地闪之前常有较长的云内放电过程，无论正地闪，还是负地闪，其首次回击之前通常都会有持续时间长达几百毫秒的云内放电过程（王道洪等，1990；张义军等，1993；Qie et al.，2002）；张义军等（1993）对一次负地闪个例进行分析发现，在负地闪

回击前的云内放电过程长达 350 ms，随后的观测得出第一次回击之前电场变化的平均持续时间约为 200 ms（Qie et al.，2002，2005a；Zhang et al.，2004；赵阳等，2004；张荣等，2013）。

（3）在甘肃平凉市和中川镇、青海大通县、西藏那曲市四个观测地区，正地闪占地闪总数的 16%～33%（郄秀书等，1990；Qie et al.，2002；赵阳等，2004；周筠珺等，2004）。Wang 等（2007）利用快天线电场变化观测的拉萨地区 2005 年 409 例闪电中的地闪比例、负地闪占地闪的比例分别为 6.8% 和 86%。王俊芳等（2011）对 2009 年夏季西藏羊八井地区观测到的 554 次闪电进行研究发现，负地闪占总闪的 14.6%，没有观测到正地闪。云下部强正电荷区不仅导致了发生于云下部反偶极子之间的反极性云闪增多，也阻碍负极性地闪的发生。得到的正地闪比例较高的原因：一方面，与正地闪回击比负地闪要强有关，统计样本中可能包含相对较多的远距离正地闪；另一方面，一些发展旺盛的具有较大范围下部正电荷区的雷暴，可能也会产生较多的正地闪（Qie et al.，2005b）。

此外，还有一些关于闪电电磁辐射、电场变化波形、回击强度特征等方面的研究。郄秀书等（1988）利用一台自制宽带电场接收机和四台窄带电场接收机测量发现，甘肃中川地区云闪和地闪的谱峰值分别出现在 4～10 kHz 和 20～80 kHz 频段内。在 40 kHz 以下，地闪是主要的辐射源，在 40 kHz 以上，云闪和地闪有几乎相等的辐射强度。他们利用闪电慢天线电场变化仪在甘肃平凉进行测量时发现，50 km 距离上，地闪首次回击辐射电场峰值的平均值为 (15.2±8.4) V/m。54% 的负地闪至少有一次继后回击强度大于首次回击强度，而且有 20% 的继后回击强度大于首次回击强度，继后回击强度与首次回击强度的比值平均值为 0.5（郄秀书等，2001），而在西藏那曲，这一比值约为 1.4（周筠珺等，2004）。张广庶等（2003）在大通县利用 GPS 同步的多站快慢电场进行的观测发现，首次回击先导电场反转距离的变化范围为 3.4～5.1 km。在 3.4 km 以内，负先导引起的电场变化为负，地闪典型波形呈"V"形；在 5.1 km 以外，负先导引起的电场变化为正，地闪典型波形呈"MP"形，即随距离的增加，负地闪典型波形一般从"V"形变为"MP"形（张其林等，2005）。在甘肃平凉地区的观测发现，回击过程 VHF 辐射（中心频率 126 MHz，带宽 6 MHz）脉冲幅值远大于其余阶段（王彦辉等，2007），这与回击主峰后主通道分支产生的电磁辐射较强有关（曹冬杰等，2008）。而在回击之后，有时仍存在很强的 VHF 辐射，其辐射脉冲幅值甚至超过了回击过程和梯级先导过程。另外，通过对宽带电场变化和闪电辐射进行对比发现，初始击穿过程的流光传播距离与初始击穿过程中产生的初始脉冲簇保持了良好的一致性（Wu et al.，2016）。

2. 闪电放电通道的时空发展特征

随着高速大容量数据采集技术的发展，2000 年初，闪电 VHF 辐射源三维定位技术开始出现并不断发展，先后发展了基于短基线时间差定位原理的短基线时间差辐射源定位系统（张泉等，2003）、基于相位差定位原理的宽带干涉仪（董万胜等，2003）、窄带干涉仪（张广庶等，2008）定位系统和基于长基线时间差定位原理的 GPS 同步的多站快天线闪电定位系统（王东方等，2009）、闪电 VHF 辐射源三维定位系统（张广庶等，2010）。这些定位系统均在高原地区进行了初步应用。

张泉等（2003）通过短基线时间差定位系统的定位数据个例分析发现，青海大通县的两次云闪放电过程都由起始于云下部负电荷区的负极性击穿引发，然后向上发展到上部正电荷区，通道的发展速度约为 $1.29×10^5$ m/s，地闪梯级先导的发展速度约为 $1.73×10^5$ m/s。而在西藏那曲，Zhang 等（2004）利用宽带干涉仪定位系统的观测指出，该地区的雷暴中的云内闪电向下发展传输，发生在下部正电荷区与中部负电荷区之间。王东方等（2009）在甘肃中川的观测发现，闪电的放电区域相对较高，对应的离地高度为 $3.3\sim6.4$ km，此时对应的雷达回波顶高约 9 km，回波强度在 35 dBZ 以上的回波顶高约 7 km；云闪初始阶段的辐射脉冲源位置与强回波区具有较好的空间一致性，辐射脉冲源位置分别与 $25\sim50$ dBZ 的回波区域相对应。

张广庶等（2008）研发了闪电 VHF 窄带干涉仪定位系统，对甘肃平凉一次包含 19 次回击的地闪全过程进行定位研究发现，直窜先导辐射相对于梯级先导而言离散且强度弱，初始梯级先导速度约为 $1×10^5$ m/s，直窜先导的平均速度约为 $4.1×10^6$ m/s，梯级-直窜先导的平均速度约为 $6.0×10^6$ m/s，与利用高速摄像系统计算的速度量级一致（余海等，2013）。M[①] 过程的平均速度约为 $7×10^7$ m/s，大于直窜先导和梯级直窜先导的平均速度。经典 M 变化产生前及其过程中会产生很多快速电场变化（武斌等，2013）。

张荣等（2014）采用了一种三维空间单元网格化提取闪电通道并计算其长度的方法，对闪电 VHF 辐射源三维定位系统观测数据进行了分析，得到地闪平均通道长度为 28.9 km，云闪平均通道长度为 22.3 km。刘妍秀等（2016）还对多例闪电进行了辐射峰值功率（中心频率 260 MHz）的计算，发现正常云闪上部正电荷区的辐射功率明显高于下部负电荷区，下部正电荷区的辐射功率明显高于上部负电荷区；所有个例中负电荷区辐射源数都少于正电荷区，绝大多数正电荷区的平均辐射脉冲功率大于负电荷区。

3. 基于高速摄像的闪电发展特征

自 21 世纪初开始，高速摄像机逐渐商业化，在雷电研究中发挥了很大的作用。孔祥贞等（2005）利用成像率为 1000 flash/s 的高速摄像系统和电场变化仪，对回击过程中具有多个接地分支的多接地闪电（MGPF）进行研究发现，MGPF 回击前的梯级先导由包含 $2\sim4$ 个脉冲的脉冲束组成，脉冲束间的时间间隔平均值约为 26 μs，脉冲间的时间间隔平均值约为 5 μs。广东 MGPF 回击过程中和的电荷量约为 4.5 C，青海约为 11 C；广东 MGPF 发生的比例为 16.7%，青海为 17.6%；一次回击的多个接地分支多发生在首次回击，MGPF 的形成与闪电的梯级先导、连接过程等有重要关系。Qie 和 Kong（2007）对一次具有四个接地点的负极性地闪进行研究发现，四个先导分支的平均发展速度约为 $1.1×10^5$ m/s，两个相邻接地点的时间间隔平均为 $4\sim10$ μs。闪电在一次

---

① M 过程是专用术语，指一种闪电放电过程，字母 M 是 D.J.Malan 姓氏的首字母，他是第一位研究这种闪电过程的学者。

回击过程中具有多个接地分支对雷电防护方法和设计的改进提出了更高的要求。孔祥贞等（2006）在青藏高原那曲的高速摄像观测显示，梯级先导的速度为 1×10^5 m/s，在向地面发展时出现较大的弯曲；首次回击放电过程与低海拔地区没有差异，通道中的峰值电流有 24.1 kA；继后回击相对较弱。

4. 闪电的光谱特征

光谱观测是研究闪电放电物理过程的重要手段。袁萍等（2004，2006）用无狭缝光栅摄谱仪，在青海大通县获得了云对地闪电首次回击过程 400～700 nm 波长范围的光谱，并首次在闪电的单次回击光谱中记录到波长为 604.6 nm 和 619.4 nm 的谱线。根据光谱特征推断，强闪电回击通道的峰值温度应高于过去的估算值。进一步对在西藏那曲获得的一次多回击云对地闪电光谱进行分析发现，通道温度与回击过程传输的能量呈正相关（Qu et al.，2011），光谱总强度与辐射电场、放电电流成正比（瞿海燕等，2012）。

对闪电近红外辐射特性进行研究表明，近红外范围内的原子线始终很强，几乎可以在从先导到回击的整个发光阶段记录到。Zhao 等（2013）认为氧原子线（OI）777.4 nm 信息可用于研究闪电放电过程，包括计算闪电数量、识别放电强度、显示放电通道的时空演变，甚至提供放电过程的更多细节，发现总光谱强度与通道初始半径呈正相关，电离能和热能呈线性关系，单位长度的能量与一次地闪不同回击数下初始半径的平方成正比（Wang et al.，2014）。另外，Cen 等（2015）计算得到闪电通道单位长度电阻为 10～100 Ω/m，内部电场强度约为 10^3 V/m。放电过程中沿通道径向形成温度梯度，电弧核心通道的温度比外围光通道的温度高 4000～5000 K。利用高速无滑动摄谱仪和由快天线和慢天线组成的系统观测数据发现，闪电通道半径与峰值电流呈线性关系（Wang et al.，2016a，2016b）。

2.4.2 球状闪电放电特征

在 2012 年中国青海大通县的观测中，Cen 等（2014）用两台无缝摄谱仪进行自然地闪光谱实验时，意外观测到一次球状闪电（BL），这是世界上第一次用科学仪器记录下来的球状闪电。每台无缝摄谱仪由一台摄像机和一个平面透射光栅组成，在物镜前面有 600 line/mm。包括一台高速摄像机（M310）和一台数码摄像机（NV-GS400GC）在内的两台摄像机被放置在同一个观测点（37.013473°N，101.62080°E），海拔约 2530 m，山丘最高海拔比观测点高约 200 m。记录到的球状闪电发生在 2012 年 7 月 23 日 21:54:59，数码摄像机记录了整个过程，包括视频、声音和 82 幅图像。它的整个发光持续时间为 1.64 s。由于其记录持续时间的限制，高速摄像机仅记录球状闪电过程的后期，并且在 0.78 s 内捕获了约 2360 幅静态图像。

球状闪电中心距离观测仪器约 0.9 km。球状闪电大致呈球形，颜色随时间而变化：开始时呈现强烈的紫白色，80 ms 后变为橙色，在 160～1100 ms 大致保持白色，在 1120 ms 后的消散阶段变为红色。表观直径、峰值强度和总强度的演变由三个阶段组成。

在前 160 ms 中，表观直径、峰值强度和总强度均大幅度下降，但在 20～60 ms 略有增加；然后，在稳定阶段，峰值强度和总强度几乎保持不变，在 160～1080 ms 的时间较大，在此期间，表观直径在 5 m 左右；在最后 560 ms 中，它们缓慢减少，直到球状闪电消失。总的来说，在球状闪电的大部分寿命的稳定阶段，其颜色、大小和光强度没有太大变化。只有球状闪电的后期过程（642～1440 ms）被高速摄像机捕捉到。光强度在 642～1080 ms 的范围内随时间周期性变化，然后在剩余时间内降低。每个周期的时间几乎相同，平均值为 10.1 ms。大部分谱线由 N II[①] 离子辐射。连续光谱很强，出现了硅、铁和钙的发射线。在球状闪电的大部分寿命期间，Si I、Fe I 和 Ca I[②] 的谱线都存在，即使在最后一个周期，Si I 594.8 nm 也被清晰地记录下来。而 N I 和 O I 的近红外线在稳定阶段周期性地出现。

2.4.3 双极性窄脉冲放电特征

双极性窄脉冲（NBE）又称袖珍云闪（CID），是一类伴随超强 VHF 辐射的放电行为。有人把 NBE 放电事件看作一种特殊的云闪，而实际上，NBE 与云闪和地闪的区别十分显著。NBE 持续时间很短，为 10～20 μs，并且往往单独出现，其放电特征不同于地闪回击、K 变化[③] 以及其他类型的闪电脉冲。利用传统的云内起电假说无法解释 NBE 短暂并强烈的电磁辐射行为。Wang 等（2012）利用闪电 VHF 辐射源三维定位系统及宽带电场测量仪，在青海大通县两次雷暴活动中，共观测到 284 例 NBE 放电事件，正极性 NBE 占 88%，负极性 NBE 占 12%，超过 98% 的 NBE 没有明显反射脉冲对。对比雷达回波与 NBE 定位结果发现，NBE 一般发生于强对流边缘。在高原地区，NBE 一般发生在中大尺度雷暴过程中，局地雷暴罕有 NBE 发生。

2.5 基于 LIS/OTD 卫星资料的高原雷电活动特征研究

由于青藏高原地势高，环境恶劣，在这里进行实际观测受到很大的限制，卫星上携带的闪电成像仪和闪电光学瞬态探测器，为研究青藏高原的闪电特征提供了宝贵的卫星闪电资料。

2.5.1 青藏高原的闪电时空分布

基于前期的 LIS/OTD 卫星闪电资料对青藏高原的闪电进行研究发现，青藏高原的平均闪电密度为 3 个 /(km²·a)，位于高原中部的那曲是青藏高原闪电活动最频繁的区域，闪电密度可达 6～8 个 /(km²·a)（郄秀书等，2003；齐鹏程等，2016），西部地区平均

---

① N II 是氮离子辐射 II 型谱线。
② Si、Fe、Ca、O 分别指硅、铁、钙、氧，I 是指 I 型谱线。
③ 大气电学专用术语，表示一种闪电放电波形及其代表闪电放电过程。

为 1.1 个 /(km²·a)，在高原南部的喜马拉雅山南麓，有一条与喜马拉雅山走向一致的高闪电密度带，闪电密度可达 45 个 /(km²·a)。在青藏铁路沿线，以那曲高闪电密度区为中心，闪电密度分别向南、向北减小（张廷龙等，2004）。

青藏高原上的闪电活动呈现出大陆性气候特征，高于93%的闪电活动发生于 5～9 月，6 月底到 7 月中旬为闪电的活跃期，并在夏季出现单一闪电活动峰值（Qie et al.，2003；郄秀书和 Toumi，2003）。随着地表热度和湿度的增加，春季青藏高原中部的闪电活动开始明显增加，5 月闪电活动占全年总闪电活动的 13%，表明青藏高原在 5 月的加热过程已经很活跃，闪电活动是青藏高原加热过程的一个很好的指示器（Qie et al.，2003）。整体上看，高原地区从东到西的闪电活动呈现出明显的季节转换，东部地区的闪电活动峰值发生在 6 月，西部地区发生在 8 月。张廷龙等（2004）发现青藏铁路沿线 32°N 以北地区闪电活动的最活跃期都在 7 月，而高原中南部地区则出现在 7 月前，从 32°N 往南，这种时间上的提前变得较显著。

在闪电活动的日变化中，青藏高原大部分地区的峰值出现在 14:00～16:00（袁铁和郄秀书，2004），那曲有时在傍晚还有一个闪电活动峰值（张廷龙等，2004），但在范围较大的高山地区要早于这一时刻，如唐古拉山的东部和西部，以及喀喇昆仑山的东部区域等；而在较低的盆地区域，如塔里木盆地和柴达木盆地要晚于这一时刻。这一事实说明海拔越高，闪电活动对太阳的加热反应越敏感，稀薄的空气使其越容易变得不稳定。

2.5.2 青藏高原的闪电与环境热动力参量和降水的关系

包括青藏高原在内的西部地区是我国闪电活动最少的地区，但青藏高原中部地区白天因热力作用导致对流容易触发，闪电较多。同时，夏季的西南季风对高原中部也有一定的影响，导致高原中部闪电发生频数较高（袁铁和郄秀书，2004）。青藏高原的闪电活动与对流活动类似，明显地依赖于太阳的加热作用，也受其特殊大地形的热力和动力特征所调制（Qie et al.，2003）。在梅雨前期，青藏高原中东部山麓的闪电与雷暴数、总降水量、深对流的日变化一致，在清晨达到高峰。季风爆发后，青藏高原东南部山麓的闪电和深对流高峰出现在下午，但夜间降水仍然占主导地位（Xu and Zipser，2011）。

青藏高原的闪电和降水中心不完全一致，闪电活动中心在高原中部和东北部，而降水最活跃的区域是东南部（齐鹏程等，2016）。闪电活动和降水随月份均呈现出先西进再东退的特征，但高原东北部强闪电活动区的位置几乎不变化。在高原固定区域内，闪电和降水的活跃期均出现在 5～9 月，呈单峰结构，除西部和东南部外，闪电与降水的峰值月份吻合。在季节变化上，高原中部的那曲会出现"春季降水少而闪电相对较多"的现象，鲍恩比与降水的乘积在季节变化上与闪电有很好的一致性，因此地表鲍恩比或感热通量在对流有效位能（CAPE）向上升动能的转化中起着重要作用（Toumi and Qie，2004）。在高原中部，闪电活动与肖沃特稳定指数（SSI）和垂直风切变呈负相关，闪电强度也与垂直风切变呈负相关，但是与 SSI 无关（Iwasaki，2016）。

此外，Guo 等（2017）还分析了闪电对大气中氮氧化物（NO_x）的影响，发现青藏高原上闪电与 NO_2 垂直柱浓度在空间分布以及年变化和季节变化上都有较好的一致性，闪电产生的 NO_x 对青藏高原 O_3 低谷的形成有一定影响（郭凤霞等，2019），青藏高原夏季 O_3 浓度受南亚高压的影响总体呈减小趋势，但强雷暴天气闪电产生的 NO_x 导致对流层上部的 NO_x 浓度升高，并随强上升气流向对流层顶输送，同时通过光化学反应使 O_3 浓度增加，减缓了 O_3 总浓度的下降，抑制了夏季 O_3 低谷的进一步深化。

2.6 小结

过去的 40 年间，我国科学家在中国黄土高原和青藏高原几个不同海拔地区对雷暴电学和闪电物理特征进行了大量观测研究，获得了雷暴云电荷结构及其对闪电特征影响的一些创新性认识。早期研究主要利用探测能力有限的地面大气平均电场仪、闪电快天线和慢天线电场变化仪获得了雷暴云下部存在大范围正电荷区的初步认识。随着高时间精度 GPS 时钟的引入，我国学者利用闪电慢天线电场变化仪的多站同步观测，对闪电中和云内电荷源的位置进行了反演。2010 年以来，随着对闪电辐射源三维定位技术和雷暴云内电场探空技术的发展和应用，我国学者进一步利用观测实验研究认识到雷暴云电荷结构的复杂性，如仅有下部上负 - 下正的反偶极子存在的反极性电荷结构，下部大范围正电荷区较强的三极性电荷结构，以及常规的三极性电荷结构和多层电荷结构等。但是，已有的认识均基于有限的雷暴云个例研究，目前还缺乏对高原雷暴云电荷结构的系统认识，特别是缺乏对雷暴云整个生命史电荷结构发展演变特征的认识，对雷暴云特殊电荷结构的动力、热力和微物理成因的认识也非常有限；对闪电物理特征的认识也大多基于快、慢天线的电场变化观测或多站测量拟合，缺乏基于高时空分辨率观测技术对闪电发展传输过程的微观认识。

此外，已有研究大多在低海拔的青藏高原边缘地区开展，如青海大通县、甘肃平凉市和中川镇，对海拔 3500m 以上的高原主体雷暴云电荷结构和闪电特征的认识，仅基于 2002~2004 年在西藏那曲单站观测实验的个例研究。由于探测技术和记录设备的整体限制，当时所用的 VHF 干涉仪定位系统对一次闪电的二维定位结果仅有限的几个点，对雷暴云内电荷分布和闪电放电特征的研究和认识受到很大的限制。

近年来，高时空分辨率 VLF 和 VHF 闪电辐射源三维定位技术、闪电 VHF 干涉仪技术、雷暴云中电场探空技术的发展成熟，以及先进高速摄像系统在闪电观测研究中的应用，为上述问题的进一步深化和理解提供了重要手段。另外，多普勒双偏振雷达和高分辨率雷暴云数值模式也为高原雷暴云电荷结构成因的研究提供了条件。因此，雷暴与闪电科考将基于这些先进的探测技术和数值模拟，在海拔超过 3500m 的高原主体区域开展观测实验，期望获得对高原雷暴云电荷结构及闪电物理过程和机制的系统认识，并将特别关注雷暴云初生、发展、成熟以及消散整个生命史的电荷结构演化特征，在微观尺度上了解雷暴云电荷结构的成因及其对闪电特征的影响。

另外，卫星闪电观测资料和地基区域或全球闪电定位网资料也已经有多年的积累，利用这些资料进行研究，有望获得整个青藏高原的闪电活动特征及其长期变化趋势，为青藏高原的雷电灾害防护，以及生态环境保护和可持续发展等提供理论基础。

参考文献

曹冬杰, 张广庶, 张彤, 等. 2008. 平凉黄土高原地闪 VHF 辐射特征分析. 高原气象, 27(2): 365-372.

陈倩, 郭昌明, 叶宗秀. 1982. 雷暴云电场的初步研究, 高原气象, 1: 63-67.

董万胜, 刘欣生, 陈慈萱, 等. 2003. 用宽带干涉仪观测云内闪电通道双向传输的特征. 地球物理学报, (3): 317-321.

郭凤霞, 穆奕君, 李扬, 等. 2019. 闪电产生氮氧化物对青藏高原臭氧低谷形成的影响. 大气科学, 43(2): 266-276.

郭凤霞, 张义军, 言穆弘, 等. 2007. 青藏高原雷暴云降水与地面电场的观测和数值模拟. 高原气象, 26(2): 257-263.

孔祥贞, 郄秀书, 张广庶, 等. 2005. 多接地点闪电的梯级先导与回击过程的研究. 中国电机工程学报, (22): 142-147.

孔祥贞, 郄秀书, 赵阳, 等. 2006. 青藏高原一次地闪放电过程的分析. 地球物理学报, 49(4): 993-1000.

刘欣生, 郭昌明, 王才伟, 等. 1987. 闪电引起的地面电场变化特征及雷暴云下部的正电荷层. 气象学报, (4): 500-504.

刘欣生, 郄秀书, 张义军, 等. 1998. 中国内陆高原正极性雷电的观测实验研究. 高原气象, 17(1): 1-9.

刘妍秀, 张广庶, 王彦辉, 等. 2016. 闪电 VHF 辐射源功率观测及雷暴电荷结构的初步分析. 高原气象, 35(6): 1662-1670.

孟青, 樊鹏磊, 郑栋, 等. 2018. 青藏高原那曲地区地闪与雷达参量关系. 应用气象学报, 29(5): 524-533.

齐鹏程, 郑栋, 张义军, 等. 2016. 青藏高原闪电和降水气候特征及时空对应关系. 应用气象学报, 27(4): 488-497.

郄秀书, 郭昌明, 刘欣生. 1990. 北京与兰州地区的地闪特征. 高原气象, 9(4): 388-394.

郄秀书, 郭昌明, 张广庶. 1988. 闪电辐射场的宽带频谱测量及地闪首次回击放电参数的估算. 高原气象, 7(4): 312-320.

郄秀书, 余晔, 王怀斌, 等. 2001. 中国内陆高原地闪特征的统计分析. 高原气象, 20(4): 395-401.

郄秀书, Toumi R. 2003. 卫星观测到的青藏高原雷电活动特征. 高原气象, 22(3): 288-294.

郄秀书, Toumi R, 周筠珺. 2003. 青藏高原中部地区闪电活动特征及其对对流最大不稳定能量的响应. 科学通报, 48(1): 87-90.

瞿海燕, 袁萍, 张廷龙, 等. 2012. 一次多回击闪电过程的物理特性分析. 高原气象, 31(1): 218-222.

邵选民, 刘欣生. 1987. 云中闪电及云下部正电荷的初步分析. 高原气象, 6(4): 317-325.

王才伟, 陈茜, 刘欣生, 等. 1987. 雷雨云下部正电荷中心产生的电场. 高原气象, 6(1): 65-74.

王道洪, 刘欣生, 王才伟. 1990. 甘肃中川地区雷暴地闪特征的初步分析. 高原气象, 9(4): 405-410.

王东方, 郄秀书, 袁铁, 等. 2009. 利用快电场变化脉冲定位进行云闪初始放电过程的研究. 气象学报, 67(1): 165-174.

王俊芳, 曹冬杰, 卢红, 等. 2011. 西藏羊八井地区的闪电活动特征. 高原气象, 30(3): 831-836.

王彦辉, 张广庶, 张彤, 等. 2007. 闪电甚高频宽频包络亚微秒辐射特征. 中国电机工程学报, 27(9): 41-45.

武斌, 张广庶, 王彦辉, 等. 2013. 青藏高原东北部闪电 M 变化多参量观测. 物理学报, 62(18): 531-545.

余海, 张广庶, 李亚珺, 等. 2013. 多回击负地闪先导通道的辐射和光学特征. 高原气象, 32(3): 894-903.

袁萍, 刘欣生, 张义军, 等. 2004. 高原地区云对地闪电首次回击的光谱研究. 地球物理学报, 47(1): 42-46, 182.

袁萍, 郄秀书, 吕世华, 等. 2006. 一次强云对地闪电首次回击过程的光谱分析. 光谱学与光谱分析, 26(4): 733-737.

袁铁, 郄秀书. 2004. 卫星观测到的我国闪电活动的时空分布特征. 高原气象, 23(4): 488-494.

张广庶, 李亚珺, 王彦辉, 等. 2015. 闪电 VHF 辐射源三维定位网络测量精度的实验研究. 中国科学: 地球科学, (10): 1537-1552.

张广庶, 王彦辉, 郄秀书, 等. 2010. 基于时差法三维定位系统对闪电放电过程的观测研究. 中国科学: 地球科学, 40: 523-534.

张广庶, 赵玉祥, 郄秀书, 等. 2008. 利用无线电窄带干涉仪定位系统对地闪全过程的观测与研究. 中国科学(D辑: 地球科学), 38(9): 1167-1180.

张广庶, 郄秀书, 王怀斌, 等. 2003. 闪电多参量同步高速即时记录系统. 高原气象, 22(3): 301-305.

张其林, 郄秀书, 王怀斌, 等. 2005. 近距离负地闪电场波形的观测分析与数值模拟. 中国电机工程学报, 25(18): 126-130.

张泉, 郄秀书, 张广庶. 2003. 短基线时间差闪电辐射源探测系统和初步定位结果. 高原气象, 22(3): 226-234.

张荣, 张广庶, 李亚珺, 等. 2014. 基于甚高频三维定位估算闪电通道产生的氮氧化物. 中国科学: 地球科学, (11): 2540-2553.

张荣, 张广庶, 王彦辉, 等. 2013. 青藏高原东北部地区闪电特征初步分析. 高原气象, 32(3): 673-681.

张廷龙, 郄秀书, 袁铁, 等. 2004. 青藏铁路沿线闪电活动的时空分布特征. 高原气象, 23(5): 673-677.

张廷龙, 郄秀书, 言穆弘, 等. 2009. 中国内陆高原不同海拔地区雷暴电学特征成因的初步分析. 高原气象, 28(5): 1006-1017.

张廷龙, 杨静, 楚荣忠, 等. 2012. 平凉一次雷暴云内的降水粒子分布及其电学特征的探讨. 高原气象, 31(4): 1091-1099.

张义军, 刘欣生, 肖庆复. 1997. 中国南北方雷暴及人工触发闪电电特性对比分析. 高原气象, 16(2): 113-121.

张义军, 言穆弘, 刘欣生. 1993. 闪电先导静电场波形理论分析. 应用气象学报, 4(2): 185-191.

张义军, 言穆弘, 刘欣生. 1999. 雷暴中放电过程的模式研究. 科学通报, 44(12): 1322-1325.

张义军，言穆弘，张翠华，等．2000．不同地区雷暴电荷结构的模式计算．气象学报，(5)：617-627．

赵阳，张义军，董万胜，等．2004．青藏高原那曲地区雷电特征初步分析．地球物理学报，47(3)：405-410．

赵中阔，郄秀书，张广庶，等．2008．雷暴云内电场探测仪及初步实验结果．高原气象，27(4)：881-887．

赵中阔，郄秀书，张廷龙，等．2009．一次单体雷暴云的穿云电场探测及云内电荷结构．科学通报，54：3532-3536．

周筠珺，郄秀书，谢屹然，等．2004．青藏高原腹地的雷电物理特征．中国电机工程学报，(9)：957-961．

Cen J, Yuan P, Xue S. 2014. Observation of the optical and spectral characteristics of ball lightning. Physical Review Letters, 112(3): 035001.

Cen J, Yuan P, Xue S, et al. 2015. Resistance and internal electric field in cloud-to-ground lightning channel. Applied Physics Letters, 106(5): 172905.

Chen M, Takeda T, Wang D, et al. 1999. Triggering lightning in Gansu. Journal of Atmosphere Electricity, 18(1): 31-39.

Cui H, Qie X, Zhang Q, et al. 2009. Intracloud discharge and the correlated basic charge structure of a typical thunderstorm in Zhongchuan, a Chinese Inland Plateau Region. Atmospheric Research, 91: 425-429.

Fan X, Zhang G, Wang Y, et al. 2014. Analyzing the transmission structures of long continuing current processes from negative ground flashes on the Qinghai-Tibetan Plateau. Journal of Geophysical Research: Atmospheres, 119: 2050-2063.

Fan X, Zhang Y, Zhang G, et al. 2018. Lightning characteristics and electric charge structure of a hail-producing thunderstorm on the Eastern Qinghai-Tibetan Plateau. Atmosphere, 9(8): 295.

Guo F, Ju X, Bao M, et al. 2017. Relationship between lightning activity and tropospheric nitrogen dioxide and the estimation of lightning-produced nitrogen oxides over China. Advances in Atmospheric Sciences, 34(2): 235-245.

Iwasaki H. 2016. Relating lightning features and topography over the Tibetan Plateau using the world wide lightning location network data. Journal of the Meteorological Society of Japan, 94: 431-442.

Li Y, Zhang G, Wen J, et al. 2013. Electrical structure of a Qinghai-Tibet Plateau thunderstorm based on three-dimensional lightning mapping. Atmospheric Research, 134: 137-149.

Liu X, Krehbiel P. 1985. The initial streamer of intracloud lightning flashes. Journal of Geophysical Research: Atmospheres, 90: 6211-6218.

Liu X, Wang C, Zhang Y, et al. 1994. Experiment of artificially triggering lightning in China. Journal of Geophysica Research: Atmospheres, 99(D5): 10727-10731.

Liu X, Ye Z, Shao X, et al. 1989. Intracloud lightning discharge in the lower part of thundercloud. Acta Meteorologica Sinica, 3: 212-219.

Qie X, Kong X. 2007. Progression features of a stepped leader process with four grounded leader branches. Geophysical Research Letters, 34: L06809.

Qie X, Kong X, Zhang G, et al. 2005a. The possible charge structure of thunderstorm and lightning discharges in northeastern verge of Qinghai-Tibetan Plateau. Atmospheric Research, 76: 231-246.

Qie X, Toumi R, Yuan T. 2003. Lightning activities on the Tibetan Plateau as observed by the lightning imaging sensor. Journal of Geophysical Research, 108: 4551.

Qie X, Yu Y, Liu X, et al. 2000. Charge analysis on lightning discharges to the ground in Chinese inland plateau (close to Tibet). Annales Geophysicae, 18(10): 1340-1348.

Qie X, Yu Y, Wang D, et al. 2002. Characteristics of cloud-to-ground lightning in Chinese inland plateau. Journal of the Meteorological Society of Japan, 80(4): 745-754.

Qie X, Zhang T, Chen C, et al. 2005b. The lower positive charge center and its effect on lightning discharges on the Tibetan Plateau. Geophysical Research Letters, 32: L05814.

Qie X, Zhang T L, Zhang G, et al. 2009. Electrical characteristics of thunderstorms in different plateau regions of China. Atmospheric Research, 91(2-4): 244-249.

Qu H, Yuan P, Zhang T, et al. 2011. Analysis on the correlation between temperature and discharge characteristic of cloud-to-ground lightning discharge plasma with multiple return strokes. Physics of Plasmas, 18(1): 676-683.

Rust W, MacGorman D. 2002. Possibly inverted-polarity electrical structures in thunderstorms during STEPS. Geophysical Research Letters, 29(12): 1571.

Takeda M, Wang D, Takagi N, et al. 1998. Some Results of investigation on slow front of return stroke electric waveform. Journal of Atmospheric Electricity, 18(1): 31-39.

Toumi R, Qie X. 2004. Seasonal variation of lightning on the Tibetan plateau: A spring anomaly? Geophysical Research Letters, 31(4): L04115.

Wang D, Takagi D, Watanabe N, et al. 2007. Observed characteristics of lightning occurred in Lhasa city, Tibet Plateau region of China. Journal of Atmosphere Electricity, 27: 1-7.

Wang X, Yuan P, Cen J, et al. 2014. The channel radius and energy of cloud-to-ground lightning discharge plasma with multiple return strokes. Physics of Plasmas, 21(3): 033503.

Wang X, Yuan P, Cen J, et al. 2016a. Correlation between the spectral features and electric field changes for natural lightning return stroke followed by continuing current with M-components. Journal of Geophysical Research: Atmospheres: 121(14): 8615-8624.

Wang X, Yuan P, Cen J, et al. 2016b. Thermal power and heat energy of cloud-to-ground lightning process. Physics of Plasmas, 23(7): 054104-729. DOI: 10.1063/1.4956442.

Wang Y, Zhang G, Qie X, et al. 2012. Characteristics of compact intracloud discharges observed in a severe thunderstorm in northern part of China. Journal of Atmospheric and Solar-Terrestrial Physics, 84: 7-14.

Wu B, Zhang G, Wen J, et al. 2016. Correlation analysis between initial preliminary breakdown process, the characteristic of radiation pulse, and the charge structure on the Qinghai-Tibetan Plateau. Journal of Geophysical Research: Atmospheres, 121(20): 12434-12459.

Xu W, Zipser E J. 2011. Diurnal variations of precipitation, deep convection, and lightning over and east of the Eastern Tibetan Plateau. Journal of Climate, 24(2): 448-465.

Zhang T, Qie X, Yuan T, et al. 2009. Charge source of cloud-to-ground lightning and charge structure of a typical thunderstorm in the Chinese Inland Plateau. Atmospheric Research, 92(4): 475-480.

Zhang T, Yu H, Zhou F, et al. 2018. Measurements of vertical electric field in a thunderstorm in a Chinese Inland Plateau. Annales Geophysicae, 36(4): 979-986.

Zhang T, Zhao Z, Zhao Y, et al. 2015. Electrical soundings in the decay stage of a thunderstorm in the Pingliang region. Atmospheric Research, 164: 188-193.

Zhang Y, Dong W, Zhao Y, et al. 2004. Study of charge structure and radiation characteristic of intracloud discharge in thunderstorms of Qinghai-Tibet Plateau. Science in China Series D: Earth Sciences, 47: 108-114.

Zhao J, Yuan P, Cen J, et al. 2013. Characteristics and applications of near-infrared emissions from lightning. Journal of Applied Physics, 114(16): 1917.

第 3 章

拉萨雷暴和闪电观测及其物理特征

拉萨市位于青藏高原的中东部，地处雅鲁藏布江中游北部及其支流拉萨河流域的河谷平原，地貌特征为东南部低、西北部高，四周山高坡陡，沟壑纵横，平均海拔约3650 m。由于拉萨独特的高原地理和气候环境，其夏季雷暴活动十分频繁，强对流雷暴具有生命期短、成熟快、突发性强、来势猛烈等特点，常伴随闪电、冰雹、局地暴雨、强风等极端天气现象，对当地的农业、交通、通信、航空等造成危害，也严重威胁人们生命财产的安全。

为了能够对云闪和地闪进行准确定位并详细刻画闪电在云内起始和发展的传输过程，科考期间采用了自行研制的闪电 VHF 干涉仪定位系统和高速摄像系统等对拉萨雷暴过程中的云闪和地闪进行综合观测实验。本章将对拉萨地区雷暴和闪电观测实验、活动特征以及闪电物理特征等进行介绍。

3.1 拉萨雷暴和闪电观测实验

3.1.1 实验布站及仪器介绍

2019～2021 年 7～8 月连续三个夏季，中国科学院大气物理研究所科考团队在拉萨市开展了雷暴和闪电观测实验。其间，通过对地理环境和电磁环境的勘察选址（图 3.1），科考团队先后在中国科学院青藏高原研究所拉萨部（91.0°E, 29.6°N）、西藏自治区气象局、西藏大学纳金校区、国家电网公司金珠变电站和拉萨市第四高级中学等多地建立雷电综合观测站（图 3.2），站点相距 2.9～7.1 km。2019 年，西藏自治区气象局设为主观测站点，但地形对雷电电磁波传播有影响，致使观测资料的解析程度不高。因此，2020～2021

(a) 拉萨勘察选址　　　　　　(b) 测试电磁背景

(c) 架设大气电场探测仪等设备　　　　(d) 架设观测设备

图 3.1　2019 年科考团队勘察选址并架设观测设备

第 3 章 拉萨雷暴和闪电观测及其物理特征

图 3.2 2019～2021 年拉萨雷暴和闪电观测实验站点布局和部分观测设备

年主观测站点改到中国科学院青藏高原研究所拉萨部。主观测站点架设闪电 VHF 干涉仪定位系统、闪电高速摄像系统、闪电快天线电场变化仪、闪电慢天线电场变化仪、低频磁场探测仪、大气电场探测仪及自动气象站等观测设备，其他观测站点架设闪电 VHF 干涉仪定位系统、大气电场探测仪和磁场辐射信号探测系统。各观测站点均利用 GPS 天线接收卫星信号，并利用高时间精度（达到 25 ns 以上）的 GPS 授时时钟进行时间同步。

闪电 VHF 干涉仪定位系统用于测量闪电辐射的 VHF 信号并获得闪电辐射源的高时空分辨率定位结果。相比于高速摄像，闪电 VHF 干涉仪定位系统不受云层阻挡的影响，可对闪电全通道定位。系统采用 VHF 天线采集闪电辐射源信号，并依次通过带通滤波器、放大器及相同长度和频响特性的同轴电缆接入室内采集设备进行数据采集记录。闪电 VHF 干涉仪定位系统采样率为 400 Msps 或 500 Msps，采样频段为 35～70 MHz 或 140～300 MHz，天线基线长度为 50～100 m。实验中利用用于记录电场变化的快电场变化信号进行数据的同步触发。各路电磁信号由 LeCroy 示波器或采集卡进行记录，选取分段记录模式或连续采集模式。

高速摄像系统用于获得闪电发展通道的二维光学图像，采样率为 3200 帧/s，分辨率为 1200 像素×800 像素。尽管受云层遮挡的影响，闪电高速摄像系统只能拍摄到云外闪电通道，但利用高速摄像系统拍摄雷暴云外闪电通道，可以研究闪电传输过程和发展机制。此外，由于闪电通道的光强与通道内电流大小相关，因此可以根据闪电高速摄像系统拍摄到的闪电通道及其相对光强变化，得出云外闪电通道上电流随时间的变化特征。大气电场探测仪用于连续监测大气平均电场强度，为了与第2章中学者们以往在高原开展雷电研究的定义一致，本章的大气电场极性按大气电学定义（即正的大气电场对应被头顶正电荷控制）。为了获取闪电信号在两个正交方向上的电磁场极化偏振信息，2021年新增闪电偏振信号探测仪。

在3个观测季，科考团队共获取了90次雷暴强对流天气和闪电活动的综合观测资料。联合高时空分辨率闪电定位、高时间分辨率电磁场观测和高速摄像等多手段综合同步观测，雷暴演变和闪电的发生发展物理过程被详细分析，研究雷暴和闪电的发生发展过程及其物理过程，以揭示西风-季风协同作用下青藏高原的闪电特征、雷暴对流结构等。

3.1.2　闪电VHF干涉定位算法的研发

对于闪电VHF电磁辐射信号，通常使用干涉法（INTF）或到达时间差（TDOA）方法进行定位。传统的TDOA方法通过估计信号到达的时间（或相位）差来定位雷电辐射源，其计算效率较高，但它依赖于脉冲峰值的时间精度，无法对许多弱辐射源进行定位。最近，Wang等（2017）将电磁时间反转（EMTR）方法应用于闪电宽带VHF辐射信号定位。EMTR方法的基本思想是将接收的信号进行时间反转并虚拟地将其重新传输回空间中，这些EMTR的信号可以自动聚焦在信号源的方向上。EMTR方法使用原始的全部信号波形，对估计时间差的准确性不太敏感，因此，EMTR方法可以定位更多弱辐射源，并且可以通过抑制噪声来产生更准确的定位结果。

在实际使用EMTR方法的过程中发现，EMTR方法计算效率较低（Li et al.，2021），原因有以下两点：首先，针对宽带辐射信号，EMTR方法必须处理频带内所有频段的信号。在Wang等（2017）的研究中，EMTR方法的频数点设置在一个固定的频数范围内（25～90 MHz和110～150 MHz）。使用固定的频数范围可能会将一些低能量频数点纳入计算，这些点对功率谱的贡献很小，但会导致花费更多的运算时间。其次，该过程必须遍历每个定位窗口中的完整方位角-仰角空间中的每个格点。Li等（2021）通过使用TDOA方法预先确定初始空间域来提高EMTR方法的计算效率。在拉萨的观测实验中，受地形影响，闪电发出的电磁信号经不同路径传播到达接收天线后可能由于各自相位相互叠加而造成干扰，使得原来的信号失真，得到的定位点较少。因此，科考团队在青藏高原科考中，将TDOA和EMTR方法相结合，研发了一种计算效率高、可以对弱辐射源进行定位的新算法，简称为TDOA-EMTR方法。

TDOA-EMTR方法中，先后执行了TDOA方法和EMTR方法的两个步骤。第一步，采用 TDOA 方法（Sun et al., 2013）得到整个闪电的初始定位结果［图 3.3(a) 中的负地闪］。第二步，根据 TDOA 方法的定位结果确定 EMTR 方法的初始空间域（方位角和仰角），然后使用 EMTR 方法进一步定位。具体地，对于 EMTR 方法中给定的一个定位窗口（记为第 i 个窗口），初始空间域是根据 TDOA 方法定位结果的第 i–1 到第 i+1 个窗口的空间范围确定的。这是由于滑动步长（128 个样本点）是定位窗口（512 个样本点）的 1/4，因此，一个特定的事件应至少在连续三个定位窗口中被探测到，所以选择给定定位窗口前后各一个窗口。根据 TDOA 方法的定位结果确定 EMTR 方法的初始空间域时可能会出现两种情况：第一种情况，TDOA 方法从第 i–1 到第 i+1 个窗口的定位结果不存在，这些窗口可能对应于噪声事件，也可能对应于 TDOA 方法未解析出来的弱雷电辐射信号。在这种情况下，初始空间域设置为包含 TDOA 方法定位的整个闪电空间范围。例如，图 3.3(a) 中负地闪的方位角和仰角的空间范围分别落在 0°～100° 和 0°～60°，那么初始空间域被预确定为图 3.3(c) 中相应的一个整体范围。对于另一种情况，如果 TDOA 方法从第 i–1 到第 i+1 个窗口可以解析至少一个源，那么空间域被确定为以第 i–1 到第 i+1 个窗口的 TDOA 结果为中心并向外扩展一定度数的空间范围。

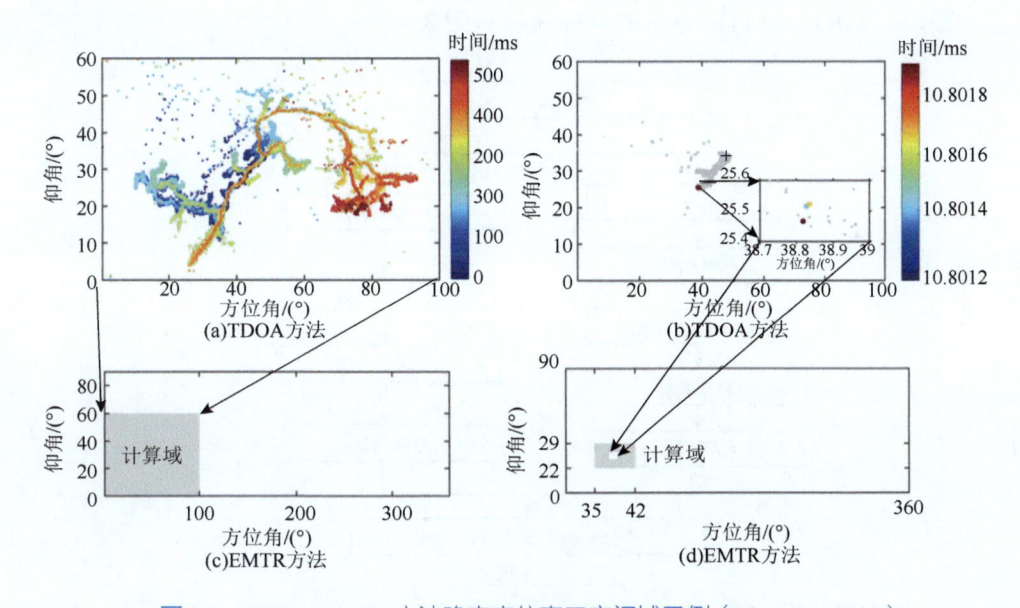

图 3.3　TDOA-EMTR 方法确定定位窗口空间域示例（Li et al., 2021）

(a) 使用 TDOA 方法获得的整个负地闪的定位结果。(b) 三个连续定位窗口的辐射源定位结果。插图为定位结果放大图。灰点描绘了该窗口前已发生的闪电辐射源。(c) 对于 TDOA 方法无法定位任何辐射源的定位窗口，TDOA-EMTR 方法使用的域是根据 TDOA 方法对整个闪电的定位结果确定的，该域用灰色矩形标记（方位角为 0°～100°，仰角为 0°～60°）。(d) 对于 TDOA 方法可以定位至少一个辐射源的定位窗口，以 TDOA 结果为中心向外延伸 3° 的空间范围作为 EMTR 计算域。(c) 和 (d) 中的初始域范围分别为方位角 0°～360° 和仰角 0°～90°。+ 代表闪电起始点

在利用 EMTR 方法进行定位的过程中，参与计算的频点可变。通过检查信号傅

里叶变换（FFT）结果，频域中的信号集中在 28～70 MHz。因此，认为该频数范围之外的信号由噪声事件组成。实际计算中，选择 20～28 MHz 和 70～80 MHz 的信号频谱来表示噪声事件的频谱，称为噪声频点能量（NoiseSpectrum）。本方法引入一个称为频域能量阈值（FFTbase）的指标，其计算方法是 NoiseSpectrum 的中值与 1.5 倍 NoiseSpectrum 标准差之和，即

$$FFTbase=median(NoiseSpectrum)+1.5std(NoiseSpectrum) \quad (3.1)$$

对于 28～70 MHz 频数范围内的频点，能量小于 FFTbase 的频点将不纳入源位置计算。

此外，传统的 EMTR 方法仅使用连贯比（CR）和能量比（ER）对定位结果去噪，但仅使用这些指标去噪还不够。为了减少错误解，这里进一步调整了去噪指标，提出改变 CR 阈值，以及进一步利用信噪比（SNR）去除噪声点。SNR 定义为 $20\lg(V_s/V_n)$，其中 V_s 和 V_n 分别代表信号的平均幅度和噪声的平均幅度。选择闪电发生之前和闪电结束之后的一段信号（这里取 5000 个样本点）作为噪声信号 V_n，认为 SNR 低于 0 dB 的定位点为噪声。TDOA-EMTR 方法的具体流程见图 3.4。

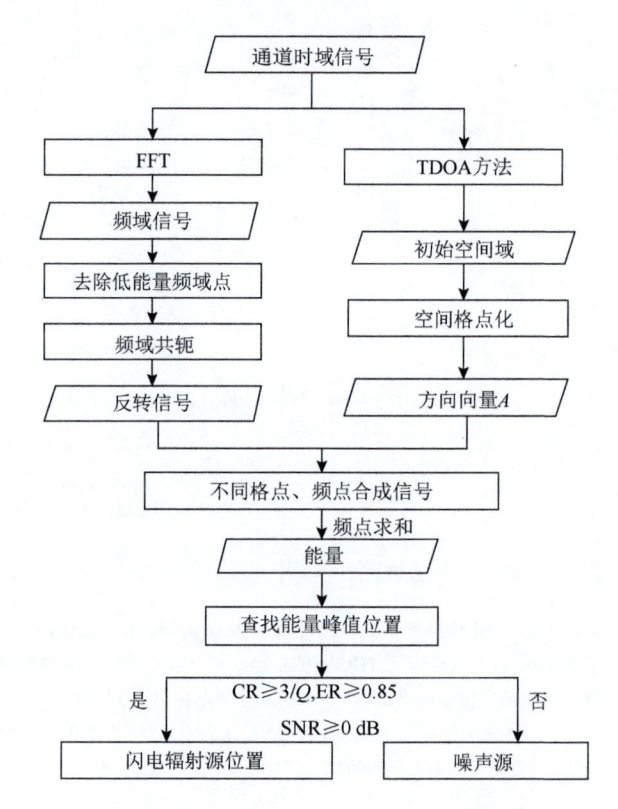

图 3.4　TDOA-EMTR 混合算法流程图

Q 表示以本定位窗口为中心的窗口数

3.2 拉萨雷暴和闪电活动特征

3.2.1 闪电的统计特征

2019～2021年拉萨夏季的综合观测实验中，共获取了90次雷暴强对流天气和闪电活动资料，共探测闪电11807次，其中10131次云闪、1520次负地闪和156次正地闪。地闪占闪电总数的14.2%，负地闪占地闪总数的90.7%，正地闪占闪电总数的1.3%，占地闪总数的9.3%。图3.5给出了拉萨地区不同雷暴过程中地闪占闪电总数比例，以及正地闪占地闪比例，拉萨地区不同雷暴过程的地闪比例有较大不同，分布在0%～55%，雷暴普遍具有高云闪比例。另外，约60%的雷暴过程未探测到正地闪，其余雷暴的正地闪占地闪的比例在2%～100%，其中，3次雷暴正地闪比例达到100%，其正地闪占闪电总数的比例为1.7%～25%，并无特异性。表3.1给出了青藏高原不同地区正地闪占总地闪比例的对比。可以看出，高原地区的正地闪占总地闪的比例是普遍偏高的，但高原上发生的地闪整体偏少，云闪比例远高于其他地区。

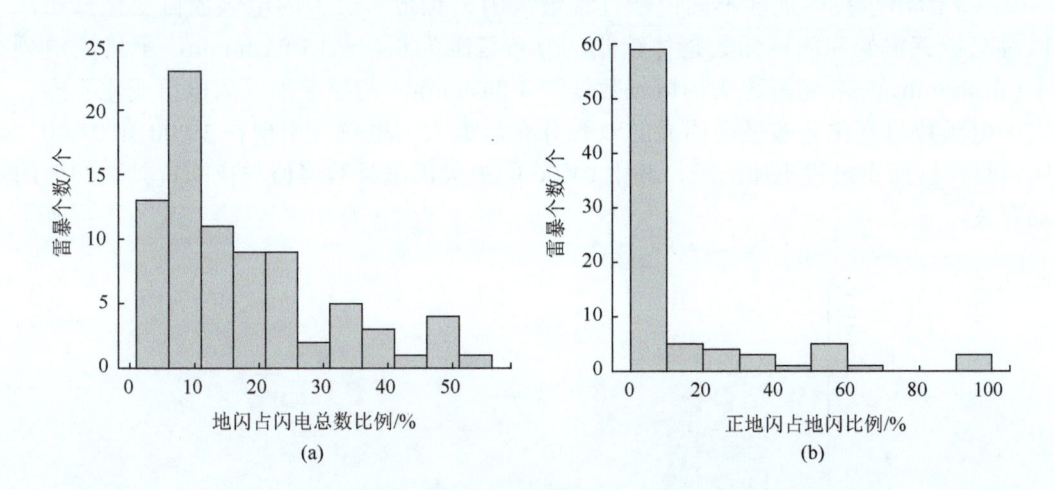

图3.5 2019～2021年拉萨夏季不同雷暴过程中地闪占闪电总数比例和正地闪占地闪比例

表3.1 青藏高原不同地区正地闪占总地闪比例的对比

文献	季节	地区	方法	地闪数/次	正地闪数/次	正地闪比例/%
Qie等（2002）	夏季	甘肃	闪电定位系统	7221	1111	15.3
赵阳等（2004）	夏季	那曲	单站定位	135	45	33.3
Wang等（2007）	夏季	拉萨	电场变化	28（闪电总数409）	4	14.3
王俊芳等（2011）	夏季	羊八井	电场变化	81（闪电总数554）	0	0
本研究	夏季	拉萨	电场变化	1676（闪电总数11807）	156	9.3

从闪电活动的日变化可以看出（图3.6），拉萨地区夏季闪电日变化总体不显著，

呈现双峰分布，闪电大多发生在午后至夜间，闪电峰值出现在 19:00，01:00 附近有一个较小的总闪峰值，约为总闪最大值的 1/4，凌晨至上午闪电活动较少。在总体趋势上，云闪和地闪的分布大致相同，傍晚地闪频数峰值相对于云闪频数峰值滞后 1 h，而相较于云闪，后半夜地闪活动比例较云闪更高，整体上地闪的双峰特征较云闪更为明显。

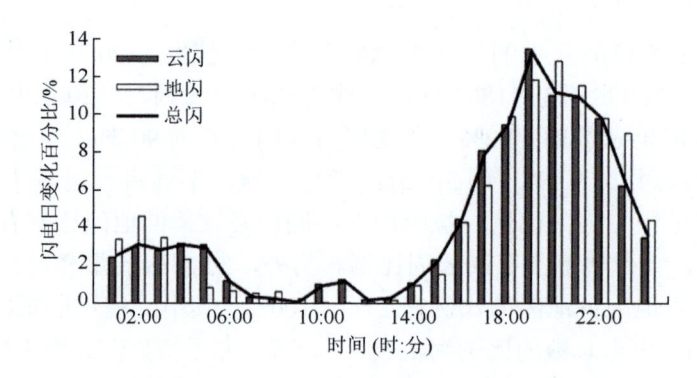

图 3.6　2019～2021 年拉萨地区夏季闪电日变化

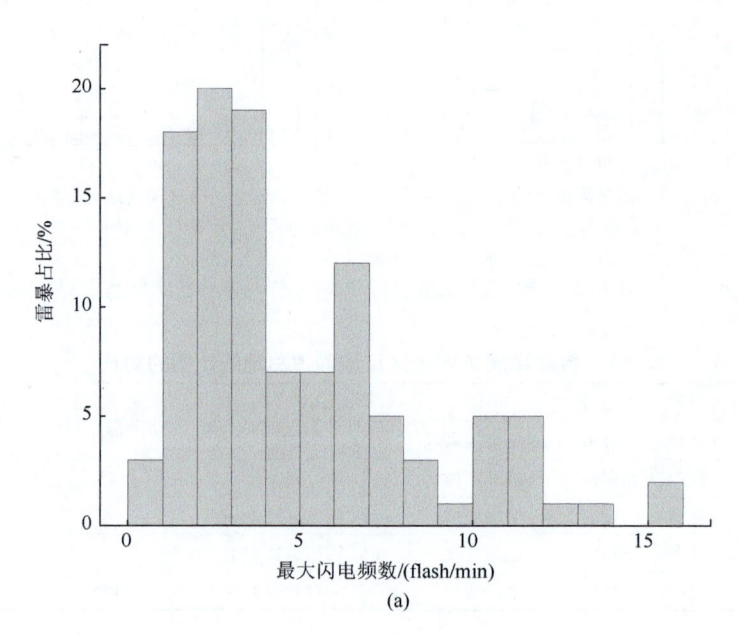

图 3.7 给出了拉萨地区不同雷暴过程最大闪电频数和最大闪电频数日变化分布，可以看出拉萨雷暴和闪电频数整体较低，分布范围为 0.4～15 flash/min，平均闪电频数 1.1 flash/min，55% 雷暴最大闪电频数低于 4 flash/min。与拉萨地区闪电日变化不同，最大闪电频数日变化分布呈现明显的双峰分布，最大闪电频数出现在 19:00 和 01:00，表明雷暴在这两个时段更加活跃，其中 01:00 的最大闪电频数峰值与夜间较频繁的地闪活动有关。

(a)

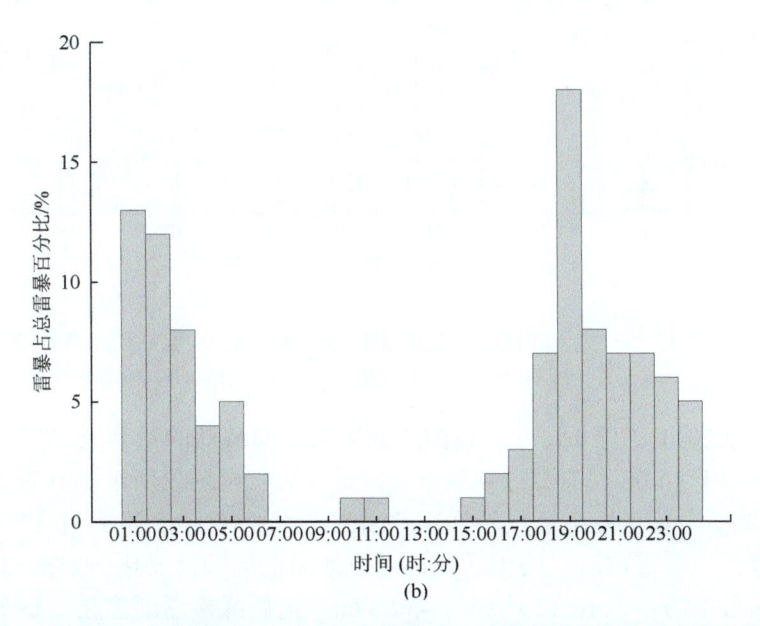

图 3.7 拉萨地区不同雷暴过程最大闪电频数（a）和最大闪电频数日变化分布（b）

3.2.2 典型雷暴的地面电场和闪电特征

根据雷暴过程有无出现降霰粒或冰雹，本节分别选取一次无降雹或霰雷暴和一次降霰雷暴个例进行详细分析。

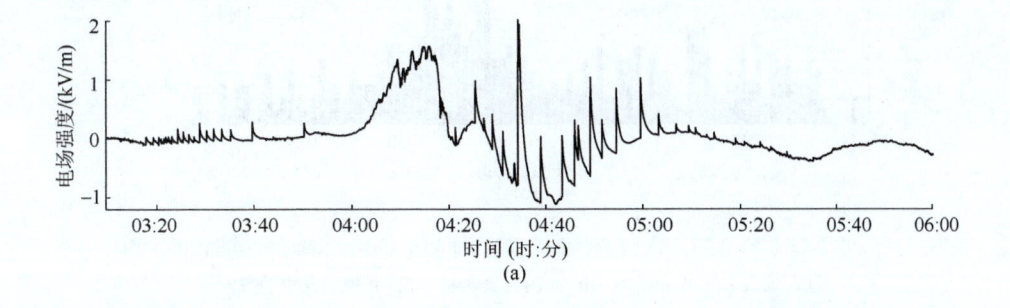

图 3.8 给出了 2019 年 8 月 13 日一次无降雹或霰雷暴过程近地面大气平均电场和闪电频数随时间的变化。此次雷暴过程没有观测到霰或冰雹。雷暴过程于凌晨约 03:00 在测站北边生成，并向测站方向移动，约 03:20 开始影响测站。快、慢天线探测到闪电信号，大气电场上可见放电脉冲。04:00 左右，大气电场变化为正值，达到约 1.5 kV/m，说明雷暴正电荷起主要作用。随后地面电场值开始下降，约 04:20 电场转为负值，说明此时测站主要受负电荷区控制。直至 05:20 左右，雷暴过程结束。此雷暴过程中，共发生闪电 63 次，负地闪 38 次，云闪 25 次，负地闪在整个雷暴生命周期内均有发生，占闪电总数的 60.3%。

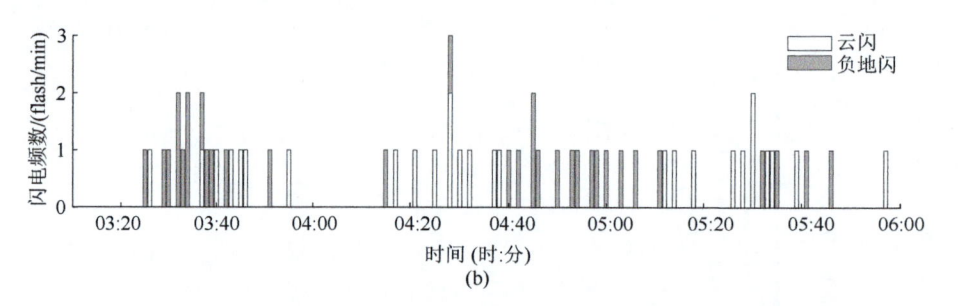

图 3.8　2019 年 8 月 13 日一次无降雹或霰雷暴过程近地面大气平均电场和闪电频数随时间的变化
(a) 地面大气电场强度；(b) 由快天线得到的云闪以及负地闪发生频数

图 3.9 是 2020 年 7 月 8 日一次自西北向东南方向移动的雷暴天气过程，在地面观测到降霰。雷暴于 16:00 左右经过观测站点附近，大气电场仪所观测到的地面平均电场为负。16:15 地面电场极性迅速反转为正并增强至约 6 kV/m，并于 16:17 ~ 16:36 测站位置观测到降霰。降霰前后，闪电活跃，对应地面电场频繁变化。降霰约 10 min 后电场开始减小为负电场，于 16:32 达到约 −5 kV/m，随后降霰逐渐停止。整个雷暴天气过程探测到 368 次闪电，其中地闪 36 次，占闪电总数的 9.8%，正地闪仅 1 次，占地闪的 3%。降霰前 10 min，平均总闪频数约为 3.7 flash/min，地闪频数较低。闪电频数在降霰前跃增至 6 flash/min，随后出现短暂降低并在降霰后再次增加，最大总闪频数为 10 flash/min。降霰阶段，没有发生地闪。雷暴移出测站附近并进入消散阶段时，仅探测到一次正地闪和一次负地闪，云闪频数也显著减少。整体闪电频数高于 Qie 等（2005a，2005b）报道的西藏那曲市和青海大通县的降雹过程。

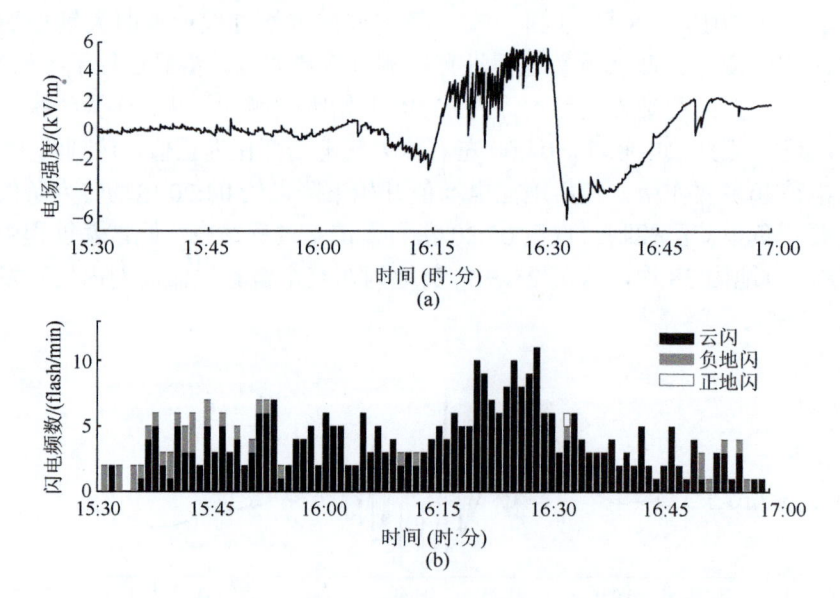

图 3.9　2020 年 7 月 8 日一次降霰雷暴过程的地面电场和闪电频数随时间的变化
(a) 地面大气电场强度；(b) 云闪、负地闪，以及正地闪发生频数

3.2.3 典型雷暴云内的电荷结构特征

闪电 VHF 干涉仪定位系统可以获得闪电放电辐射源的时空分布信息，根据辐射源的发展速度、通道密集程度和发展特征，可以判断其放电极性，并推断出对放电有贡献的电荷区极性。雷暴云中的正极性先导通道在负电荷区发展传输，而负极性先导通道在雷暴云中的正电荷区发展传输。一般认为，正极性先导的发展速度为 10^4 m/s 量级，负极性先导的发展速度比正极性先导大一个量级；而且正极性先导的辐射强度一般弱于负极性先导产生的辐射强度；在正极性尾部或者通道上一般产生负极性反冲，其沿着正极性先导通道往回传输到负极性先导通道上。反冲先导在正极性先导通道上的传输部分可以归类为原有正极性先导通道。一次雷暴过程的每一次闪电的辐射源极性可以根据上述判断依据进行分类，得到不同极性先导通道的方位角-仰角分布，并针对不同时段进行叠加，从而反演出该雷暴云内参与放电的电荷结构演变。

1. 一次高地闪比例雷暴过程的雷暴云内电荷结构特征

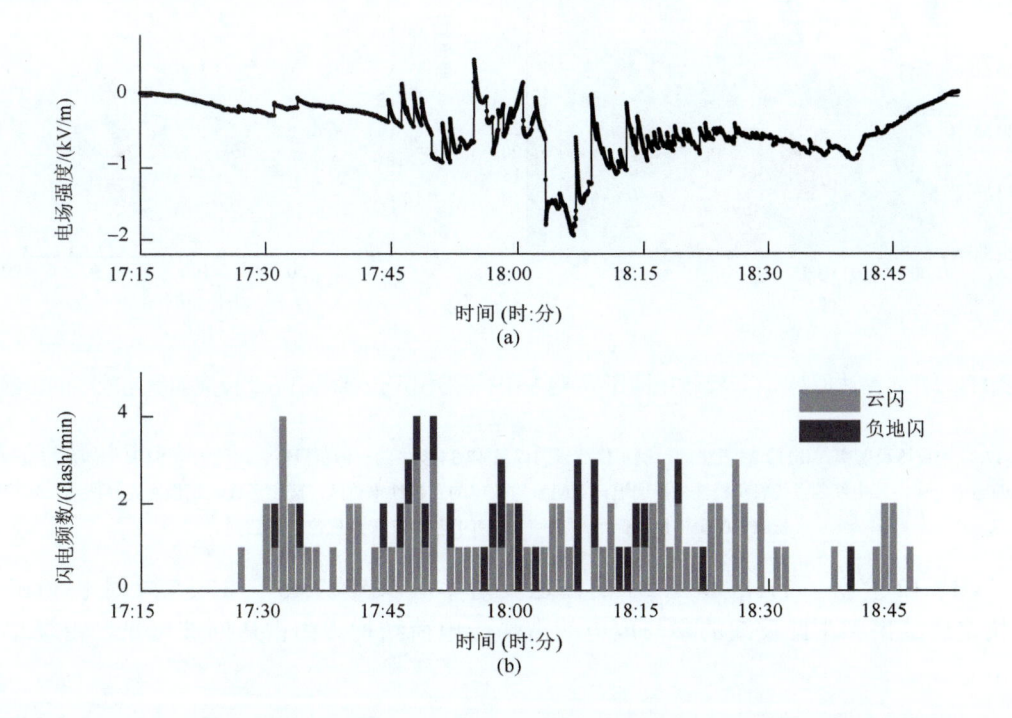

图 3.10 给出了 2020 年 7 月 12 日发生的一次雷暴过程地面电场和闪电频数随时间的变化。其中，根据快电场波形判别云闪及负地闪类型，在此基础上结合闪电 VHF 干涉仪定位结果判别负极性云闪和正极性云闪。约 17:01 雷暴单体生成于测站东南区域，并向测站方向移动，其对流区边缘在 17:15 移动到测站上空，并继续向测站东北方向移动，18:45 移动到测站东北偏北方向约 18 km。根据快电场波形统计得到本次雷暴过程 17:26 ～ 18:46 共发生云闪 84 次，负地闪 29 次。其中，雷暴当顶阶段（17:34 ～ 18:21）大气电场为负值，发生了云闪 42 次，负地闪 25 次。根据闪电 VHF 干涉仪定位结果判别期间发生的云闪中，16.6%（7/42）的云闪为正极性云闪。

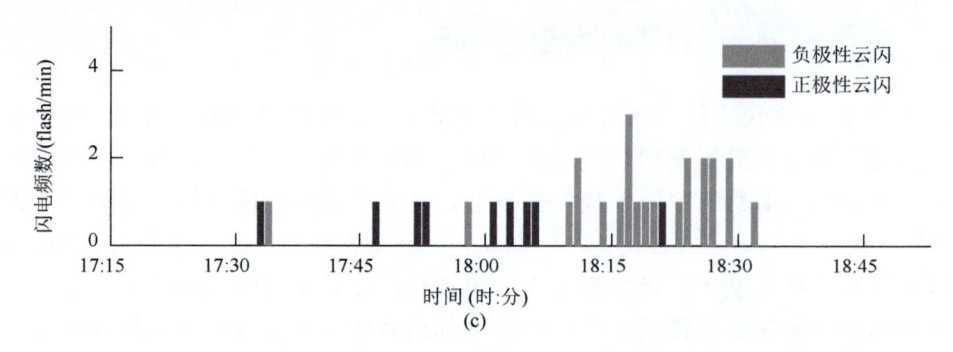

图 3.10 2020 年 7 月 12 日一次雷暴过程的地面电场和闪电频数随时间的变化
(a) 地面大气电场强度；(b) 云闪和负地闪发生频数；(c) 负极性云闪和正极性云闪发生频数

该雷暴过程从测站的东南方向向东北方向移动的过程中，闪电辐射源的方位角变化快、跨度大，因此针对此次雷暴过程，本节只挑选了部分典型时段内的闪电做闪电辐射源定位结果合成，并反演出参与放电的雷暴云电荷结构，同时与雷达反射率进行对比分析。图 3.11 给出了 17:34 雷达反射率以及该时段附近闪电 VHF 干涉仪定位结果和由此反演的参与放电的雷暴云电荷结构。从雷达回波可以看出，雷暴的一个强对流中心出现在测站的东南偏南方向。由闪电 VHF 干涉仪定位结果可知，此时正极性云闪和负极性云闪均有发生，说明雷暴云内电荷分布是三极性电荷结构。

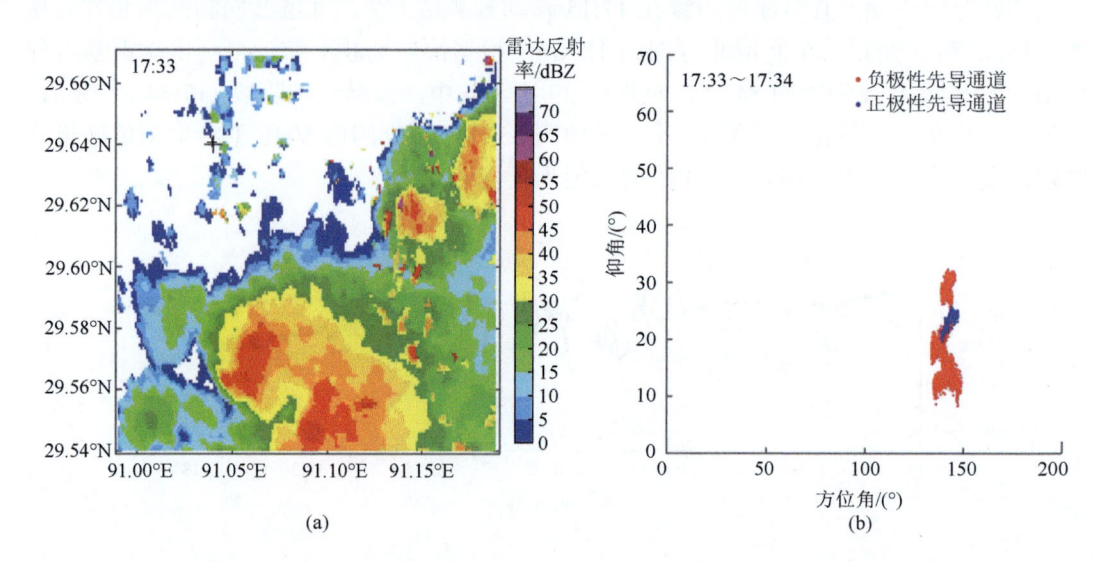

图 3.11 17:34 雷达反射率以及该时段附近闪电 VHF 干涉仪定位结果和由此反演的参与放电的雷暴云电荷结构

(a) 17:34 的雷达反射率。(b) 17:33 发生的一例正极性云闪以及 17:34 发生的一例负极性云闪的闪电 VHF 干涉仪定位辐射源的通道合成，其中红色点代表负极性先导通道，对应参与放电的正极性电荷区；蓝色点代表正极性先导通道，对应参与放电的负极性电荷区。"+"表示闪电 VHF 干涉仪位置，后同

图 3.12 给出了 17:45 和 17:51 的雷达反射率，以及 17:45～17:55 内闪电 VHF 干涉仪定位结果和由此反演的参与放电的雷暴云电荷结构。由雷达回波可见，雷暴单体

第 3 章　拉萨雷暴和闪电观测及其物理特征

向北移动，已经移动到测站的东南方，因此相比于图 3.11，闪电的方位角开始减小。图 3.12(c) 和图 3.12(d) 的闪电发生在 17:45～17:55，但参与放电的电荷层不同，且产生两种类型的负地闪。图 3.12(c) 中闪电发生于三极性结构的下部反偶极性结构，且均为负地闪。这种情形下，闪电在下部反偶极性结构中始发，负极性先导通道向下发展，穿透下部正电荷区并接地引发回击。

图 3.12(d) 中闪电发生于三极性结构的上部偶极性结构，并参与产生第二种类型的负地闪。两个负地闪接地点位置分别对应于图 3.12(a) 和图 3.12(b) 的圆圈点。由上部负极性先导通道的发展形态可知，两次负地闪在对流区起始后，负极性先导通

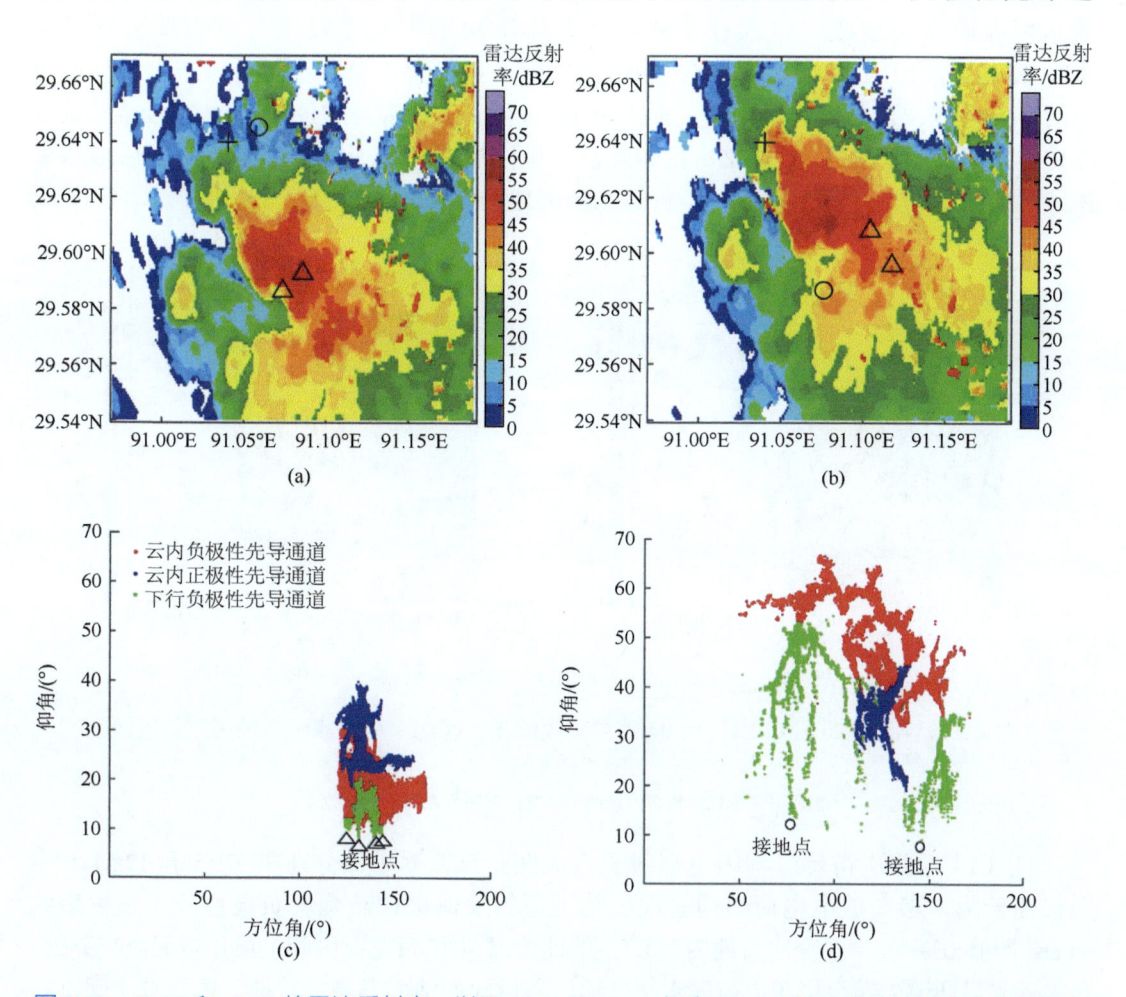

图 3.12　17:45 和 17:51 的雷达反射率，以及 17:45～17:55 闪电 VHF 干涉仪定位结果和由此反演的参与放电的雷暴云电荷结构

(a) 17:45 的雷达反射率和国家电网地闪定位网给出的回击点位置；(b) 17:51 的雷达反射率和国家电网地闪定位网给出的回击点位置；(c) 17:45～17:55 发生的 4 例负地闪的通道合成；(d) 17:45～17:55 发生的 3 例正极性云闪、2 例负地闪的通道合成。(c) 和 (d) 中红色点代表云内负极性先导通道，对应参与放电的正电荷区；蓝色点代表云内正极性先导通道，对应参与放电的负电荷区；绿色点代表下行负极性先导通道。(a) 和 (b) 中的黑色圆圈代表 (d) 中上部偶极性结构产生的两次负地闪接地点的位置，黑色三角形代表 (c) 中下部反偶极性结构产生的四次负地闪接地点位置。负地闪接地点位置仰角不为零

43

道先向上发展，再转向水平发展，最后向下发展并接地，接地点仰角大于0°，推断负地闪接地点在山上。这种类型的负地闪始发自上部偶极性结构，负极性先导通道在上部正电荷区水平发展，最后转向朝地面发展接地引发回击。

2. 一次短时雷暴单体的云内电荷结构特征

2021年8月20日在测站西南方观测到一次持续时间约1 h的雷暴单体。在雷暴单体活跃阶段，大气电场较弱，每米仅有几十到一百伏，其间探测到发生了2次云闪和1次负地闪放电（图3.13）。根据雷达回波特征判断，该雷暴单体于17:53左右在测站西偏南方向生成，自西往东移动，单体结构水平尺度较小，中心雷达反射率大于45 dBZ。由国家电网地闪定位网给出的回击点位置可见，雷暴单体产生了一次负地闪。接地点位于雷暴单体之外，估算接地点水平距离雷暴对流中心约7.0 km，接地点位置雷达反射率低于15 dBZ，推断此次负地闪属于"晴天霹雳"事件。随后雷暴单体继续向东移动，并逐渐消散，不再探测到闪电的发生。

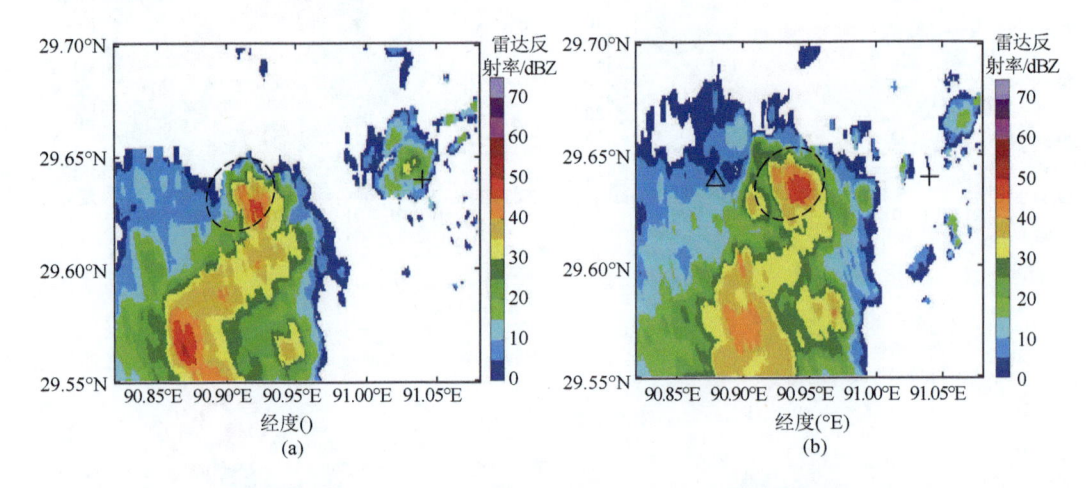

图3.13 2021年8月20日17:53、18:04雷暴过程的雷达反射率和国家电网地闪定位网给出的回击点位置

黑色三角形代表负地闪接地点位置；椭圆代表雷暴单体位置

图3.14为此次雷暴过程闪电辐射源合成图。该雷暴单体分别在17:55和17:57发生负极性云闪，参与放电电荷结构呈现上负下正的反偶极性结构。负极性云闪发生后约6 min（即18:03），发生了一次负地闪。该负地闪起始于中层负电荷区和上层正电荷区交界处，负极性先导通道先在上层正电荷区水平传输，随后向着地面发展并接地，诱发首次回击。多个反冲先导在中层负电荷区始发，并沿着原有正极性先导通道往负极性先导通道传输。其中，两个反冲先导沿着负极性先导通道形成的接地通道一直传输到地面，形成两次直窜先导-回击过程。雷暴单体参与放电的云内电荷结构呈现正-负-正三极性结构。负极性云闪发生时，参与放电的电荷区是下部正电荷区和中部负电荷区，负地闪（晴天霹雳）发生时，参与放电的电荷区主要是上部正电荷区和中部负电荷区。

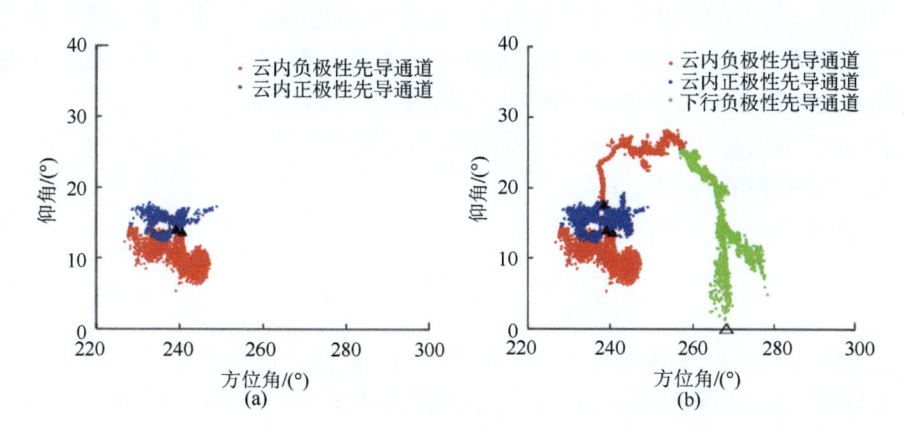

第 3 章　拉萨雷暴和闪电观测及其物理特征

图 3.14　2021 年 8 月 20 日测站西南方雷暴单体 17:53～17:55 闪电辐射源通道合成（a）和 17:53～18:10 闪电辐射源通道合成（b）

图中红色点代表云内负极性先导通道，对应参与放电的正电荷区；蓝色点代表云内正极性先导通道，对应参与放电的负电荷区；绿色点代表向地面发展的下行负极性先导通道。黑色三角形标记的是不同闪电过程的起始位置。空心三角形代表负地闪的接地点

3.3　拉萨闪电物理特征和发展过程

3.3.1　地闪回击波形的统计特征

图 3.15 为基于负地闪回击快电场波形特征参数的定义说明图，图中电场极性采用

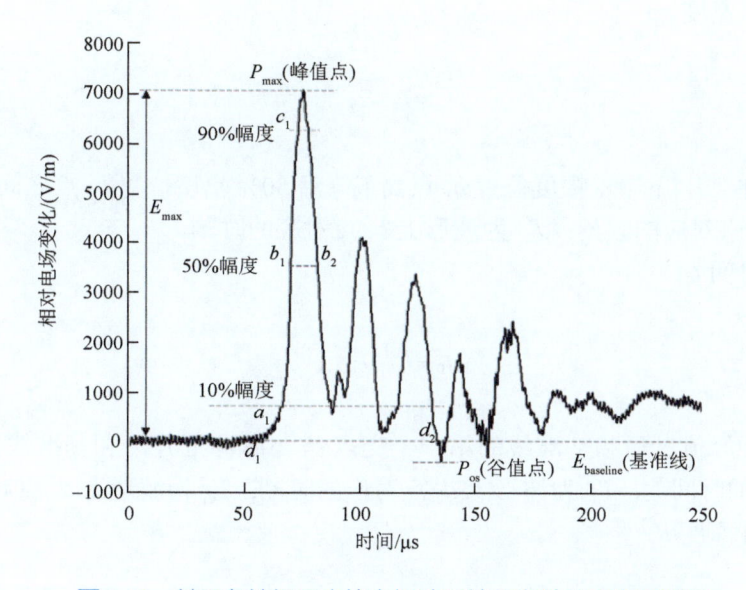

图 3.15　基于负地闪回击快电场波形特征参数的定义说明图

了大气电学定义，即云中向地面输送负电荷（云中负电荷减少）引起的电场变化为正。回击的快电场波形在微秒和亚微秒时间分辨率上通常具有典型的特征，即较大的幅值和快速变化的上升沿等，这是本章识别地闪并进行分析的基础。

通过图 3.15 中所标注的波形幅度和基准位置，对波形的参数定义如下。

（1）回击电场初始峰值 $E_{\max}$：

$$E_{\max} = E_{P_{\max}} - E_{\text{baseline}} \tag{3.2}$$

式中，$E_{\max}$ 为回击峰值点与基准线之间的电场差值；$P_{\max}$ 为回击峰值点；$E_{P_{\max}}$ 为回击峰值点处的电场值；baseline 为基准线；E_{baseline} 为回击电场波形的基准电场值。

（2）10%～90% 上升时间 t_r：

$$t_r = T_{c_1} - T_{a_1} \tag{3.3}$$

式中，t_r 为脉冲上升沿 10% 幅度位置 a_1 点到 90% 幅度位置 c_1 点之间的时间差；T_{c_1} 为波形上 c_1 点对应的时刻；T_{a_1} 为波形上 a_1 点对应的时刻。

（3）下降时间 t_f：

$$t_f = T_{d_2} - T_{P_{\max}} \tag{3.4}$$

式中，t_f 为回击峰值点 $P_{\max}$ 到下降沿与基准线相交的第一个零点 d_2 之间的时间差；T_{d_2} 为波形上 d_2 点对应的时刻；$T_{P_{\max}}$ 为波形上回击峰值点 $P_{\max}$ 对应的时刻。

（4）半峰值宽度 t_w：

$$t_w = T_{b_2} - T_{b_1} \tag{3.5}$$

式中，t_w 为脉冲上升沿 50% 幅度位置 b_1 点到下降沿 50% 幅度位置 b_2 点之间的时间差；T_{b_2} 为波形上 b_2 点对应的时刻；T_{b_1} 为波形上 b_1 点对应的时刻。

（5）过零时间 t_0：

$$t_0 = T_{d_2} - T_{d_1} \tag{3.6}$$

式中，t_0 为脉冲峰值过后和基准线的第一个交点 d_2 与脉冲上升沿和基准线相交的起始位置 d_1 点之间的时间差；T_{d_2} 为波形上 d_2 点对应的时刻；T_{d_1} 为波形上 d_1 点对应的时刻。

（6）负反冲深度 R：

$$R=E_{os}/E_{max} \tag{3.7}$$

式中，R 为回击脉冲负向过零之后，波形的最大峰值与回击初始峰值的百分比；E_{os} 为负反冲过后最大峰值，即谷点 P_{os} 处电场值 $E_{P_{os}}$ 与 $E_{baseline}$ 之间的差值（$E_{baseline}-E_{P_{os}}$）。

（7）回击间隔：为一次地闪中继后回击峰值与前一次回击峰值间的时间差。

图 3.16 给出了负地闪回击次数分布和回击间隔分布，随着回击次数的增加，负地闪数量逐渐减小，其中单回击负地闪样本数最多，占负地闪的 29.9%。观测到的一次负地闪过程回击数可多达 13 次，平均回击次数为 3.4[图 3.16(a)]，与羊八井地区负地闪单次回击比例 21%，平均回击次数 3.6 较为接近（王俊芳等，2011）。负地闪回击间隔分布在 0.35 ~ 673.5 ms，服从对数正态分布，几何平均值为 48.7 ms[图 3.16(b)]，小于黎勋等（2017）对北京地区的研究结果（59 ms），但比较接近郄秀书等（2001）报道的甘肃中川内陆高原地区的结果（46.6 ms）。

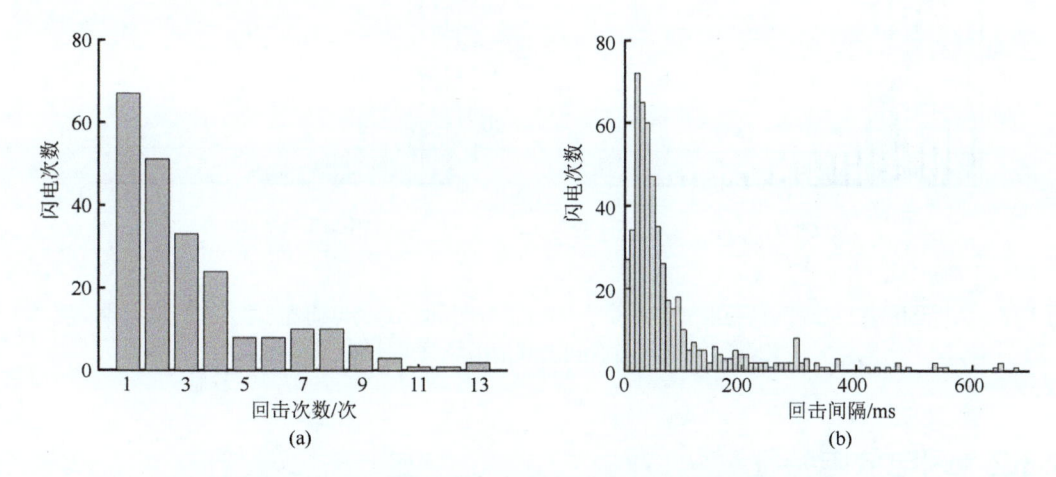

图 3.16　负地闪回击次数分布（a）和回击间隔分布（b）

图 3.17 给出了负地闪首次回击和继后回击的电场变化波形统计结果。从图 3.17 中可以看出，负地闪首次回击 10% ~ 90% 上升时间分布在 1.40 ~ 19.9 μs，几何平均值为 7.2 μs；继后回击更快，10% ~ 90% 上升时间为 1.0 ~ 14.8 μs，几何平均值为 3.4 μs。首次回击和继后回击半峰值宽度几何平均值分别为 12.0 μs 和 8.5 μs，远大于房广洋等（2012）在大兴安岭地区获得的结果（首次回击半峰值宽度 5.6 μs，继后回击 4.5 μs）以及黎勋等（2017）在北京地区的观测结果（首次回击和继后回击的半峰值宽度分别为 3.7 μs 和 2.8 μs）。负反冲深度均小于初始峰值，首次回击负反冲深度几何平均值为 0.19，而继后回击负反冲深度几何平均值为 0.14。继后回击与首次回击峰值电场强度比值分布在 0.04 ~ 4.9，几何平均值为 0.6。至少一次继后回击峰值电场强度大于首次回击的负地闪占 32.9%。

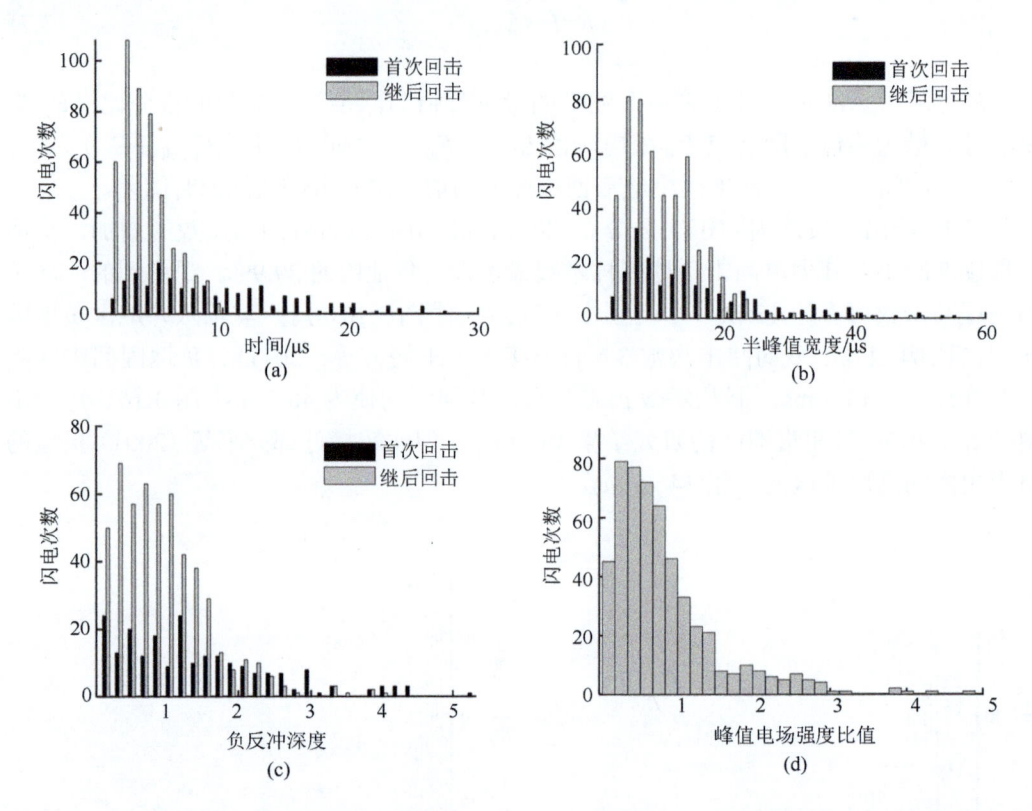

图 3.17　负地闪首次回击和继后回击的 10%～90% 上升时间（a）、半峰值宽度（b）、负反冲深度（c）和继后回击与首次回击峰值电场强度比值（d）

3.3.2　闪电放电特征

一次地闪包含了发生在云内的过程（预击穿过程）和云外的过程（下行负先导过程、连接过程和回击过程）。地闪发生时，雷暴云中的电荷通过雷暴云和地面之间的放电通道向地面传输，接地通道内电流峰值能够达到数十千安甚至上百千安。地闪在其接地通道及接地点附近产生强烈的电磁辐射和高温效应，容易导致高架线路损坏和森林火灾以及人员伤害等。对云闪的先导过程，以及正、负地闪的先导-回击过程进行研究，了解其发生、发展和传输的物理机制，有助于人们认识雷电，对于减少雷击对人们生产和生活造成的损失具有重要的意义。

1. 云闪的放电过程特征

本节以 2021 年 8 月 20 日同一次雷暴过程中相继发生的一次负极性云闪和正极性云闪过程为例，来说明高原云闪的放电过程特征。根据气象雷达回波估计，两次云闪发生时对应雷暴距离测站大约 9 km。图 3.18 为 2021 年 8 月 20 日 18:32 一次负极性云闪过程，正极性先导通道在负极性先导通道上部。这次负极性云闪是由反偶极子电荷结构（中部负电荷区和下部正电荷区）产生的。闪电放电在仰角约 28.3° 处起始，放电过程持续约 139.1 ms。根据闪电 VHF 干涉仪给出的辐射源二维定位结果，放电的方位角为 125°～162.3°，仰角为 8.9°～33.9°。

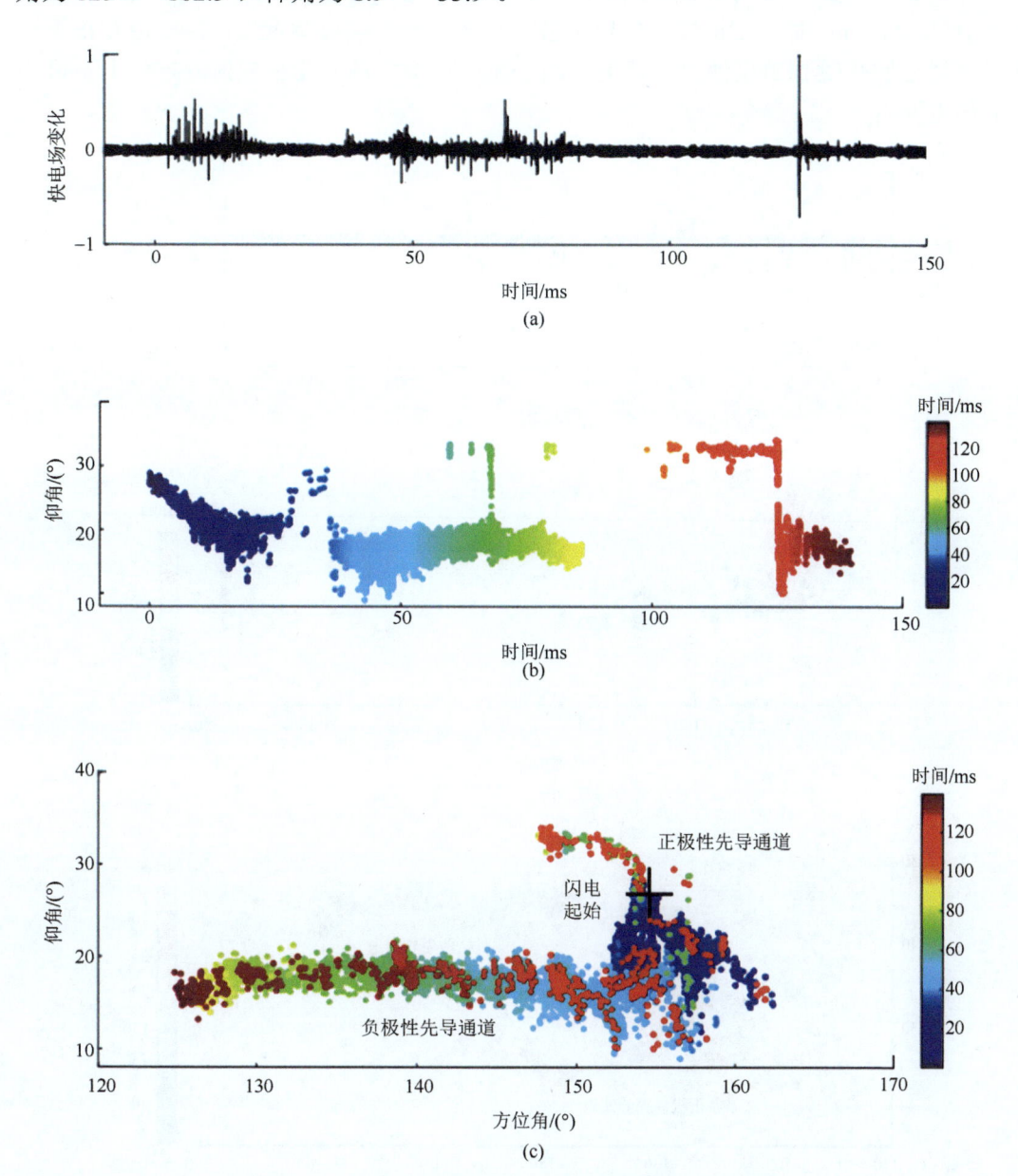

图 3.18　2021 年 8 月 20 日 18:32 一次负极性云闪过程

(a) 快电场随时间的变化；(b) 闪电 VHF 干涉仪给出的闪电 VHF 辐射源仰角随时间的变化；(c) 闪电辐射源方位角-仰角二维定位结果。黑色加号标记了闪电的起始位置

图 3.19 为 2021 年 8 月 20 日 18:35（图 3.18 云闪发生之后 3 min）一次正极性云闪过程，负极性先导通道在正极性先导通道上部，对应电荷分布呈上正下负结构。该次

正极性云闪持续约 343.2 ms，放电尺度较大。本次云闪过程起始于仰角约 31.7° 处，从闪电 VHF 干涉仪定位结果可知，闪电起始后，负极性先导通道朝着仰角增大方向发展传输。正极性先导通道发展过程中伴随着零星放电和间歇不断的小反冲过程。闪电发展到约 341.7 ms 时，在正极性先导通道末端产生一个强反冲过程，沿着原有正极性先导通道往回传输到负极性先导通道末端，随后在快电场变化和辐射源定位上不再探测到闪电发生。

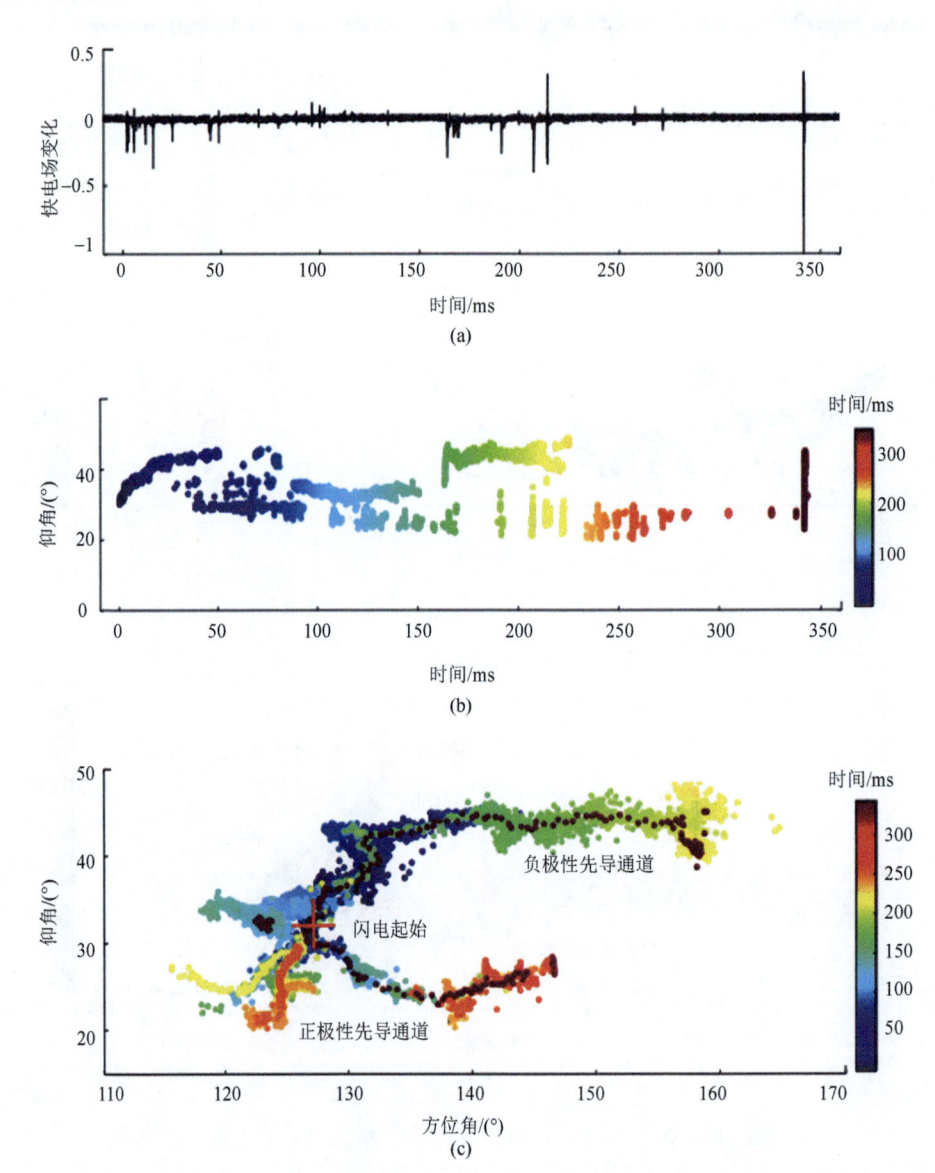

图 3.19　2021 年 8 月 20 日 18:35 一次正极性云闪过程

(a) 快电场随时间的变化；(b) 闪电 VHF 干涉仪给出的闪电 VHF 辐射源仰角随时间的变化；(c) 闪电辐射源方位角 – 仰角二维定位结果。红色加号标记了闪电的起始位置

该次雷暴过程仅发生云闪，推断在雷暴云底部有尺度较大且电荷量较多的正电荷区，大部分从主负电荷区始发的反冲先导向下传输时都在正电荷区停止，无法形成负地闪。Qie 等（2005a）曾指出雷暴云下部强正电荷区有利于反（负）极性云闪但不利于负地闪的发生，负极性地闪多发生于较强对流的降雹或强降水之后，此时降雹或强降水使得下部强正电荷区减弱，有利于激发预击穿过程，进而发生负电荷区与地面之间的负地闪放电。

2. 一次正地闪的放电特征

图 3.20 给出 2020 年 7 月 8 日雷暴过程降雹后期一次单回击正地闪放电所产生的电磁场波形、闪电 VHF 干涉仪定位结果及高速摄像合成图。整个闪电持续时间约 254.6 ms，回击之前也有长时间的云内放电过程，约 145.8 ms。通过高速摄像资料判断，回击后连续电流时间约 65.6 ms。根据地闪定位资料，此次正地闪峰值电流约 36.9 kA。

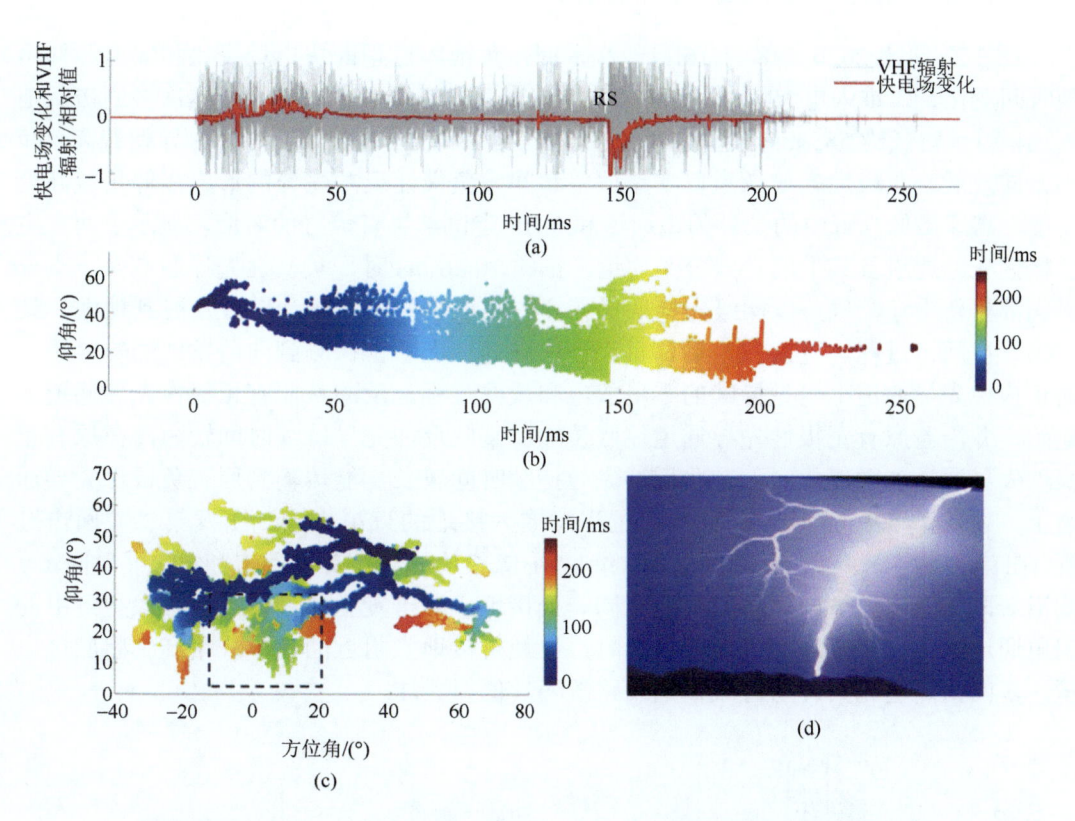

图 3.20 2020 年 7 月 8 日雷暴过程的一次正地闪放电过程电磁场及成像结果
(a)2020 年 7 月 8 日雷暴过程的一次正地闪的快电场变化及 VHF 辐射；(b)闪电 VHF 干涉仪给出的闪电 VHF 辐射源仰角随时间的变化；(c)闪电 VHF 干涉仪定位方位角 - 仰角二维定位结果；(d)高速摄像合成图。其中 RS 代表回击，(c) 中虚线长方形代表（d）中高速摄像机视野范围

结合电场变化及闪电 VHF 干涉仪定位结果发现，闪电起始表现为向上发展的负极性先导放电，约 2.2 ms 后逐渐呈分叉状发展，定位辐射源主要集中在放电先导头部。约 13.4 ms 后，在起始点下方定位到向下发展的正先导，随后辐射源点沿正极性先导通道离散分布，形成三路主分支通道。正、负先导同时向外发展，呈现为双层结构特征，其中一路正先导分支向地面发展并最终引发正回击，其云外通道的光学图像与闪电 VHF 干涉仪定位结果有较好的对应。回击前电场脉冲变化均由云内负先导梯级发展产生，正先导发展未产生明显电场脉冲。紧跟回击，VHF 辐射迅速增强，云内负先导头部快速向前发展直至连续电流结束。回击后，原有正极性先导通道的 VHF 辐射基本停止，仅在一路正先导分支头部定位到零星放电，以及沿该分支通道向闪电起始区域发展的多次反冲先导。根据放电通道极性判断，参与此次正地闪放电的电荷区域为上部正电荷区和下部负电荷区。

3. 一次多回击下行负地闪放电过程特征

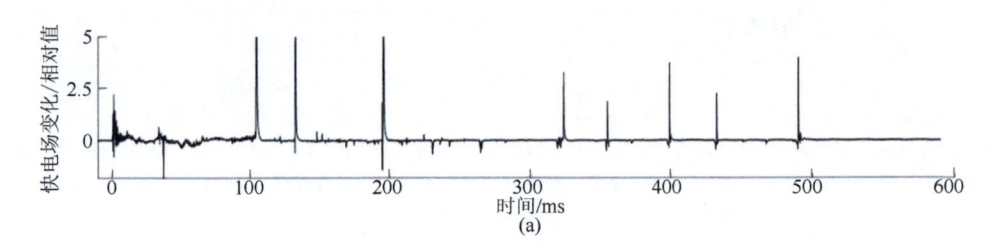

图 3.21 给出 2020 年 8 月 16 日一次多回击负地闪过程的快电场变化和辐射源仰角随时间变化、二维闪电 VHF 干涉仪定位结果以及高速摄像合成结果。本次多回击负地闪过程持续时长约 585 ms，起始仰角较低，约为 27°。闪电起始后，负先导朝着仰角减小方向发展。正极性先导通道以零星放电和间歇负极性反冲先导的形式在仰角较高处发展。高速摄像视野中的云外闪电通道和 VHF 定位结果有较好的对应，显示了两支主负极性先导通道及其上的一些分叉通道。在约 104.6 ms 时，负极性先导通道上一支分叉头部重新击穿空气，以梯级先导形式朝仰角减小的方向发展，最后发展到地面，诱发第一次回击过程。首次回击后，负极性先导通道上不再探测到向前发展的辐射源，而正极性先导通道上可见持续的零星放电和反冲过程。反冲从原有正极性先导通道上起始，并沿着原有正极性先导通道往回传输。某些反冲先导持续时间较短，在原有正极性先导通道上即停止；而某些反冲先导持续时间较长，能传输到原有负极性先导通道上。在约 195.9 ms 时，一个反冲过程发展为接地的直窜先导，引发第二次回击过程。在首次先导-回击之后共发生 6 次继后回击。7 次回击（首次回击和 6 次继后回击）均沿着同一接地通道向地面发展并在同一处接地。回击发生时，在高速摄像视野中的闪电通道光强有明显增大。地闪发生时，会使得接地点附近的输电线路产生感应过电压，多回击闪电尤其容易造成输电线路故障，值得关注。

(a)

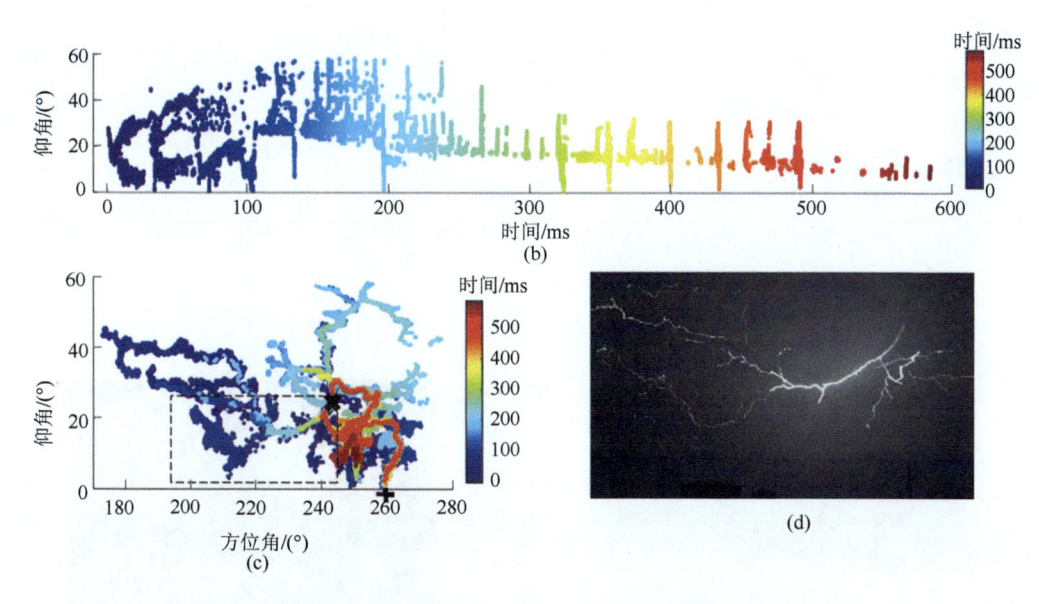

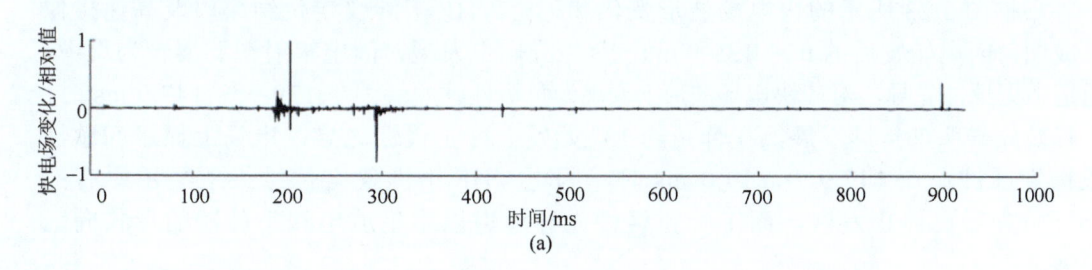

图 3.21 2020 年 8 月 16 日一次多回击负地闪过程

(a) 快电场随时间变化；(b) 辐射源仰角随时间的变化；(c) 闪电辐射源方位角-仰角二维定位结果；(d) 高速摄像合成图。(c) 中虚线黑框对应 (d) 中呈现的高速摄像视野范围。✚表示先导-回击接地点，✖表示闪电起始点

4. 触发型高塔上行闪电

2020 年 8 月 2 日 04:06:46 探测到一例高塔上行闪电，产生的地面电场变化和干涉仪定位结果如图 3.22 所示。0 ms 时，云中一支正先导头部靠近并连接到高塔尖端，随后在该正先导上有零星放电，并形成小分叉。在 170.2 ms 时，一支小反冲先导在该正先导上起始，并沿着小分叉末端向外部环境传输。该反冲继续朝前发展，形成击穿空气的负极性先导，并不断向仰角增大方向发展，在电场上产生负极性脉冲。在 292.3 ms 时，从塔底部始发一支向上的反冲先导，朝着负极性先导通道发展，电场上产生大的负极性脉冲（类似正地闪产生的快电场波形）。经过约 133.2 ms 后，在横向的正极性先导通道先后发生两次长距离反冲先导，但由于先导基本呈水平发展，因此电场波形上的变化较小。

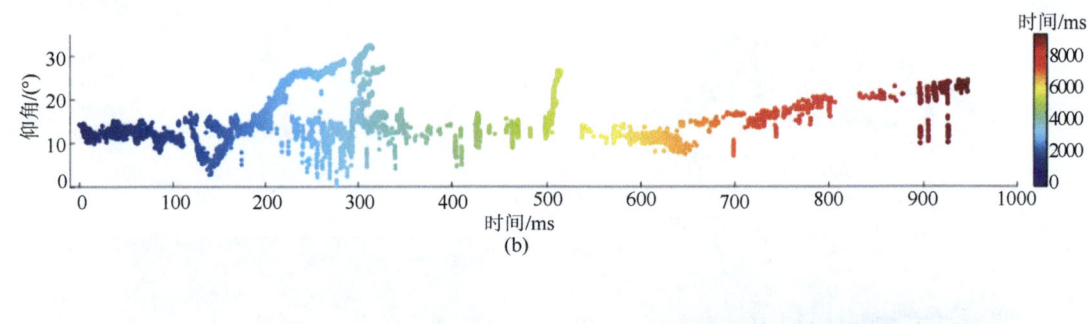

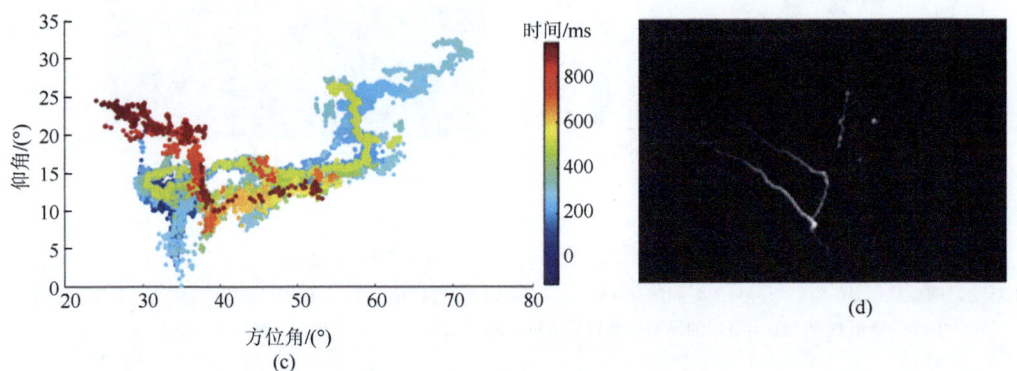

图 3.22　2020 年 8 月 2 日 04:06:46 一例高塔上行闪电产生的地面电场变化和干涉仪定位结果
(a) 快电场随时间变化；(b) 辐射源仰角随时间的变化；(c) 闪电辐射源方位角-仰角二维定位结果；(d) 高速摄像合成图

3.3.3　正、负先导发展特征

1. 相继发生的上行负先导和上行正先导

2020 年 8 月 2 日 03:52:39 观测到在同一地点相继始发的上行负先导和上行正先导放电。根据地闪定位网的数据，闪电发生的经度、纬度为 91.20°E、29.72°N，闪电发生在测站东北方，水平方向距离测站约 17.9 km。

根据图 3.23 所示的快电场波形变化和闪电 VHF 干涉仪定位结果以及高速摄像合成图，闪电始发后的 0～139.9 ms，负先导向上发展，闪电辐射源发展较为集中，通道上无反冲先导，对应快电场波形上表现为负极性脉冲簇；在 139.9～147.9 ms 时，上行负先导头部持续发展，在仰角约 13° 始发上行正极性先导，电场上显示间歇性正极性脉冲；在 147.9～759.0 ms 时，闪电 VHF 干涉仪定位结果上显示原有的上行负先导已停止发展，而上行正极性先导通道以零星放电和小脉冲的形式向上发展。

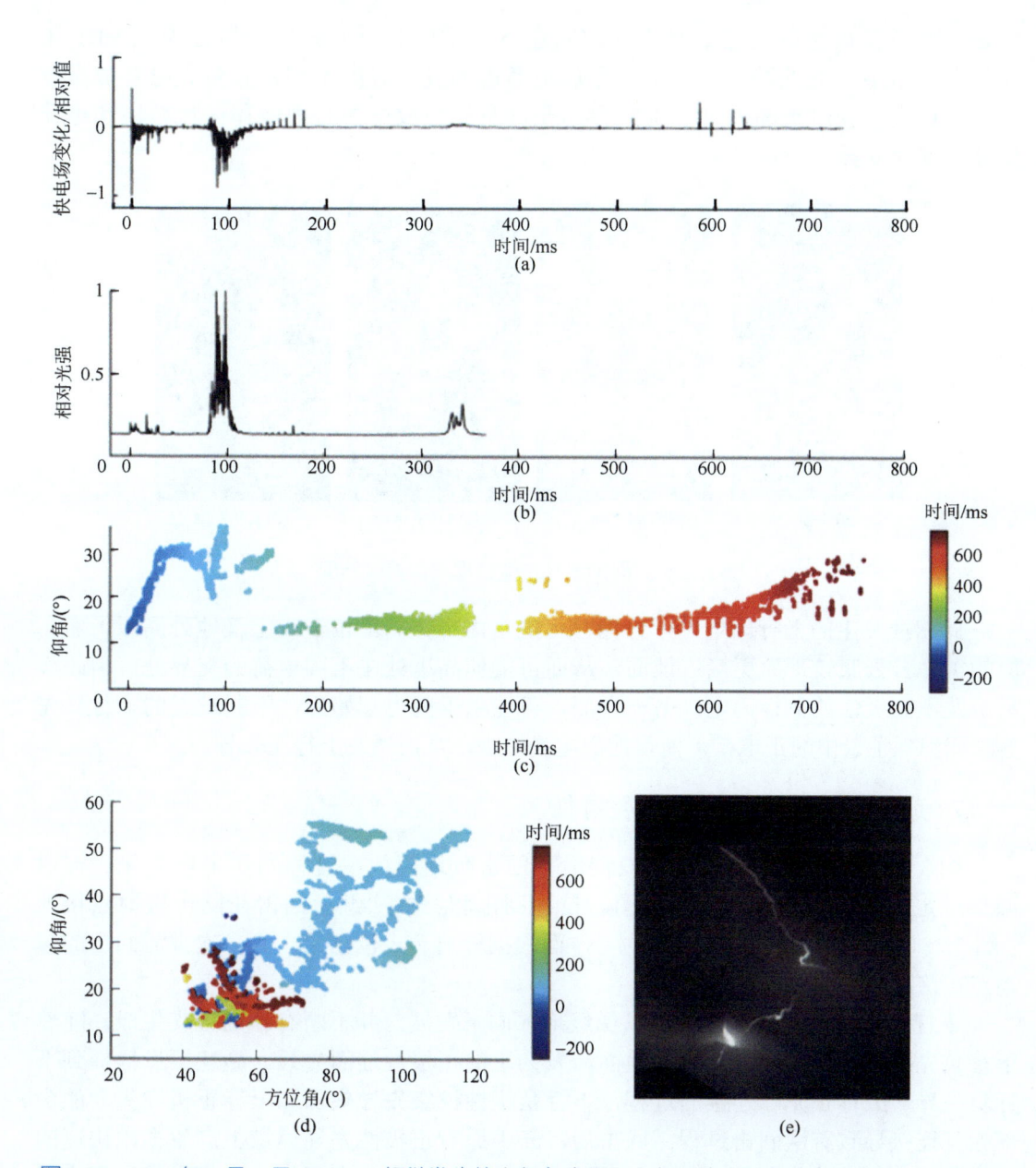

第 3 章　拉萨雷暴和闪电观测及其物理特征

图 3.23　2020 年 8 月 2 日 03:52:39 相继发生的上行负先导和上行正先导过程的电场变化、干涉仪定位和通道光学拍摄

(a) 快电场随时间变化；(b) 相对光强随时间变化；(c) 闪电辐射源仰角随时间的变化；(d) 闪电辐射源方位角-仰角二维定位结果；(e) 高速摄像合成图。(b) 中高速摄像拍摄时间只到 366.7 ms

从图 3.24 先导始发和传输过程高速摄像结果可以看出，初始负先导云外通道发光亮度较高。随着云内负先导的发展，初始负先导云外通道光强减弱，并出现多次亮度突然增强事件，伴随云层亮度增强，推断云内放电通道发展促进了对地电荷转移。在负先导向高仰角方向发展过程中，高速摄像视野可见低仰角处始发向上发展的正

55

先导，随后在该通道上先后发生 6 次向左下方发展的反冲先导。结合闪电 VHF 干涉仪定位结果，可以看出正、负先导放电通道的发展方向不同，且负先导的放电通道尺度更大，强度更高，进而推断参与正、负先导放电的云内电荷区域范围和电荷量分布存在差异。

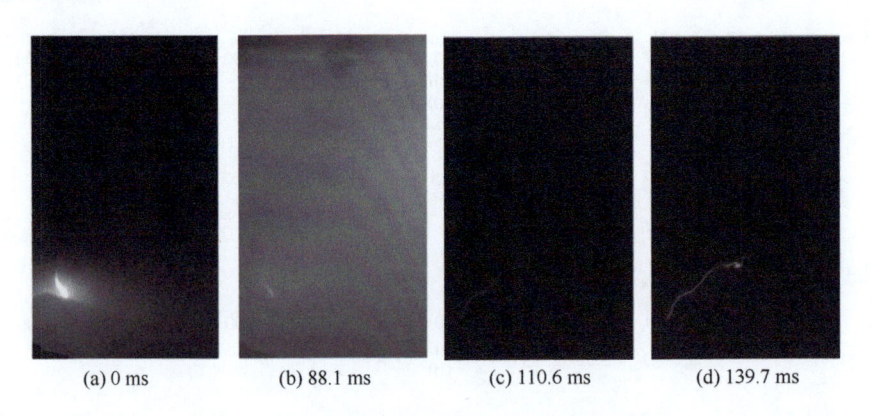

(a) 0 ms　　(b) 88.1 ms　　(c) 110.6 ms　　(d) 139.7 ms

图 3.24　先导始发和传输过程高速摄像结果

此相继发生的上行闪电，一方面，可能是由于该高塔位于山上又地处高原，而高原的雷暴云云底较平原更接近地面，从而可能使高塔处在不同电荷的交界处，因此容易诱发不同极性的上行闪电；另一方面，可能由于闪电起始后，不断发展的上行负先导瞬间消耗了云中的正电荷，使得地面电场增大，从而诱发上行正先导。

2. 负地闪的多接地先导发展特征

图 3.25 给出了 2020 年一次双接地多回击负地闪放电过程的快电场变化、辐射源二维定位结果和高速摄像合成图。首次回击和第二次继后回击在同一接地点接地［图 3.25(e) 中高速摄像图黑色加号］，而根据辐射源定位结果，第一次继后回击的接地点在首次回击接地点的左侧。

下行负先导形成多支分叉，以梯级形式向下发展，并不断有新的分支生成。随着下行负先导逐渐朝向地面发展，地面激发向上的正极性迎面先导。高速摄像捕捉到下行负先导－上行正先导连接的过程，下行负极性梯级先导头部和上行正极性先导的头部相互连接导致首次回击过程。回击后，云中原有正极性先导通道上产生多次快速的反冲先导过程，其中一次反冲先导沿原有通道传输一段距离后转向击穿空气，形成新的梯级先导向下发展并接地，形成了第二次回击过程，其接地点区别于首次回击接地点，对应负先导在高速摄像视野中仍可见较多分叉通道。与第二次回击相同的是，第三次回击前的先导也是由云中原有正极性先导通道上产生的反冲先导往回传输过程引发，但继续沿着首次先导－回击通道发展成为直窜先导，其到达地面引发第三次回击。闪电多接地的发生与云地间的电位差、先导发展状况、通道特性以及连接过程等多种因素有关。闪电放电具有多样性，对于地闪的防护，尤其是多接地地闪的定位及防护技术提出了更高的要求。

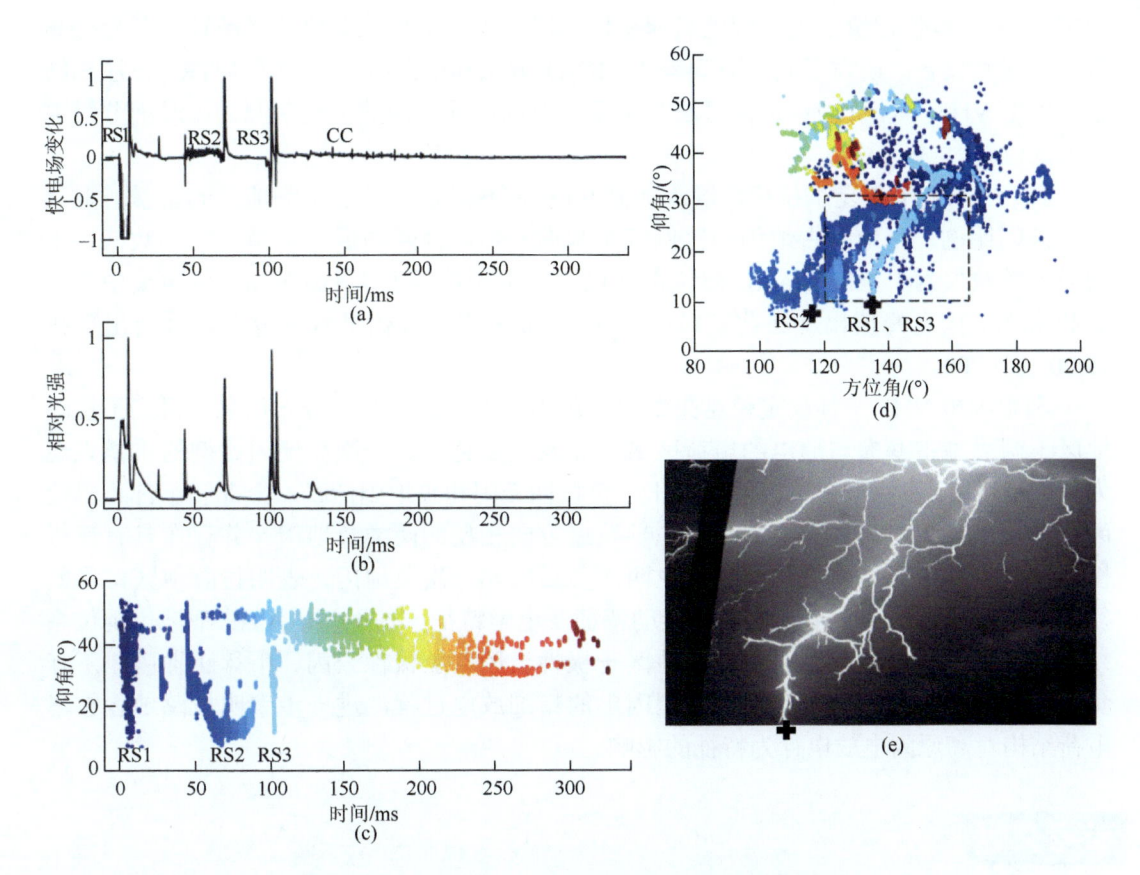

第3章　拉萨雷暴和闪电观测及其物理特征

图 3.25　2020 年一次双接地多回击负地闪放电过程

(a) 快电场随时间变化；(b) 相对光强随时间的变化；(c) 闪电辐射源仰角随时间的变化；(d) 闪电辐射源方位角－仰角二维定位结果；(e) 高速摄像合成图。RS1～RS3 代表三次回击过程，其中首次回击 RS1 和继后回击 RS3 在同一接地点接地 [(e) 中高速摄像图黑色加号]，而 RS2 在 RS1 和 RS3 接地点的左侧 [不在 (e) 中高速摄像视野内]。图 (e) 中黑色加号代表地闪接地点，图 (d) 中虚线框代表高速摄影光学视野。散点代表闪电辐射源，散点颜色随时间变化

从高速摄像相对光强变化中可以看出，在第三次回击发生后，接地通道持续发光，相对光强缓慢减小。从闪电辐射源的闪电 VHF 干涉仪定位结果可以看出，回击发生后，正极性先导通道末端持续不断地有零星放电，而且正极性先导通道末端不断向外延展，表明正极性先导通道持续在云中负电荷区朝前发展，从而使得云中负电荷往回传输，并沿着回击形成的接地通道向地面持续传输，从而维持此次连续电流过程。连续电流过程是地闪过程中一个非常重要的对地传输电荷过程，连续电流产生的热效应常常会导致重大的雷电灾害，可能造成油库爆炸、森林火灾、金属构筑物过热损伤和高架输电线损坏等。

3.4　小结

本章介绍了 2019～2021 年在青藏高原拉萨地区开展的高原雷暴与强对流闪电观测实验结果。科考团队在多个观测站点架设了多种高时间分辨率同步探测设备，包括

闪电 VHF 干涉仪定位系统、闪电高速摄像系统、大气电场探测仪和磁场辐射信号探测系统等观测设备；研发了到达时间差（TDOA）方法和电磁时间反转（EMTR）方法相结合的闪电 VHF 干涉仪融合定位算法，实现了对闪电通道弱放电辐射源的高时间分辨率二维定位。

2019～2021 年夏季拉萨地区观测到 90 次雷暴过程，发现拉萨地区的雷暴普遍具有高云闪比例，正地闪占地闪的比例低于那曲，接近内陆高原；雷暴闪电频数低，平均闪电频数仅为 1.1 flash/min，55% 雷暴最大闪电频数低于 4 flash/min；闪电集中在午后和傍晚，闪电峰值出现在北京时间 19:00，最大闪电频数呈双峰分布，峰值出现在 19:00 和 01:00。

利用闪电 VHF 干涉仪定位结果给出的闪电放电辐射源时空分布信息，得到了拉萨地区不同类型雷暴参与放电的电荷区域分布及演变特征。一次高地闪比例的雷暴表现为正-负-正三极性电荷结构，其间正、负极性云闪和负地闪活跃，上部和下部正电荷区都参与闪电放电，并产生了与负先导发展方向相反的两类负地闪。并存在具有三极性电荷分布的雷暴单体过程，仅发生两次负云闪和一次负地闪，表明拉萨地区雷暴的复杂性，不同雷暴具有不同的对流活动特征及电学特征。基于闪电 VHF 干涉仪定位系统和闪电高速摄像系统获得了拉萨地区正极性云闪、负极性云闪、下行正地闪、下行负地闪和触发型上行闪电等不同类型闪电的精细放电过程，进一步表明拉萨地区雷暴电荷结构对高原闪电放电行为特征的影响。

参考文献

房广洋, 王东方, 曹东杰, 等. 2012. 大兴安岭地区地闪回击辐射场特征. 气象科技, 40(4)：656-660.

孔祥贞, 郄秀书, 赵阳, 等. 2006. 青藏高原一次地闪放电过程的分析. 地球物理学报, 49: 993-1000.

黎勋, 郄秀书, 刘昆, 等. 2017. 基于高时间分辨率快电场变化资料的北京地区地闪回击统计特征. 气候与环境研究, 22(2)：231-241.

郄秀书, 余晔, 王怀斌, 等. 2001. 中国内陆高原地闪特征的统计分析. 高原气象, 20(4)：395-401.

王俊芳, 曹冬杰, 卢红, 等. 2011. 西藏羊八井地区的闪电活动特征. 高原气象, 30(3)：831-836.

武斌, 张广庶, 王彦辉, 等. 2013. 双接地负地闪 VHF 辐射源放电通道和光学通道的对比分析. 高原气象, 32(2): 2519-2529.

殷启元, 范祥鹏, 张义军, 等. 2019. 一次"晴天霹雳"致死事件分析. 气象学报, 77: 292-302.

张鸿发, 郭三刚, 张义军, 等. 2003. 青藏高原强对流雷暴云分布特征. 高原气象, 22(6)：558-564.

赵阳, 张义军, 董万胜, 等. 2004. 青藏高原那曲地区雷电特征初步分析. 地球物理学报, 47(3)：405-410.

Fan X, Zhang Y, Yin Q, et al. 2019. Characteristics of a multi-stroke "bolt from the blue" lightning-type that caused a fatal disaster. Geomatics, Natural Hazards and Risk, 10: 1425-1442.

Li F, Sun Z, Liu M, et al. 2021. A new hybrid algorithm to image lightning channels combining the time difference of arrival technique and electromagnetic time reversal technique. Remote Sensing, 13: 4658.

Qie X, Kong X, Zhang G, et al. 2005b. The possible charge structure of thunderstorm and lightning discharges in northeastern verge of Qinghai-Tibetan Plateau. Atmospheric Research, 76: 231-246.

Qie X, Yu Y, Wang D, et al. 2002. Characteristics of cloud-to-groud lightning in Chinese Inland Plateau. Journal of the Meteorological Society of Japan, 80(4): 745-754.

Qie X, Zhang T, Chen C, et al. 2005a. The lower positive charge center and its effect on lightning discharges on the Tibetan Plateau. Geophysical Research Letters, 32: L05814.

Sun Z, Qie X, Jiang R, et al. 2014. Characteristics of a rocket-triggered lightning flash with large stroke number and the associated leader propagation. Journal of Geophysical Research: Atmospheres, 119: 13388-13399.

Sun Z, Qie X, Liu M, et al. 2013. Lightning VHF radiation location system based on short-baseline TDOA technique-Validation in rocket-triggered lightning. Atmospheric Research, 129: 58-66.

Wang D, Takagi D, Watanabe N, et al. 2007. Observed characteristics of lightning occurred in Lhasa city, Tibet Plateau region of China. Journal of Atmospheric Electricity, 27: 1-7.

Wang T, Qiu S, Shi L, et al. 2017. Broadband VHF localization of lightning radiation sources by EMTR. IEEE Transactions on Electromagnetic Compatibility, 59: 1949-1957.

第 4 章

那曲雷暴的多站组网观测和雷暴及闪电活动特征

那曲地处高原腹地，是高原强对流、雷暴和闪电活动的中心之一（Ma et al.，2021；Qie et al.，2003，2014；马瑞阳等，2021），其雷暴结构和闪电活动特征在高原地区具有相当的代表性，是开展高原雷暴和闪电活动观测研究的理想地区。中国气象科学研究院雷电团队自 2016 年起，通过在那曲地区建设自研的三维闪电定位系统获取闪电数据，并结合那曲地区雷达观测、业务地闪观测等数据，研究分析了那曲及其周边地区的雷暴和闪电活动特征。这些研究进一步深化了人们对那曲地区独特对流云结构和闪电活动规律的认识，为后续开展高原雷暴和雷电的监测、预警、预报提供了参考。本章将从那曲闪电的多站组网观测实验、那曲深对流活动特征、那曲及周边地区的闪电活动特征、那曲雷暴地闪频次与雷暴结构参量关系四个方面对已有研究结果进行介绍。

4.1 那曲闪电的多站组网观测实验

4.1.1 实验背景

相比于平原地区，高原雷暴具有独特的结构特征，表现出对流强度相对较弱、生命期短、水平扩展小、厚度薄、云底较低的特点（Fu et al.，2006，2020；Luo et al.，2011；Qie et al.，2014；Zheng and Zhang，2021；吴学珂等，2013；徐祥德等，2001），其电荷结构相比平原雷暴往往表现出独特的显著下部正电荷区（平原雷暴上部正电荷区更为显著）（Qie et al.，2005，2009；Zhang et al.，2004；邵选民和刘欣生，1987；王才伟等，1987），这些现象和特征引起科研工作者的关注。

闪电活动是高原严重的自然灾害之一，对人身安全和高原独特的人文景观都有重要威胁。例如，在每年夏季挖掘虫草时，雷击造成的人员伤亡仅次于野兽（主要是狗熊）袭击，因此高原地区对雷电监测和预警预报有非常紧迫的需求。受制于高原复杂的地形地貌和地广人稀的环境，不管是雷达还是地面气象观测站都非常稀疏；卫星观测虽然覆盖范围大，但是分辨率相对较低，对于小尺度高原对流系统的解析能力存在不足；整体上，高原强对流和雷暴的探测能力还有待提升。闪电作为强对流天气系统的重要产物，其发生频次、时空尺度和放电强度等特性与雷暴云中的动力过程、微物理过程密切相关，可以在很大程度上指示强对流的发生和发展特征。

不管是闪电活动的预警、预报，还是利用闪电观测来指示高原强对流灾害性天气，一个重要的前提都是要了解闪电活动与雷暴活动以及雷暴结构之间的联系。高原雷暴活动和结构的特殊性，使得在平原地区的相关研究经验或结果可能并不适合直接应用于高原。因此，很有必要在高原上开展闪电活动和雷暴活动综合观测实验，通过获取先进的观测数据，来研究和揭示高原雷暴闪电活动的规律和独特性，发展适合高原雷暴的闪电活动与雷暴结构参量量化关系，从而提高高原雷电监测、预警、预报的能力，提升闪电资料在高原强对流灾害性天气中的应用水平。

第4章　那曲雷暴的多站组网观测和雷暴及闪电活动特征

那曲地区作为高原腹地雷暴、闪电活动的中心之一（Ma et al.，2021；Qie et al.，2003，2014；Du et al.，2022），具有开展高原闪电观测实验得天独厚的自然条件。研究人员针对那曲的闪电活动先前已经开展过较多观测实验（Zhang et al.，2004；赵阳等，2004；张廷龙等，2007）。这些实验所用的观测仪器主要包括大气平均电场仪和快、慢天线电场变化仪等，它们能大致给出雷暴闪电活动的频次特征，通过反演获得对高原雷暴电荷结构宏观特征的认识，并在电磁场波形上解析闪电放电的物理过程。但是，这些观测数据和信息还难以与雷暴结构紧密结合。先前已有学者在高原东北部西宁附近开展三维闪电活动的观测实验（Li et al.，2013，2017，2020），这些实验对于从三维空间上认识闪电活动与雷暴结构的联系，了解高原雷暴三维电荷结构分布发挥了重要作用。但是在高原腹地，先前尚未开展过三维闪电观测实验，也没有三维闪电数据，这限制了对高原腹地雷暴和闪电活动特征及其机理进行深入研究。自2016年起，中国气象科学研究院雷电团队在那曲先后建设了自主研发的第一代、第二代闪电低频电场探测阵列（LFEDA），进行三维闪电观测实验，本节对外场实验情况进行介绍。

4.1.2　站点考察和建设

第一代 LFEDA 系统包含 8 个子站，其空间布局和子站外观如图 4.1 所示。第一代 LFEDA 全部采用市电供电方式，传感器单元和数据采集单元采用独立架设的方式。2016 年，实验人员在那曲考察建站条件，并于当年在那曲市气象局、中国科学院那曲高寒气候环境观测研究站（简称那曲气候环境站）建设了两个运行测试子站（图 4.2）。2017 年，科研人员对上述两个测试子站进行了升级，并另外建设了 6 个子站，形成了一个能够对闪电进行三维定位的观测网，并在 2018～2020 年进行了多次维护（图 4.3）。

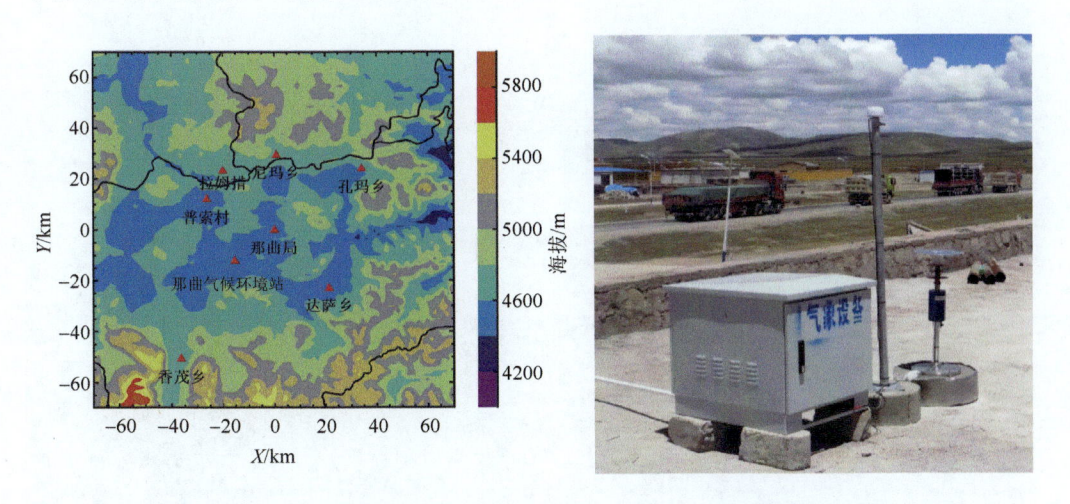

图 4.1　2017 年建成的那曲第一代 LFEDA 站点空间布局和子站外观

(a)2016年中国科学院那曲气候环境站测试子站 　　　(b)2016年那曲市气象局测试子站

(c)考察人员在测试当地的电磁环境 　　　(d)2016年LFEDA站点考察人员合影

图4.2　2016年科研人员考察第一代LFEDA建设站点并建设两个测试子站

(a)2017年试验人员往楼顶搬运LFEDA设备 　　　(b)2017年试验人员在安装一个位于地面的LFEDA子站

第 4 章　那曲雷暴的多站组网观测和雷暴及闪电活动特征

(c)2017年试验人员在调试LFEDA设备　　　　　　(d)2019年试验人员在对LFEDA进行维护

图 4.3　那曲第一代 LFEDA 站点建设场景及后续维护

第一代 LFEDA 开展观测实验期间，存在许多不利于观测的因素。一方面，高原电力供应极不稳定，一些子站长期处于断电状态，其他子站也存在供电时断时续的问题。另一方面，最初考虑能够对大范围的雷暴活动进行闪电探测，站网基线长度设置相对较大（13～103 km）。然而，较长的基线增加了对闪电击穿弱信号进行多站同步观测的难度，特别是高原闪电具有持续时间短、通道空间延展尺度和能量相对较小的特点（You et al.，2019；Zheng and Zhang，2021；尤金等，2019），进一步限制了同步观测能力。闪电三维定位至少需要 5 个站的同步观测数据，但电力供应长期不稳定以及相对长基线的布局导致很多时候难以满足 5 个站以上的同步观测，站网的定位效率一直处在比较低的水平。虽然 LFEDA 整体上展现出对雷暴过程进行探测能力，但是其对闪电通道形态的描绘能力不足。第一代 LFEDA 于 2020 年结束观测，相关设备被收回，在具有良好供电条件的平原地区开展观测。

针对上述情况，中国气象科学研究院雷电团队研发了第二代 LFEDA 系统。该系统着重解决了以下两方面的问题：第一，重新设计了硬件系统，大幅度降低了功耗，采用太阳能方式供电，保证子站在野外环境下的稳定运行；第二，对硬件系统进行了集成式设计，降低了对安装环境的要求。2021 年 6 月开始，在高原开展了第二代 LFEDA 站点的考察和站网建设（图 4.4）。此次选点布站摆脱了对乡、村供电要求的限制，重新设计了站网布局，在那曲建设了包含 10 个子站的闪电探测网，大部分子站都架设于野外环境，其空间布局和子站外观如图 4.5 所示。此外，在那曲市气象局还架设了一套闪电通道成像仪（LCI）（图 4.6），对闪电事件的可见通道进行连续监测，主要用于对闪电定位系统的探测效率和精度进行评估。

65

(a)2021年科研人员考察LFEDA安装站点  (b)2021年LFEDA尼玛乡子站建设

(c)2021年LFEDA那曲市气象局子站建设  (d)2021年LFEDA卓青村子站维护

图 4.4　2021 年那曲第二代 LFEDA 站点建设场景及后续维护

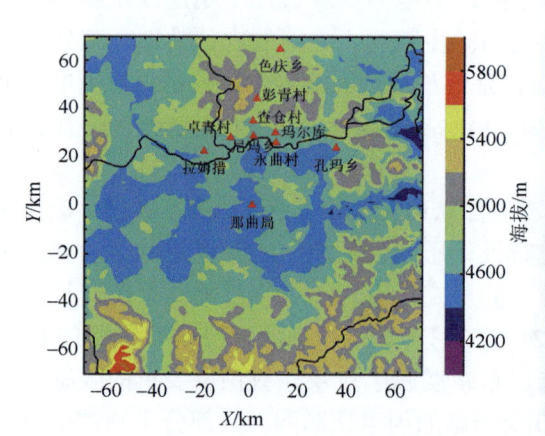

图 4.5　2021 年建设的那曲 LFEDA 站网空间布局和子站外观

第 4 章　那曲雷暴的多站组网观测和雷暴及闪电活动特征

图 4.6　架设于那曲市气象局的 LCI 及其拍摄到的高原闪电

该站网的建设考虑了以下几个因素：首先，根据那曲周边雷暴活动的分布，站网中心位置位于雷暴活动相对活跃的区域；其次，站网中心距离那曲雷达约 30 km，位于雷达较好的观测距离上，以便于雷达观测数据和闪电观测数据的相互配合；最后，不同子站的基线长度在 4 ~ 66 km，确保在站网以及半径 100 km 范围内有较好的探测效率和精度，在事后基于波形的处理中，能够获得具有闪电通道分辨能力的定位数据。图 4.7 给出了该站

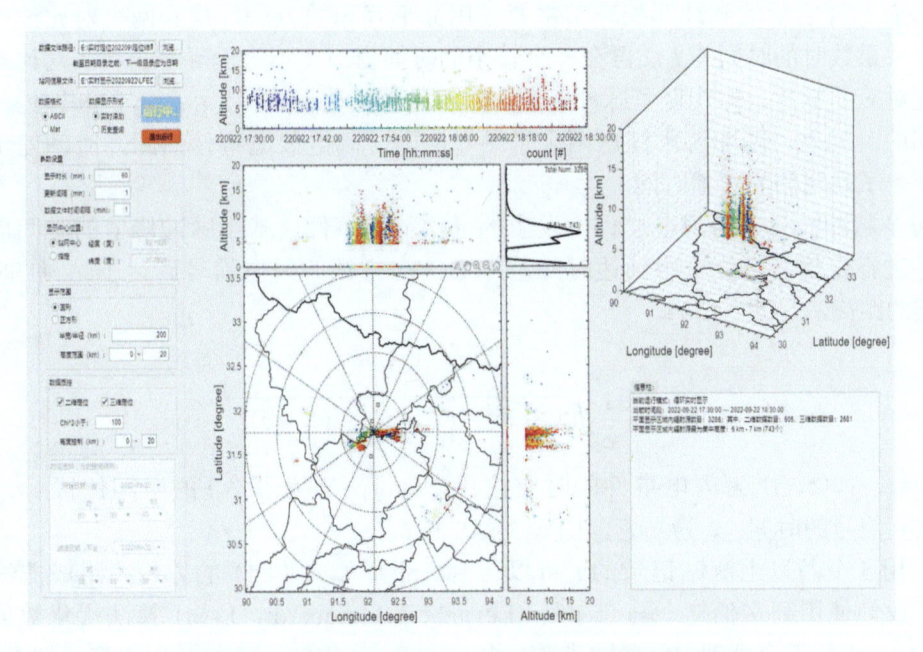

图 4.7　那曲 LFEDA 站网的闪电实时定位结果显示

67

网在实时运行状态（仅基于上传中心站主脉冲信息进行定位）下对 1 h 内闪电活动的观测结果。

4.1.3 LFEDA 基本情况和定位原理

LFEDA 子站传感器采用的是传统的闪电快电场变化测量仪（简称快天线）（Kitagawa and Brook，1960）。探测信号经过滤波处理后，最终采集信号的频数范围为 160 Hz～600 kHz。数据采集基于浮动电平触发，以排除低频变化部分对数据采集的影响。LFEDA 采用 1 ms 分段记录、采集和存储同步的方式实现电场脉冲变化信号的无死时间捕获，其中预触发 200 μs。不同子站之间通过时间精度为 50 ns 的 GPS 时钟实现同步。

实现定位之前，需要进行 3 个步骤：波形匹配、寻获脉冲、脉冲匹配。完成脉冲匹配之后，获取脉冲事件峰值时间。基于非线性最小二乘拟合算法，确定脉冲放电事件的三维位置。关于 LFEDA 的详细介绍可参考史东东等（2018）的研究，以下对 LFEDA 的定位流程进行简单介绍。

波形匹配可以将包含相同脉冲的放电事件、由不同子站探测到的波形提取出来。为了尽可能找出同一闪电脉冲信号，在进行波形记录匹配时，其时间窗口取 1.5 倍的记录长度，即将两个测站的记录触发时间相差在 1.5 ms 以内的波形记录临时匹配到一起。

波形匹配并寻获脉冲放电事件之前，对波形进行处理。常用的方法包括高通滤波、希尔伯特（Hilbert）变换等，目的都是凸显出波形中的高频脉冲信号。在寻峰过程中，脉冲需满足如下条件：①脉冲幅值需大于 n 倍噪声水平（$n=3$）；②相邻两个脉冲峰的时间差需大于某一时间窗（采用 5 μs 或 10 μs），该时间窗内取最大幅值的峰作为对应脉冲的峰。

寻获脉冲之后的脉冲匹配环节主要采用波形互相关方法，找到两个对比波形具有最好相关系数时的时间差 t_1，再在一个较小的时间窗口（不大于寻峰窗口）对比此时它们相互对应的脉冲，即实现了脉冲匹配，计算它们的时间差 t_2，t_1 和 t_2 的和即为两个脉冲之间的时间差。匹配要求任意两个子站对应同一闪电放电事件的脉冲时间差小于光在这两个子站之间的传播时间。

每个脉冲被认为是闪电过程中发生的一次放电事件，基于脉冲峰值的时间信息对该事件进行定位。定位采用到达时间差（TDOA）方法。闪电信号到达子站 i 的时间与测站间的距离满足式（4.1）：

$$t_i = t + \frac{1}{c}\sqrt{(x_i-x)^2+(y_i-y)^2+(z_i-z)^2} \tag{4.1}$$

式中，(x, y, z, t) 为闪电事件的时空信息；x_i、y_i、z_i 为子站 i 的空间位置；t_i 为第 i 站接收到信号的时间；c 为光速，即 $c \approx 3 \times 10^8$ m/s。

利用 5 个及以上测站记录的 t_i 可以得到 5 个形如式（4.1）的方程，组成非线性方程组。我们使用列文伯格－马夸尔特（Levenberg-Marquardt，L-M）算法优化数值解，对式（4.1）进行拟合处理，以确定函数 t_i 中 x、y、z、t 的值，其中 χ^2 用于衡量拟合优度。

第 4 章　那曲雷暴的多站组网观测和雷暴及闪电活动特征

$$\chi^2 = \sum_{i=1}^{N} \frac{(t_i^{\text{obs}} - t_i^{\text{fit}})^2}{\Delta t_{\text{rms}}^2} \tag{4.2}$$

式中，N 为共有 N 个站记录到相同事件；Δt_{rms} 为各站的时间测量误差，该参数受 GPS 授时精确度、信号传播距离以及测站周边电磁环境等因素的影响，一般取采样精度对应的时间误差。计算中对拟合优度 χ^2 做归一化处理得到 χ_v^2，即 $\chi_v^2 = \chi^2 / v$，其中 v 为自由度，$v = N-4$。

4.1.4　LFEDA 系统定位性能

利用三维闪电定位系统在闪电辐射源定位的过程中不可避免会有误差产生，因此需要对 LFEDA 系统的定位性能进行评估，以了解其观测数据的精度，为资料质控和应用提供参考。参考史东东等（2018）的研究，我们采用蒙特卡罗模拟的方法获取 LFEDA 系统定位的理论误差。实验设置如下所述。

该模拟以各子站的中心位置为站网中心，步长 10 km，对 200 km×200 km 的范围进行格点化，然后对该区域内的 441（21×21）个格点分别进行 200 次随机闪电脉冲的模拟。模拟时，假设闪电的放电高度分别为海拔 10 km、15 km 和 20 km，且每次放电事件均能被所有站观测到。忽略传播衰减等因素，利用式（4.1）计算出该格点闪电脉冲到达各站的精确时间，并在此基础上叠加符合正态分布（均值为 0 ns，均方根为 100 ns）的随机误差，模拟闪电实际到达各站的时间。利用 4.1.3 节介绍的 TDOA 方法，反演出各格点每次放电事件的位置和时间，计算反演位置与该格点的差，即为此次模拟的定位误差。对每个格点 200 次放电事件的定位误差取平均值，作为该格点最终的等效定位误差。

图 4.8 为针对第一代 LFEDA 站网估算的不同高度放电事件反演的等效定位误差分布。

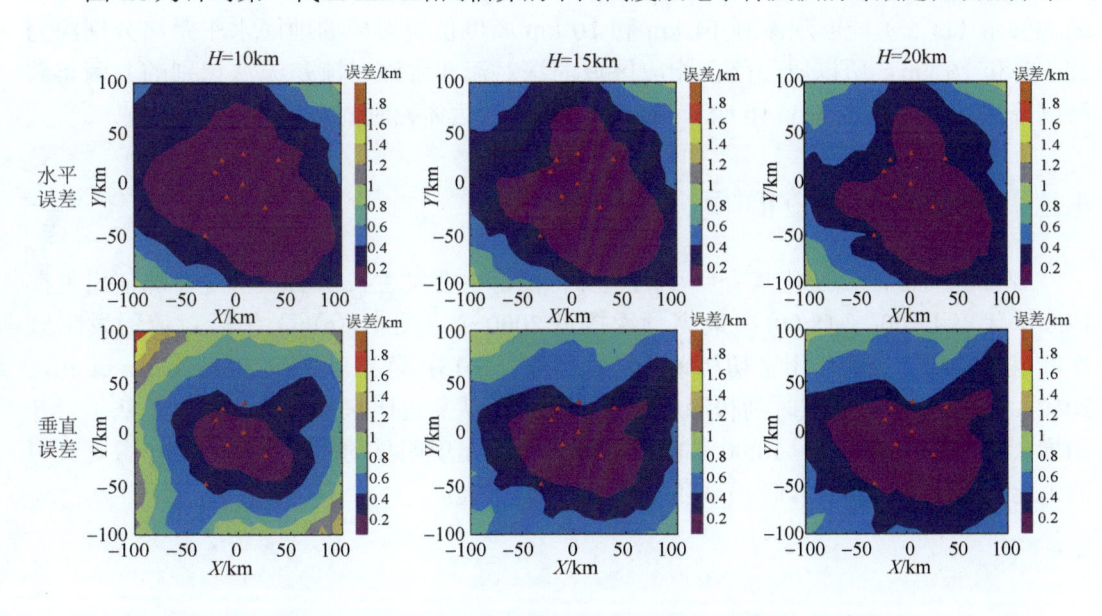

图 4.8　第一代 LFEDA 对不同高度放电事件反演的等效定位误差分布
红色三角为 LFEDA 测站位置；H 代表放电事件高度

与常规的 TOA 定位系统类似，随着理想放电事件至站网中心的距离增加，水平、垂直定位误差均逐渐增加。随着放电事件高度的增加，水平定位的精度略微降低，而垂直定位的精度却有明显的提升。水平定位误差的分布呈西北—东南走向，垂直于站网的分布，而垂直定位误差的分布则收敛于东北—西南走向，与站网分布相平行。

4.2 那曲深对流活动特征

深对流一般指垂直发展接近或超过 10 km 的对流活动。研究发现，高原地区是深对流活动最活跃的区域之一（祁秀香和郑永光，2009；陈国春等，2011）。Ma 等（2021）和李博等（2018）基于对风云 2 号卫星云顶亮温（TBB）资料的分析，发现那曲是高原上 TBB ≤ –32℃和 TBB ≤ –52℃出现概率的几个高值中心之一，这表明那曲具有非常剧烈的深对流活动。

我们利用那曲新一代 C 波段多普勒天气雷达（31.48°N，92.06°E）2014 ~ 2015 年 5 ~ 9 月的数据，构建了那曲降水云特征数据集。雷达基数据经过质量控制（王红艳等，2009）后，插值处理（肖艳姣和刘黎平，2006）成笛卡尔坐标系下的固定高度数据。数据水平范围为以雷达为中心的经纬度 6°×6° 区域，垂直范围为海拔 4.5 ~ 21 km，形成每 6 min 一次（对应一次雷达体扫时间）的雷达反射率数据集，同时生成对应时次相同水平分辨率的组合反射率数据集。插值后的雷达数据水平分辨率为 0.01°×0.01°，垂直分辨率格点在 17 km 以下的低层为 0.5 km，17 km 以上为 1 km。在此基础上，以 20 dBZ 回波顶高大于 14 km（海拔，下同）的样本作为深对流，将深对流样本中 40 dBZ 回波顶高大于等于 10 km 的样本作为强深对流。为了保证雷达资料的空间分辨率和可靠性，仅使用了距离雷达 100 km 的数据。与此同时，雷达的最大仰角（19.5°）能够观测到 14 km 和 10 km 高度位置对应的地面水平距离分别约为 28 km 和 16 km，所以质心落在相应区域的深对流和强深对流是无法识别的。两年共得到降水云单体样本 461710 个（对应 6 min 的雷达体扫时间分辨率）。

4.2.1 深对流活动的时间分布特征

那曲深对流的日变化具有明显的单峰特征，主要发生在午后至傍晚，峰值出现在 17:00（代表 17:00 ~ 18:00），最高频次接近 2000 个 [图 4.9（a）]。午后对流的发生频次峰值与太阳加热的作用密切相关（吴学珂等，2013；陈国春等，2011；Chen et al.，2012）。强深对流的峰值时刻和深对流基本一致，从其占比来看，整体上也是从午后开始增大，但其在 15:00 ~ 18:00 都非常活跃，没有出现明显的峰。强深对流在深对流中的占比在 11:00 ~ 20:00 都处于高位，数值大于 20%。

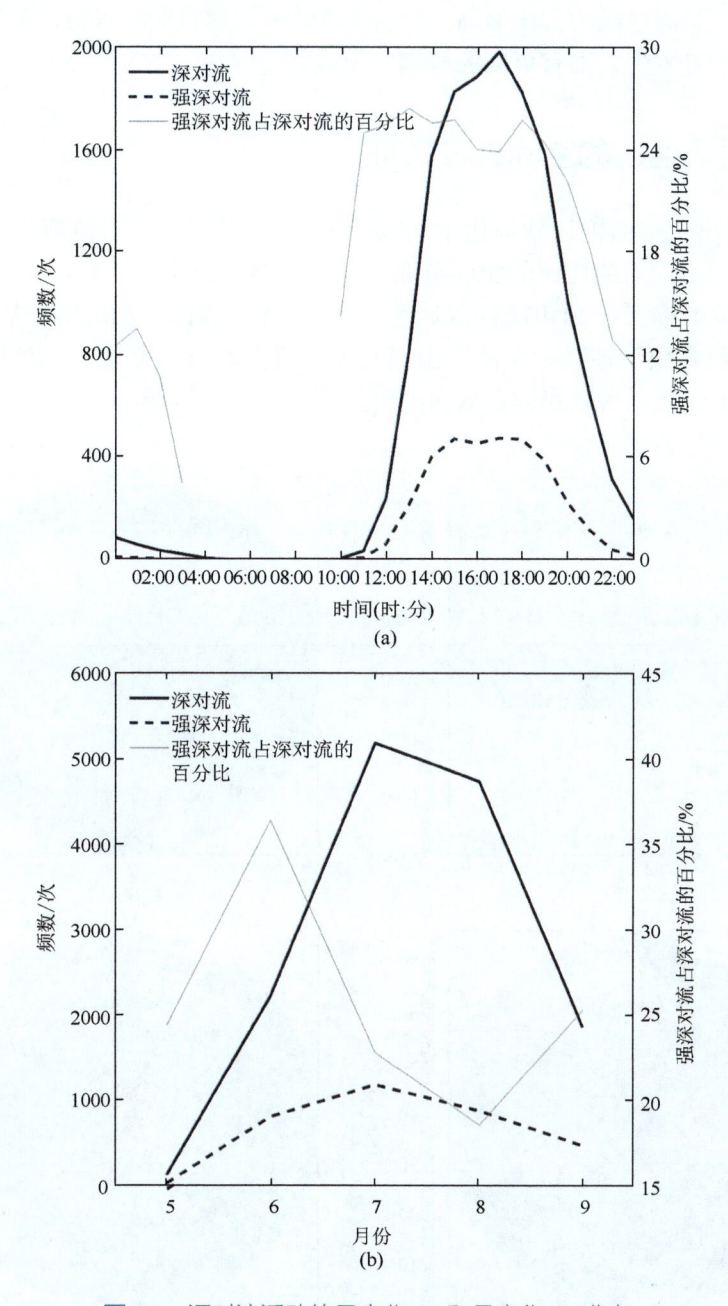

第 4 章　那曲雷暴的多站组网观测和雷暴及闪电活动特征

图 4.9　深对流活动的日变化 (a) 和月变化 (b) 分布

从月变化特征上看，深对流和强深对流的频数峰值均出现在 7 月，随后是 8 月和 6 月 [图 4.9(b)]。高原上 7 月太阳加热作用最强，地表的强热源作用激发对流，使得深对流活动频发。值得注意的是，在深对流发生频次最高的 7～8 月，强深对流的占比反而较小，如 8 月只有约 18.6%，7 月只有约 22.8%。而在深对流和强深对流频数相对较低的 6 月，强深对流的占比最高，数值为 36.4%。这说明在 6 月，虽然深对流发生不频繁，但是一旦发生，则有更高的概率发展成强深对流。

4.2.2 深对流活动的空间分布特征

图 4.10 给出了那曲雷达站周边 100 km 范围内的地形、深对流频次、强深对流频次以及强深对流占深对流比例的空间分布。统计网格分辨率为 1 km，只要深对流或强深对流的组合反射率大于 20 dBZ 的区域落入统计网格，该网格相应的数量即被增加 1。雷达附近的低值是由于该区域无法给出深对流和强深对流的观测，但外围的深对流云体可能延展到该区域，所以我们在后面的分析中忽略这个区域。

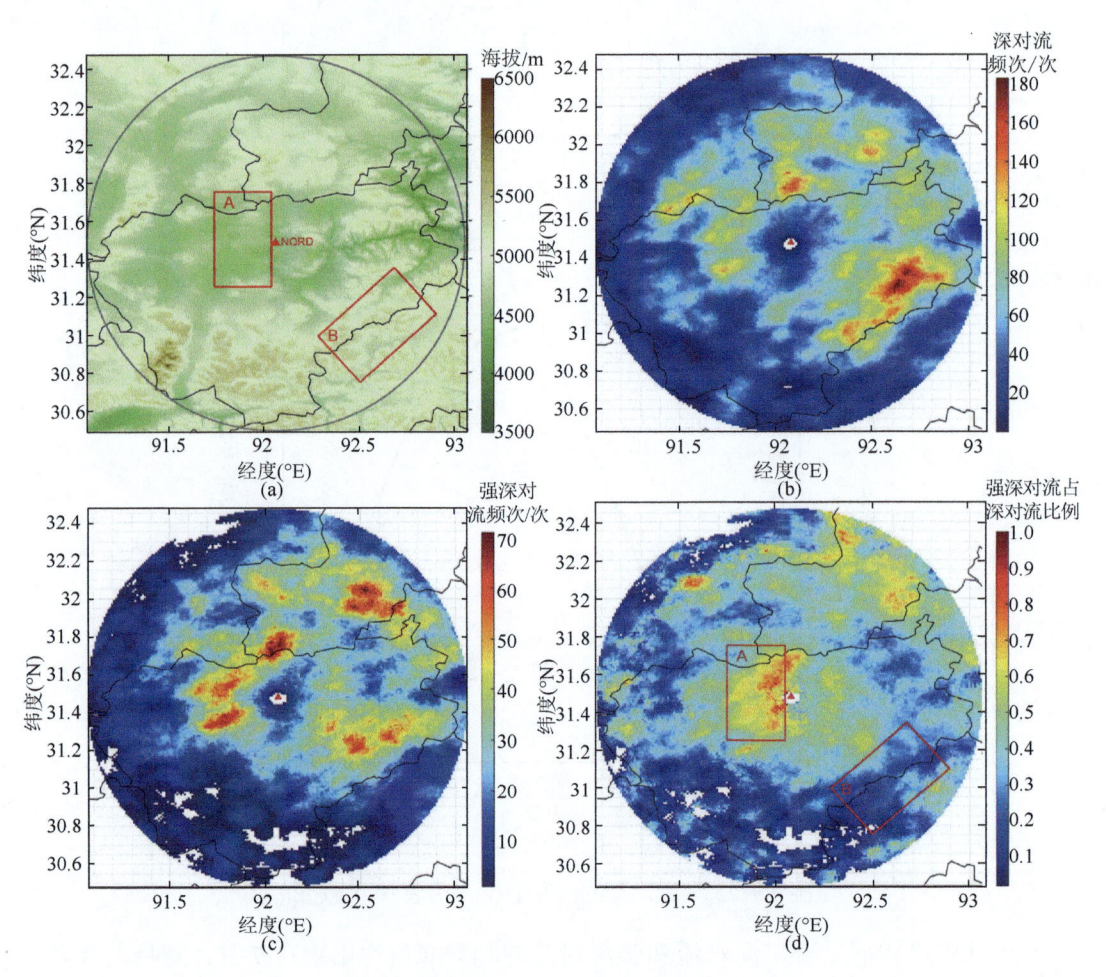

图 4.10 那曲雷达站周边 100 km 范围内的地形（a）、深对流频次（b）、强深对流频次（c）以及强深对流占深对流比例（d）的空间分布

（a）和（d）中圈定的 A、B 两个区域的深对流在 4.2.3 节中进行对比分析。(a)～(c) 采用的是扩展分析方法，即深对流组合反射率大于 20 dBZ 的区域只要落入统计网格（1km），该网格即被认为存在一次深对流事件，因此在雷达站附近盲区位置会有统计数据

那曲深对流活动整体上有两个强的活跃区域，分别为东南方向的山地区域和雷达站以北的丘陵地区［图4.10(b)］，均对应山地地形区。与此同时，那曲西南部和西部的对流活动很弱。强深对流和深对流在大值位置的空间分布上具有明显差异［图4.10(b)］。强深对流的活跃区主要位于雷达站附近的西侧、北侧以及距雷达站70 km的东北侧［图4.10(c)］。而深对流发生频次的最大值区域，即雷达站东南向的山地地区，强深对流活动虽然也较强，但低于其他大值区。那曲西南部和西部的强对流活动也很弱。从强深对流占深对流比例的空间分布［图4.10(d)］可以看出，强深对流占比较高的地区，大多都对应地形起伏不大的平坦开阔地带；而在地形起伏较大的山地和谷地，强深对流占比较低。

4.2.3　深对流活动的垂直和水平结构特征

某一强度（如20 dBZ或30 dBZ）回波顶高是表征对流强度的重要参量，也是闪电预警和参数化的常用参量。图4.11给出了那曲深对流和强深对流20 dBZ和30 dBZ回波顶高以及回波面积的分布特征。统计结果显示，那曲强深对流的20 dBZ和30 dBZ回波顶高平均值分别为16.5 km和14.1 km，分别高出深对流相应的回波顶高0.7 km和1.9 km［图4.11(a)］。深对流的20 dBZ回波面积平均为126.4 km²，强回波（30 dBZ）面积平均仅为37.5 km²，低于强深对流的206.9 km²和75.4 km²，后者分别是前者的1.6倍和2.0倍［图4.11(b)］。整体来说，高原深对流云的面积较小，这与前人发现的高原深对流系统水平尺度相对于其他地区较小的结论相一致（徐祥德等，2001；吴学珂等，2013；Qie et al.，2014）。

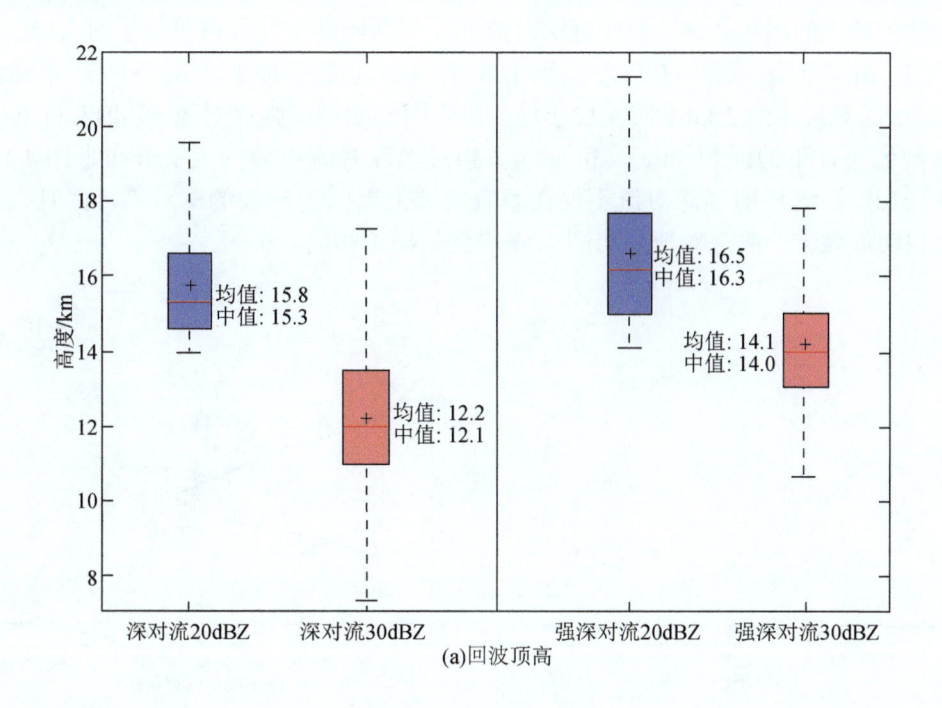

(a)回波顶高

(b)回波面积

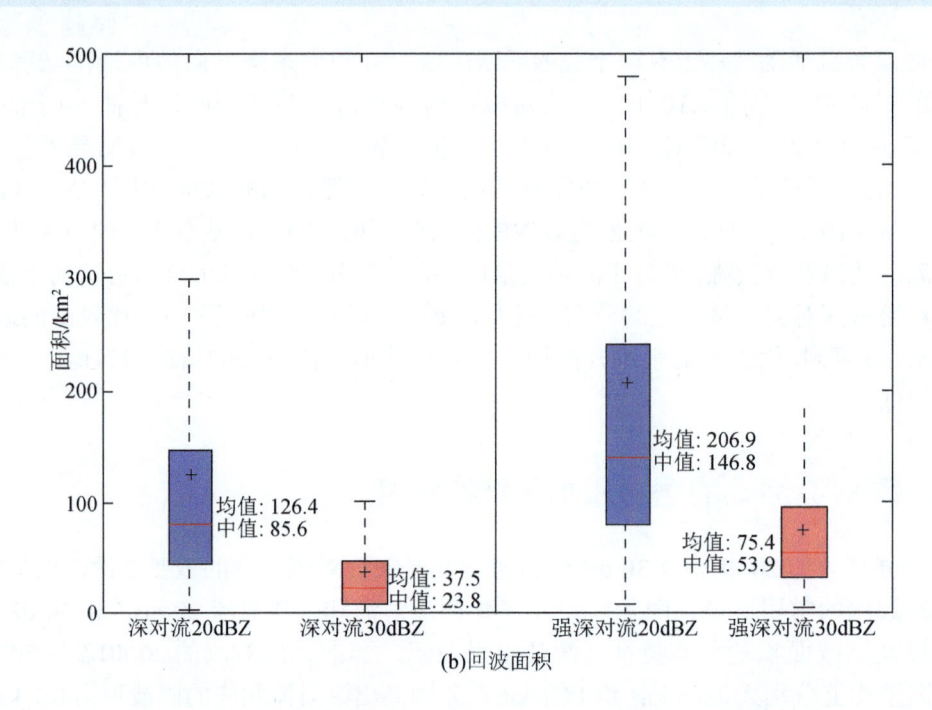

图 4.11　那曲地区深对流和强深对流 20 dBZ 和 30 dBZ 回波顶高（a）和回波面积（b）分布统计

箱线图中每个盒装矩形中间红线代表中值 Q_2，上下边缘分别代表上四分位数 Q_3 和下四分位数 Q_1，四分位距（IQR）=Q_3−Q_1，上短须数值大小为 Q_3+1.5IQR，下短须数值大小为 Q_1−1.5IQR，黑色"+"符号代表平均值所在位置

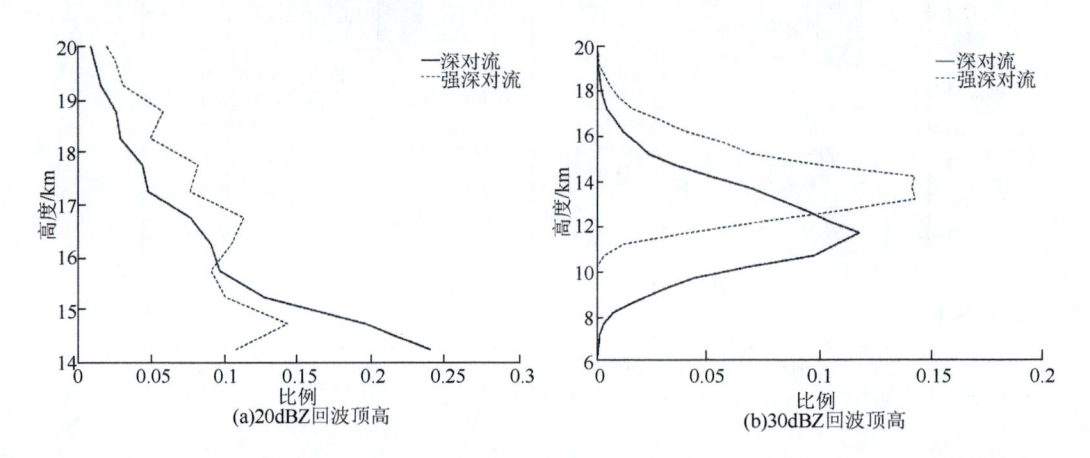

图 4.12 给出了深对流和强深对流 20 dBZ 和 30 dBZ 回波顶高与回波面积的概率分布。可以看出，深对流 20 dBZ 回波顶高（ET_{20}）概率随着高度的增大明显减小，而强深对流这种减小的趋势较缓，说明强深对流回波顶高倾向于发展得更高［图 4.12(a)］。深对流 30 dBZ 回波顶高（ET_{30}）多集中在 12 km 左右，而强深对流的分布峰值在 14 km，比深对流高约 2 km［图 4.12(b)］。对于回波面积，强深对流 20 dBZ 和 30 dBZ 反射率阈值条件下的面积（$area_{20}$ 和 $area_{30}$）相对于深对流更偏向大值分布［图 4.12(c) 和图 4.12(d)］。这说明强深对流不仅在垂直发展上要强于一般的深对流，而且在水平扩展上也明显大于一般深对流，与图 4.11 得到的结论相同。

(a)20dBZ回波顶高　　(b)30dBZ回波顶高

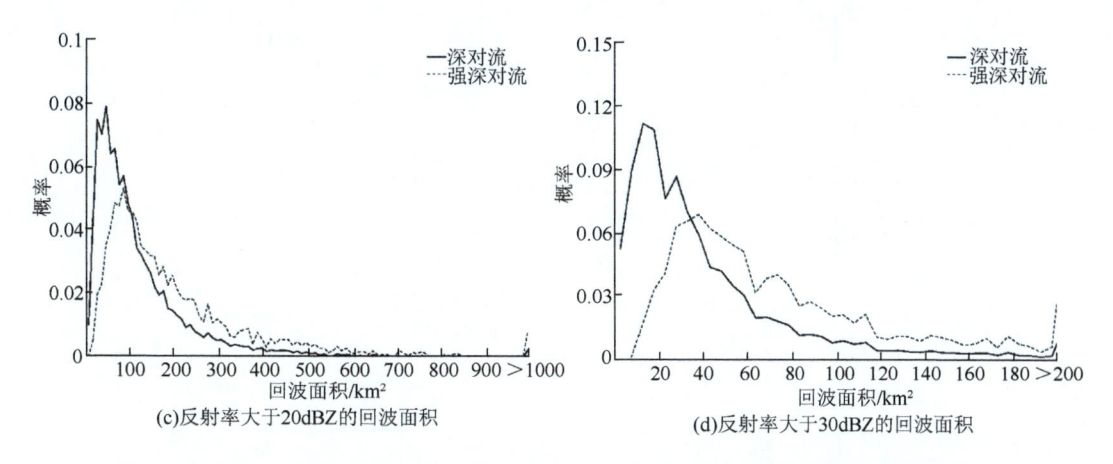

(c)反射率大于20dBZ的回波面积 (d)反射率大于30dBZ的回波面积

图 4.12　深对流和强深对流 20 dBZ 和 30 dBZ 回波顶高、回波面积的概率密度分布

深对流的概率分布峰值对应的 20 dBZ 回波面积为 40～50 km²，对应的 30 dBZ 回波面积则仅为 17 km²。需要注意的是，虽然高原深对流的整体水平尺度较其他地区偏小，但依然有一定数量的深对流体的 20 dBZ 回波面积大于 1000 km²，强回波（30 dBZ）面积超过 200 km²。

为了进一步了解深对流在不同区域的差异，对比了强深对流占比较高的开阔地区［图 4.10(a) 中区域 A］和强深对流占比较低但深对流相对频发的山地地区［图 4.10(a) 中区域 B］的对流云结构差异，结果显示于图 4.13。可以看出，无论是 20 dBZ 回波面积还是强回波面积，区域 A 都大于区域 B［图 4.13(a)］。从反射率廓线来看，两个区域中低层的回波强度在 7～8 km 达到最大，对应温度约为 −10℃，而在该高度以下反射率随强度快速减小［图 4.13(b)］。因此推测那曲深对流的云底高度在 −10℃层左右，约为海拔 7 km，这与以往高原雷暴云的研究结论相一致（Xu，2013）。在约 15 km 以下，区域 A 的深对流反射率都大于区域 B。区域 B 中一些深对流个例能够发展到更高的高度，使得在 15 km 以上区域 B 中深对流的反射率廓线稍大于区域 A。但是整体来看，

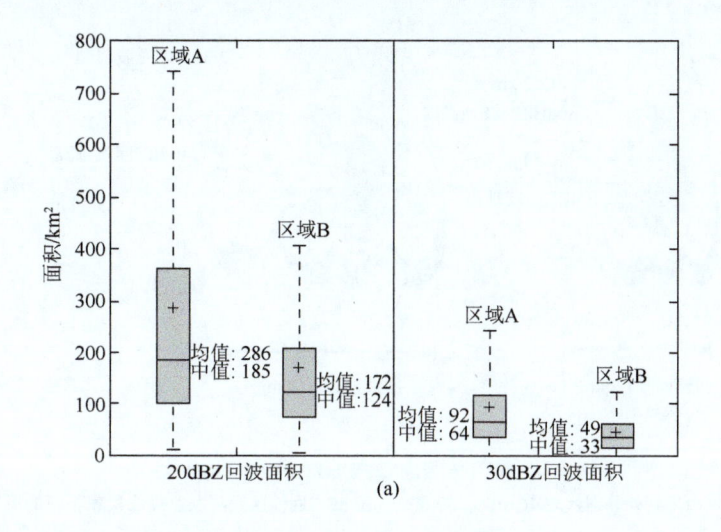

(a)

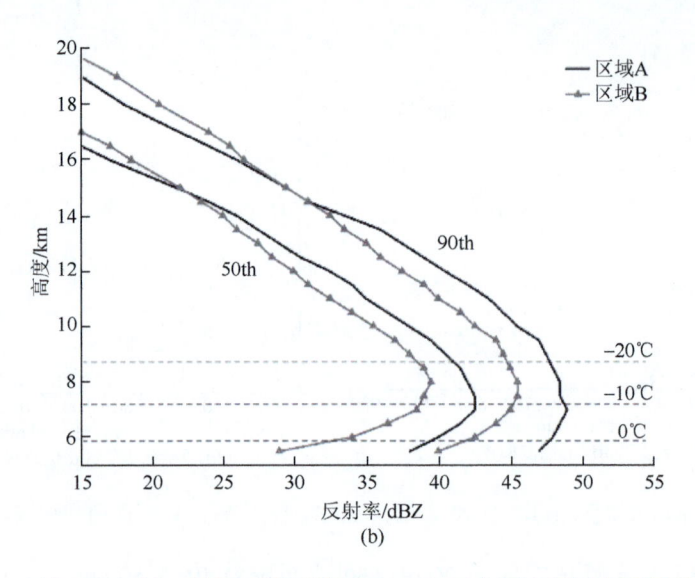

图 4.13　区域 A 和区域 B 的深对流回波面积 (a) 和最大雷达反射率因子垂直廓线 (b)

其中的 50th 表示第 50 分位值，即中值；90th 表示第 90 分位值

区域 A 的深对流表现出更强的对流特征。这些结论可能意味着山地地形更容易触发深对流［图 4.10(b) 中区域 B 具有更高的深对流频次］，但不利于能量的蓄积，所以深对流的平均强度（图 4.13）和强深对流的占比［图 4.10(d)］相对较低；而在平坦地形下，虽然对流触发相对较少［图 4.10(a) 中区域 A 具有相对区域 B 较低的深对流频次］，但是有利于能量的蓄积，一旦对流被触发，更易产生强深对流，所以区域 A 的深对流平均强度（图 4.13）和强深对流的占比［图 4.10(d)］要大于区域 B。它们之间的差异可能与地形对对流触发的影响有关。

综合以上研究结果，图 4.14 给出了那曲地区深对流和强深对流的结构概念图。高

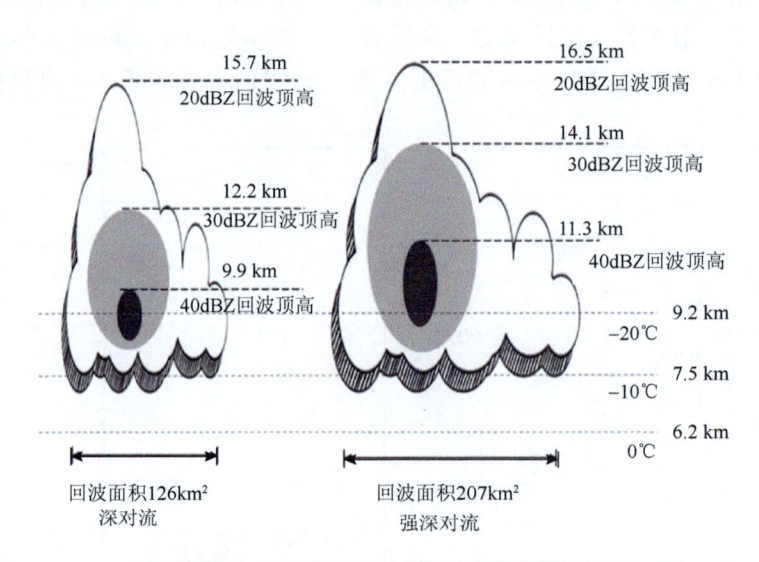

图 4.14　那曲深对流、强深对流结构概念图

云团的填色由里到外分别代表 40 dBZ、30 dBZ、20 dBZ 回波区间，灰色虚线代表不同的温度层

原深对流的水平尺度小，垂直伸展高度高，云底高度也相对较高，达到 −10℃层左右。强深对流的回波面积和回波顶高均高于深对流，即强深对流的水平扩展区域大小和垂直伸展高度均相对更大。图 4.14 中 40 dBZ 回波顶高前面没有进行展示，根据样本的统计值给出。

4.3　那曲及周边地区的闪电活动特征

由于青藏高原地区独特的地理环境和气候特点，其闪电活动呈现出一定的特殊性。卫星观测显示，青藏高原上的闪电密度随地域而呈现明显的差别，高原中部闪电最为活跃，西部地区闪电活动最少（郄秀书等，2004）。高原闪电活动中心在高原中部和东北部（齐鹏程等，2016），其中地闪的高发区为那曲中东部、昌都西部、日喀则东部及山南（林志强等，2012）。高原闪电的季节变化特征和日变化特征十分明显。闪电主要集中在 5～9 月且活动中心随着月份移动（Iwasaki，2016）。高原闪电的日变化呈单峰型分布，主要集中在午后至夜间时段。

我们利用国家电网公司地闪定位系统（cloud-to-ground lighting location system，CGLLS）2013～2015 年资料，根据最小探测到的地闪回击电流强度空间分布［图 4.15(b)］，定义了 CGLLS 的高效率探测区［图 4.15(a) 和图 4.15(b)］，该区域包含拉萨和那曲，本节分析主要关注那曲及周边地区，剔除回击电流小于 10 kA 的正极性回击记录（Cummins et al.，1998），按照相邻回击事件时间间隔小于 0.5 s、空间距离小于 10 km 的阈值标准（Zheng et al.，2016）进行聚类归闪。对于有多次回击的闪电，我们使用首次回击的时间、位置和电流强度作为该闪电的时间、位置和电流强度。按照以上方法获得了三年的地闪数据，用以研究那曲地闪活动的时空分布。

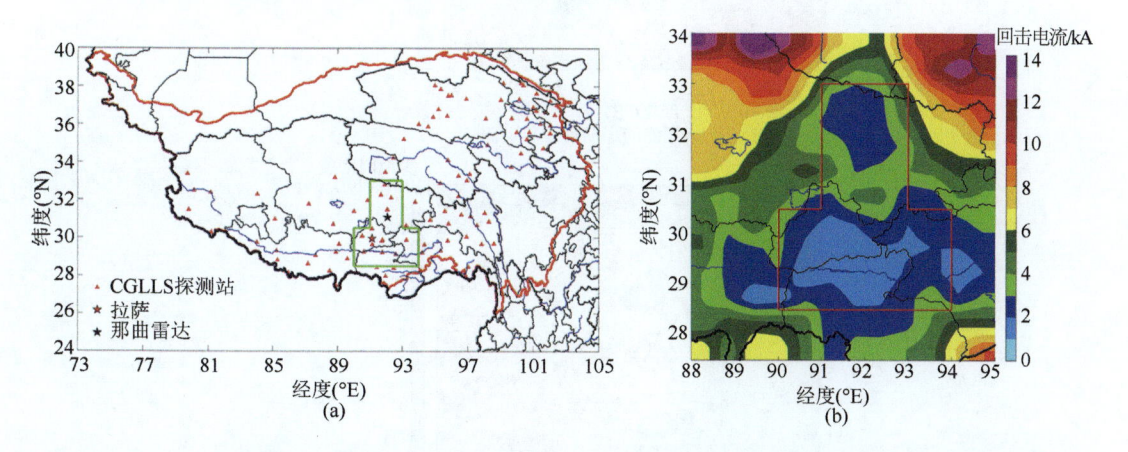

图 4.15　CGLLS 青藏高原区域的子站分布图 (a) 以及根据探测到的最小地闪回击电流分布得到的 CGLLS 高效率探测区 (b)

(a) 中红色三角代表青海省、西藏自治区内探测站的位置，红色五角星代表西藏自治区首府拉萨城区位置，黑色五角星代表那曲城区位置，绿色线条包围的多边形区域为选择的地闪定位数据高效率探测区，红色线条指的是中国境内青藏高原的区域边界，数据由张镱锂等（2002）提供。(b) 为 CGLLS 探测到的最小地闪回击电流的空间分布，其中由红色线条勾勒的多边形同 (a) 中绿色线条包围的多边形

4.3.1 那曲地闪活动的时空分布

2013～2015年，CGLLS在那曲（选择分析的区域范围为30°N～33°N，90.5°E～93.5°E）共探测地闪277698次，其中正地闪9638次，负地闪268060次，正地闪占总地闪的比例为3.47%。在分析区域内，地闪活动高发区位于那曲西南当雄县一带，最大地闪密度达到3.2 flash/(km²·a)。在那曲县（现为色尼区），其东部为地闪活动的活跃区，地闪密度可大于1.2 flash/(km²·a)[图4.16(a)]。那曲县的西南部为地闪活动的低值区，地闪密度普遍低于1 flash/(km²·a)。正地闪的密度空间分布和总地闪具有明显差别，整体上呈现东南高西北低的特点[图4.16(b)]；负地闪与总地闪的密度空间分布十分相似[图4.16(c)]。

对比地闪密度[图4.16(a)]和深对流频次密度的空间分布[图4.10(b)]可以看出，除了那曲雷达观测盲区外，闪电密度和深对流的空间分布整体上具有一定的对应性。深对流频次的两个高值区（雷达站北部丘陵地区和东南山地地区）的闪电密度也相对较大。

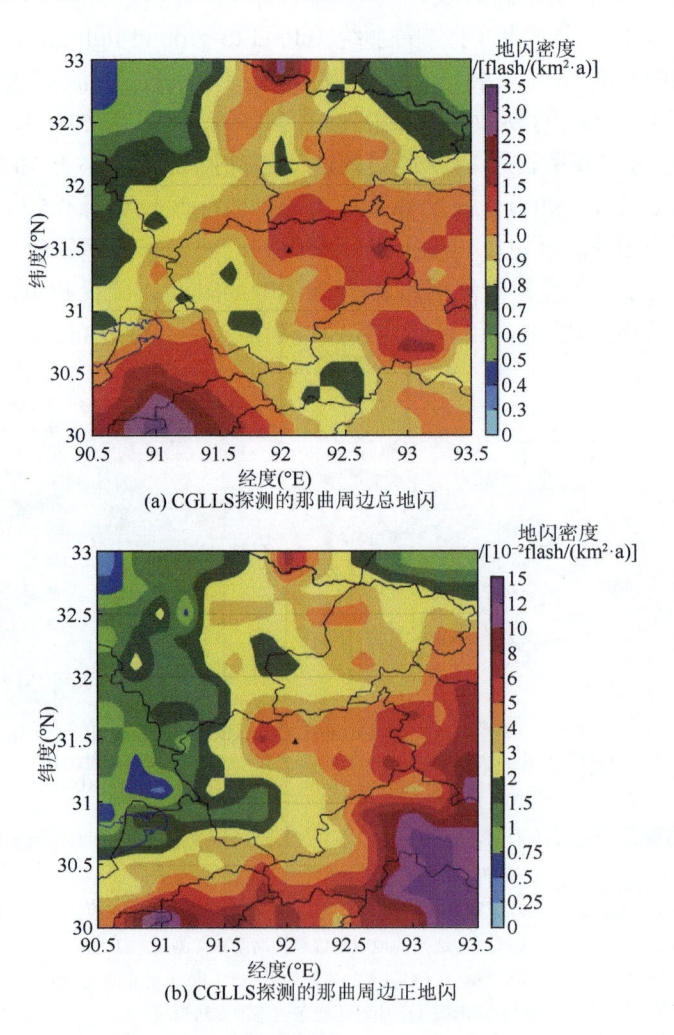

(a) CGLLS探测的那曲周边总地闪

(b) CGLLS探测的那曲周边正地闪

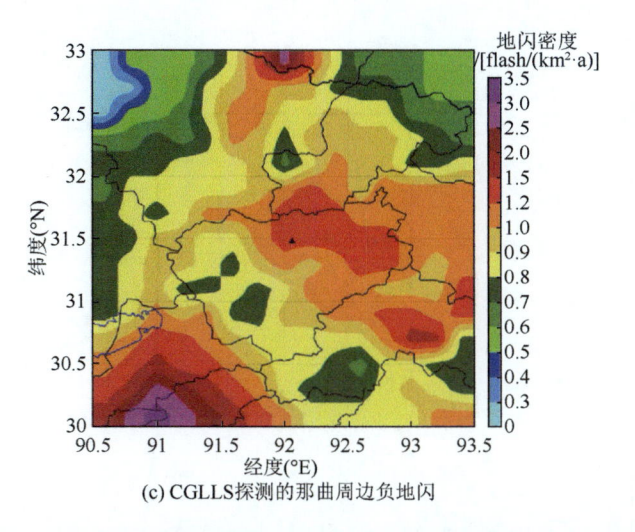

第 4 章 那曲雷暴的多站组网观测和雷暴及闪电活动特征

(c) CGLLS探测的那曲周边负地闪

图 4.16 那曲总地闪、正地闪、负地闪的密度空间分布
黑色三角形表示那曲城区位置

那曲县西南部同为深对流活动和闪电活动的非活跃区。但是，闪电活动和强深对流[图4.10(c)]的空间对应关系不明显，这可能是由于强深对流样本数量较少，相对于闪电的累积密度分布，强深对流样本对闪电的贡献占比较低。

那曲地闪活动的日变化呈明显的单峰特征[图4.17(a)]，主要集中在午后至夜间时段，即在 13:00 ～ 22:00 集中了全部地闪的约 80%。地闪活动在 18:00 达到峰值，相比图 4.9(a) 中深对流的峰值落后 1 h，但整体上闪电频次日变化与深对流频次日变化特征具有较好的一致性。

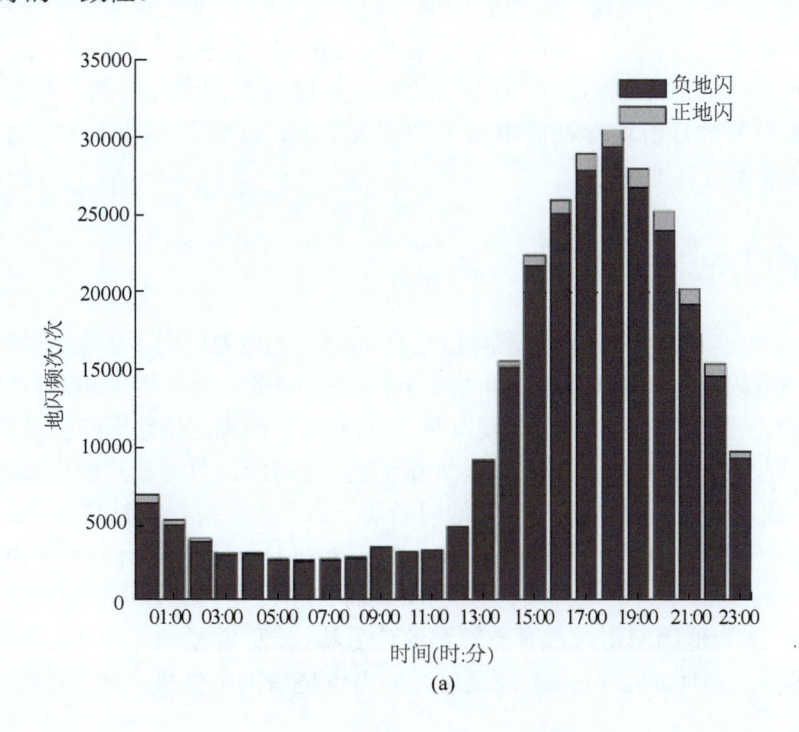

(a)

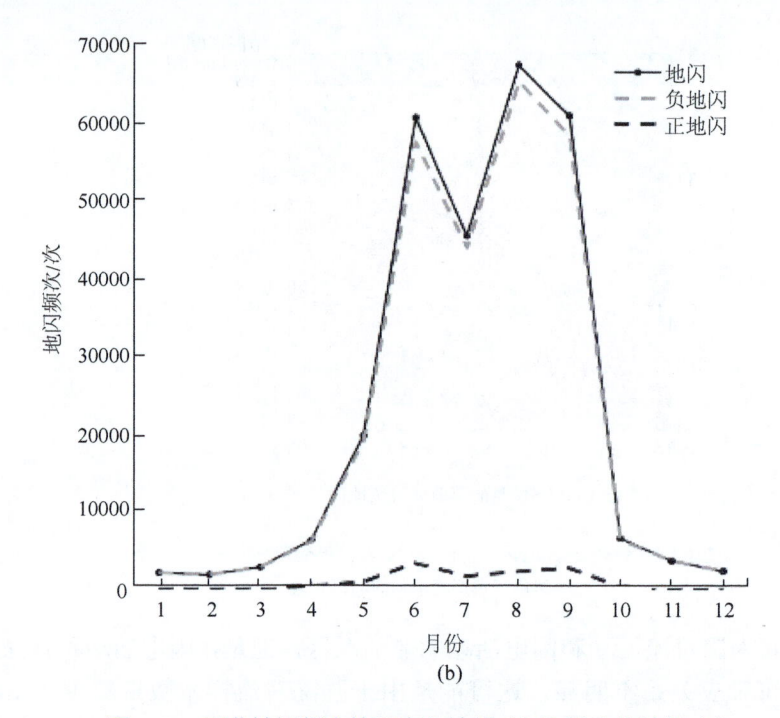

图 4.17　那曲地闪频次的日变化特征（a）和月变化特征（b）

从月变化上看，地闪活动主要发生在 5～9 月，集中了所有地闪的约 91%。6 月和 8 月分别出现两个峰值，分别贡献了全年地闪的约 22% 和 24%。这不同于整体上高原闪电活动峰值出现在 7 月的情况（齐鹏程等，2016）。齐鹏程等（2016）和 Ma 等（2021）根据不同来源的闪电数据发现，高原的闪电活动空间分布存在先西进然后在 8 月、9 月东退的过程，且在此过程中，不同闪电活动中心的闪电活动强度存在变化。那曲地闪频次月分布的双峰特征可能与高原闪电活动西进东退的季节变化有关。尽管如此，那曲东部地区在大多数月份均存在闪电密度的极大值区，随月份变化不大，说明高原闪电活动既有气候性又有地域性。

4.3.2　那曲闪电活动随高度分布

2017～2020 年，我们在那曲建设的 LFEDA 虽然因为电力供应不稳定，观测数据相对较少，但一些三维闪电的定位结果显示那曲闪电活动在垂直分布上与其他地区存在明显差异。

图 4.18 给出了 2017 年 8 月 10 日至 9 月 15 日获得的闪电定位数据的空间分布和高度分布。可以发现，实验期间那曲城区（那曲市气象局站对应位置）及其东北部观测到最多的闪电活动 [图 4.18（a）]，图 4.6 给出的地闪活动分布在相应位置也是高值区。从定位点的高度分布来看 [图 4.18（b）]，最多的定位点位于 4.75 km（注意统计网格为 0.5 km，对应高度为 4.5～5 km，下同）。考虑到那曲平均海拔超过 4.5 km，所以这些点主要对应地闪的回击点，因为地闪回击过程具有较强的信号特征，更容易被多个子站同时探测到，所以定位到最多的事件。5.25 km 上的辐射源应当也是与闪电先导 - 回击过程相关联的，

第 4 章 那曲雷暴的多站组网观测和雷暴及闪电活动特征

大体上对应的闪电通道已经出云。排除这两个高度的数据，其他高度的定位主要与发生在云内的闪电击穿放电事件相关。在 7.25 km 可以发现一个明显的云内闪电击穿事件主峰，根据图 4.18，这个高度大致在 −10℃ 层附近。在 8.75 km 高度，存在另一个云内闪电击穿事件的次峰，根据图 4.18，这一高度大致在 −17℃ 层附近。根据三极性电荷结构的概念（Williams，1989），这两个峰可能分别对应了下部正电荷区和中部负电荷区，意味着高原雷暴中主要的闪电放电由中部负电荷区和下部正电荷区贡献。

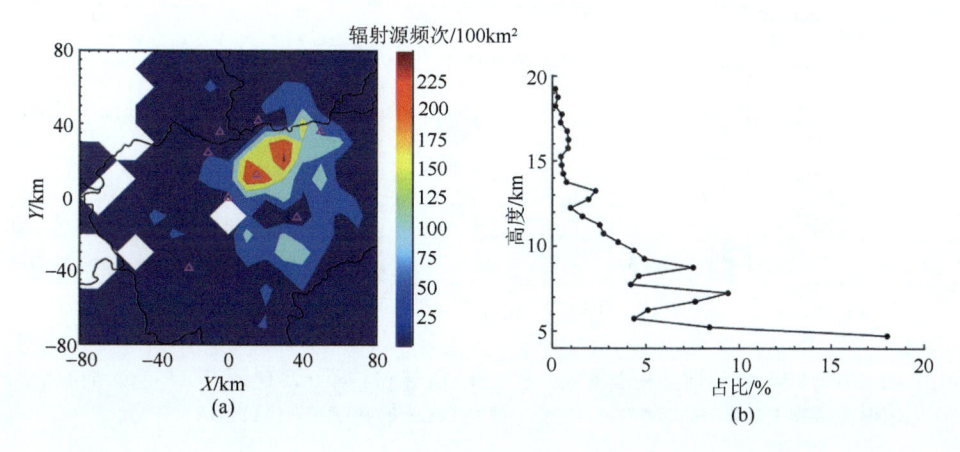

图 4.18 那曲第一代 LFEDA 在 2017 年 8 月 10 日至 9 月 15 日定位闪电击穿事件的空间分布（a）和高度分布（b）
（a）中坐标（0，0）的位置放置于中国科学院那曲气候环境站

图 4.19 给出了 2017 年 8 月 10 日那曲一次雷暴过程中闪电定位与雷达反射率在平面图上的叠加。整体来看，闪电主要出现位置与雷达指示的强反射率位置在空间上具有对应关系。图 4.19 中的闪电整体数量相对较少，一方面可能是由前面所说的某些站处于断

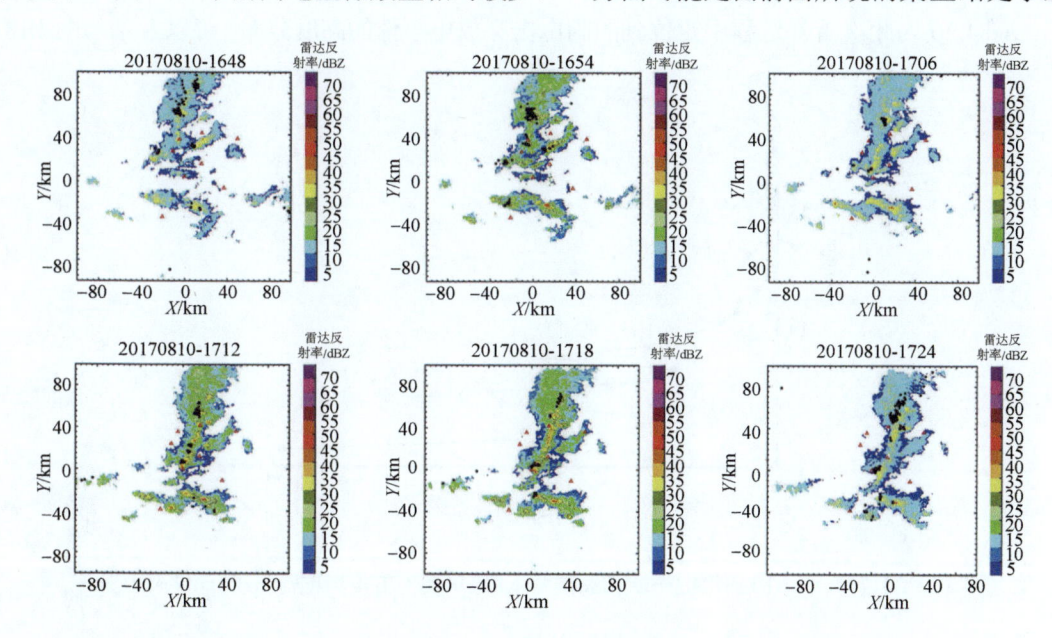

81

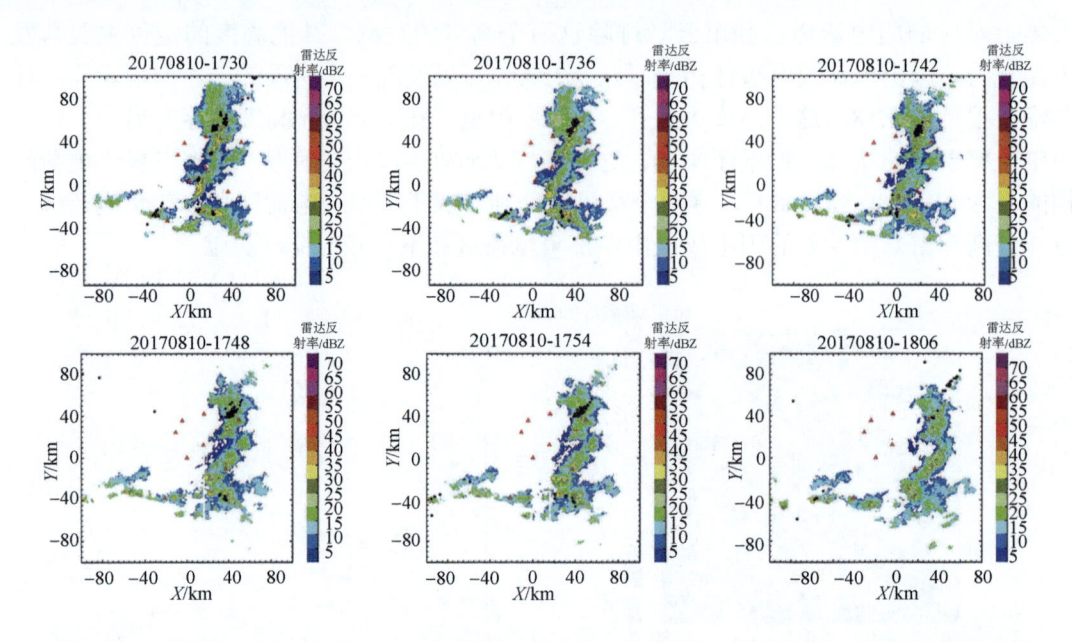

图 4.19　2017 年 8 月 10 日那曲一次雷暴过程 LFEDA 定位结果（黑色圆点）与雷达数据叠加

时间标记在图正上方，格式为年月日 - 时分。图中红色三角为那曲第一代 LFEDA 的子站位置

电状态以及整体站网基线长度较长引起的 LFEDA 探测效率下降；另一方面则可能反映了高原雷暴闪电活动较少的事实。先前研究指出，高原雷暴闪电频次较低，通常每分钟产生 1～3 个闪电（张廷龙等，2007；Qie et al.，2005，2009；Zheng and Zhang，2021）。Zheng 和 Zhang（2021）指出高原雷暴平均闪电频次为 1.82 flash/min，闪电密度（相对于 20 dBZ 回波面积）为 $4.01×10^{-3}$ flash/(min·km^2)，明显弱于中国中东部以及喜马拉雅山南麓。从雷达反射率整体数值偏小来看，这次雷暴的对流强度应当较弱。

图 4.20 为此次雷暴过程中定位到的闪电击穿放电事件的高度分布，可以看到与图 4.18

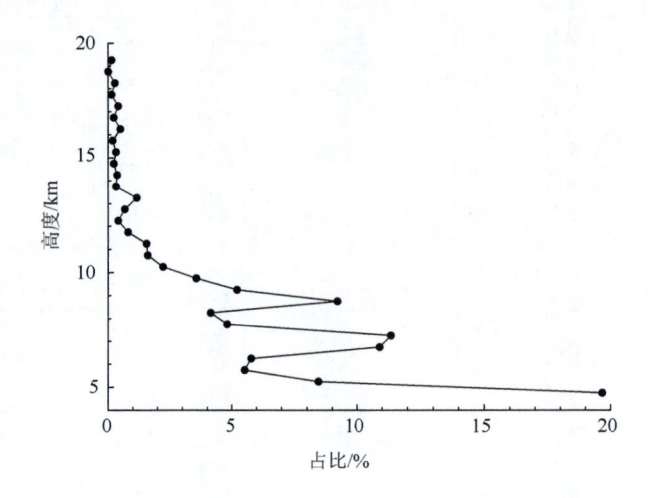

图 4.20　2017 年 8 月 10 日那曲一次雷暴过程 LFEDA 定位的闪电击穿放电事件高度分布

中展示的高度分布非常类似。不考虑 5.5 km 以下（距离地面 1 km）主要与地闪的先导-回击过程关联的定位，云内放电主要出现在两个区域，7～7.5 km 高度上聚集了 11.3% 的定位点，8.5～9 km 高度上聚集了 9.2% 的定位点，分别对应上下部主导性的正电荷区和中部负电荷区。

那曲雷暴闪电活动主要由中部负电荷区和下部正电荷区贡献的情况明显不同于平原雷暴，在平原雷暴中闪电主要由中部负电荷区和上部正电荷区贡献（Proctor，1991；Zheng et al.，2019）。但是，这种情况与先前关于高原雷暴电荷结构的研究认为其倾向于具有显著的下部正电荷区具有非常好的一致性（Qie et al.，2005，2009；Zhang et al.，2004；邵选民和刘欣生，1987；王才伟等，1987）。

4.4 那曲雷暴地闪频次与雷暴结构参量关系

闪电是强对流活动的重要表征之一，闪电活动与雷暴结构参量具有密切联系。分析地闪活动和雷达回波参量的相关关系，对于利用雷达观测预警闪电活动或基于闪电观测指示雷暴强度特征都具有参考价值。

4.4.1 相关参量的说明和计算

闪电活动与雷电参量的相关分析使用了部分表征雷暴发展程度的雷达参量，见表 4.1。需要注意的是，由于高原雷暴整体强度较弱，我们选取了 30 dBZ 作为强回波的阈值，即选取每个雷暴中不小于 30 dBZ 的回波区域，对相关参量进行计算，满足上述条件（实际上还包括必须在该区域观测到地闪）的样本数为 5710 个。

表 4.1　雷达参量列表

参量名	参量描述
area	强回波面积[a]
ET	30 dBZ 回波顶高
V_{00}	0℃ 层以上强回波体积[b]
V_{10}	−10℃ 层以上强回波体积[b]
CR_{max}	最大雷达反射率
VIL_{max}	最大垂直积分液态水含量（格点数值）
MPI_{max}	最大 7～11 km 垂直积分可降冰含量（格点数值）
VIL	垂直积分液态水含量[c]
MPI	7～11 km 累积可降冰含量[c]
REF_{sum00}	0℃ 层以上所有强回波反射率之和
REF_{sum10}	−10℃ 层以上所有强回波反射率之和

a 强回波均表示以雷达反射率 30 dBZ 为阈值。

b 0℃ 层和 −10℃ 层高度为研究时间段内的平均高度，分别为海拔 5.9 km 和 7.2 km。

c 累积值均基于强反射率范围计算，即雷达反射率不小于 30 dBZ 范围内的所有值之和。

表 4.1 中，area、ET、V_{00}、V_{10} 主要是与雷暴尺度和形态有关的特征值，CR_{max}、VIL_{max}、MPI_{max} 主要是与雷暴在当前时刻的局部最大发展强度相关的特征值，VIL、MPI、REF_{sum00}、REF_{sum10} 则同时包含雷暴的尺度形态信息和雷达回波强弱的信息。

参量中的垂直积分液态水含量（VIL）采用式（4.3）计算：

$$VIL = 3.44 \times 10^{-6} \sum_{i=1}^{n-1} [(Z_i + Z_{i+1})]^{4/7} \Delta h_i \tag{4.3}$$

式中，Z_i 为第 i 层高度上的雷达反射率因子，mm^6/m^3；Δh_i 为第 i 层与第 $i+1$ 层之间的高度差，m；n 为三维格点雷达数据的层数。

参量中的可降冰含量利用 Carey 和 Rutledge（2000）提出的计算公式：

$$M_{MPI} = 1000\pi \rho_i N_0^{3/7} \left(\frac{5.28 \times 10^{-18}}{720} Z \right)^{4/7} \tag{4.4}$$

式中，M_{MPI} 为单位体积内的可降冰含量，g/m^2；ρ_i=917 g/m^3；N_0=4×10^{-6} m^{-4}；Z 为雷达反射率因子，mm^6/m^3。该公式适用于计算 7～11 km 高度的可降冰含量。

4.4.2 地闪发生位置附近的雷达参量特征

本节利用挑选出的 6699 次雷暴样本（指所有雷暴，而非 4.4.1 节中所说的包含反射率不小于 30 dBZ 的雷暴），通过找出雷暴中每个地闪发生位置半径 5 km 范围内所有格点上相关雷达参量的最大值，统计它们的分布情况，结果如图 4.21 所示。地闪发生位置附近最大雷达反射率基本呈正态分布，最大雷达反射率集中在 34～41 dBZ，且有 36.7% 的地闪附近的最大雷达反射率未超过 35 dBZ，由此可见高原雷暴的强度相对较弱。地闪位置附近最大 20 dBZ 回波顶高分布最为集中的区域在 11～15 km，汇集了约 53% 样本 [图 4.21(b)]。

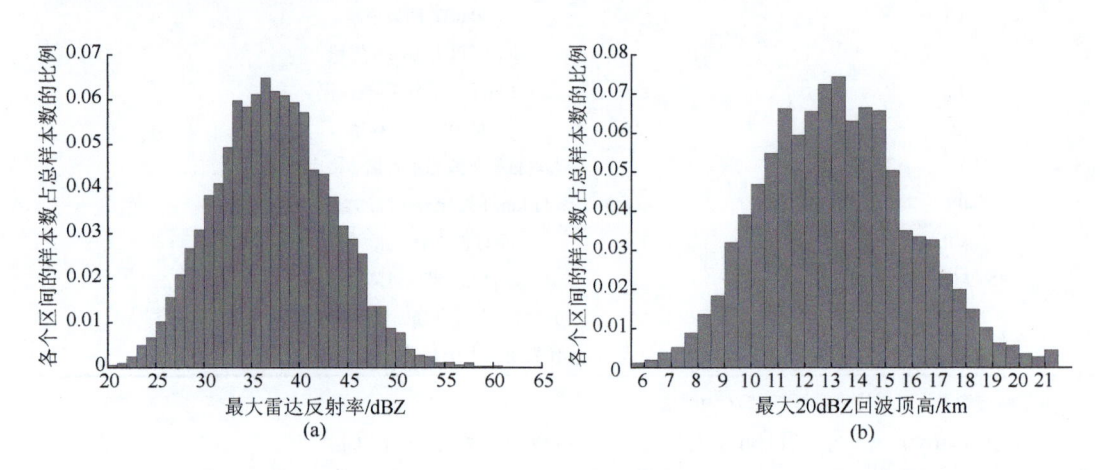

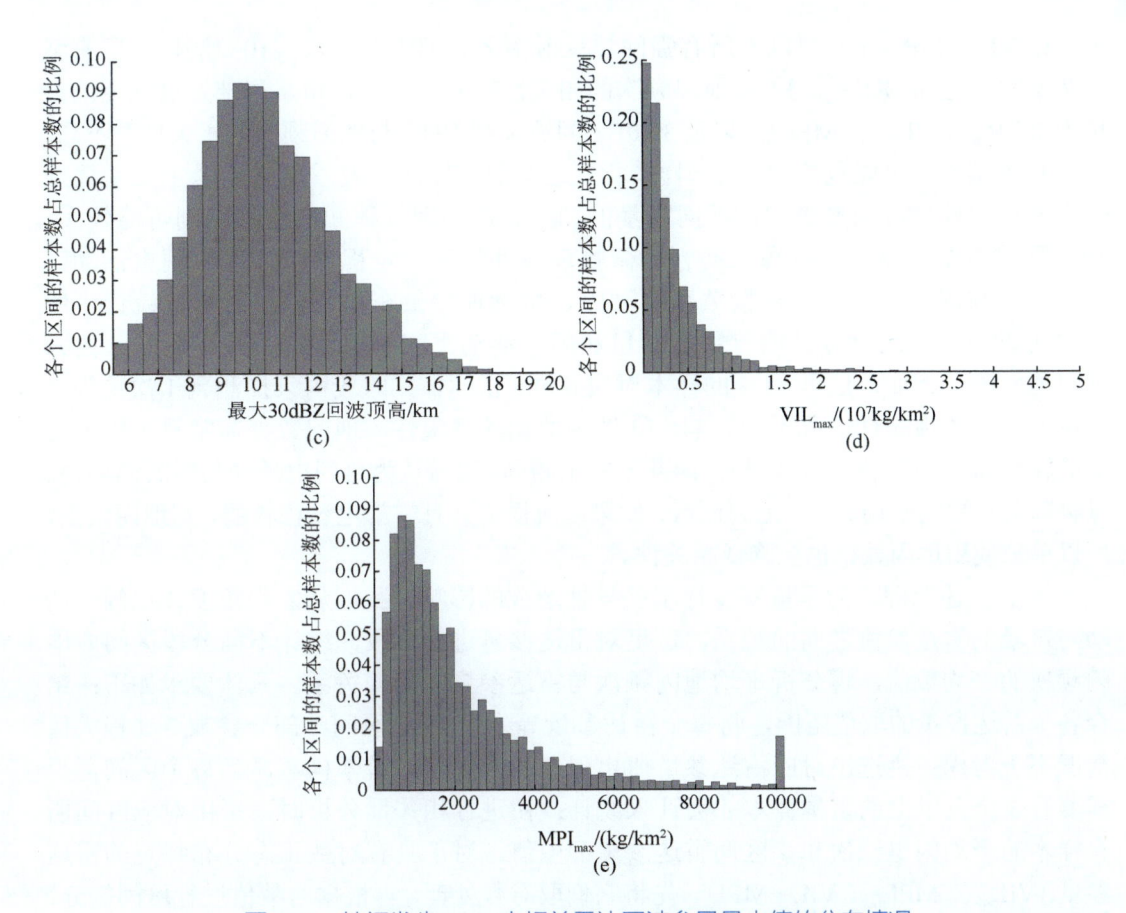

第 4 章　那曲雷暴的多站组网观测和雷暴及闪电活动特征

图 4.21　地闪发生 5 km 内相关雷达回波参量最大值的分布情况
(a) 最大雷达反射率；(b) 最大 20 dBZ 回波顶高；(c) 最大 30 dBZ 回波顶高；(d) VIL_{max}；(e) MPI_{max}

最大 30 dBZ 回波顶高的峰值区间为 8.5～12 km[图 4.21(c)]，在该区间内样本占比约为 60%。地闪发生位置附近的 VIL_{max} 的发生频数呈现对数正态分布的特点，随着 VIL_{max} 数值增大，概率分布递减趋势明显，其中约 25% 的样本 VIL_{max} 不超过 $10^6\,\text{kg/km}^2$，而且基本上所有的 VIL_{max}（占比 99.4%）出现在小于 $2.5\times10^7\,\text{kg/km}^2$ 的区间[图 4.21(d)]。地闪位置附近 MPI_{max} 的频次分布总体上也呈现递减趋势[图 4.21(e)]，分布范围较广，其峰值分布区间位于 400～1400 kg/km²，汇集了约 40% 的样本。MPI_{max} 小于 5000 kg/km² 的区间集中了约 91% 的样本。

4.4.3　地闪频次与雷达参量相关性分析

对于包含大于 30 dBZ 雷达反射率的 5710 次雷暴样本，在样本一一对应的相关性分析中，发现其相关性并不显著，相关系数普遍小于 0.5。与此同时，描述雷暴尺度的相关雷达回波参量[如 >30 dBZ 强回波面积（area）、0℃层以上强回波体积（V_{00}）、−10℃层以上强回波体积（V_{10}）]以及同时包含雷暴尺度形态信息和雷达回波强弱信息的参量[如 VIL、MPI、0℃层以上所有强回波反射率之和（REF_{sum00}）、-10℃层以上所有强回波反射率之和（REF_{sum10}）]与地闪频次的相关性较好。而表征雷暴局部发展强度的参量（如 CR_{max}、VIL_{max}、MPI_{max}）以及 30 dBZ 回波顶高（ET）与地闪频次的相关性并不高。

推测其原因可能包括：①雷暴样本相互之间的差异性较大。高原雷暴主要受局地热力条件、地形等因素影响，不同雷暴的动力、微物理过程和电过程差别可能较大。②高原雷暴整体偏弱。雷暴在动力、微物理条件达到一定程度时才发生闪电活动。理论上，与闪电活动存在直接关系的动力、微物理参量在整个雷暴的参数统计中所占的比重最大，此时可以期待雷达参量和闪电活动之间有更好的关系；反之，关系则可能较差。例如，这里 63% 的样本对应 6 min 雷达体扫时段内只探测到 1 次地闪，这可能对相关性统计造成不利影响。③地闪数据的局限性。地闪数据通常只占闪电总数的较少部分，且其发生条件与云闪并不完全相同。通常认为总闪电活动与雷暴的动力、微物理关系更为密切。对于地闪而言，如果对流很弱并且雷暴电过程较弱，则地闪较少，所以单独使用地闪数据也会降低相关性。

鉴于上述原因，为尽量减少样本差异性造成的影响，我们从宏观角度认识闪电活动与雷暴的雷达参量之间的关系，这里对雷达参量进行分段，统计不同分段区间内地闪频次的平均数值，再分析平均地闪频次与雷达参量之间的关系。具体要求如下：结合各个雷达参量的取值范围，将每个雷达参量等分为 25 个区间，部分参数存在极大值情况不予考虑；挑选出对应雷达参量值出现在各个区间的雷暴样本，且每个区间至少需要有 3 个及以上的雷暴样本才会计入统计；在进行相关性分析时，采用对应区间所有样本的平均闪电频次和该区间雷达参量的中值；对于具有对数正态分布特点的雷达参量（VIL_{max}、MPI_{max}、VIL、MPI），先将它们取对数处理，再根据对数值进行区间等分，并按照上述方法进行相关性和拟合的计算。

图 4.22 给出了经过上述方法处理后的部分雷达参量与地闪频次的散点分布，并分别做了散点的线性拟合和幂函数拟合，且给出了拟合方程。可以看出，各个雷达参量与地闪频次的相关性均较好，线性相关的拟合优度在 0.36～0.69，幂函数相关的拟合优度在 0.52～0.74。除了强回波面积，其他参量与地闪频次的相关性均为幂函数相关好于线性相关。CR_{max} 和 V_{00} 与地闪频次的相关系数最高，说明高原雷暴的 CR_{max} 和 V_{00} 对于对流强度的大小和地闪频次的高低具有重要的指示意义。

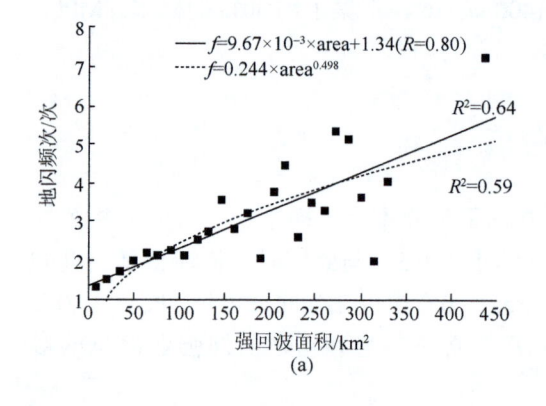

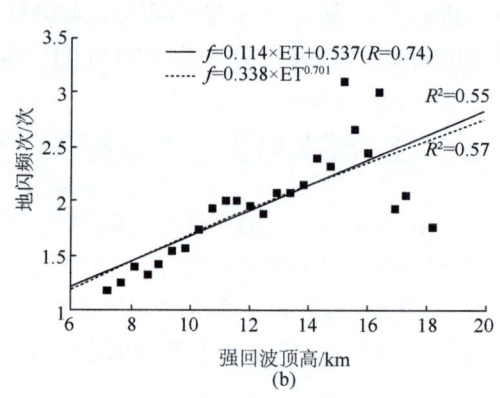

(a) $f=9.67×10^{-3}×area+1.34(R=0.80)$；$f=0.244×area^{0.498}$；$R^2=0.64$；$R^2=0.59$；横轴：强回波面积/km²；纵轴：地闪频次/次

(b) $f=0.114×ET+0.537(R=0.74)$；$f=0.338×ET^{0.701}$；$R^2=0.55$；$R^2=0.57$；横轴：强回波顶高/km；纵轴：地闪频次/次

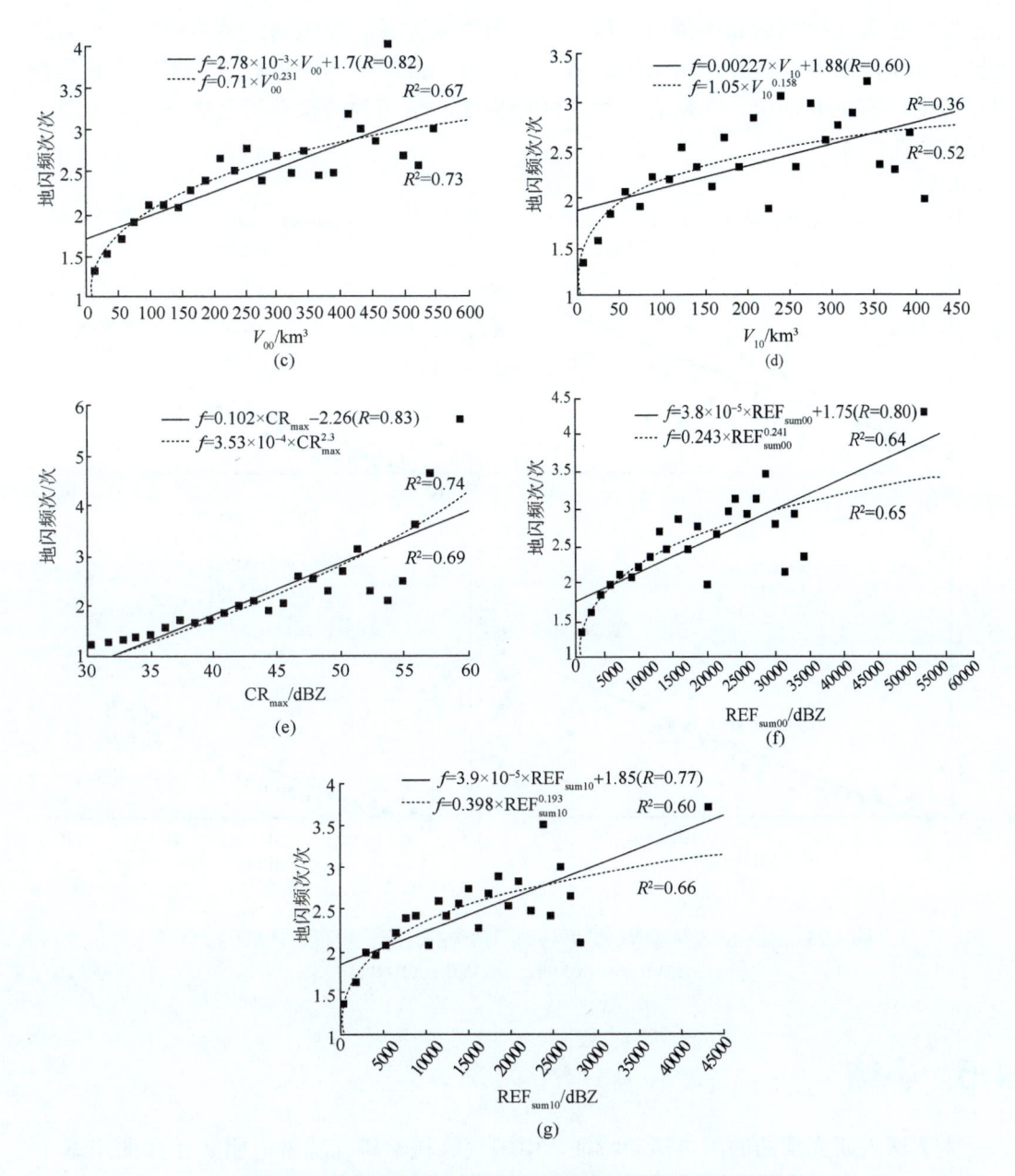

图 4.22　雷达参量与地闪频次的区间分段散点分布及拟合

(a) 强回波面积；(b) 强回波顶高；(c) V_{00}；(d) V_{10}；(e) CR_{max}；(f) REF_{sum00}；(g) REF_{sum10}。实线和虚线分别为线性拟合曲线和幂函数拟合曲线，R^2 代表各自的拟合优度

图 4.23 给出了 VIL_{max}、VIL、MPI_{max}、MPI 四个雷达参量取对数后进行相关和拟合的结果。可以看出，随着雷达参量的增大，平均地闪频次均表现出增大的趋势。平均地闪频次与 VIL 和 MPI 有很好的相关性，线性相关的拟合优度分别达到 0.80 和 0.76，幂函数相关的拟合优度分别达到 0.86 和 0.84。Gauthier 等（2006）、袁铁和郄秀书（2010）

分别发现在美国休斯敦和中国东部地区,冰相降水含量与闪电活动关系密切。在高原地区,MPI 依然可以很好地指示闪电活动的强度,说明冰相降水粒子在高原雷暴云起电过程中占有重要地位。在所有的相关性分析中,幂函数的拟合优度更好,相关拟合方程显示在图 4.23 中。

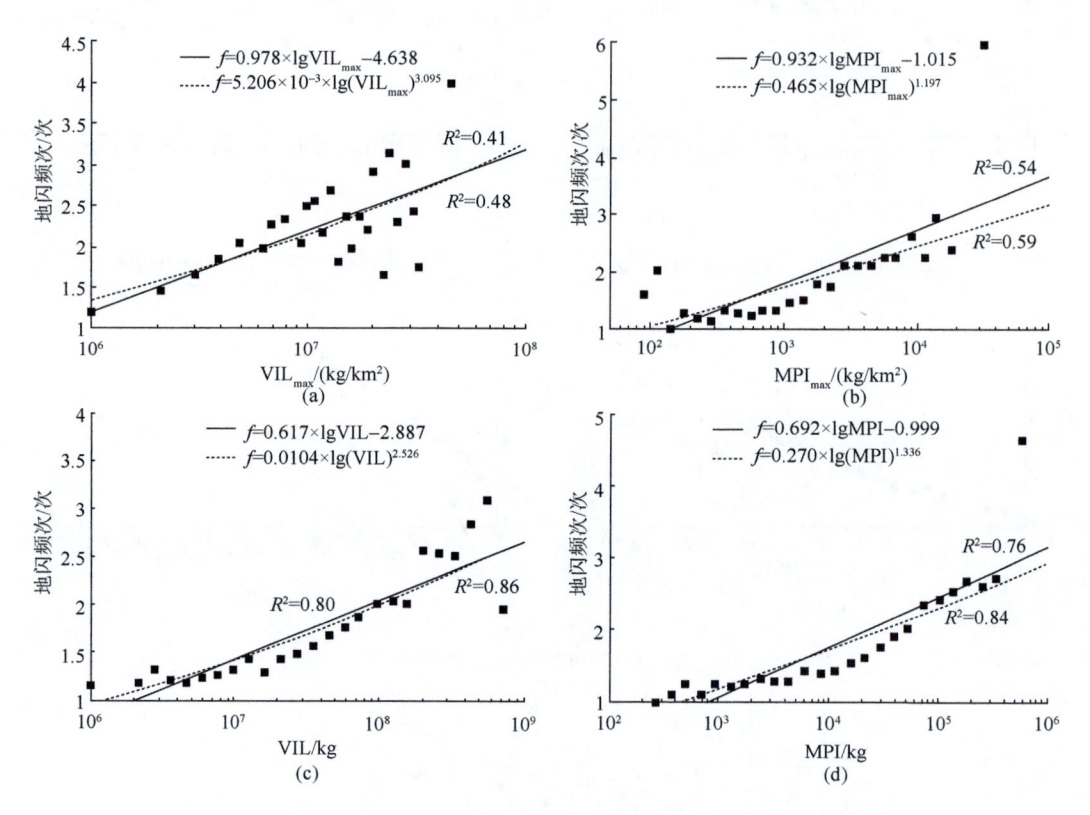

图 4.23 相关雷达参量取对数后与地闪频次的区间分段散点分布及拟合
(a) VIL_{max};(b) MPI_{max};(c) VIL;(d) MPI

4.5 小结

为了深入研究那曲的闪电活动特征,中国气象科学研究院雷电团队在那曲市基于自研的 LFEDA 三维闪电定位系统以及 LCI 开展了闪电活动观测实验。LFEDA 前后已发展了两代,新一代的 LFEDA 更适应高原的观测环境。LFEDA 基于 TDOA 方法进行定位,能够给出三维的闪电定位结果,提高高原闪电探测数据的质量,丰富高原闪电数据集。目前依托新一代 LFEDA 的那曲三维闪电定位系统正在高原地区进行测试,将与那曲市气象局业务雷达观测一起针对雷暴和闪电活动开展综合观测。

在青藏高原那曲的雷暴和闪电活动特征研究方面,我们通过分析那曲的雷达和闪电观测数据，开展了那曲深对流活动时空分布以及对流结构特征、闪电活动时空分布和高度分布，以及闪电活动强度与雷暴结构参量相关关系的研究，并得出如下结论。

在日变化上，那曲深对流活动主要发生在午后至傍晚，峰值出现在 17:00。强深对流在 15:00～18:00 都比较活跃，没有明显的峰值。强深对流在深对流中的占比在 11:00～20:00 都处于高位，数值大于 20%。在月变化中，深对流和强深对流活动峰值均出现在 7 月，随后是 8 月和 6 月。但强深对流占比在 6 月最高，数值为 36.4%。深对流活动在那曲周边主要有两个最强的活跃区，分别为东南方向的山地区域和雷达站以北的丘陵地区。那曲的西南和西部深对流活动较弱。强深对流和深对流在空间分布上具有明显差异，强深对流的活跃区主要位于雷达站附近的西侧、北侧以及距雷达站 70 km 的东北方向。强深对流占比的空间分布揭示在平坦地形的区域，深对流更易发展为强深对流。

统计结果显示，那曲强深对流 20 dBZ 和 30 dBZ 回波顶高平均值分别为 16.5 km 和 14.1 km，分别高出深对流相应的回波顶高 0.7 km 和 1.9 km。深对流的 20 dBZ 回波面积平均为 126.4 km^2，强回波（30 dBZ）面积平均仅为 37.5 km^2，低于强深对流的 206.9 km^2 和 75.4 km^2，后者分别是前者的 1.6 倍和 2.0 倍。

地闪活动在那曲县（现为色尼区）东部最为活跃，地闪密度可大于 1.2 flash/(km^2·a)。那曲县西南部地闪密度普遍低于 1 flash/(km^2·a)。地闪活动日变化呈明显的单峰特征，13:00～22:00 集中了全部地闪的约 80%，地闪活动在 18:00 达到峰值。闪电活动在云内放电主要出现在两个高度，一个中心位置在 7.25 km，对应 −10℃ 层附近，另一个中心位置在 8.75 km，对应 −17℃ 层附近。这些数据说明高原雷暴的放电主要发生在中部负电荷区和下部正电荷区之间，与先前研究认为的高原雷暴倾向具有不同于平原雷暴的显著下部正电荷区一致。

地闪发生位置 5 km 范围内最大雷达反射率、最大 20 dBZ 回波顶高、最大 30 dBZ 回波顶高、最大垂直积分液态水含量和最大 7～11 km 垂直积分可降冰含量的峰值分布区间分别为 34～41 dBZ、11～15 km、8.5～12 km、小于 10^6 kg/km^2 和 400～1400 kg/km^2。通过雷达参量分段统计方法，我们给出了闪电活动与多个雷达参量之间的拟合关系，发现幂函数拟合关系普遍好于线性拟合关系。与地闪频次关系较好的参量包括雷达反射率不低于 30 dBZ 区域的垂直积分液态含水量（幂函数拟合优度 0.86，以下同为幂函数拟合优度）、雷达反射率不低于 30 dBZ 区域的 7～11 km 累积可降冰含量（0.84）、0℃ 层以上反射率不低于 30 dBZ 的区域体积（0.73）和最大雷达反射率（0.74）。

参考文献

陈国春，郑永光，肖天贵．2011．我国暖季深对流云分布与日变化特征分析．气象，37(1)：75-84．
李博，杨柳，唐世浩．2018．基于静止卫星的青藏高原及周边地区夏季对流的气候特征分析．气象学报，76(6)：983-995．

林志强, 假拉, 罗骕翾, 等. 2012. 西藏高原闪电特性时空分布特征. 气象科技, 40(6): 1002-1006.

马瑞阳, 郑栋, 姚雯, 等. 2021. 雷暴云特征数据集及我国雷暴活动特征. 应用气象学报, 32(3): 358-369.

齐鹏程, 郑栋, 张义军, 等. 2016. 青藏高原闪电和降水气候特征及时空对应关系. 应用气象学报, 27(4): 488-497.

祁秀香, 郑永光. 2009. 2007年夏季我国深对流活动时空分布特征. 应用气象学报, 20(3): 286-294.

郄秀书, 袁铁, 谢毅然, 等. 2004. 青藏高原闪电活动的时空分布特征. 地球物理学报, 47(6): 997-1002.

邵选民, 刘欣生. 1987. 云中闪电及云下部正电荷的初步分析. 高原气象, 6(4): 317-325.

史东东, 郑栋, 张阳, 等. 2018. 低频电场变化探测阵列建设及初步运行结果. 中国科学: 地球科学, 48(1): 113-126.

王才伟, 陈茜, 刘欣生, 等. 1987. 雷雨云下部正电荷中心产生的电场. 高原气象, 6(1): 65-74.

王红艳, 刘黎平, 肖艳娇, 等. 2009. 新一代天气雷达三维数字组网软件系统设计与实现. 气象, 35(6): 13-18, 130.

吴学珂, 郄秀书, 袁铁. 2013. 亚洲季风区深对流系统的区域分布和日变化特征. 中国科学: 地球科学, 43(4): 556-569.

肖艳姣, 刘黎平. 2006. 新一代天气雷达网资料的三维格点化及拼图方法研究. 气象学报, 64(5): 647-657.

徐祥德, 周明煜, 陈家宜, 等. 2001. 青藏高原地-气过程动力、热力结构综合物理图象. 中国科学 (D辑: 地球科学), 31(5): 428-441.

尤金, 郑栋, 姚雯, 等. 2019. 东亚和西太平洋闪电时空尺度及光辐射能. 应用气象学报, 30(2): 191-202.

袁铁, 郄秀书. 2010. 中国东部及邻近海域暖季降水系统的闪电、雷达反射率和微波特征. 气象学报, 68(5): 652-665.

张廷龙, 郄秀书, 言穆弘. 2007. 青藏高原雷暴的闪电特征及其成因探讨. 高原气象, 26(4): 774-782.

张镱锂, 李炳元, 郑度. 2002. 论青藏高原范围与面积. 地理研究, 21(1): 1-8.

赵阳, 张义军, 董万胜, 等. 2004. 青藏高原那曲地区雷电特征初步分析. 地球物理学报, 47(3): 405-410.

Carey L, Rutledge S. 2000. The relationship between precipitation and lightning in tropical island convection: A C-band polarimetric radar study. Monthly Weather Review, 128: 2687-2710.

Chen M, Wang Y, Gao F, et al. 2012. Diurnal variations in convective storm activity over contiguous North China during the warm season based on radar mosaic climatology. Journal of Geophysical Research: Atmospheres, 117: D20115.

Cummins K, Murphy M, Bardo E, et al. 1998. A combined TOA/MDF technology upgrade of the U.S. national lightning detection network. Journal of Geophysical Research: Atmospheres, 103: 9035-9044.

Du Y, Zheng D, Ma R, et al. 2022. Thunderstorm activity over the Qinghai-Tibet Plateau indicated by the combined data of the FY-2E geostationary satellite and WWLLN. Remote Sensing, 14: 2855.

Fu Y, Liu G, Wu G, et al. 2006. Tower mast of precipitation over the central Tibetan Plateau summer.

Geophysical Research Letters, 33: L05802.

Fu Y, Ma Y, Zhong L, et al. 2020. Land-surface processes and summer-cloud-precipitation characteristics in the Tibetan Plateau and their effects on downstream weather: A review and perspective. National Science Review, 7: 500-515.

Gauthier M, Petersen W, Carey L, et al. 2006. Relationship between cloud-to-ground lightning and precipitation ice mass: A radar study over Houston. Geophysical Research Letters, 33: 672-674.

Iwasaki H. 2016. Relating lightning features and topography over the Tibetan Plateau using the world wide lightning location network data. Journal of the Meteorological Society of Japan, 94: 431-442.

Kitagawa N, Brook M. 1960. A comparison of intracloud and cloud-to-ground lightning discharges. Journal of Geophysical Research, 65: 1189-1201.

Li Y, Zhang G, Wang Y, et al. 2017. Observation and analysis of electrical structure change and diversity in thunderstorms on the Qinghai-Tibet Plateau. Atmospheric Research, 194: 130-141.

Li Y, Zhang G, Wen J, et al. 2013. Electrical structure of a Qinghai-Tibet Plateau thunderstorm based on three-dimensional lightning mapping. Atmospheric Research, 134: 137-149.

Li Y, Zhang G, Zhang Y. 2020. Evolution of the charge structure and lightning discharge characteristics of a Qinghai-Tibet Plateau thunderstorm dominated by negative cloud-to-ground flashes. Journal of Geophysical Research: Atmospheres, 125: e2019JD031129.

Luo Y, Zhang R, Qian W, et al. 2011. Intercomparison of deep convection over the Tibetan Plateau–Asian monsoon region and subtropical North America in boreal summer using CloudSat/CALIPSO data. Journal of Climate, 24: 2164-2177.

Ma R, Zheng D, Zhang Y, et al. 2021. Spatiotemporal lightning activity detected by WWLLN over the Tibetan Plateau and its comparison with LIS lightning. Journal of Atmospheric and Oceanic Technology, 38: 511-523.

Proctor D. 1991. Regions where lightning flashes began. Journal of Geophysical Research: Atmospheres, 96: 5099-5112.

Qie X, Toumi R, Yuan T, et al. 2003. Lightning activities on the Tibetan Plateau as observed by the lightning imaging sensor. Journal of Geophysical Research, 108: 4551.

Qie X, Wu X, Yuan T, et al. 2014. Comprehensive pattern of deep convective systems over the Tibetan Plateau-South Asian monsoon region based on TRMM data. Journal of Climate, 27: 6612-6626.

Qie X, Zhang T, Chen C, et al. 2005. The lower positive charge center and its effect on lightning discharges on the Tibetan Plateau. Geophysical Research Letters, 32: L05814.

Qie X, Zhang T, Zhang G, et al. 2009. Electrical characteristics of thunderstorms in different plateau regions of China. Atmospheric Research, 91: 244-249.

Williams E. 1989. The tripole structure of thunderstorms. Journal of Geophysical Research: Atmospheres, 94: 13151-13167.

Xu W. 2013. Precipitation and convective characteristics of summer deep convection over East Asia observed by TRMM. Monthly Weather Review, 141: 1577-1592.

You J, Zheng D, Zhang Y, et al. 2019. Duration, spatial size and radiance of lightning flashes over the Asia-Pacific region based on TRMM/LIS observations. Atmospheric Research, 223: 98-113.

Zhang Y, Dong W, Zhao Y, et al. 2004. Study of charge structure and radiation characteristic of intracloud discharge in thunderstorms of Qinghai-Tibet Plateau. Science in China Series D: Earth Sciences, 47: 108-114.

Zheng D, Shi D, Zhang Y, et al. 2019. Initial leader properties during the preliminary breakdown processes of lightning flashes and their associations with initiation positions. Journal of Geophysical Research: Atmospheres, 124: 8025-8042.

Zheng D, Zhang Y. 2021. New insights into the correlation between lightning flash rate and size in thunderstorms. Geophysical Research Letters, 48: e2021GL096085.

Zheng D, Zhang Y, Meng Q, et al. 2016. Climatological comparison of small- and large-current cloud-to-ground lightning flashes over Southern China. Journal of Climate, 29: 2831-2848.

第 5 章

青藏高原的雷暴活动特征

青藏高原作为世界上最高的高原，其特殊的热力和动力作用，不仅对亚洲乃至全球的天气气候有重要影响（Wu et al.，2007；Zhao et al.，2017），也导致高原夏季发生频繁的雷暴对流活动（Qie et al.，2003；Fu et al.，2006），特别是在高原中部地区，其雷暴日数可以达到90天（叶笃正和高由禧，1979）。高原上频繁的对流活动和强烈的南亚高压反气旋系统，也使得它成为对流层物质进入全球平流层的重要通道（Bian et al.，2020；Xu et al.，2022）。因此，深入了解青藏高原及周边地区的雷暴特征，无论对强对流雷暴灾害的预警预报，还是对全球水循环以及气候变化的研究都有着重要的科学意义。

本章基于1997~2014年热带降雨测量卫星（TRMM）观测资料，系统研究青藏高原雷暴活动特征。首先分析青藏高原上的雷暴结构特征和其不同区域间的差异；然后结合气象再分析资料，对比讨论高原不同区域雷暴的强度特征及其对应的热动力特征、降水特征；最后总结青藏高原的雷暴时空分布特征，并对比其与其他地区在不同地形、气候特征方面的差异。

5.1 资料和方法

强雷暴在通常气象学的定义中，主要关注其所伴随的大风、冰雹和龙卷等特征，而较少关注作为雷暴特征性过程的闪电。本章对雷暴的定义将同时考虑降水和闪电信息，利用美国犹他（Utah）大学建立的TRMM云和降水特征数据集（Nesbitt et al.，2000；Zipser et al.，2006；Liu et al.，2008）以及TRMM闪电成像仪（LIS）的轨道资料。本章使用的资料为1998年1月至2015年4月的TRMM观测资料，其中2001年8月7~24日TRMM升轨期间的资料除外。

Nesbitt等（2000）利用TRMM携带的测雨雷达（PR）、微波成像仪（TMI）等仪器观测获得数据，将近地面层PR反射率因子值大于等于20 dBZ或85 GHz极化修正温度（PCT）小于250 K的连续回波区域或者像素集合在一起，定义为降水特征（PF）信息。85 GHz的PCT定义为（Spencer et al.，1989）

$$PCT_{85}=1.8T_{85v}-0.8T_{85h} \tag{5.1}$$

式中，T_{85v}与T_{85h}分别为85 GHz的垂直亮温和水平亮温，可以消除由地表不均匀导致的微波亮温不连续的现象。Liu等（2008）在此基础上进一步改进和完善了PF的定义和识别，采用单一要素定义并建立了美国犹他大学云和降水特征数据集（http://atmos.tamucc.edu/trmm/data/）。

本章主要采用上述云和降水特征数据集中的二级产品，对PF的定义主要包括以下四点。第一，以PR探测到的降水率为筛选参量的降水特征（PR detected precipitation feature，RPF）：2A25[①]降水率大于0的连续像素区域；第二，以PR探测的雷达回波为筛选参量的降水特征（PR detected radar echo projection feature，RPPF）：雷达回波大于20 dBZ

[①] TRMM的二级产品，2A25为由PR探测到的数据集合。

的连续像素区域；第三，以 TMI 探测到的降水率为筛选参量的降水特征（TMI detected precipitation feature，TPF）：2A12[①] 降水率大于 0 的连续像素区域；第四，PCTF（TMI cold 85 GHz PCT feature）：85GHz PCT 小于 250 K 的连续回波区域或像素区等。根据研究需要，本章选取 RPF 产品，忽略其水平尺度大小，参照 Wu 等（2013）和李进梁等（2019）的方法，筛选其中 LIS 观测到闪电数（flashcount）大于等于 1 的 RPF 作为雷暴单体。

根据这种算法定义，筛选出的数据包括许多水平尺度较小的雷暴单体，这对于青藏高原地区的研究具有优势。利用 RPF 产品和算法得到的数据集中包含多种反映对流系统上升气流强度的参量（Liu et al.，2008），如雷达回波顶高、闪电数量、微波冰相散射信号等，其中 40 dBZ 回波顶高和由闪电数量得到的闪电频数在表征对流系统强度方面有很好的效果（Zipser et al.，2006；Qie et al.，2014）。

由于 TRMM 采用非太阳同步轨道观测方式，对某一地区的观测时间依赖于所处的纬度，如在中纬度地区（卫星扫描边缘）观测总时间为赤道地区的 4 倍左右。为了使在雷暴空间分布中不同纬度上观测得到的雷暴数具有可比性，本章采用 Wu 等（2013）提出的方法，利用 0.5°×0.5° 网格相应的像素数（来自 TRMM 3A25 产品），修正了观测到的不同纬度格点上的雷暴数。另外，书中所提到的雷暴发生概率的定义为单位网格内观测到的雷暴数占该网格内总降水特征数的比例。闪电频数由降水特征的闪电数量和观测时间（通常为 90 s 左右）计算得到。

本书中所用的气象资料主要来自美国国家环境预报中心-美国能源部（National Centers for Environmental Prediction-Department of Energy，NCEP-DOE）再分析数据集和欧洲中期天气预报中心（European Centre for Medium-Range Weather Forecasts，ECMWF）中期再分析数据集（ERA-Interim）（Kanamitsu et al.，2002；Dee et al.，2011）。

5.2 青藏高原雷暴活动的季节变化特征

本章将 70°E ~ 105°E，25°N ~ 40°N，海拔超过 3000 m 的区域定义为青藏高原区域。为了更好地描述高原不同区域的闪电活动特征，参照 Yang 等（2011）和 Jiang 等（2016）的划分，并结合高原地形特征，将高原划分为三个子区域进行研究，即：青藏高原西部（WTP）定义为 79°E ~ 85°E，31°N ~ 36°N，平均海拔超过 5000 m；青藏高原中部（CTP）定义为 85°E ~ 96°E，30°N ~ 36°N，平均海拔超过 4500 m（包含部分高原东部地区海拔超过 4500 m 的区域）；青藏高原东部（ETP）定义为 98°E ~ 102°E，29°N ~ 36°N，平均海拔为 3000 ~ 4500 m，具体如图 5.1 所示。同时将青藏高原上平均海拔超过 4500 m 的区域定义为高原主体区域，见图 5.1 中 4500 m 等地势高度线（蓝色实线），主要分布在高原西部、中部，以及东部一小部分区域。

图 5.2 给出了青藏高原不同区域雷暴频率的季节变化，雷暴频率的月峰值均出现在 7 月，但自东向西逐渐加强，高原西部有近 40% 的雷暴集中发生在 7 月，高原中部

---

① TRMM 的二级产品，2A12 为由 TMI 探测到的数据集合。

为 30%，高原东部仅为 20%。高原的雷暴活跃期自东向西逐渐变短，雷暴活动更加集中在夏季。高原东部与其他两个区域的季节变化有所不同，约 60% 的雷暴平均分布在 6～8 月，7 月的峰值并不明显，5 月和 9 月的雷暴活动各占 10%。整体上看，青藏高原超过 90% 的雷暴发生在 4～9 月，特别是高原西部地区（超过 95%），因此，后文只针对 4～9 月雷暴的对流特征和雷暴发生前的热动力条件进行分析。

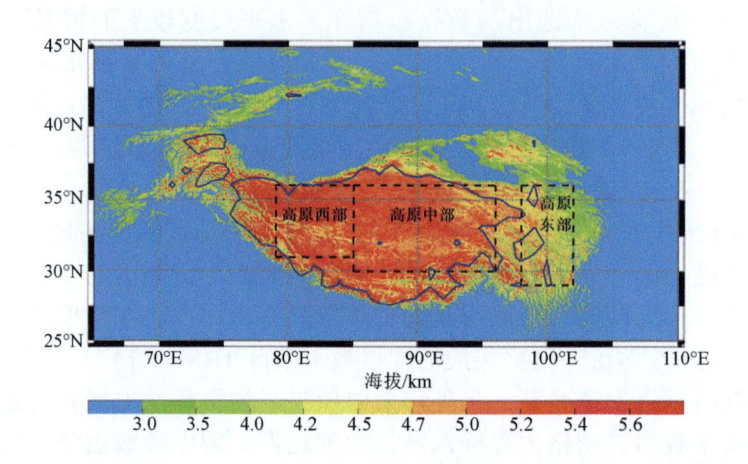

图 5.1 青藏高原地形、三个研究区域划分示意图以及 4500m 等地势高度线
黑色虚线框代表高原西部、高原中部、高原东部三个研究区域；蓝色实线代表 4500 m 等地势高度线

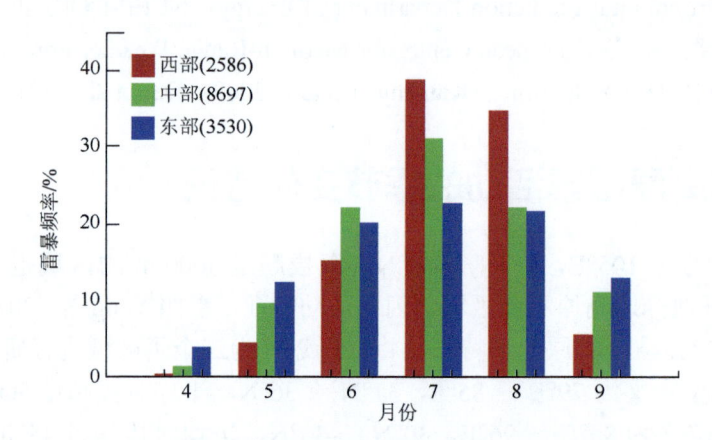

图 5.2 青藏高原不同区域雷暴频率的季节变化
自左向右不同颜色分别代表高原西部、高原中部和高原东部。括号内数值为不同区域内雷暴样本总数

5.3 青藏高原雷暴云的对流参量及结构特征

为进一步揭示不同区域雷暴的对流特征，选取四个表征雷暴对流特征的参量进行分析，包括闪电频数、最小 85 GHz PCT、最小红外亮温以及对流体积降水率，并对其季节性差异进行讨论，参照 Qie 等（2022），图 5.3 给出了四个对流参量的逐月分布。

闪电频数被认为是表征雷暴活动强度的最直接参量之一，也是与区域闪电密度直接相关的变量。从图 5.3(a) 可以看出，ETP、CTP 和 WTP 三个子区域雷暴的闪电频数峰值与雷暴频数峰值（7 月）并不重合，ETP 闪电频数峰值在 6 月，5 月和 6 月的平均闪电频数超过 2.5 flash/min，到夏季（7～8 月）减少为 2.0 flash/min。CTP 也有类似的季节变化形势，6 月闪电频数达到 1.8 flash/min，进入夏季后有所减弱。WTP 由于闪电频数偏小，季节变化并不明显，但可以看到 WTP 夏季闪电频数略大 [图 5.3(a)]。

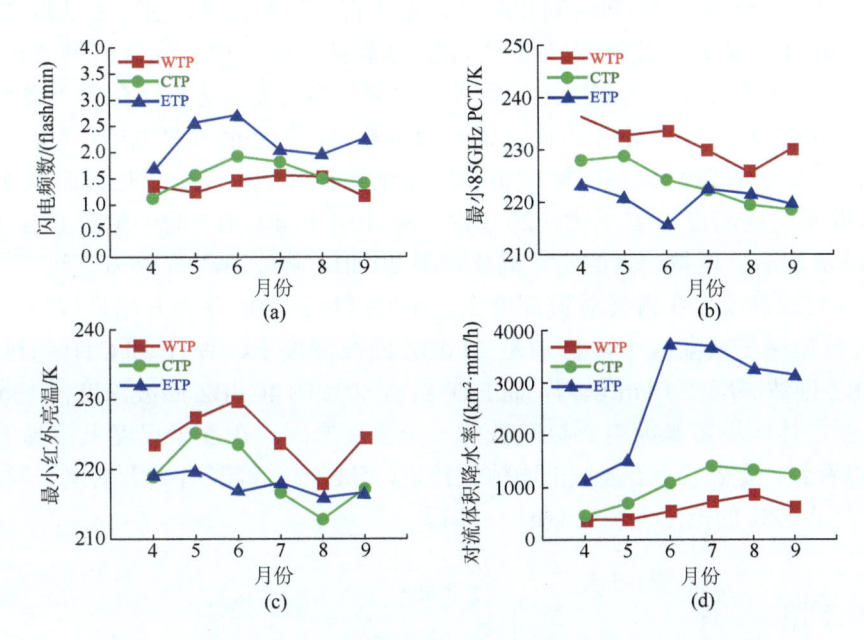

图 5.3 青藏高原不同区域雷暴对流特征参量平均值的季节变化
(a) 雷暴的闪电频数；(b) 最小 85 GHz PCT；(c) 最小红外亮温；(d) 对流体积降水率

最小 85 GHz PCT 是反映雷暴云中冰相粒子含量的参量，PCT 越低，表明冰相粒子含量越大。ETP 在 6 月最小 85 GHz PCT 最小 [图 5.3(b)]，恰好对应着闪电频数在 6 月的峰值，7～8 月最小 85 GHz PCT 逐渐增大，表明此时雷暴冰相粒子含量减少，对应着闪电频数在夏季的谷值。WTP 和 CTP 的最小 85 GHz PCT 较大，对应雷暴的冰相粒子含量相对较小，尽管夏季时冰相粒子含量显著增大，但与闪电频数并没有明显的季节性对应，表明在高原主体区域闪电频数不简单决定最小 85 GHz PCT 反映的冰相粒子含量，也与雷暴的水平尺度等特征有关。

最小红外亮温值越低表明云顶高度越高，图 5.3(c) 结果表明，ETP 云顶高度的季节变化不明显，随着季节推进略有增大，WTP 和 CTP 在春季时云顶高度较低，在 8 月时云顶高度达到峰值，CTP 的云顶高度在 8 月甚至超过 ETP。ETP 的对流体积降水率在春季 4～5 月时与高原主体区域相当，进入夏季后迅速增大。虽然已有研究指出对流体积降水率与闪电频数整体呈正相关关系（Petersen and Rutledge，1998），但对流体积降水率也与雷暴的水平尺度有关，这也在一定程度上反映出夏季时 ETP 雷暴的水平尺度显著增大。WTP 和 CTP 对流体积降水率季节变化较相似，分别在 8 月和 7 月达到最大值。

整体来看，相比于高原主体区域雷暴（WTP 和 CTP），ETP 雷暴具有更大的闪电频数、更多冰相粒子含量、更高云顶高度以及更大的对流体积降水率，表明 ETP 的雷暴强度远大于 WTP 和 CTP。WTP 和 CTP 雷暴对流特征接近，但 CTP 整体都要略强于 WTP。在 ETP 区域，雷暴的冰相粒子含量和对流体积降水率的季节变化与闪电频数一致，但在 CTP 和 WTP，这两个量与雷暴闪电频数却没有很好对应，说明除冰相粒子等参量外，雷暴的水平尺度等因素也影响着高原主体区域雷暴的起电能力和闪电活动。

利用 TRMM 测雨雷达（PR）可以反映雷暴垂直结构的优势，进一步选取 20 dBZ、30 dBZ 和 40 dBZ 最大回波顶高来表征雷暴的垂直发展高度；通过计算 20 dBZ、30 dBZ 和 40 dBZ 垂直方向上的最大连续回波，来表征雷暴垂直方向上的发展厚度；利用 20 dBZ、30 dBZ 和 40 dBZ 水平方向上最大像素数表征雷暴的水平发展尺度。

图 5.4 给出了青藏高原不同区域雷暴对流结构箱线图。从最大回波顶高来看，三个区域的雷暴发展高度相差不大，20 dBZ、30 dBZ 和 40 dBZ 的中值分别在 10 km、9 km 和 8 km 左右。值得注意的是，高原雷暴 20 dBZ 回波顶高的 95% 超过了 14 km，已经达到深对流高度。在雷暴对流深度上，不同区域雷暴的差异开始显现，从 ETP 到 WTP 最大对流深度逐渐减小，特别是 40 dBZ 回波深度上，WTP 和 CTP 超过 50% 的雷暴 40 dBZ 回波深度在 1 km 以内，而 ETP 约有 50% 的 40 dBZ 回波深度在 1 km 以上，这也是高原主体区域雷暴闪电频数较低的一个重要原因。在水平尺度上雷暴的差距最明显，可以看到，虽然三个子区域的中值较接近，但 ETP 已经具有更大的水平发展尺度，特别是在大于 75% 的范围［图 5.4(g) ～ (i)］。

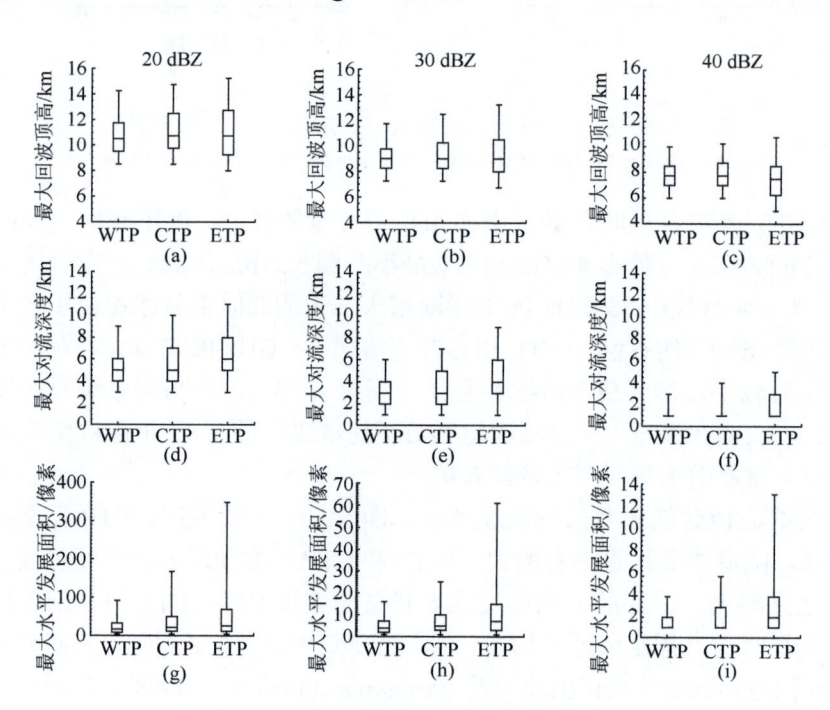

图 5.4　青藏高原不同区域雷暴对流结构箱线图

长方形的上下边界代表相应参量的 75% 和 25% 值，中间线代表中值。线的顶端和底端分别代表相应参量的 95% 和 5% 值。
第一行表示最大回波顶高，第二行表示最大对流深度，第三行表示雷暴最大水平发展面积

为了更直观地体现雷暴结构的区域性差异，根据分析结果，进一步描绘了不同区域雷暴的回波顶高、回波深度以及水平尺度（图5.5）。图5.5中详细给出了20 dBZ、30 dBZ 和 40 dBZ 的回波顶高和回波深度的平均值，不同区域的水平面积根据像素数的比例做了等比缩放。从回波顶高上看，ETP 和 CTP 雷暴的 20 dBZ 回波顶高约为 11.1 km，WTP 雷暴的 20 dBZ 回波顶高为 10.76 km。需要注意的是，40 dBZ 的回波顶高最大值出现在 CTP，达到 7.88 km；其次是 WTP，为 7.84 km；ETP 最小，为 7.50 km。以往研究中，40 dBZ 回波顶高通常被当作指示雷暴强度的有效参量，但在高原地区该参量的指示作用似乎受到高原中部地区地形和强大热力抬升作用的影响，最大值（9.36 km）出现在 CTP 地区。而雷暴回波深度似乎并不受此影响，40 dBZ 回波深度在 ETP 为 1.99 km，到 CTP 减小为 1.49 km，WTP 为 1.31 km。20 dBZ、30 dBZ 回波深度的趋势与之相似，仅在数值上有所差异，因此在高原地区雷暴对流深度似乎对雷暴强度有着更有效的指示作用。

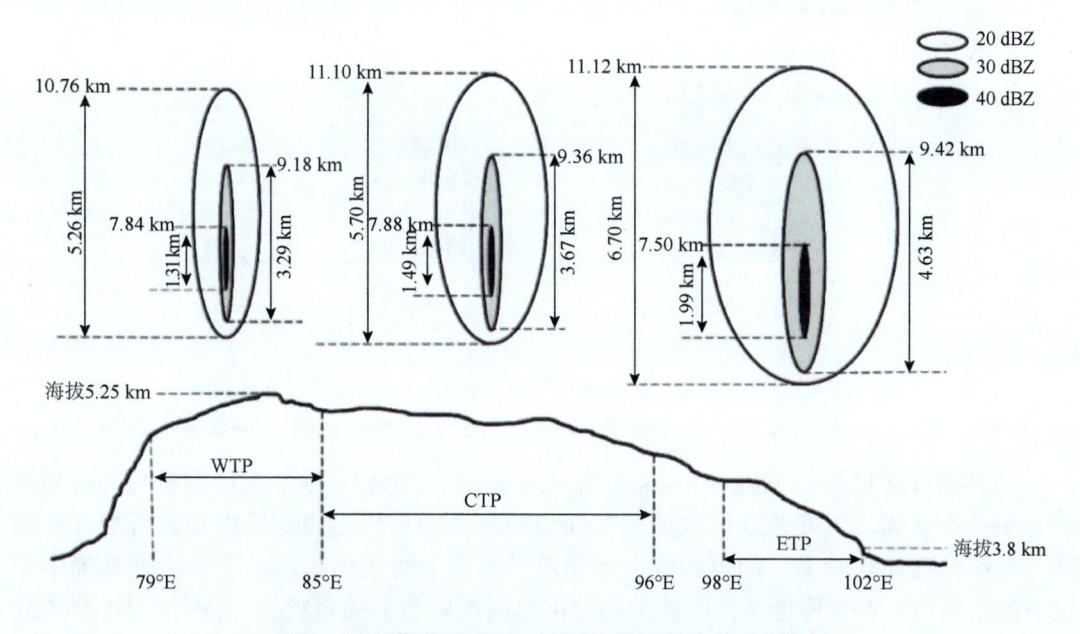

图 5.5 青藏高原不同区域雷暴的结构特征示意图

图中椭圆形的大小反映了雷暴的回波顶高、回波深度以及水平尺度的相对大小

高原不同区域的雷暴在结构上最显著的差异是水平尺度。20 dBZ 回波最大面积，WTP 为 28.5 个像素，CTP 达到 46.7 个像素，ETP 达到 80.3 个像素。相比之下，ETP 的最大水平发展面积约为 CTP 的 1.7 倍、WTP 的 2.8 倍。雷暴的水平发展尺度自西向东呈倍数扩大，而雷暴在垂直高度上的差异均在 0.5 km 范围内。30 dBZ 和 40 dBZ 在最大水平发展面积上也有着相似变化，但数值上差距较小，30 dBZ 自西向东分别为 5.7 个像素、8.2 个像素和 18.0 个像素；40 dBZ 为 1.8 个像素、2.3 个像素和 4.3 个像素。

尽管 CTP 地区 40 dBZ 回波顶高达到 9.36 km，是青藏高原上强回波顶高最大的区域。但综合来看，无论是从水平尺度、垂直发展高度，还是垂直发展深度上，ETP 的雷暴都是高原上最强的。

图 5.6 给出了青藏高原不同区域雷暴的闪电频数与对流参量关系的散点图。最小 85 GHz PCT 与闪电频数的相关系数为 -0.55 ~ -0.39，对流体积降水率与闪电频数的相关系数为 0.5 ~ 0.58。

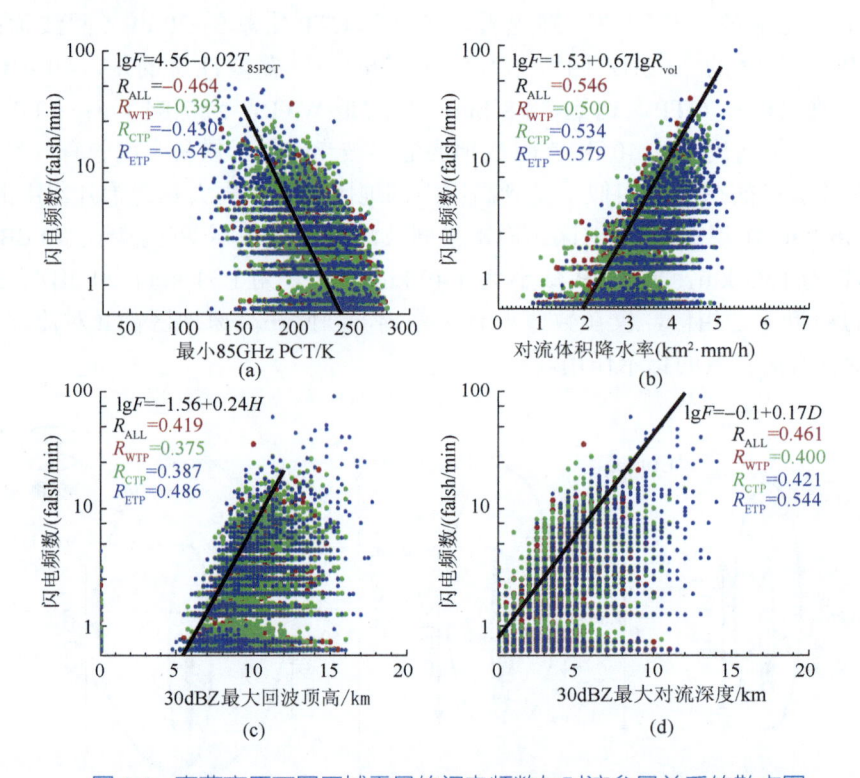

图 5.6 青藏高原不同区域雷暴的闪电频数与对流参量关系的散点图

图中黑色、红色、绿色和蓝色的点分别代表高原整体、WTP、CTP 以及 ETP；黑色直线为高原整体的最优拟合线

与高原外区域相比（Xu et al.，2010；Liu et al.，2011），这些对流参量与闪电频数的关系并不稳固，主要是高原大地形和强烈的热动力作用造成高原雷暴独特的对流特征，对流强度相对较弱，闪电频数、冰相粒子含量、对流体积降水率等特征都集中在较小的范围内。在高原地区，回波顶高与雷暴闪电频数的关系较弱，特别是 20 dBZ 最大回波顶高。但不同强度的最大回波深度与闪电频数的相关系数均有所提升（表 5.1），其中 30 dBZ 最大回波深度与闪电频数关系最好 [图 5.6(c) 和图 5.6(d)]。

表 5.1 青藏高原不同子区域内雷暴的闪电频数与不同对流参量的 Pearson 相关系数（单位：次/min）

区域	Maxht 20	Maxht 30	Maxht 40	Depth 20	Depth 30	Depth 40
高原整体	0.357	0.419	0.313	0.393	0.461	0.364
ETP	0.426	0.486	0.428	0.468	0.544	0.492
CTP	0.323	0.387	0.248	0.349	0.421	0.282
WTP	0.322	0.375	0.222	0.339	0.400	0.235

注：所有系数均通过 95%（P 值小于 0.05）的显著性检验。Maxht 20 表示 20dBZ 最大回波高度；Maxht 30 表示 30dBZ 最大回波高度；Maxht 40 表示 40dBZ 最大回波高度；Depth 20 表示 20dBZ 回波深度；Depth 30 表示 30dBZ 回波深度；Depth 40 表示 40dBZ 回波深度。

5.4 青藏高原雷暴环境热动力特征

由于 TRMM 为非太阳同步轨道卫星,每天绕地球飞行约 16 圈,每次过境观测时间只有约 90 s。为尽可能反映雷暴发生的环境热动力特征,本节选择每次雷暴发生前的地表热通量、地表比湿等参量,分析其区域性差异和季节变化特征,资料来自 NCEP-DOE 和 ERA-Interim 两个再分析数据集。

图 5.7 给出了青藏高原不同区域雷暴发生前感热通量、潜热通量、地表比湿、对流有效位能(CAPE)、对流抑制能(CIN)及中性浮力层高度(LNB)等热动力参量平均值的季节变化。地表感热通量有利于增强受地形强迫的上升气流,使边界层变得深厚;潜热通量使地表空气饱和,并通过增湿促进对流发展。WTP(ETP)的感热通量最大(最小),与潜热通量刚好相反[图 5.7(a)和图 5.7(b)]。4~9 月,感热通量和潜热通量均先增大后减小,不同的是感热通量在 5 月时达到峰值,潜热通量在 7 月达到峰值。可以推断,相应的鲍恩比(感热通量与潜热通量之比)在 5~6 月较大,夏季相对较小。CTP 和 ETP 雷暴发生前的地表感热通量和潜热通量条件相近,但与 WTP 相差较大。地表比湿的季节变化与潜热通量相似,不同点在于 CTP 的潜热通量与 ETP 相近,但是 CTP 的地表比湿与 WTP 接近[图 5.7(c)]。无论是地表潜热通量还是地表比湿,都可以看出,WTP 雷暴可以在更为干燥的条件下触发。

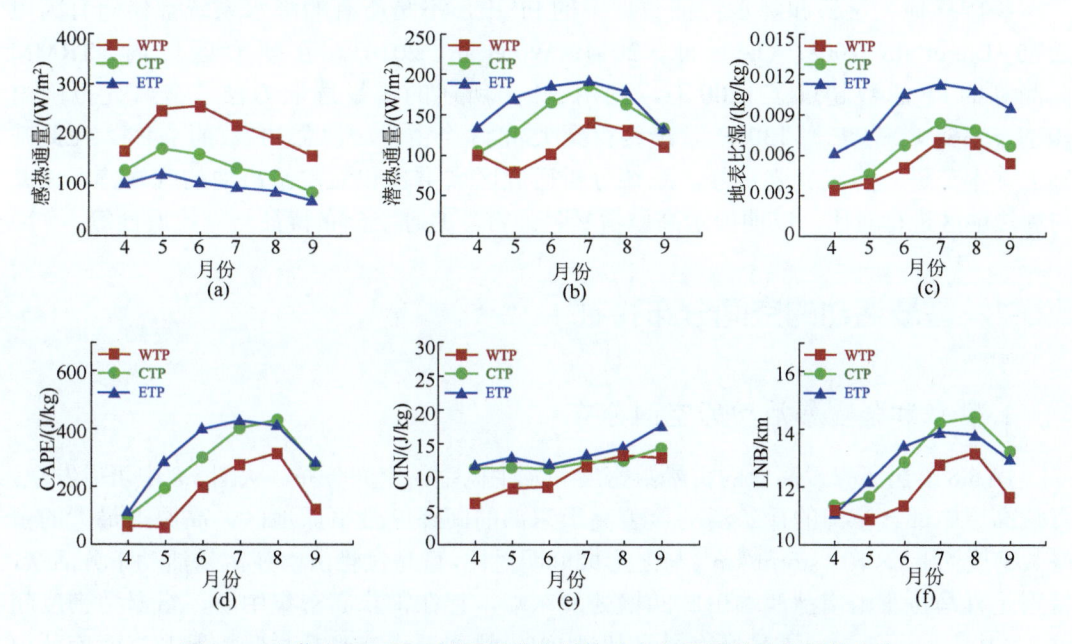

图 5.7 青藏高原不同区域雷暴发生前热动力参量平均值的季节变化
(a)~(f) 分别代表感热通量、潜热通量、地表比湿、CAPE、CIN 及 LNB

CAPE 是反映对流不稳定的重要参量,其值越大,表明理论上可以转化为垂直上升速度的不稳定能量也就越大,越有利于雷暴等对流系统的发生发展。作为最常用的反映对流不稳定的参量，CAPE 与雷暴频数似乎有相似的季节变化趋势，都在夏季 6～8 月达到峰值，表明夏季时高原具有最好的雷暴形成条件，但 CAPE 却并不能解释 5～6 月雷暴的高闪电频数。三个区域的 CIN 似乎也没有明显差别，CIN 本身在高原上也不存在明显的季节性变化。通常认为 LNB 与对流强度相关，更高的 LNB 说明雷暴具有更高的上升速度。CAPE 和 LNB 的季节变化都表明，高原 7～8 月时拥有最好的对流条件，与雷暴频数的季节变化相吻合，却无法对应雷暴闪电频数上的差异。这说明 CAPE 等对流不稳定参量可以很好地指示雷暴频数，却无法表征雷暴的起电能力或者闪电频数的大小。

综合来看，CTP 的 CAPE、LNB、CIN、感热通量、潜热通量 5 个参量的数值和季节变化都与 ETP 较为接近，仅地表比湿与 ETP 存在较大差异。这也许可以解释 ETP 和 CTP 在对流特征上的差异，特别是在雷暴闪电频数上。虽然 CTP 拥有和 ETP 相似的对流起始条件（相似的 CAPE 等），但由于其近地层水汽相对较少，雷暴的发展缺少持续的水汽补充，所以雷暴强度也较小，闪电频数相对较弱，也从侧面说明低层地表比湿对高原雷暴的重要作用。

5.5 青藏高原及周边地区的雷暴活动特征对比

美国犹他大学云和降水特征数据集的 PF 中，不是所有的降水系统都伴随有闪电活动（Liu et al., 2008; Qie et al., 2014; Wu et al., 2016）。在研究区域内，TRMM 探测到的 PF 总数超过了 1200 万，利用 5.1 节所述的雷暴选取方法，在研究范围内（0°N～36°N，65°E～130°E），最终得到 158843 个雷暴，占总 PF 数的 1.4%。在此基础上，本节进一步定义强雷暴，系统分析研究区域雷暴和强雷暴活动的气候特征，并与周边地区进行对比，以期揭示高原雷暴、强雷暴的时空分布特征与对流属性等。

5.5.1 雷暴活动的空间分布特征

1. 雷暴和强雷暴活动的空间分布

图 5.8 给出了青藏高原的雷暴数密度和发生概率的空间分布。从图 5.8 中可以发现，青藏高原中部、东部的雷暴活动显著高于东部的同纬度带平原地区，高原上最大的雷暴数密度约 1.5×10^{-2} storm/km^2。与之形成鲜明对比，喜马拉雅山南麓雷暴活动十分活跃，特别是喜马拉雅山南麓西端山脉凹槽处和东端，存在雷暴高密集中心，雷暴数密度超过 4×10^{-2} storm/km^2，雷暴概率最高超过 8%，这得益于在喜马拉雅山脉和兴都库什山脉形成的独特喇叭口地形以及来自印度洋的暖湿气流。并且高原的雷暴数也显著低于受海洋气候调节影响较大的低纬度海洋性大陆区域（如马来群岛等，单位网格内的雷暴数密度超过 0.025 storm/km^2，雷暴发生概率达到 4%）。

第 5 章　青藏高原的雷暴活动特征

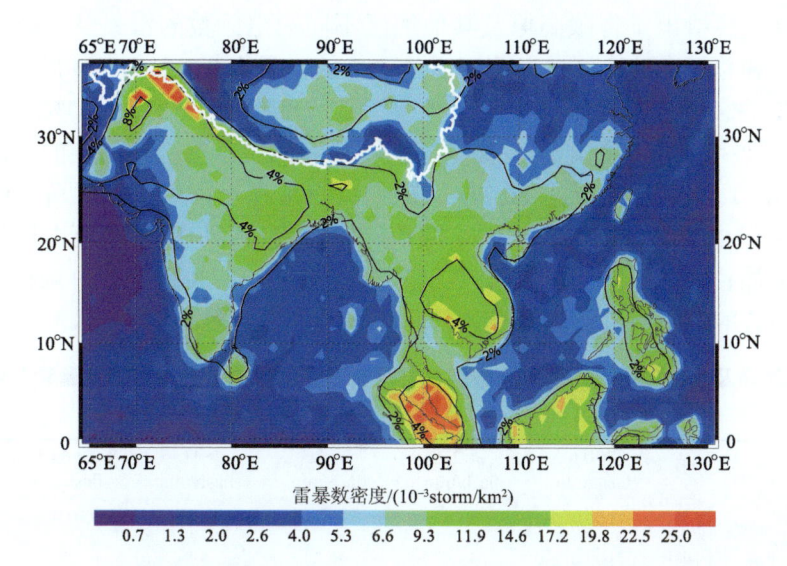

图 5.8　青藏高原雷暴数密度（分辨率：1°×1°）和发生概率的空间分布

白色实线为 3 km 等高线；黑色实线及其上的数字代表雷暴发生概率

不同强度的雷暴系统所产生的闪电数量或者单位时间内的闪电频数差异较大，本节定义闪电最多的前 10% 的雷暴为强雷暴，得到其空间分布如图 5.9 所示。可以看出，青藏高原上几乎不发生定义中的强雷暴。而喜马拉雅山脉南麓的西北端是强雷暴最为集中、发生概率最大的地区，约为 1.8%。与高原同纬度的中国东部沿海和受南亚季风与海洋气候影响的马来群岛、中南半岛、印度半岛东岸也是强雷暴较为活跃的地区，发生概率平均超过 0.2%，部分区域超过 0.6%。

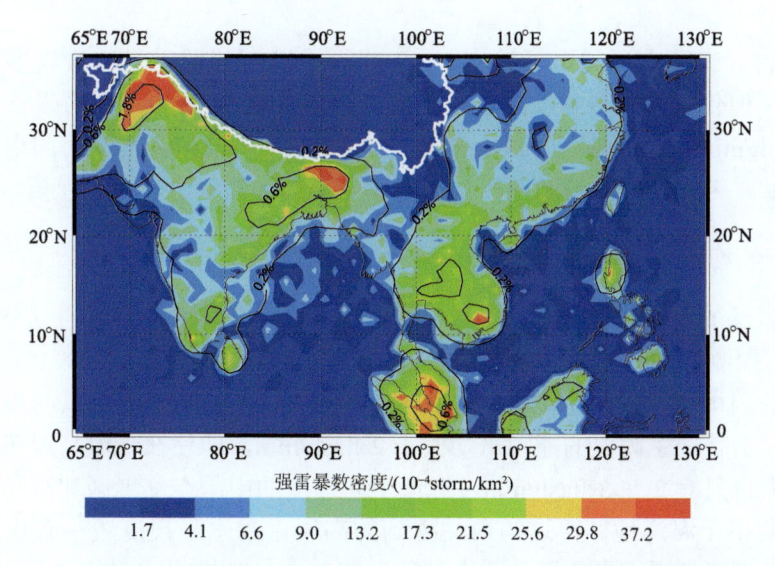

图 5.9　青藏高原强雷暴数密度（分辨率：1°×1°）和发生概率的空间分布

白色实线为 3 km 等高线；黑色实线及其上的数字代表强雷暴发生概率

表 5.2 进一步给出了青藏高原及其他地区不同闪电频数的雷暴及其产生的闪电数分别占总雷暴和总闪电的比例。青藏高原 79.2% 的雷暴为 2.2 flash/min 以下的弱雷暴，其贡献闪电数占 43.7%，强雷暴（闪电频数 ≥ 11.7 flash/min）仅占 0.9%，相应的闪电也仅有 8.8%，说明青藏高原地区雷暴特征主要是弱雷暴。与之同纬度的中国东部地区的强雷暴仅占 21.8%，却贡献了 80.3% 的闪电，强雷暴对闪电贡献显著。印度半岛和热带海岛雷暴闪电贡献特征均与中国东部地区比较相似，但强雷暴所占比例较中国东部地区低。孟加拉湾地区占比仅 8.9% 的强雷暴贡献了 60.7% 的闪电，同样也表现出强雷暴对闪电显著的贡献，其贡献强于热带海岛地区的强雷暴。

表 5.2　青藏高原及其他地区不同闪电频数的雷暴及其产生的闪电数分别占总雷暴和总闪电的比例

（单位：%）

地区	分类	≥ 0.6 flash/min	≥ 2.2 flash/min	≥ 5.6 flash/min	≥ 11.7 flash/min	≥ 64.5 flash/min	≥ 91.3 flash/min
青藏高原区域 (30°N ~ 36°N, 82°E ~ 100°E, TP)	雷暴	100.0	20.8	5.0	0.9	0.0	0.0
	闪电	100.0	56.3	26.3	8.8	0.0	0.0
中国东部地区 (28°N ~ 36°N, 112°E ~ 119°E, EC)	雷暴	100.0	55.2	35.4	21.8	3.7	2.1
	闪电	100.0	95.8	89.7	80.3	38.3	27.4
印度半岛 (18°N ~ 27°N, 74°E ~ 82°E, IS)	雷暴	100.0	49.0	27.4	13.4	1.2	0.6
	闪电	100.0	91.8	79.9	63.1	17.8	10.6
热带海岛 (0°N ~ 6°N, 95°E ~ 105°E, MC)	雷暴	100.0	47.5	25.3	12.0	0.4	0.1
	闪电	100.0	90.0	75.8	56.6	7.3	3.1
孟加拉湾 (6°N ~ 16°N, 83°E ~ 92°E, BB)	雷暴	100.0	35.3	17.6	8.9	0.7	0.4
	闪电	100.0	86.9	74.6	60.7	18.0	13.2

整体而言，青藏高原闪电频数在 2.2 flash/min 以下的弱雷暴数量较多，占总雷暴数的 58.2%，但仅贡献了 9.9% 的总闪电数，而仅占总雷暴 11.2% 的强雷暴（闪电频数 ≥ 11.7 flash/min），却贡献了约 64.6% 的闪电，说明强雷暴活动对闪电密度具有更为显著的贡献。因此，强雷暴的空间分布与闪电密度的空间分布更为接近。

2. 雷暴平均闪电频数的空间分布

闪电是雷暴的一个特征性事件，闪电频数可以作为衡量雷暴强度的一个重要指标。本节利用 PR 探测范围内 LIS 观测到的闪电活动，计算单位网格（1°×1°）内雷暴单位时间内产生的闪电数，得到空间分布如图 5.10 所示。从图 5.10 中可以明显看出，在青藏高原地区，雷暴产生闪电的能力平均低于 2 flash/min，即使在青藏高原东北边缘的祁连山地区最大也只有 2 ~ 3 flash/min，远低于同纬度的中国东部地区和喜马拉雅山南部地区，甚至要小于海洋地区，这与前文提到的高原雷暴水平尺度较小有很大关系。图 5.10 还显示了青藏高原雷暴的平均闪电频数自西向东呈阶梯式增强的趋势，平均而言，高原东部雷暴产生闪电的能力高于西部。

第 5 章 青藏高原的雷暴活动特征

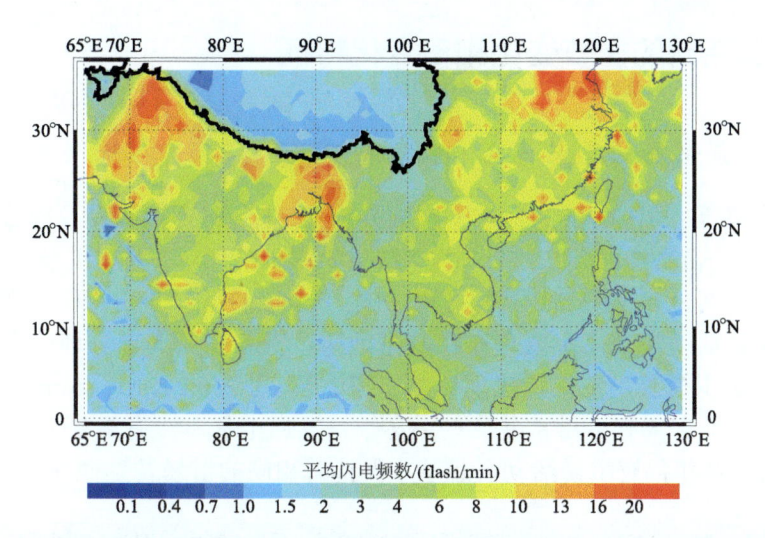

图 5.10 青藏高原单位网格（分辨率：1°×1°）内雷暴平均闪电频数的空间分布

白色实线为 3 km 等高线

3. 雷暴和强雷暴随纬度的分布

将研究区域按照纬度 1° 间隔划分网格，统计在 65°E ～ 130°E，不同纬度带上雷暴和强雷暴随纬度的分布，如图 5.11 所示。与李进梁等（2019）所得结论类似，在 0°N ～ 10°N 纬度带，雷暴所占比例最大，峰值出现在 3°N 附近，随着纬度增加，雷暴呈逐渐减少趋势，但在 23°N ～ 27°N 出现次峰值。强雷暴随纬度的分布则呈先增加后减少的趋势，在 0°N ～ 23°N 呈增加趋势，而在 23°N ～ 37°N 呈减少趋势，以 20°N ～ 30°N 纬度带内强雷暴最为活跃。由于青藏高原及其附属山脉的存在，来自印度洋和西太平洋的暖湿季风气流很容易在高原迎风面受迫抬升，进而在喜马拉雅山南麓出现较强的雷暴活动。同时，此纬度带处于热带和副热带交界处，充足的地表加热为强雷暴的发展提供了有利的热力条件，除喜马拉雅山南麓和孟加拉湾地区外，此纬度带还包括中国广东和广西两个强雷暴活动中心。

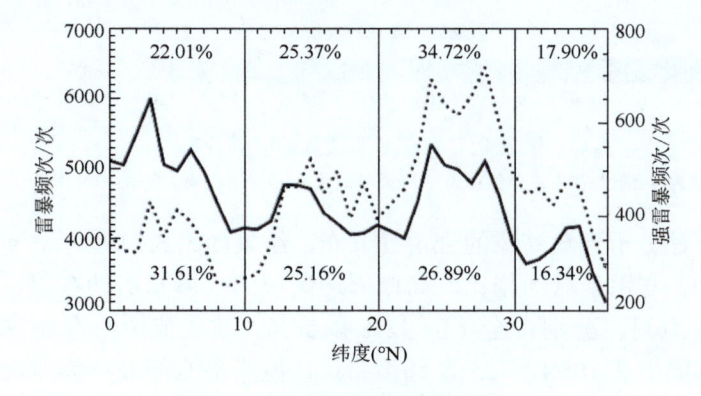

图 5.11 雷暴和强雷暴随纬度分布

实线为雷暴数，点线为强雷暴数，数字表示不同纬度带上雷暴（下方）及强雷暴（上方）的比例

5.5.2 雷暴活动的季节变化和日变化特征

1. 雷暴、强雷暴的季节分布和概率分布

参照李进梁等（2019），以 1°×1° 为空间分辨率，本节对青藏高原及周边地区春、夏、秋、冬四个季节的雷暴空间分布进行研究，结果如图 5.12 所示。夏季雷暴活动最为频繁，且夏季雷暴的空间分布［图 5.12(b)］基本决定了全年的雷暴分布特征（图 5.8），春季次之，冬季雷暴活动最少，主要分布在热带地区。青藏高原大部分地区夏季雷暴发生概率在 2% 以上，其雷暴活动高值出现在中东部地区，可达 6.2×10^{-3} storm/km² 以上。春、秋两季，只在高原东部有少量雷暴活动；冬季，高原上基本没有雷暴活动。而在 10°N 以南的海岛地区全年都有雷暴活动，且基本保持着相同的雷暴发生概率。

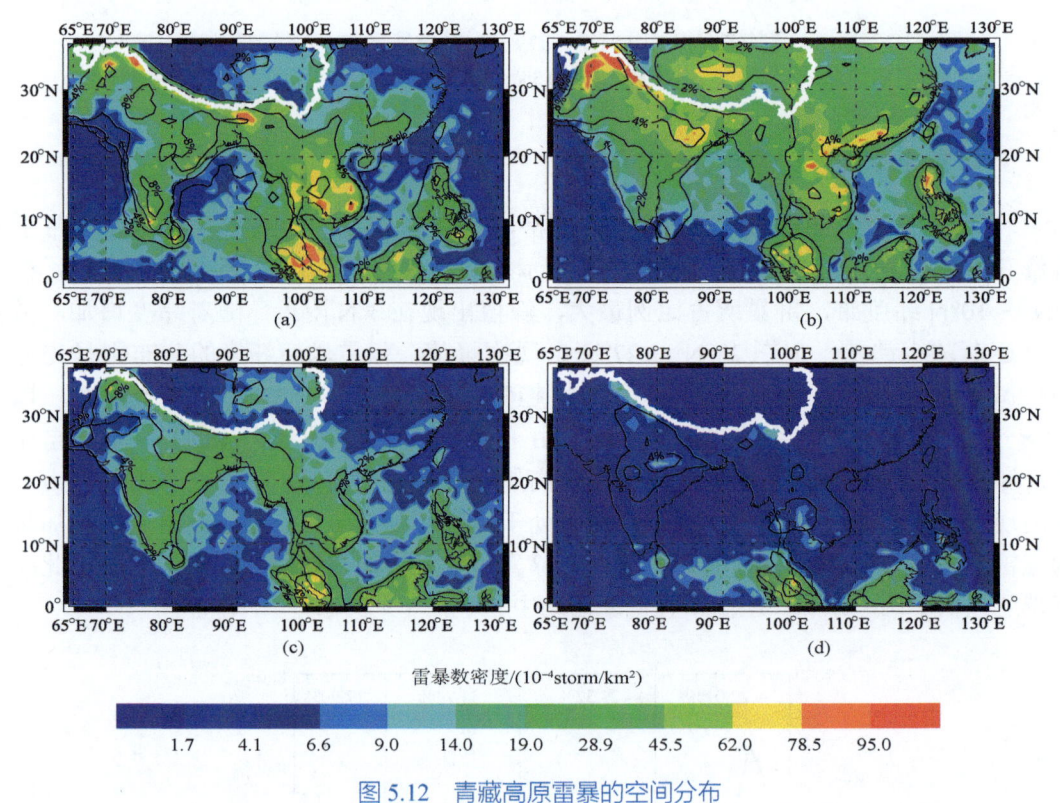

图 5.12　青藏高原雷暴的空间分布

黑色等值线为雷暴发生概率，白色实线为 3 km 等高线。(a) 春季；(b) 夏季；(c) 秋季；(d) 冬季

利用同样方法分析青藏高原的强雷暴分布，结果如图 5.13 所示。青藏高原全年的强雷暴活动较少，与雷暴活动相比，高原周边区域的强雷暴活动在夏、春两季较为集中［图 5.13(a)、(b)］，分别占全年的 42% 和 38%。其高值中心存在季节性移动，春季时强雷暴中心集中在 10°N～25°N 纬度带（印度半岛东岸及中南半岛地区、喜马拉雅山南麓东端，强雷暴概率在 2% 以上），夏季时向北移动至 30°N～36°N 纬度带（喜

第 5 章　青藏高原的雷暴活动特征

马拉雅山南麓西端）。秋季的强雷暴占全年的 17%[图 5.13（c）]，相对集中地分布在巴基斯坦北部和马来群岛地区。冬季强雷暴 [图 5.13（d）] 数量非常少（3%），仅在马来群岛附近有强雷暴发生。

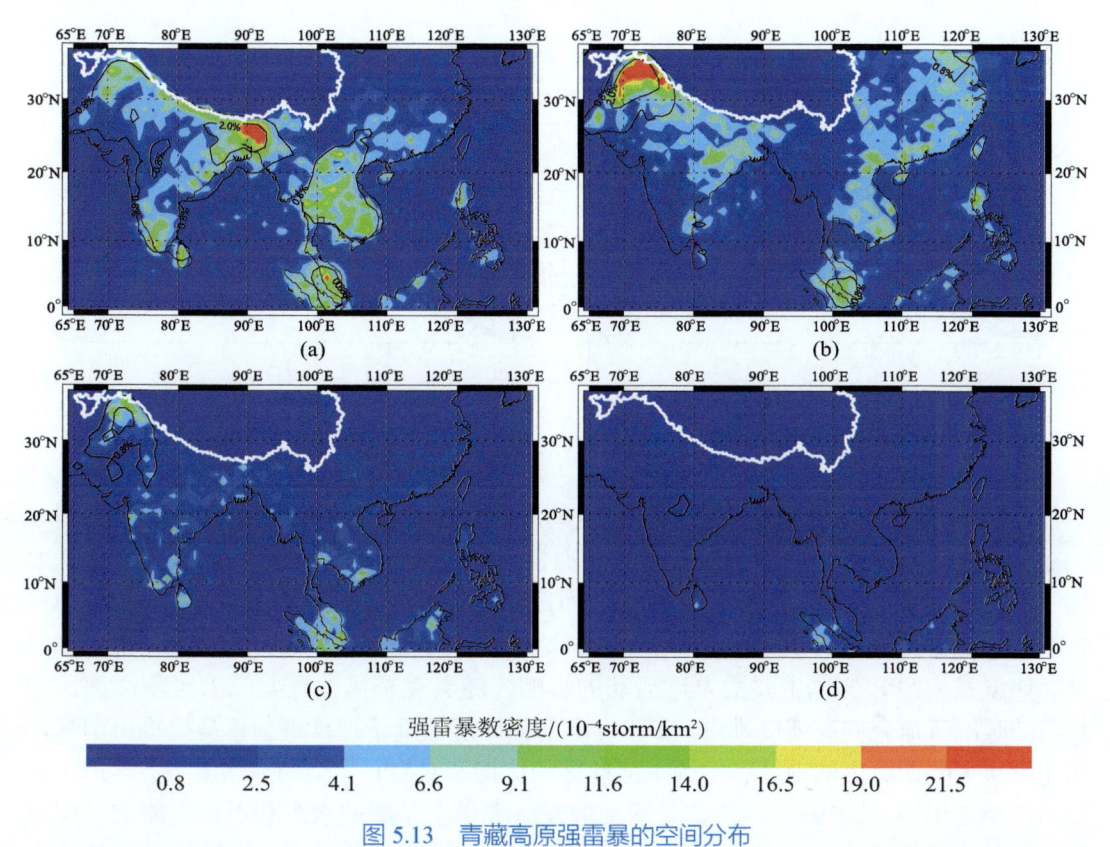

图 5.13　青藏高原强雷暴的空间分布

彩色图为单位网格（1°×1°）内累积强雷暴数密度，黑色等值线为强雷暴发生概率，白色实线为 3 km 等高线。
(a) 春季；(b) 夏季；(c) 秋季；(d) 冬季

2. 不同纬度雷暴、强雷暴的季节变化

在研究区域 65°E～130°E，分析不同纬度下雷暴和强雷暴的季节变化，将 0°N～36°N 分为 7 个纬度带，除第 7 个纬度带为 6° 间隔外，其他间隔均为 5°，结果如图 5.14 所示。青藏高原以及周边地区雷暴的季节变化受亚洲季风影响明显，随纬度的增加，由双峰逐渐变为单峰，峰值出现时间由 4 月和 10 月逐渐向 7～8 月靠近。青藏高原和中国东部地区的雷暴和强雷暴集中在 7 月、8 月，高原南麓地区在 6 月和 9 月出现两个峰值。雷暴活动随纬度的变化与太阳直射点在回归线之间的南北移动导致的地表温度变化密切相关，太阳短波辐射对直射点陆地的强烈加热作用直接导致地表温度升高，地表温度的全年变化会在低纬度区域出现两个峰值，而在中纬度地区出现一个峰值。地表的感热作用使得近地面层受热而导致大气层结不稳定，受此影响，雷暴活动在低纬度地区出现两个活跃期，而中纬度地区仅在 7～8 月出现一个活跃期，因

107

此雷暴峰值特征随纬度的变化在一定程度上反映了地表温度的变化趋势。此外，夏季风将印度洋和中国南海的湿热空气输送到北部的陆地上，为雷暴活动的发生提供了必要的水汽条件（李进梁等，2019）。

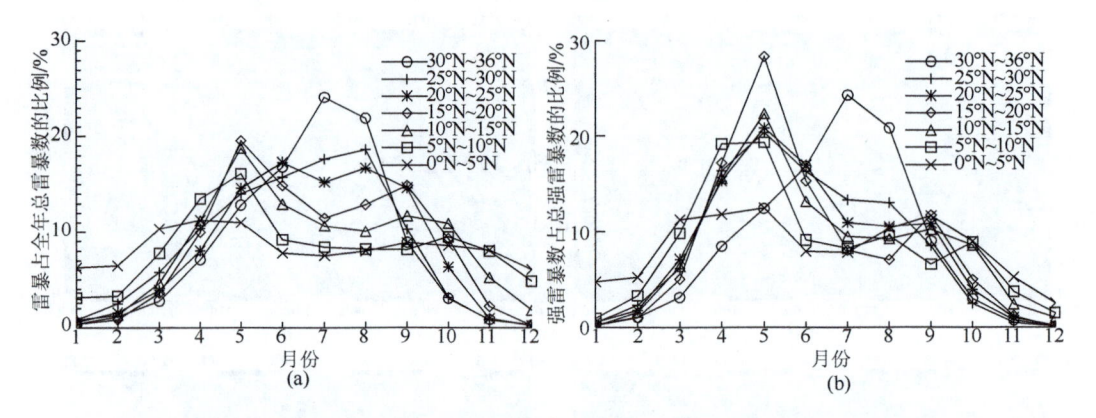

图 5.14　青藏高原及周边地区不同纬度雷暴（a）和强雷暴（b）的季节变化

除低纬度地区呈现双峰特征外，其他地区的强雷暴季节变化的单峰特征比较明显［图 5.14(b)］，在 30°N～36°N 区域的高原雷暴与强雷暴的变化曲线几乎一致，主要集中在夏季，表现为 7～8 月单峰特征。而低纬度 5°N～30°N 区域的强雷暴都集中在春季 4～5 月，9～10 月有次峰，且随着纬度的增加峰值逐渐变小。陆地上较高的温度、比湿及 CAPE 变化主要受季风活动的影响，随着夏季风的爆发，来自南海和孟加拉湾的暖湿气流会向高纬度推进，在印度半岛强比湿梯度带被推进到喜马拉雅山南麓，在印度次大陆西北内陆地区和中国东部地区的比湿和 CAPE 也会明显增大（吴学珂等，2013；李进梁等，2019），为强雷暴活动的发展提供了足够的水汽和不稳定能量。中高纬度地区由于青藏高原及其附属高原的阻塞作用变化较晚，因此强雷暴活动在低纬度主要集中在春季，而中纬度地区主要集中在夏季。

3. 雷暴活动的日变化特征

图 5.15 给出了青藏高原及其周边地区的雷暴日变化峰值出现时间的空间分布。青藏高原区域大部分雷暴日变化峰值出现在当地时间（local time，LT）午后至傍晚（12:00～18:00），少数地区在 18:00～20:00。其周边陆地区域大部分雷暴日变化峰值与青藏高原类似，少数地区峰值出现在夜晚至凌晨（20:00～02:00），这些地区以山谷或盆地为主（如喜马拉雅山脉南麓、中国四川盆地及云贵高原等）。海洋上雷暴活动峰值主要出现在夜晚至凌晨，其中近海区域（如孟加拉湾沿岸，中国南海、东海及渤海等）雷暴发生峰值多出现在 00:00～04:00，而远海区域（如孟加拉湾中部和黑潮主干区等）雷暴发生峰值多出现在 20:00～24:00。

第 5 章　青藏高原的雷暴活动特征

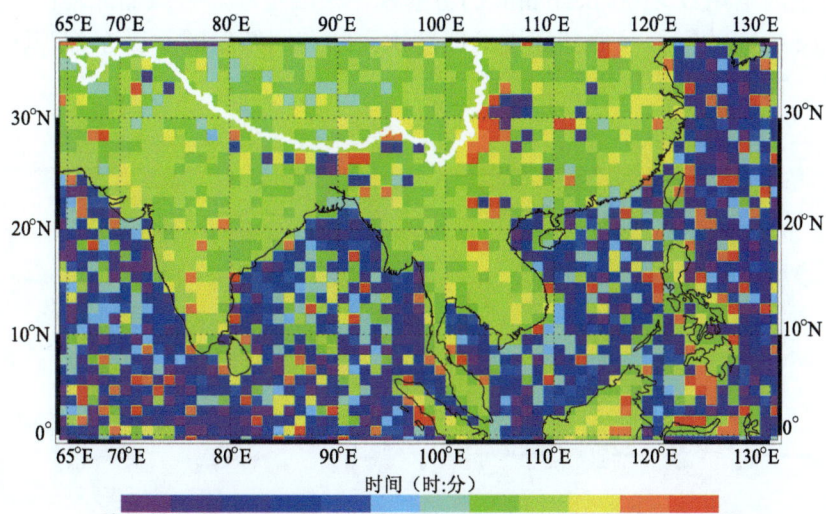

图 5.15　青藏高原及其周边地区雷暴日变化峰值出现时间的空间分布

白色实线为 3 km 等高线

青藏高原上雷暴活动呈现典型的陆地型单峰日变化特征，峰值出现在 15:00 ～ 16:00 LT，谷值出现在 07:00 ～ 10:00 LT，日变化幅值较大（10%），亚洲季风区域内的陆地区域日变化呈现类似的特征。海洋上雷暴的日变化表现为 0:00 ～ 5:00 LT 有一个弱的峰值，14:00 ～ 19:00 LT 有一个弱的谷值，日变化幅值相对较小（2%）。李进梁等（2019）发现，陆地上强雷暴日变化滞后于雷暴日变化 1 h，这应该是由于雷暴系统需要经过一定的时间才能发展成为强雷暴系统。但海洋上强雷暴的日变化滞后雷暴的现象并不明显，可能由于海洋上雷暴日变化幅度本身较小，没有显著的峰值，从而没有体现出雷暴发展到强雷暴的时间演变过程。

5.5.3　雷暴云的对流特征和结构特征

闪电频数通常被视作雷暴强度最直接的指示，除了闪电以外，TRMM 还提供了很多表征对流强度和对流特征的参量，如最小 37 GHz、85 GHz 极化修正温度（PCT），40 dBZ 最大回波顶高等。研究表明，闪电频数和 40 dBZ 最大回波顶高是表征对流强度最好的两个参量（Zipser，1994）。

1. 青藏高原强雷暴的分布特征

图 5.16 给出了研究区域 3 个不同对流参数分类下的 5 种对流强度雷暴的分布情况。根据闪电频数、最小 85 GHz PCT 和 40 dBZ 最大回波顶高分别将雷暴分成 5 个不同强度等级，把前两个强度等级（图 5.16 中红色和黑色）的雷暴视为极端雷暴，即以闪电

频数为参考把闪电频数 >100 flash/min 的雷暴视作极端雷暴。青藏高原地区大多为闪电频数 <40 flash/min 的雷暴。而其周围的印度次大陆和同纬度的中国东部等区域发生较多极端雷暴，特别是在喜马拉雅山南麓沿线。

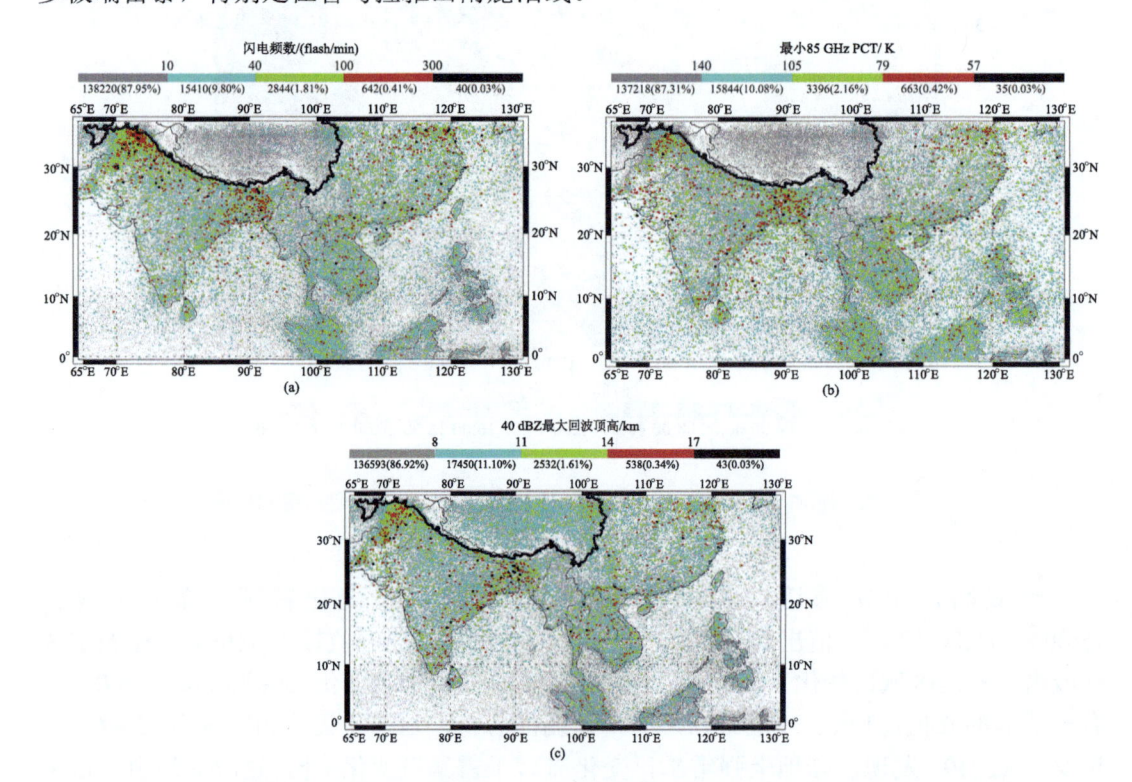

图 5.16　青藏高原及其周边地区 3 个不同对流参数分类下的 5 种对流强度雷暴的分布
(a) 闪电频数；(b) 最小 85 GHz PCT；(c) 40 dBZ 最大回波顶高。黑色加粗实线为 3 km 等高线。图例下方的数字表示该强度下的雷暴数，括号内的百分比表示雷暴数占总雷暴数的比例

通常雷暴的对流强度越大，雷暴的上升气流也就越强，更强的上升气流可以将更多更大的水汽和降水粒子带到更高的高度上，云中冰相粒子的含量也就越大，也更利于雷暴云内的起电过程。TRMM 的 TMI 可以探测到云内冰相粒子的含量信息，雷暴云内冰相粒子含量越多，最小 85 GHz PCT 越小，雷暴的对流强度也就越大。因此，以最小 85 GHz PCT[图 5.16(b)]为参考的不同强度的雷暴在分布上与以闪电频数为参考表现出一定的相似性。需要注意的是，最小 85 GHz PCT 反映的极端雷暴更多地集中在喜马拉雅山南麓东南端，而闪电频数反映的极端雷暴更多地集中在其西北端。无论是从闪电频数还是最小 85 GHz PCT 上都可以明显看到，青藏高原上空的雷暴系统的对流强度相对较低（最小 85 GHz PCT>140 K）。

从 40 dBZ 最大回波顶高来看[图 5.16(c)]，青藏高原地区有不少 40 dBZ 最大回波顶高超过 11 km 的雷暴。在中国东部地区和印度次大陆地区，雷暴 40 dBZ 强回波顶高可超过 14 km，而在海洋上，雷暴 40 dBZ 最大回波顶高超过 14 km 的雷暴则较少，这也是海洋雷暴闪电频数相对较小的原因。

综上，青藏高原地区几乎没有极端雷暴发生，其周边地区的极端雷暴事件主要分布在中国东部江淮流域、喜马拉雅山南麓的东南端和西北端，在雷暴和闪电活动较为活跃的热带海岛地区反而鲜有发生。

2. 不同区域雷暴的对流特征和结构特征

图5.17给出了青藏高原及其周边地区雷暴不同参量的频数分布情况，其中闪电频数、最小 85 GHz PCT 和 40 dBZ 最大回波顶高为雷暴的对流强度参量 [图 5.17(a)～(c)]；20 dBZ 最大回波顶高、最小云顶红外亮温和 20 dBZ 最大水平面积是雷暴的结构特征 [图 5.17(d)～(f)]。

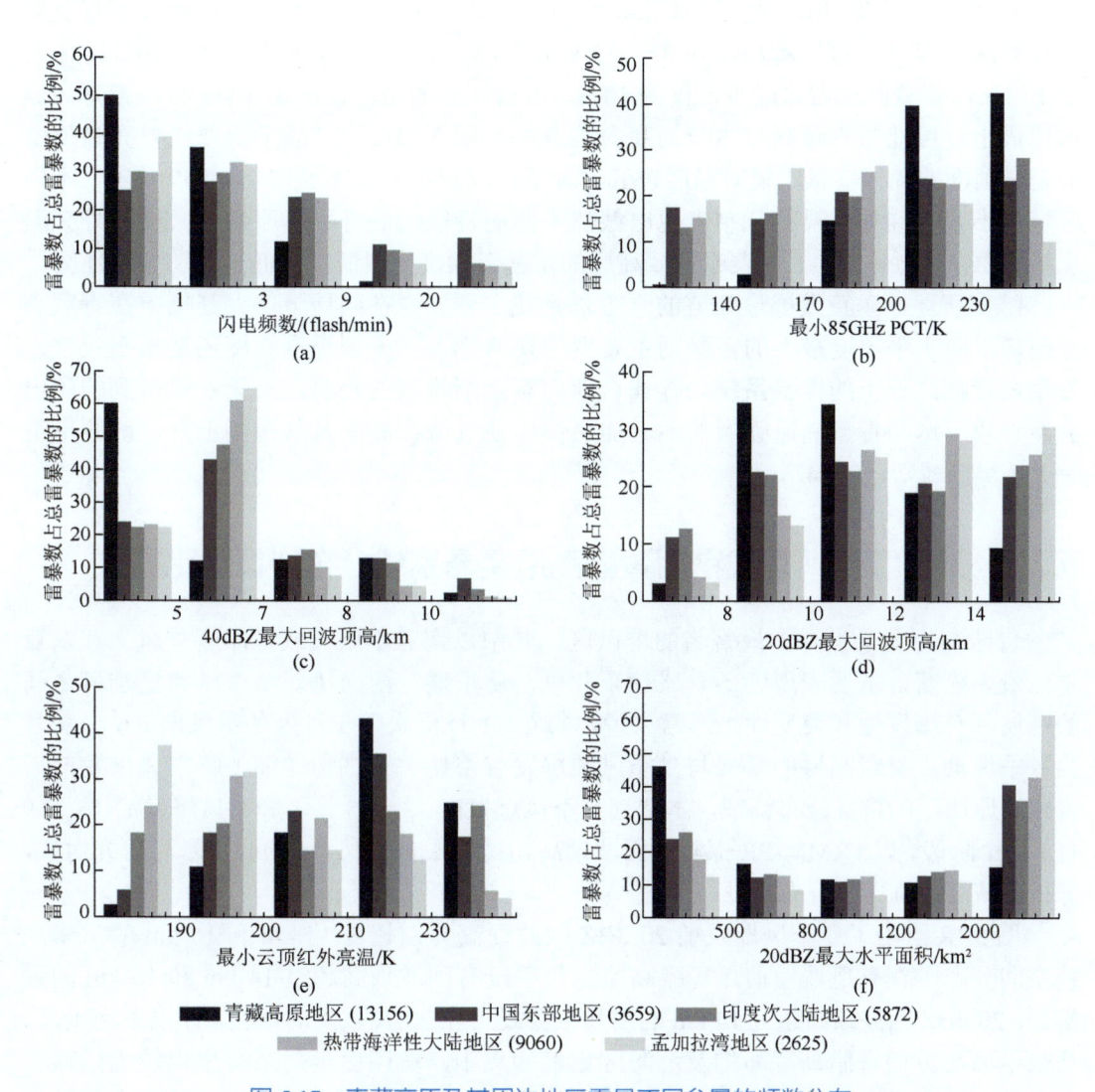

图 5.17 青藏高原及其周边地区雷暴不同参量的频数分布

(a) 闪电频数；(b) 最小 85 GHz PCT；(c) 40 dBZ 最大回波顶高；(d) 20 dBZ 最大回波顶高；(e) 最小云顶红外亮温；(f) 20 dBZ 最大水平面积。图例中括号内数字表示该地区的雷暴数

可以看出，青藏高原闪电频数最小，50% 的雷暴闪电频数在 1 flash/min 以下，大于 9 flash/min 的雷暴占比最小，远小于同纬度的中国东部地区［图 5.17(a)］。从图 5.17(b) 可以看出，青藏高原上超过 90% 的雷暴最小 85 GHz PCT 大于 170 K，而其周边区域大约只有 60%，表明青藏高原地区雷暴的冰相粒子含量小于其他区域。

在 40 dBZ 最大回波顶高上，青藏高原与其他四个区域的差异最为明显，60% 的雷暴 40 dBZ 最大回波顶高小于 5 km，而其他区域主要集中在 5～7 km。但青藏高原上大于 7 km 的 40 dBZ 最大回波顶高与其周边地区差别不大，甚至在 8～10 km 的占比接近中国东部地区［图 5.17(c)］。整体来看，青藏高原在冰相粒子含量、闪电活动以及强回波顶高上都表现出最小强度。

本节分别用 20 dBZ 最大回波顶高和 20 dBZ 最大水平面积表征雷暴系统垂直发展高度和水平尺度。可以看出，在 8～12 km，青藏高原的雷暴占比最高（70%）；在大于 14 km，青藏高原占比最少，仅为 10%。值得注意的是，在小于 8 km 时，青藏高原占比最小，可能与青藏高原本身的高海拔有关［图 5.17(d)］。最小云顶红外亮温反映的是云顶部的辐射信息，辐射温度越低，表示云顶越高。从图 5.17(e) 可以看出，不同区域最小云顶红外亮温的分布表现出截然不同的特征，而青藏高原最小云顶红外亮温主要集中在 210～230 K，表明青藏高原的雷暴云顶高度很低，远低于孟加拉湾地区。

综上所述，垂直发展最旺盛的强雷暴系统主要发生在陆地上，尤其集中在青藏高原南麓，而水平尺度最大的雷暴则主要发生在海洋上。无论垂直高度还是水平尺度，发生在青藏高原上的雷暴系统均存在自西向东逐渐增强的趋势，与第 6 章得到的闪电分布一致。这与青藏高原强烈的地表加热作用使气流在高原及其东侧上升，西侧下沉有关（吴国雄等，2004）。

5.5.4 亚洲夏季风爆发前后青藏高原雷暴系统分布特征对比

青藏高原处于世界上最著名的季风区，其中以南亚季风（或称印度季风）和东亚季风最为显著，主要表现为冬季盛行东北风，夏季盛行西南风，冬季风和夏季风之间的转换具有爆发性和突变性。通常来说，每年 11 月至次年 3 月为冬季风期，6～9 月为夏季风期。青藏高原的雷暴与夏季风的爆发有密切关系，为详细了解季风爆发前后青藏高原地区的雷暴分布特征，本节划分季风爆发前（3～5 月）和季风爆发后（6～9 月）两个阶段，以 TRMM-PR 探测的回波顶高超过 14 km 和 16 km 的强雷暴为研究对象，分析青藏高原强雷暴分布特征。

图 5.18 给出了夏季风爆发前 20 dBZ 回波顶高分别超过 14 km 和 16 km 的雷暴系统空间分布。在季风爆发前，青藏高原上几乎没有回波顶高超过 14 km 和 16 km 的强雷暴。20 dBZ 回波顶高超过 14 km 的雷暴主要发生在 20°N 以南的地区，并以中南半岛、马来半岛与苏门答腊岛等岛屿及近海区域最为集中，在印度半岛东海岸也较为活跃，海洋上也有少量雷暴发生。20 dBZ 回波顶高大于 16 km 的强雷暴更密集地分布在陆地上和海岸附近，海洋上几乎没有 20 dBZ 回波顶高达到 16 km 的雷暴，说明海洋上的雷

暴对流强度较陆地区域弱。

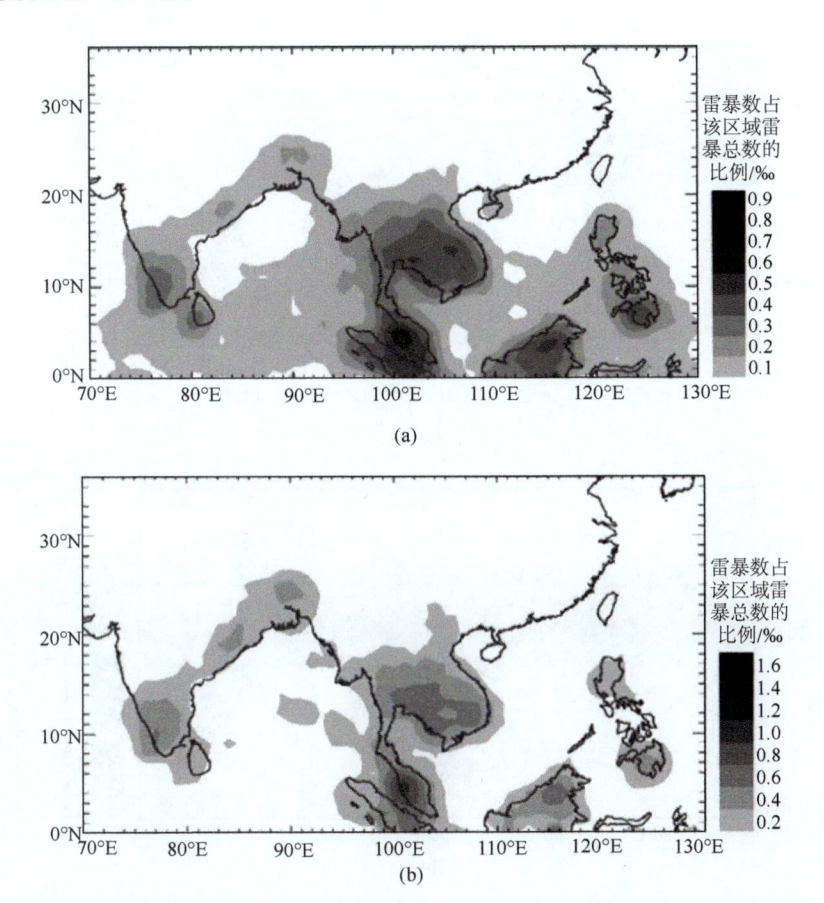

图 5.18　夏季风爆发前 20 dBZ 回波顶高分别超过 14 km（a）和 16 km（b）的雷暴系统空间分布

图 5.19 给出了夏季风爆发后 20 dBZ 回波顶高分别超过 14 km 和 16 km 的雷暴系统空间分布。季风爆发后，高原上空 20 dBZ 回波顶高超过 14 km 的雷暴几乎遍布整个高原，说明高原上的雷暴活动与亚洲夏季风的爆发及其自高原东南向西北的推进有很大关系。但是，尽管高原上海拔整体上超过 4000 m，但是 20 dBZ 回波顶高大于 16 km 的雷暴依然十分稀少，只在高原中部和东部有很少的分布，主要集中在喜马拉雅山南麓，说明青藏高原上发生的雷暴对流强度整体上较弱。

与季风爆发前的雷暴分布相比，季风期的强雷暴分布明显更偏北，青藏高原南部的雷暴比较活跃，与中国广东、广西的西南部和菲律宾群岛北部地区的雷暴活动特征较为一致［图 5.19（a）］。喜马拉雅山南麓存在一个明显的强中心，青藏高原南部雷暴密集区的 20 dBZ 回波顶高在 14 km 高度上，与菲律宾群岛北部雷暴特征相似。其在 16 km 高度上则明显减弱甚至消失。在青藏高原南麓、广东和广西地区西南部则集中发生 20 dBZ 回波顶高大于 16 km 的雷暴［图 5.19（b）］。与季风前的雷暴分布类似，和 20 dBZ 回波顶高达到 14 km 的雷暴分布相比，回波顶高达到 16 km 的雷暴更加集中发生在陆地区域，海洋上更少，说明海洋上的对流活动较陆地要弱。

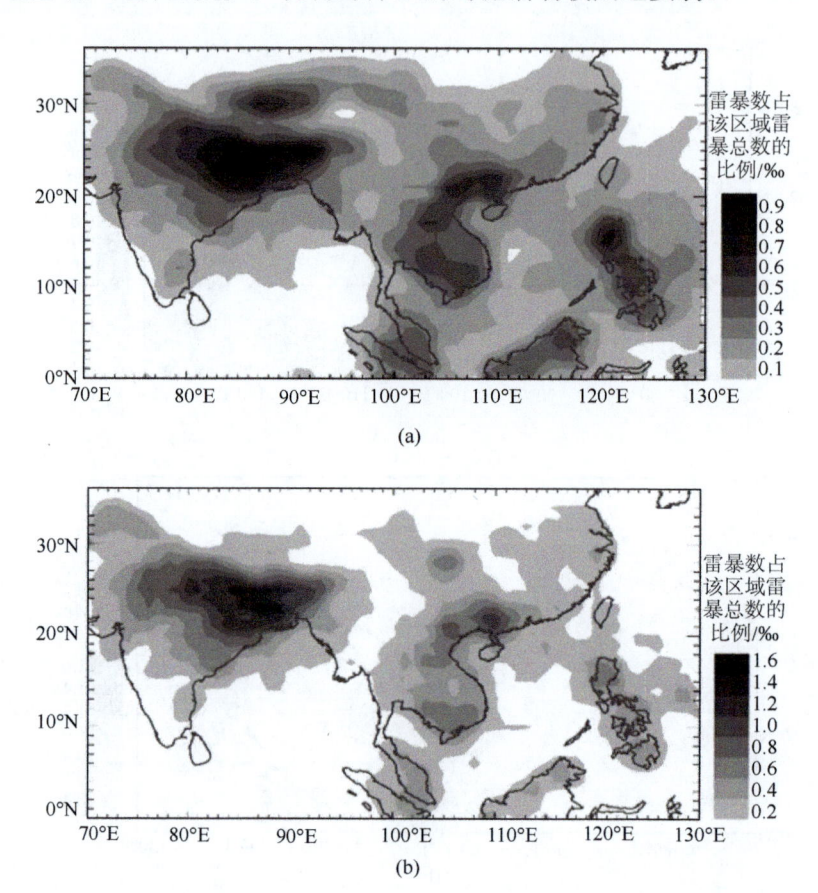

图 5.19　夏季风爆发后 20 dBZ 回波顶高分别超过 14 km(a) 和 16 km(b) 的雷暴系统空间分布

青藏高原上雷暴的对流强度相对较弱，雷暴云的 20 dBZ 回波顶高达到 16 km 高度的深对流较少，这与高原上水汽含量较低、CAPE 较小有关。高原上雷暴的对流强度较弱还与中性浮力层高度较低有关（Luo et al.，2011）。尽管青藏高原上水汽含量较低，但强烈的地表加热作用使得高原上出现浅薄的表层低压和深厚的中上层高压，高原及其东侧气流为上升运动（吴国雄等，2004），从而使得高原上的对流容易发生并可发展到 14 km 的高度（吴学珂等，2013）。

5.6　小结

本章基于 TRMM 资料的云和降水特征数据集并结合 LIS 闪电观测资料，详细研究了青藏高原整体以及青藏高原东、中、西三个区域的雷暴对流特征和结构特征，并进一步分析了青藏高原及周边地区雷暴和强雷暴活动的空间分布和季节变化、日变化特征，主要结论如下。

青藏高原超过 90% 的雷暴发生在 4～9 月，特别是高原西部地区（超过 95%），且高原雷暴的活跃期自东向西逐渐变短。相比于高原主体区域（高原西部和中部）的雷暴，高原东部的雷暴具有更大的对流强度，具体表现为闪电频数更大、冰相粒子含量更高、云顶高度更高以及对流体积降水率更大。高原中部地区雷暴的对流强度要略高于西部地区，但整体较接近。在季节变化上，高原东部的冰相粒子含量和对流体积降水率的季节变化很好地对应了雷暴闪电频数的季节变化，但在高原中部和西部区域它们与雷暴闪电频数的对应关系较弱。

受青藏高原中部地区的地形和强大热力抬升作用影响，高原中部雷暴 40 dBZ 回波顶高平均达到 9.36 km，是青藏高原上强回波顶高最大的区域。但高原中部雷暴 40 dBZ 回波厚度为 1.49 km，明显小于高原东部的 1.99 km。青藏高原东部的雷暴，无论是水平尺度、垂直发展高度，还是垂直发展深度都是高原上最强的，从高原西部到东部，雷暴的尺度和强度呈逐渐增大趋势。最大连续强回波厚度可以较好地指示高原雷暴强度，且 30 dBZ 最大连续回波厚度与闪电频数关系最好。

对流不稳定参量（CAPE、LNB 等）的季节变化表明，高原夏季 7～8 月最有利于雷暴的发生、发展，与雷暴频数 7 月的峰值对应较好，但却无法解释 5～6 月雷暴的高闪电频数特征。高原东部和中部地区具有相似的热力不稳定条件和对流触发条件，但在雷暴强度上却表现出较大的差异。两者在地表比湿和鲍恩比（感热通量与潜热通量之比）上的差异或许可以解释其在对流强度上的特征，特别是雷暴闪电频数（Li et al.，2020）。地表潜热通量及地表比湿变化表明，高原西部雷暴可以在更为干燥的条件下触发。

高原上特别是在海拔超过 4000 m 的高原主体区域，强雷暴很少或几乎没有。青藏高原周边地区，雷暴主要发生在 200 hPa 西风急流右侧的陆地上，并与近地面层比湿的分布密切相关，在陆地上与 CAPE 的分布相关。南亚季风区的雷暴在夏季风爆发前主要发生在印度半岛东海岸低层有强湿度梯度存在的区域，夏季风爆发后向高纬度地区推进。

青藏高原上具有较多的雷暴，甚至多于同纬度的中国东部地区，但是雷暴产生的闪电频数却很低。夏季雷暴活动约占全年的 44%，春季和秋季分别占 29% 和 21%，冬季最少，仅占 6%。强雷暴在夏季占 42%，春季次之，占 38%。雷暴和强雷暴活动与亚洲夏季风密切相关，春季集中在 10°N～25°N 纬度带，夏季时向北移动至 30°N～36°N 纬度带。雷暴的季节变化在低纬度热带地区呈双峰特征，而在中纬度地区变为单峰。强雷暴季节变化更呈现单峰特征，低纬度 5°N～30°N 区域多发生在 5 月，中纬度区域则在 7 月最为活跃。

根据冰相粒子含量、闪电活动以及强回波顶高所得不同强度雷暴的分布显示，青藏高原的雷暴强度弱于中纬度的中国东部地区，以及热带地区的印度次大陆和海洋性大陆。在雷暴水平尺度和垂直发展高度上，青藏高原上雷暴都较小；雷暴的云顶高度和垂直发展高度随着纬度的升高逐渐降低。

参考文献

李进梁, 吴学珂, 袁铁, 等. 2019. 基于 TRMM 卫星多传感器资料揭示的亚洲季风区雷暴时空分布特征. 地球物理学报, 62(11): 4098-4109.

汤欢, 傅慎明, 孙建华, 等. 2020. 一次高原东移 MCS 与下游西南低涡作用并产生强降水事件的研究. 大气科学, 44(6): 1275-1290.

吴国雄, 毛江玉, 段安民, 等. 2004. 青藏高原影响亚洲夏季气候研究的最新进展. 气象学报, 62: 528-540.

吴学珂, 郄秀书, 袁铁. 2013. 亚洲季风区深对流系统的区域分布和日变化特征. 中国科学: 地球科学, 43: 556-569.

叶笃正, 高由禧. 1979. 青藏高原气象学. 北京: 科学出版社.

Bian J, Li D, Bai Z, et al. 2020. Transport of Asian surface pollutants to the global stratosphere from the Tibetan Plateau region during the Asian summer monsoon. National Science Review, 7(3): 516-533.

Dee D, Uppala S, Simmons A, et al. 2011. The ERA-Interim reanalysis: Configuration and performance of the data assimilation system. Quarterly Journal of the Royal Meteorological Society, 137(656): 553-597.

Fu Y, Liu G, Wu G, et al. 2006. Tower mast of precipitation over the central Tibetan Plateau summer. Geophysical Research Letters, 33: L05802.

Houze R, Wilton D, Smull B. 2007. Monsoon convection in the Himalayan region as seen by the TRMM precipitation radar. Quarterly Journal of the Royal Meteorological Society, 133(627): 1389-1411.

Jiang X, Li Y, Yang S, et al. 2016. Interannual variation of summer atmospheric heat source over the Tibetan Plateau and the role of convection around the western maritime continent. Journal of Climate, 29(1): 121-138.

Kanamitsu M, Ebisuzaki W, Woollen J, et al. 2002. NCEP-DOE AMIP-II Reanalysis (R-2). Bulletin of the American Meteorological Society, 83(11): 1631-1643.

Li J, Wu X, Yang J, et al. 2020. Lightning activity and its association with surface thermodynamics over the Tibetan Plateau. Atmospheric Research, 245: 105118.

Liu C, Cecil D, Zipser E J. 2011. Relationships between lightning flash rates and passive microwave brightness temperatures at 85 and 37 GHz over the tropics and subtropics. Journal of Geophysical Research: Atmospheres, 116(D23): D23108.

Liu C, Zipser E, Cecil D, et al. 2008. A cloud and precipitation feature database from nine years of TRMM observations. Journal of Applied Meteorology and Climatology, 47(10): 2712-2728.

Luo Y, Zhang R, Qian W, et al. 2011. Intercomparison of deep convection over the Tibetan Plateau–Asian monsoon region and subtropical North America in boreal summer using CloudSat/CALIPSO data. Journal of Climate, 24(8): 2164-2177.

Nesbitt S, Zipser E, Cecil D. 2000. A census of precipitation features in the tropics using TRMM: Radar, ice scattering, and lightning observations. Journal of Climate, 13(23): 4087-4106.

Petersen W, Rutledge S. 1998. On the relationship between cloud-to-ground lightning and convective rainfall. Journal of Geophysical Research: Atmospheres, 103(D12): 14025-14040.

Qie X, Toumi R, Yuan T. 2003. Lightning activities on the Tibetan Plateau as observed by the lightning imaging sensor. Journal of Geophysical Research: Atmospheres, 108(D17): 4551.

Qie X, Wei L, Zhu K, et al. 2022. Regional differences of convection structure of thunderclouds over the Tibetan Plateau. Atmospheric Research, 278: 106338.

Qie X, Wu X, Yuan T, et al. 2014. Comprehensive pattern of deep convective systems over the Tibetan Plateau–South Asian monsoon region based on TRMM data. Journal of Climate, 27: 6612-6626.

Riemann-Campe K, Fraedrich K, Lunkeit F. 2009. Global climatology of convective available potential energy (CAPE) and convective inhibition (CIN) in ERA-40 reanalysis. Atmospheric Research, 93(1-3): 534-545.

Romatschke U, Medina S, Houze J. 2010. Regional, seasonal, and diurnal variations of extreme convection in the South Asian region. Journal of Climate, 23(2): 419-439.

Spencer R, Goodman H, Hood R. 1989. Precipitation retrieval over land and ocean with the SSM/I: Identification and characteristics of the scattering signal. Journal of Atmospheric and Oceanic Technology, 6(2): 254-273.

Wu G, Liu Y, Zhang Q, et al. 2007. The influence of mechanical and thermal forcing by the Tibetan Plateau on Asian climate. Journal of Hydrometeorology, 8(4): 205-208.

Wu X, Qie X, Yuan T. 2013. Regional distribution and diurnal variation of deep convective systems over the Asian monsoon region. Science in China Series D: Earth Sciences, 56: 843-854.

Wu X, Qie X, Yuan T, et al. 2016. Meteorological regimes of the most intense convective systems along the Southern Himalayan front. Journal of Climate, 29: 4383-4398.

Xu W, Zipser E J, Liu C, et al. 2010. On the relationships between lightning frequency and thundercloud parameters of regional precipitation systems. Journal of Geophysical Research, 115: D12203.

Xu X, Sun C, Chen D. 2022. A vertical transport window of water vapor in the troposphere over the Tibetan Plateau with implications for global climate change. Atmospheric Chemistry and Physics, 22: 1149-1157.

Yamane Y, Hayashi T. 2006. Evaluation of environmental conditions for the formation of severe local storms across the Indian subcontinent. Geophysical Research Letters, 33: L17806.

Yang K, Guo X, Wu B. 2011. Recent trends in surface sensible heat flux on the Tibetan Plateau. Science in China Series D: Earth Sciences, 54(1): 19-28.

Zhao P, Xu X, Chen F, et al. 2017. The third atmospheric scientific experiment for understanding the earth-atmosphere coupled system over the Tibetan Plateau and its effects. Bulletin of the American Meteorological Society, 99(4): 757-776.

Zipser E J. 1994. Deep cumulonimbus cloud systems in the tropics with and without lightning. Monthly Weather Review, 122(8): 1837-1851.

Zipser E J, Cecil D, Liu C, et al. 2006. Where are the most intense thunderstorms on earth? Bulletin of the American Meteorological Society, 87(8): 1057-1071.

第 6 章

青藏高原的闪电活动特征

闪电作为雷暴中的特征性天气现象，不仅是一种重要的天气灾害，还是大气中氮氧化物（NO_x）最主要的自然源（Schumann and Huntrieser，2007；Guo et al.，2017），在全球气候变化中也有重要作用（Williams，1992；Williams et al.，2019；Reeve and Toumi，1999；Price，2000）。强烈的海陆热力差异以及特殊的大地形造成的热力、动力作用，使得青藏高原及周边地区夏季的雷暴对流活动频繁且十分强烈，造成活跃的闪电活动。Qie 等（2003a，2003b）利用 5 年的 LIS 卫星资料，分析青藏高原上的闪电活动时发现，闪电活动的峰值区域出现在高原中部地区，并指出高原对太阳加热作用比同纬度的相邻地区反应更敏感。齐鹏程等（2016）基于 1998～2013 年的 TRMM 资料发现，青藏高原的闪电活动中心在中部和东北部，但降水最活跃的区域是东南部，在固定区域闪电和降水的月变化具有一致性，活跃期出现在 5～9 月，呈单峰结构，除西部和东南部外，闪电与降水峰值月份吻合。

本章使用美国国家航空航天局（NASA）近 20 年的卫星 LIS/OTD 全球闪电网格资料数据集，首先研究青藏高原上不同区域闪电特征分布的差异性，探讨其受季节气候的影响，然后进一步分析青藏高原闪电密度等特征参量的空间分布和季节分布，并与不同地形、气候特征区域对比。

6.1 资料和方法

世界范围内有很多用于业务和科学研究的区域性地基闪电观测网，如美国国家闪电观测网（NLDN）、我国地闪定位系统（ADTD）、欧洲地闪定位系统（ZEUS），以及全球闪电定位网（world wide lightning location network，WWLLN）等。然而，不同区域网的探测设备和探测效率各有不同，使得不同区域网的数据很难进行综合应用，而在进行全球闪电气候态分析、趋势变化等研究中，长时间尺度的全球闪电观测资料积累非常重要。目前应用最广泛的全球闪电观测资料主要包括卫星 LIS/OTD 资料和地基 WWLLN 资料。本章主要使用 LIS/OTD 卫星闪电观测资料。

LIS 是搭载在 TRMM 上的仪器之一，其前身是搭载在微实验室卫星上的 OTD（Christian et al.，2003），但灵敏度提升了 3 倍，探测效率提升到 88%（Boccippio et al.，2000，2002）。LIS 的工作原理类似于照相机，主要部件是一个 128×128 的电荷耦合器件（charged coupled device，CCD）阵列，采样频数略高于 500 帧，广角镜头加上 TRMM 的轨道高度，让它可以同时观测到地球上 600km×600km 的空间区域，空间分辨率为 3～6km，星下点为 3km，边缘区域为 6km（Christian et al.，1999）。LIS 闪电资料包含事件（event）、组（group）、闪电（flash）和区域（area）四个主要产品，其中事件是基本参量，当 LIS 成像阵列中的某个像素采集到光辐射超过背景阈值时就生成一个事件。在 2ms 时间内一个或者多个相邻事件构成一个组。闪电是应用最广的参量，由时间间隔不超过 330ms，空间间隔小于 5.5km 的一个或多个组组成，它没有总持续时间的限制，相当于一次完整的闪电过程。区域由空间间隔不大于 16.5km 的一簇闪电组成，同样也没有总持续时间限制，相当于一个雷暴单体。LIS 具有昼夜连续观测的能力，能将闪电信号从白天很强的背景光当中探测出来，其探测效率在中午为73%±11%，晚上为93%±4%(Boccippio et al.，2002)。虽然LIS具有很高的探测效率，但不区分云闪和地闪，地闪主要发生在云的中下层，不容易被LIS探测；LIS更易捕捉到雷暴云上部的闪电，以云闪为主。Thomas等（2000）将地基闪电成像阵列（lightning mapping array，LMA）三维闪电定位结果与LIS的光学观测进行比较，发现两者在时间和空间上都有较好的对应。Ushio等（2002）对比了NLDN的闪电辐射源信息后，得出LIS的地闪定位误差大约在12km，云闪定位误差大约在4km。

由于TRMM为非静止卫星，LIS和OTD对地面某一点的观测时间有限，因此需要较长时间的资料积累，才能准确反映一个地区的闪电活动特征。NASA将两个探测器多年原始轨道资料相互校验并结合，给出1995～2015年近20年的LIS/OTD全球闪电网格资料。该资料集有空间分辨率高低两种网格可供选择，即0.5°、2.5°；在时间尺度上，高分辨率资料有在年、月、日等尺度上的多年平均气候产品，如高分辨率气候全（high resolution full climatology，HRFC）产品、高分辨率气候月（high resolution monthly climatology，HRMC）产品等，低分辨率资料除上述类型的产品外，还包含长时间序列的年、月产品，如低分辨率长时间序列月（low resolution monthly time series，LRMTS）产品、低分辨率长时间序列（low resolution annual climatology time series，LRACTS）产品。根据需要不同产品有不同的平滑和处理算法，如在处理低分辨率时间序列（LRTS）产品时，空间上进行邻近三个网格的平均，时间上进行111天滑动平均(Cecil et al.，2014)。在此基础上，Albrecht等（2016）仅利用1998～2015年的LIS资料给出了0.1°×0.1°更高分辨率的闪电气候态资料集，该资料集包含闪电密度多年平均（VHRFC）、月变化（VHRMC）、日变化（VHRDC）、年内逐日变化（VHRAC），以及季节变化（VHRSC）五种产品。与之前的LIS/OTD数据集相比，0.1°资料采用的算法与之前相同，但在部分气候数据集中没有进行空间平滑（Albrecht et al.，2016）。

本章讨论闪电特征参量时，主要使用LIS轨道数据，除了闪电位置信息外，还可提取闪电的光辐射能、持续时间、延展面积等参量表征闪电的放电强度、时间尺度和空间尺度。为保证数据的可靠性，本章已对持续时间为0 s或者大于3 s的闪电进行剔除。在研究闪电气候特征时，使用LIS/OTD资料集中的HRFC和HRMC闪电密度格点资料，空间分辨率为0.5°×0.5°。研究青藏高原闪电空间分布和季节分布时，使用空间分辨率为0.1°×0.1°的LIS资料集VHRFC和VHRMC产品。本章与NCEP再分析资料进行对比研究时，遵循已有研究的资料选择，选取LIS/OTD的低分辨率气候年际（LRAC）产品，空间分辨率为2.5°×2.5°。

6.2　青藏高原闪电时空分布特征

由于青藏高原东部和西部的雷暴活动特征有很大的差异，与第5章类似，本章对70°E～105°E，25°N～40°N，海拔超过3000m的青藏高原地区上的闪电特征进行分区域的对比分析。图6.1给出了LIS观测期间内青藏高原闪电密度的空间分布。图6.1

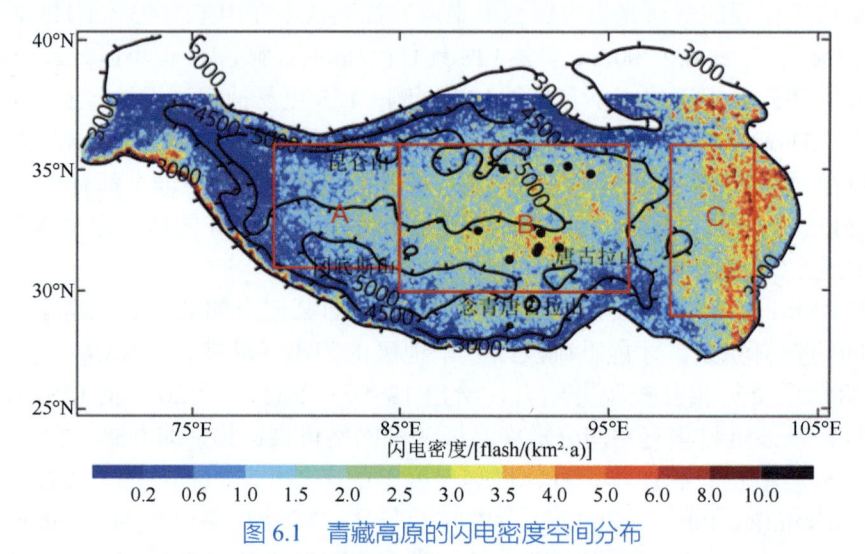

图 6.1 青藏高原的闪电密度空间分布

图中彩色填充代表空间分辨率 0.1°的闪电密度（VHRFC）。标下坡方向的黑色等值线代表海拔 3000m、4500m 和 5000m。高原主体区域（海拔超过 4500m）闪电密度最大的 10 个点在图中用黑色点标示。红色方格（A～C）标示出三个研究子区域，分别代表高原西部、中部和东部

中 5000m 等海拔线大致描绘出南北两个主要山脉，即昆仑山脉和念青唐古拉山脉，以及高原中部的山谷地区（海拔约 4600m），高原主体上的主要山脉在图中标出。

雷暴和闪电的发生与地形密切相关，从图 6.1 中可以明显看出，沿海拔 3000m 等高线，一条闪电密度低值带将青藏高原与周边地区自然地区分开来。整体来看，青藏高原上闪电密度的地理分布呈现自东向西逐渐减少趋势，与西高东低的地形相反，闪电密度最大值出现在高原东部（3000～4500m），最低值出现在高原西部。以 85°E 和 95°E 为界进行统计，高原东部地区平均闪电密度为 4.3 flash/(km²·a)，而高原西部地区仅为 1.7 flash/(km²·a)，高原中部地区平均闪电密度为 2.6 flash/(km²·a)。此前的研究均认为高原中部的那曲（31°N，92°E 附近），受到高原夏季风和山谷地形的影响，是高原主体区域对流和闪电活动最为频繁的地区（Qie et al.，2003a；Toumi and Qie，2004）。

然而，本研究利用近 20 年的长时间序列闪电资料，在 0.1°高分辨率下，发现在高原北部山区也存在几个高闪电密度中心，其中 10 个闪电密度最高的格点（如图 6.1 中黑点所示）中有四个位于高原主体的北部山区（图 6.1）。表 6.1 进一步给出了这 10 个闪电最活跃点的详细信息，虽然闪电密度相差不大，但前五位的格点中有三个位于高原北部的玉树藏族自治州（唐古拉山以北）。因此，除高原中部那曲一个闪电活跃中心以外，高原北部的玉树藏族自治州是高原主体上另一个闪电活跃中心，在常用 LIS/OTD 的 0.5°气候数据下，该中心往往因为数据集的平滑处理而容易被忽略掉。不过，WWLLN 资料给出的闪电峰值区域与 LIS/OTD 在高原西南部和东北部有差异，WWLLN 资料显示除了高原中部和东南部峰值区域外，在高原西南部还有一个峰值区域（Ma et al.，2021）。另外，青藏高原雷暴对流较弱，并且有效电荷区较小，因此，青藏高原雷暴具有较低的闪电率和较小的闪电放电尺寸（Zheng and Zhang，2021），一些

第 6 章 青藏高原的闪电活动特征

小尺度的雷暴单体产生的闪电也有可能被漏探。

表 6.1 高原主体区域（平均海拔超过 4500m）闪电活动最为频繁的 10 个格点的闪电密度、纬度和经度、方位及所属行政区域

排名	闪电密度 / [flash/(km²·a)]	纬度 (°N)	经度 (°E)	方位	所属行政区域
1	8.91	35.05	92.15	北部	治多县，玉树州
2	8.84	34.85	94.15	北部	曲麻莱县，玉树州
3	8.78	32.55	88.75	中部	双湖县，那曲市
4	8.40	31.85	92.65	中部	比如县，那曲市
5	8.33	35.15	93.05	北部	曲麻莱县，玉树州
6	7.47	31.35	90.25	中部	班戈县，那曲市
7	7.40	32.45	91.75	中部	安多县，那曲市
8	7.17	31.65	91.55	中部	色尼区，那曲市
9	7.12	35.05	89.95	北部	治多县，玉树州
10	7.03	31.85	91.65	中部	安多县，那曲市

闪电活动对高原地形也表现出明显的响应，图 6.2 给出了青藏高原平均闪电密度随海拔的变化。青藏高原超过 60% 的面积在海拔 5000m 以下，海拔 4500～5000m 的区域占比最高，且闪电密度集中分布在 2.0 flash/(km²·a) 以下。随着海拔上升，平均闪电密度近似线性减少，相关系数约为 -0.98。闪电密度衰减率为每 100m 减少 0.079 flash/(km²·a)，4500～5000m 的平均闪电密度相当于 3000m 位置的 2.7%。

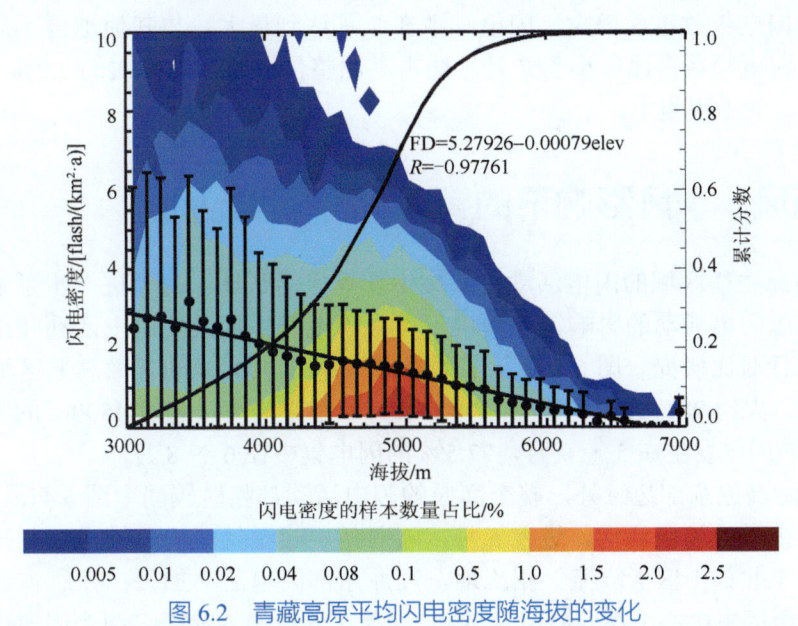

图 6.2 青藏高原平均闪电密度随海拔的变化

黑色圆点及误差棒（±1σ）表示以海拔 100m 为间隔计算的平均闪电密度，最优拟合线与相关系数也在图中标出。彩色填充代表在一定海拔下，一定闪电密度的样本数量在青藏高原闪电密度总样本数中的占比。累积分布曲线（CDF）在图中右侧坐标系标出。FD 表示闪电密度，elev 表示海拔

图 6.3 给出了基于 LIS 轨道数据的青藏高原不同区域闪电频数占高原整体全年闪电频数的月变化分布。从图 6.3 中可以看到，11 月至次年 2 月高原整体闪电极少发生，3 月开始闪电活动逐渐增多。高原整体的闪电主要发生在 4～9 月，约占总闪电频数的 96%，该地区闪电频数峰值出现在 7 月，约占闪电总数的 24%。

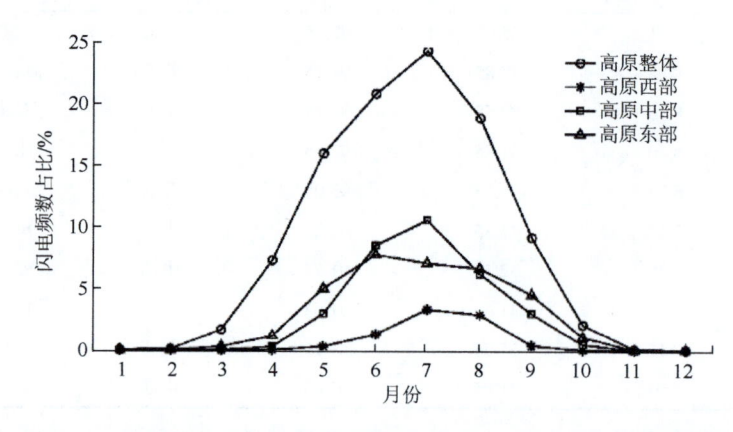

图 6.3 基于 LIS 的青藏高原不同区域闪电频数占高原整体全年闪电频数月变化分布

各地区闪电频数占比差别不大。三个区域中，高原东部地区率先在 6 月达到峰值，约占高原整体全年闪电活动的 7.7%，而后闪电频数缓慢减少，闪电活动集中在 5～9 月。高原中部地区闪电活动与高原整体区域变化趋势较为一致，5 月闪电活动迅速增多，6 月闪电频数增速最大，在 7 月达到峰值。高原西部地区闪电月变化也呈现单峰分布，进入 7 月后闪电频数迅速增大，闪电频数在 7 月达到最大。与其他地区不同的是，该地区 8 月的闪电频数占比仅小于 7 月，约占高原整体全年闪电频次的 2.9%，闪电活动较其他地区时间上更集中。

6.3 西风−季风影响下的青藏高原闪电活动

青藏高原主体区域的闪电活动主要集中在季风活跃期。为了进一步了解西风、季风对青藏高原闪电活动的影响，下面进一步对闪电发生期间的闪电活动和地面风场的逐月变化进行对比研究。图 6.4 显示了平均海拔超过 3000m 的青藏高原区域闪电活动的逐月变化，大约 98% 的闪电发生在 4～9 月。在平均海拔超过 4500m 的高原主体区域，96.8% 的闪电发生在 5～9 月，77.5% 的闪电集中在 6～8 月。

4 月，除高原东部边缘外，整个高原的闪电活动都相对较弱 [图 6.4(a)]，仅在高原东南部有少量的闪电活动。进入 5 月，随着低层暖湿气流向西推进，并在念青唐古拉山脉东端（北部山区）绕流。相应地，高原东部闪电活动加强，在唐古拉山的南北两侧出现两个闪电中心 [图 6.4(b)]。这一现象在 6 月最为显著，两个闪电中心继续向西移动，且闪电密度增大。此时，北部中心位于唐古拉山的北坡迎风面，南部中心位于唐古拉山脉和念青唐古拉山脉的山谷地带 [图 6.4(c)]。7 月，随着高原夏季季风的进一步加强,更为频繁的闪电活动出现在北部山区和中部山谷地区[图6.4(d)]。8月,北部中心依然存在,但强度逐渐变小,沿狭长的中部山谷出现一条带状的闪电密度高值区域,这也表明水汽推进到高原西部的最深处[图6.4(e)]。进入9月,随着季风的衰退,山谷西部的闪电密度迅速减少,此时山谷中部仍然有相对频繁的闪电活动[图6.4(f)]。

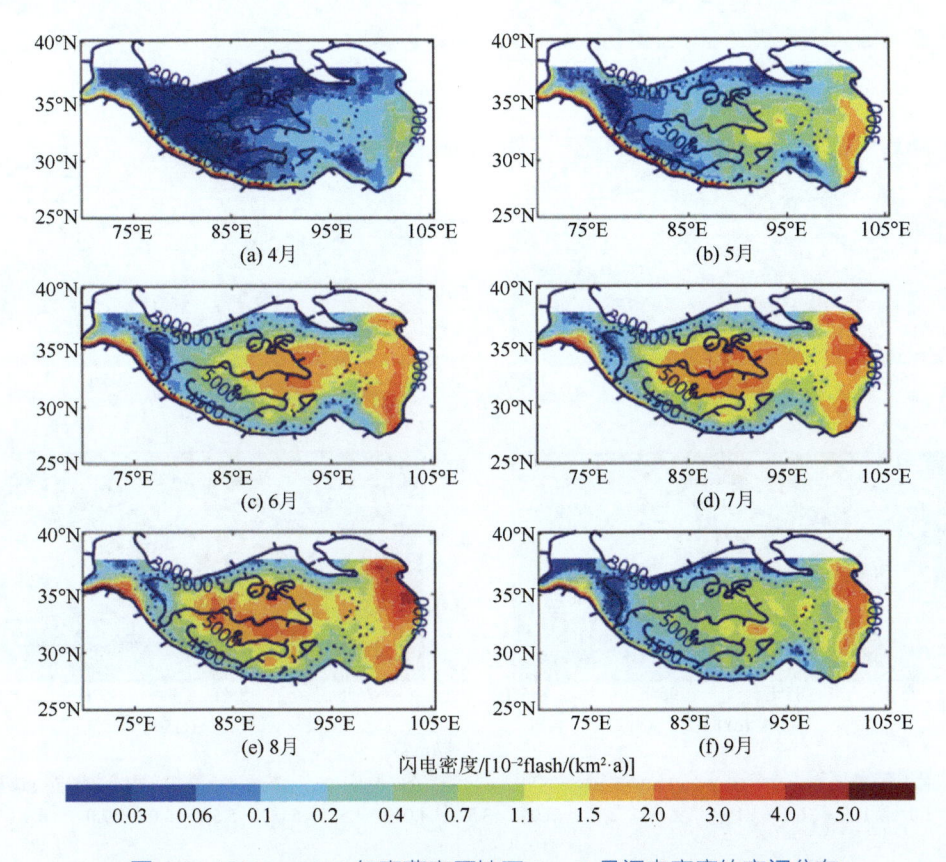

图 6.4 1998～2013 年青藏高原地区 4～9 月闪电密度的空间分布

整体来看,4～9月高原东部地区一直有闪电活动,而高原主体闪电的季节变化则呈现出与季风推进和撤退一致的"西进东退"特征。高原东部地区在进入5月后都保持着较为活跃的闪电活动,但也存在闪电中心由南向北的移动,5～6月东部闪电中心位于东南地区,而7～9月闪电中心位于东北地区,8月达到最强。

本研究利用 ERA-Interim 资料,进一步给出青藏高原地表风场在4～9月的变化,如图6.5所示。可以直观地看到,4～5月整个青藏高原都被西风和西北风控制,风速超过5 m/s,仅在高原东南部由西南风控制[图6.5(a)和图6.5(b)],对应着高原东南4～5月的闪电活跃区。6月,高原主体上的风场逐渐由西风转为西南风,风速逐渐减小,并且高原东部地区出现一个明显辐合区[图6.5(c)],此时高原东部地区的闪电活动也进一步加强。7月,受夏季风逐渐加强的影响,北部山区也被西南风控制,在唐古拉山脉

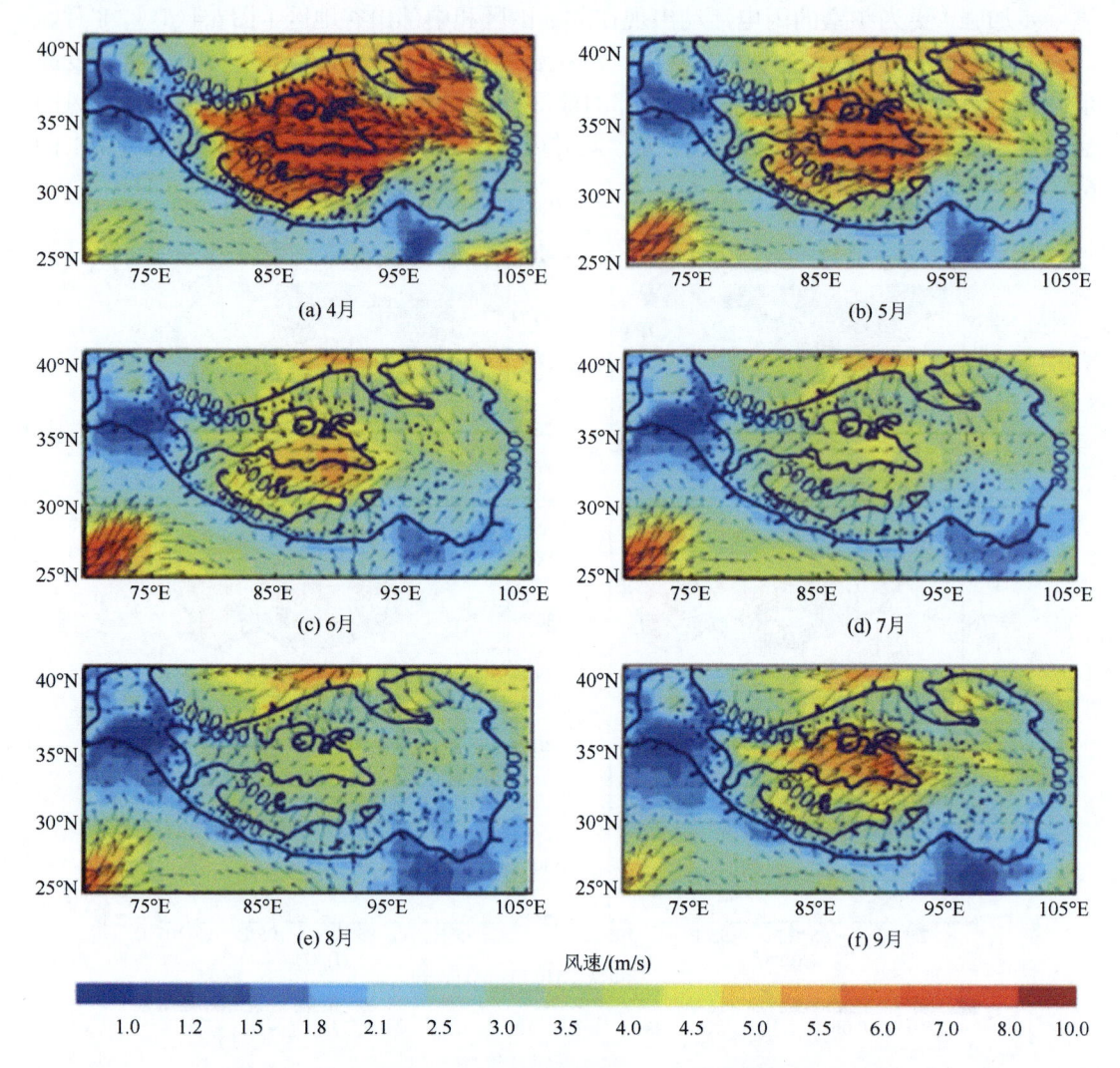

图 6.5　基于 ERA-Interim 的青藏高原 4～9 月地表风场的变化

彩色填充代表风速大小，黑色箭头方向代表风向

北坡出现另一个辐合区［图 6.5(d)］，恰好对应着高原北部的闪电中心。夏季风在 8 月达到最强并且控制着高原大部分地区，此时风速最小［图 6.5(e)］。进入 9 月后，高原主体风向又转为西风，风速显著增大［图 6.5(f)］，闪电活动也快速减弱。

综上，当被盛行西风带控制时，青藏高原整体闪电活动很少，而当西南风或者东南风（夏季风）控制时，高原闪电活动较为活跃。7 月和 8 月，位于高原东部和北部山区的两个地面辐合中心对应着两个较强的闪电活动中心，表明风场辐合场对雷暴和闪电活动也有重要的影响。总体上看，地形和夏季风都显著影响着闪电的空间分布和闪电中心的季节性移动。

6.4 青藏高原及周边地区的闪电空间分布特征

6.4.1 闪电密度的空间分布特征

青藏高原高耸的地形和强大的热动力作用，显著影响着其雷暴和闪电活动。为了解青藏高原上的闪电特征，本节利用 LIS/OTD 观测期间（1995～2014 年）的观测资料，给出了青藏高原闪电密度空间分布，如图 6.6 所示。可以看出，青藏高原上闪电密度较小，最大值小于 6 flash/(km²·a)，位于青藏高原中部和东南部地区，青藏高原西部是闪电活动最少的地区，平均闪电密度在 2 flash/(km²·a) 以下。

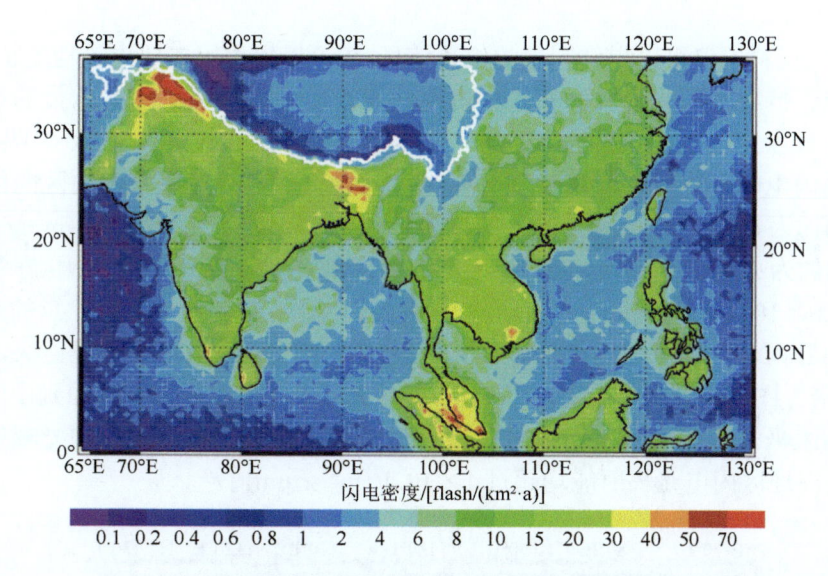

图 6.6 青藏高原及周边地区基于 LIS/OTD 的闪电密度空间分布
白色实线为 3km 等高线

与青藏高原同纬度的中国东部地区的平均闪电密度在 8～15 flash/(km²·a)。中国的闪电活动呈现出南多北少、东多西少的特征，并随地形变化呈现明显的梯级分布，由西北内陆向东南沿海逐渐增加，与雷暴数密度分布趋势明显不同。尽管青藏高原的雷暴数密度较大，但是闪电密度却远低于同纬度的中国东部地区，这与高原上的雷暴系统水平面积较小、垂直发展高度相对较低有很大关系（Luo et al.，2011；Qie et al.，2014）。青藏高原与喜马拉雅山南侧的闪电密度差异最大，即在青藏高原南麓有一条随喜马拉雅山地形分布的明显的带状闪电密度高值区，闪电密度最大的区域位于其西北端，闪电密度超过 70 flash/(km²·a)。夏季时，高耸的喜马拉雅山脉阻挡了南亚季风的推进，来自阿拉伯海和孟加拉湾的水汽在此处受迫抬升，使得该区域对流活动和闪电活动频发，特别是在东南和西北两个凹形区域内呈现极大值（Houze et al.，2007；Cecil et al.，2014；Wu et al.，2016）。

对比闪电密度（图6.6）与数雷暴密度（图5.8）空间分布发现，青藏高原地区的雷暴数密度明显高于同纬度的江淮流域，但闪电密度又明显小于中国东部地区，即雷暴的空间分布呈现出西多东少，而闪电密度却表现出西少东多的特征。这说明与同纬度的中国东部地区相比，青藏高原雷暴活动虽然比较频繁，但雷暴的闪电频数较低。一些研究发现，青藏高原的对流系统通常具有云底高度较高、水平尺度较小、混合相区域浅薄和冰相粒子含量较少等特征（Xu，2013；吴学珂等，2013），这表明高原上的对流活动强度相对较弱，从而闪电频数也较低。而在低纬度（约30°N以南）地区两者空间分布相似，雷暴高值区通常对应着较频繁的闪电活动。

6.4.2 闪电特征参量的空间分布特征

LIS闪电资料不仅可以提供闪电的位置信息，还可以提供闪电放电过程的特征参量，如光辐射能、持续时间、延展面积等。闪电的光辐射能虽然受到雷暴云体的影响，但可以在一定程度上反映闪电的强弱（Qie et al.，2003a；You et al.，2016）。图6.7给出了青藏高原闪电的平均光辐射能空间分布，可以看出，青藏高原东部地区的闪电光辐射能［平均约为6×10^5 J/(m²·sr·μm)］明显大于中部［平均约为3×10^5 J/(m²·sr·μm)］和西部［平均约为2×10^5 J/(m²·sr·μm)］。高原上的闪电光辐射能明显小于中国东部地区，平均仅为2.0×10^5 J/(m²·sr·μm)左右，与喜马拉雅山脉南侧相当。值得注意的是，虽然喜马拉雅山脉南北两侧区域闪电的平均光辐射能接近，但闪电密度差异巨大，最大值相差10多倍（图6.6）。整体上看，在20°N～36°N纬度带，从青藏高原到中国东部地区，再到西太平洋洋面，闪电光辐射能呈显著增加的趋势，海洋闪电的光辐射能远大于陆地［远海地区闪电光辐射能均超过1×10^6 J/(m²·sr·μm)］。

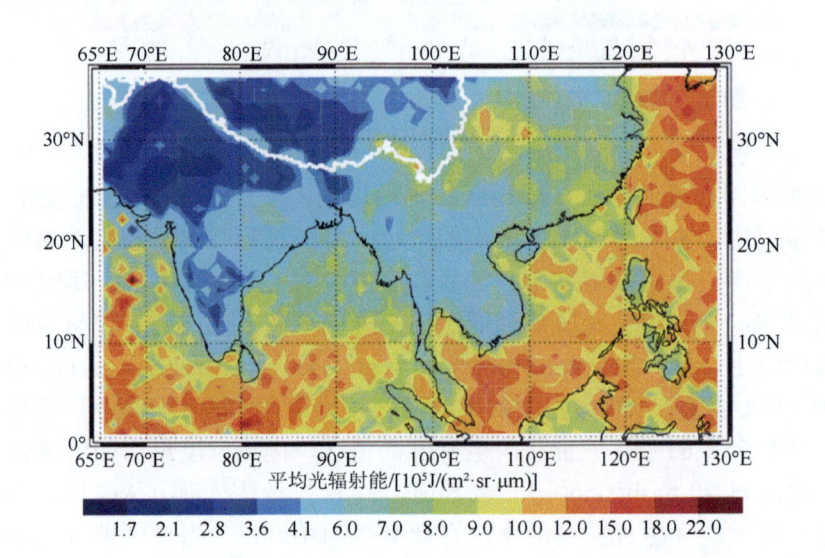

图6.7 青藏高原及周边地区闪电的平均光辐射能空间分布

网格分辨率1°×1°。白色实线为3km等高线

青藏高原闪电平均持续时间的空间分布如图 6.8 所示。青藏高原西部的闪电持续时间最短，仅为 0.12～0.18s。青藏高原东部闪电的平均持续时间为 0.18～0.21s，其大于高原的中部和西部地区，但明显低于中国东部地区（其陆地上闪电的平均持续时间集中在 0.27～0.3s，近海地区闪电的平均持续时间最大，为 0.3～0.36s）。闪电密度最大值所在的喜马拉雅山西南部和巴基斯坦地区的闪电持续时间较为接近。

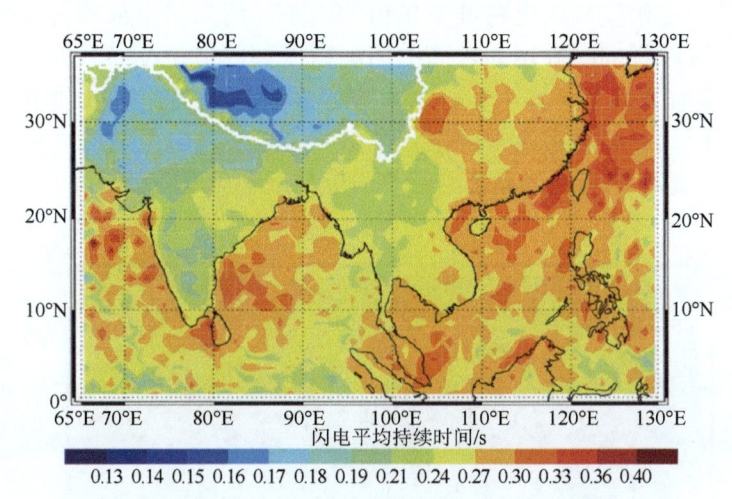

图 6.8　青藏高原及周边地区闪电平均持续时间的空间分布

白色实线为 3km 等高线

青藏高原单次闪电平均延展面积的空间分布如图 6.9 所示，单次闪电平均延展面积小于 250km²，其中高原西北部最小，东南部较大。其特征与闪电的平均光辐射能和持续时间分布特征类似。高原上的单次闪电平均延展面积与青藏高原南麓地区的分布相似，且小于东部大陆（250～350km²）和海洋地区（尤其是在远海区域，如赤道附近的印度洋面和菲律宾群岛的东部洋面，单次闪电平均延展面积超过 450km²）。

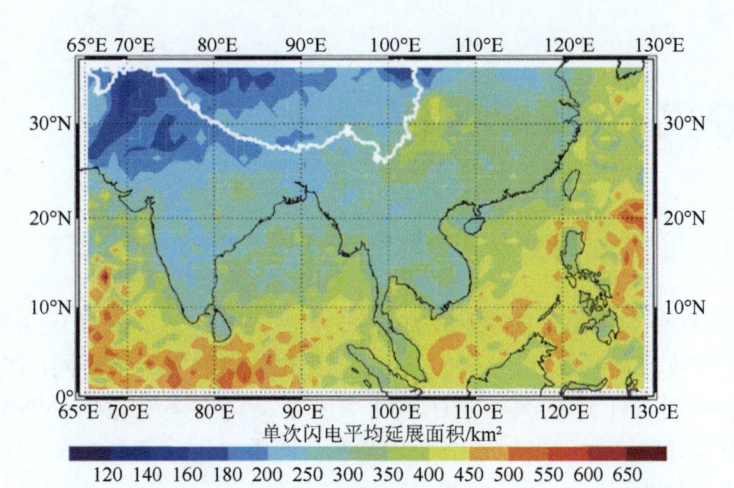

图 6.9　青藏高原及周边地区单次闪电平均延展面积的空间分布

白色实线为 3km 等高线

青藏高原上的单次闪电平均事件数量空间分布（图6.10）同样表现出高原东南部地区（约为35个）高于其西北部地区（约为25）。其在高原的分布特征与高原南麓相似（小于30个），低于东部和海洋区域。事件数量整体呈现由深海向内陆递减的趋势，但在四川盆地存在高值区域（高于东部沿海地区）。事件数量在洋面上仅表现出局地的高值，并不存在明显的区域性高值分布。对比闪电密度的空间分布（图6.6）可以发现，青藏高原地区的闪电密度和闪电特征参量值均较小，而高原南部的喜马拉雅山南麓、东部的四川盆地区域则同时表现为较高的闪电密度和闪电特征参量值。青藏高原以外地区，闪电密度整体表现为海洋小、陆地大；闪电特征参量的空间分布呈现出海洋大、陆地小的特点。因此，闪电密度与闪电特征参量，以及各参量彼此之间并不是简单的对应关系，表明局地环流和地形显著影响着闪电强度和尺度特征。

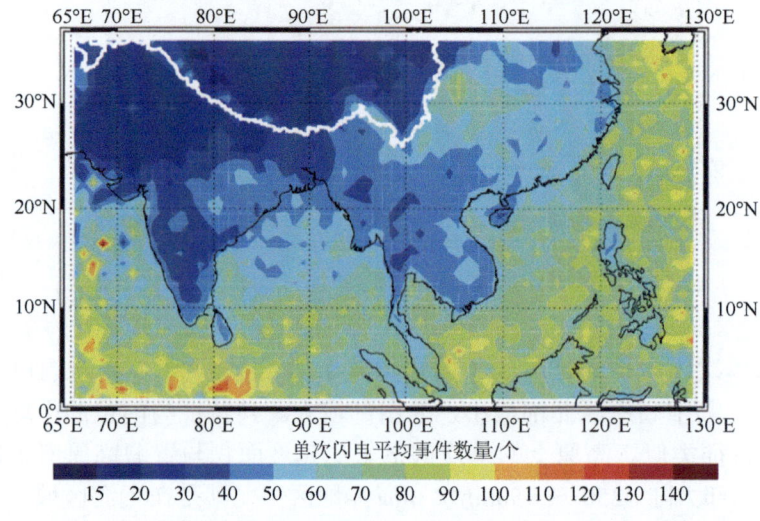

图6.10 青藏高原及周边地区单次闪电平均事件数量的空间分布
白色实线为3km等高线

6.5 青藏高原及周边地区的闪电季节变化特征

6.5.1 闪电密度的季节变化特征

青藏高原受南亚季风和东亚季风的影响，主要表现为冬季盛行东北季风、夏季盛行西南季风，其转换具有突发性。各地区季风爆发的具体时间有所不同，但总体上来说，6~9月为夏季风期，11月至次年3月为冬季风期。这里采用北半球季节划分，将全年分为四季，研究青藏高原闪电的季节变化特征。通常来讲，春季3~5月为季风前期，夏季6~8月为季风期。

四个不同季节闪电密度的空间分布如图6.11所示。春季（亚洲季风前），青藏高原的闪电活动整体较弱[图6.11(a)]，仅在高原东南部地区出现少量的闪电活动，且明显弱于喜马拉雅山南麓、马六甲海峡以及中南半岛地区的闪电活动。进入夏季，青藏高原闪电活动较为活跃，但总体来看闪电密度依然相对较低[图6.11(b)]。秋季，随着南亚季风和东亚季风快速减退，青藏高原的闪电活动也自西北向东南快速减少，闪电空间分布特征与春季类似，主要发生在高原东南部地区[图6.11(c)]。其特征与中国大陆的闪电活动相似，与印度次大陆不同。进入冬季后，青藏高原及周边地区的闪电活动最弱，仅在热带海岛和印度次大陆的中部地区有少量闪电活动[图6.11(d)]。

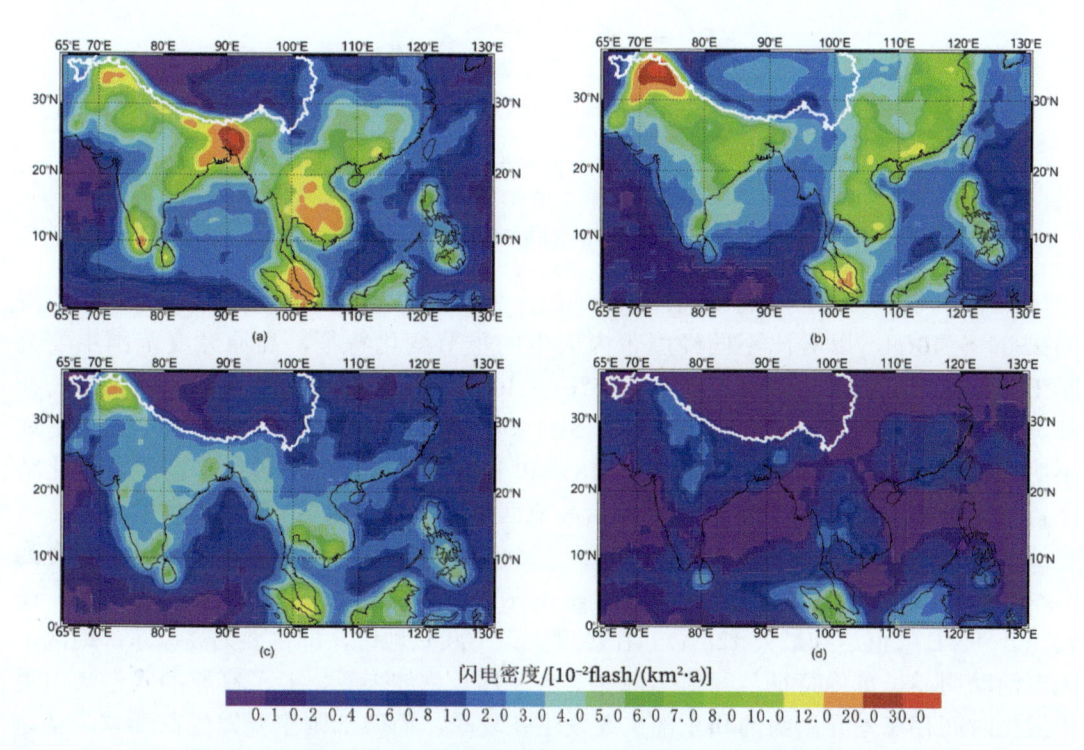

图 6.11 基于 LIS/OTD 的青藏高原及周边地区闪电密度的空间分布
(a) 春季；(b) 夏季；(c) 秋季；(d) 冬季。白色实线为 3km 等高线

6.5.2 不同纬度和经度带的闪电季节变化特征

从以上分析发现，不同纬度、不同经度上的闪电活跃期存在着差异，为了更直观地对比青藏高原与相同经度或纬度带上的闪电活动特征，以 5° 为间隔将 0°N～36°N 分为 7 个纬度带（第 7 个纬度带为 30°N～36°N），以对比不同纬度带内闪电的季节变化特征，青藏高原大部分地区属于 30°N～36°N 纬度带（图 6.12）。可以看到，随着纬度的增加，闪电活动的季节变化特征逐渐由双峰特征转换为单峰特征。在纬度高于 30°N 的地区，即高原所在纬度带，闪电明显呈单峰特征，峰值出现在 7 月（24%）。总体来看，赤道附近全年都有闪电活动，5 月和 9 月存在两个较弱的峰值；5°N～30°N

的热带、副热带地区闪电活动主要集中在春末夏初期间；而高原所属的中纬度地区的闪电则集中发生在夏季7～8月。

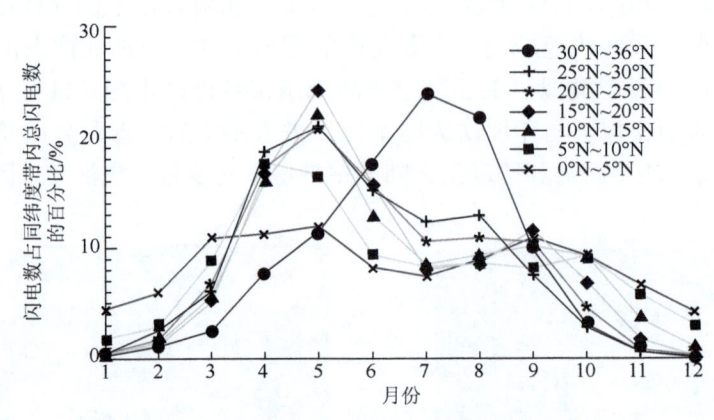

图6.12 基于LIS不同纬度带内闪电的季节变化

同样，以5°为间隔将65°E～130°E分为13个经度带，经度带的纬度范围为25°N～40°N，以对比不同经度带内闪电的季节变化特征，高原经度范围主要为70°E～110°E（图6.13）。可以看到，95°E～100°E（包括青藏高原东部和热带海岛西部）经度带闪电在春季（分别在4月和5月）和夏季（分别在7～8月和8月）呈现不明显的双峰特征，峰值仅为16%～18%和16%。其余经度的闪电活动季节变化特征皆为单峰特征。在70°E～95°E（包括高原西部和中部地区），随着经度的增大，闪电活动峰值出现的季节由夏季（如70°E～75°E的闪电活动峰值在6～8月）转变为春季（如90°E～95°E的闪电活动峰值在4月），且峰值随经度整体呈升高特征，在90°E～95°E峰值达到最大（28%）。在经度大于100°E地区，即主要为高原东部地区，闪电活动明显呈单峰特征，峰值出现在7～8月。总体来看，青藏高原的闪电活动集中发生时间存在差异，西部和东部主要发生在夏季，而中部则主要发生在春季，且该地区闪电活动峰值也较西部和东部大。

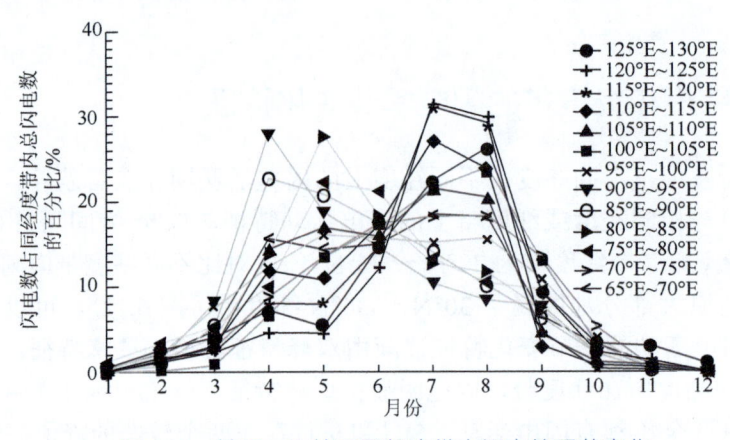

图6.13 基于LIS的不同经度带内闪电的季节变化

6.5.3 闪电特征参量的季节变化特征

从以上分析可以看出，青藏高原及对比区域在北半球冬季时闪电密度较低，而光辐射能较强、持续时间较长以及延展面积较大的闪电主要发生在暖季，因此本节将对比分析不同季节的闪电特征参量。

1. 闪电光辐射能

图 6.14(a) 给出了春季闪电平均光辐射能的空间分布。可以看出，春季闪电平均光辐射能在青藏高原为 $4\times10^5 \sim 6\times10^5$ J/(m²·sr·μm)，在高原东南部的墨脱地区（30°N，95°E）存在一个与海洋闪电强度相当的高值中心，其闪电平均光辐射能大于 1×10^6 J/(m²·sr·μm)，比喜马拉雅山西南部以及巴基斯坦以西大片区域的闪电平均光辐射能 [$1.5\times10^5 \sim 3.5\times10^5$ J/(m²·sr·μm)] 大。高原所在纬度带（20°N～36°N）上的光辐射能呈现自东向西梯级递减，青藏高原地区最小，中国东海地区最大 [$1.2\times10^6 \sim 3\times10^6$ J/(m²·sr·μm)]。

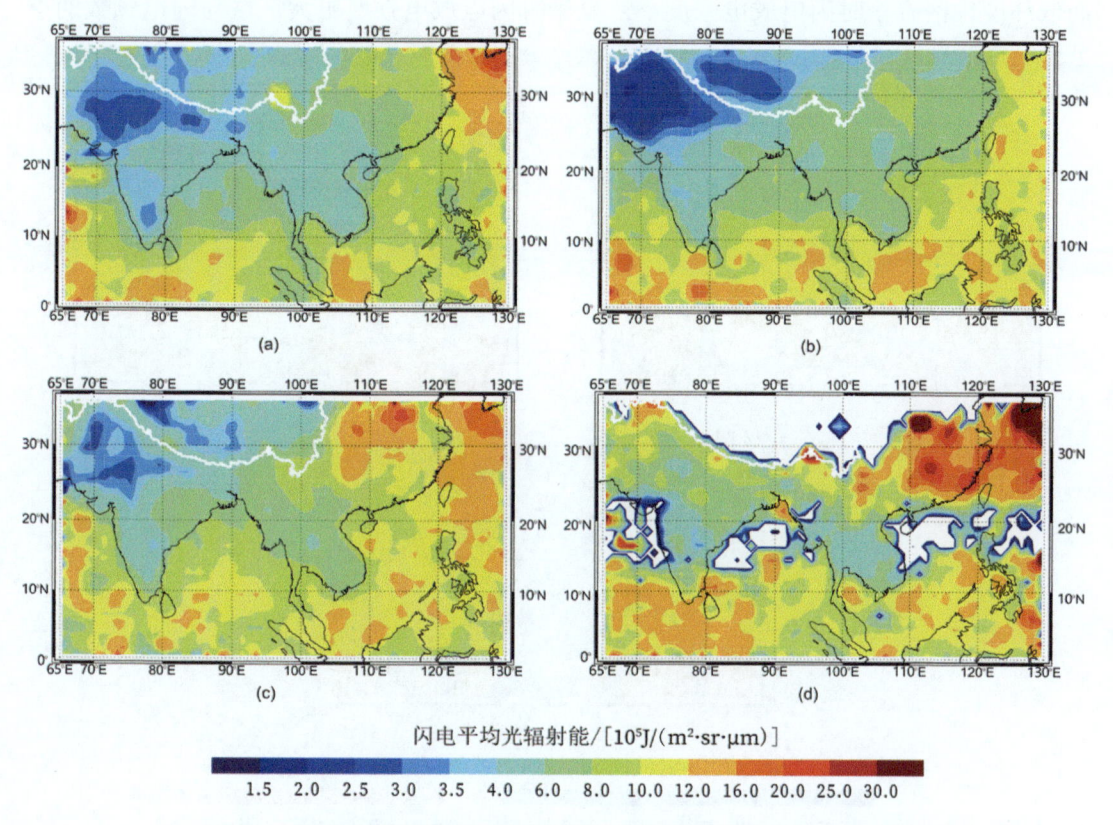

图 6.14 青藏高原及周边地区闪电平均光辐射能空间分布（1°×1°）
(a) 春季；(b) 夏季；(c) 秋季；(d) 冬季。白色实线为 3km 等高线

进入夏季，青藏高原西南部的闪电平均光辐射能减小为 $1.5×10^5 \sim 3.5×10^5$ J/$(m^2·sr·μm)$，与巴基斯坦以西大片区域变化一致，与印度洋赤道附近以及菲律宾东部海洋变化相反[图6.14(b)]。在秋季，青藏高原大部分地区的闪电平均光辐射能增大至与其春季相当[图6.14(c)]。冬季闪电平均光辐射能如图6.14(d)所示，闪电样本少于1次的网格已用白色填充覆盖。可以看到，高原东南部的墨脱地区依旧存在区域高值，但明显低于中国东南地区以及东海和日本海区域[$3×10^6$ J/$(m^2·sr·μm)$ 以上，四季最大值]。总体来说，青藏高原的闪电平均光辐射能在春、秋季最大，在冬季最小，且普遍低于其周边及其同纬度区域。

夏季与春季闪电平均光辐射能差异的空间分布如图6.15(a)所示。包括青藏高原大部分地区在内的30°N～36°N，春、夏季的闪电平均光辐射能差异表现为负位相，大部分为 $-3×10^5$ J/$(m^2·srμm)$，与巴基斯坦南部、四川盆地以及中国东南沿海地区一致，与其他陆地区域相反（中南半岛、印度次大陆南部、菲律宾群岛和马来群岛在内的低纬度陆地为正位相），其负位相变化小于中国东海[超过 $-2×10^6$ J/$(m^2·sr·μm)$]，表明包括青藏高原在内的中纬度地区春季时闪电的放电强度更大，夏季时放电强度变小；而低纬度地区春季时闪电放电强度小，夏季时闪电放电强度更大，这与闪电频数的季节分布恰好相反。

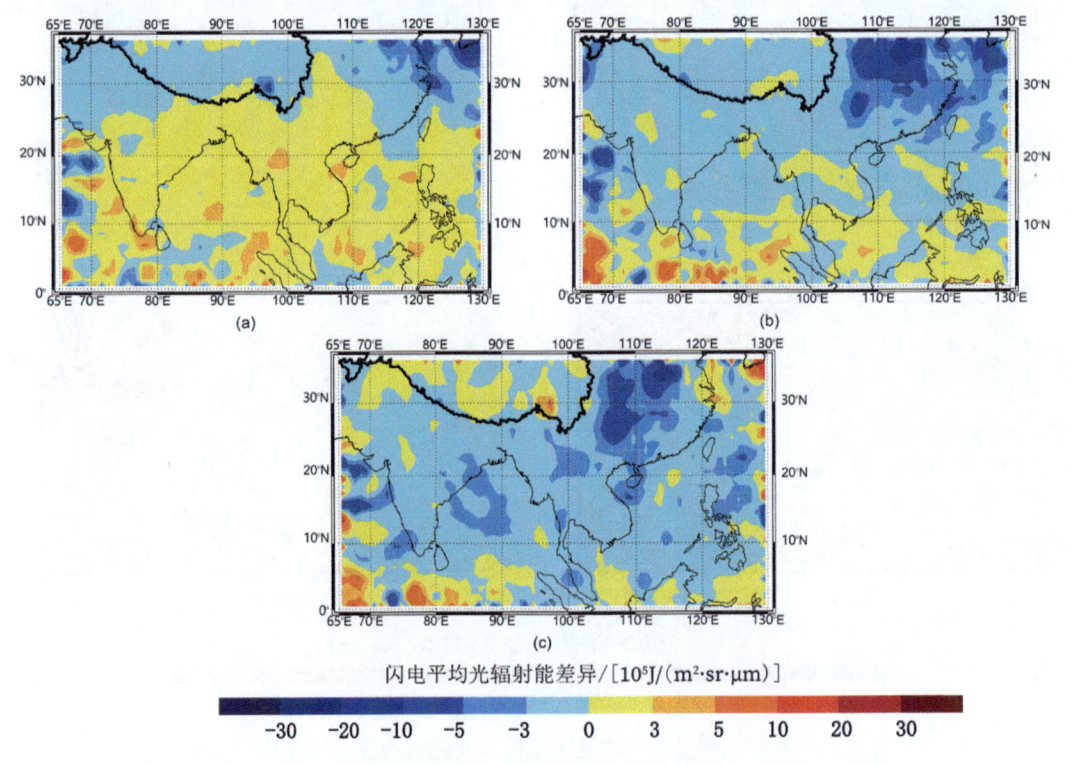

图 6.15　青藏高原及周边地区闪电平均光辐射能差异的空间分布（1°×1°）

(a) 夏季 – 春季；(b) 夏季 – 秋季；(c) 春季 – 秋季。黑色加粗实线为 3km 等高线

图 6.15(b) 和图 6.15(c) 分别给出夏季与秋季、春季与秋季的闪电平均光辐射能差异的空间分布，可以直观地看到，青藏高原部分地区（如南部、东部）的闪电在春季的放电强度最大，与其他陆地地区秋季闪电放电强度最大不同，但与中国东海洋面一致。

2. 闪电持续时间

闪电持续时间可以反映一次闪电发生的时间长短。从图 6.16 可以看出，青藏高原地区的闪电平均持续时间在四季（小于 0.21s）都明显低于东部地区以及近海区域。在夏季［图 6.16(b)］，与中国东部地区和整个东部洋面闪电平均持续时间明显增大不同，青藏高原中西部和喜马拉雅山南麓闪电平均持续时间减小。在秋季时［图 6.16(c)］，青藏高原中西部地区的闪电平均持续时间又增大，其在中部地区的闪电平均持续时间甚至高于春季。

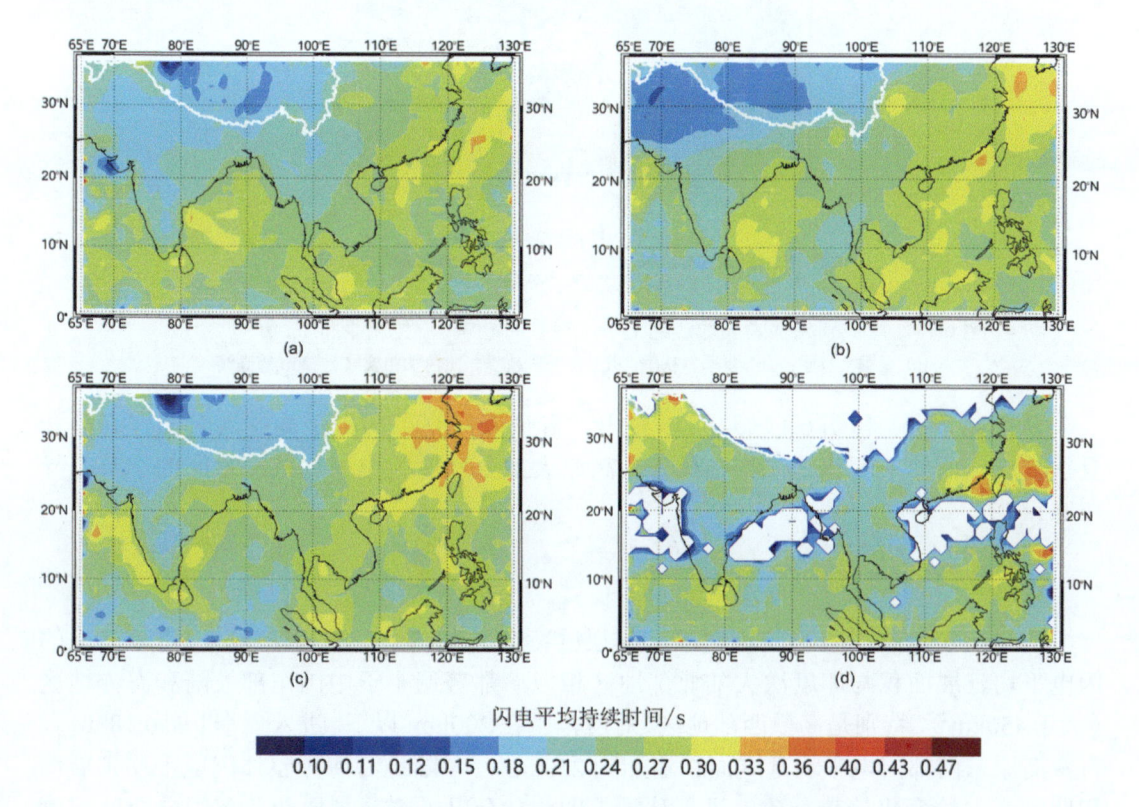

图 6.16　青藏高原及周边地区闪电平均持续时间的空间分布（1°×1°）
(a) 春季；(b) 夏季；(c) 秋季；(d) 冬季。白色实线为 3km 等高线

图 6.17 更直观地给出了青藏高原及周边地区闪电平均持续时间季节差异的空间分布。从图 6.17(a) 可以看出，青藏高原闪电平均持续时间呈负位相，表明夏季时高原的闪电平均持续时间要小于春季，与中国东部的江淮流域以及印度次大陆的西北部地区

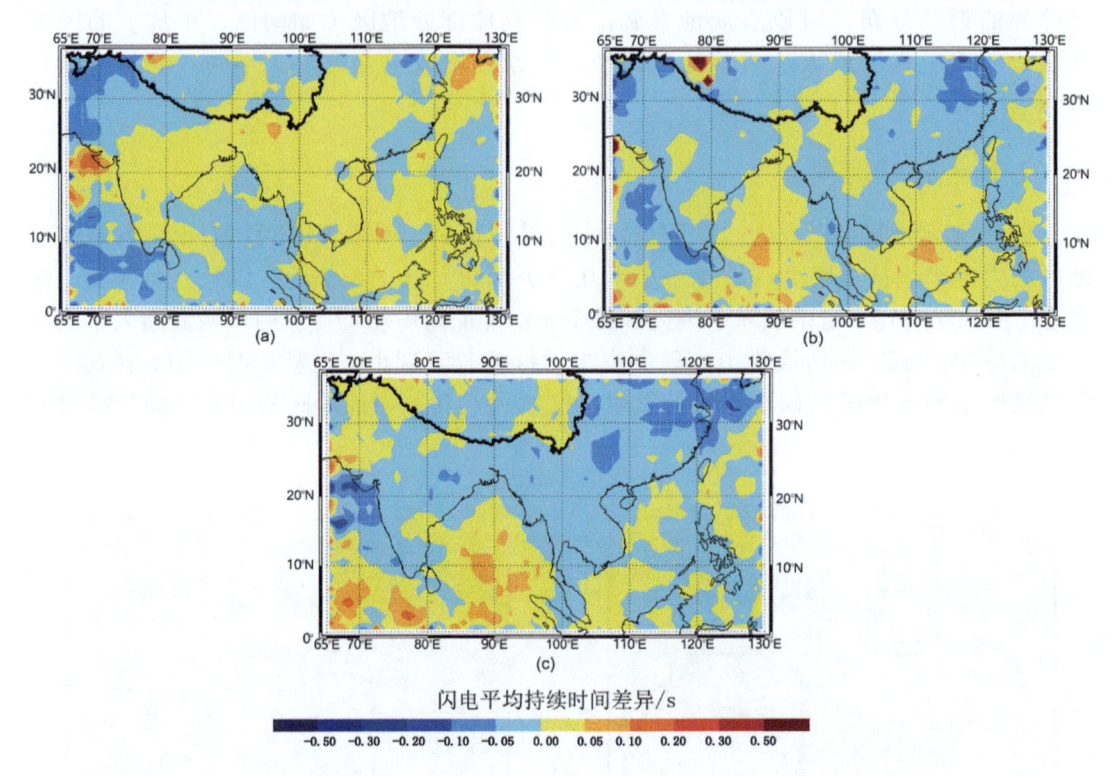

相同，而与中国西南地区、中南半岛以及印度次大陆南部区域相反（呈正位相）。

图6.17 青藏高原及周边地区闪电平均持续时间季节差异的空间分布（1°×1°）
(a) 夏季-春季；(b) 夏季-秋季；(c) 春季-秋季。黑色加粗实线为3km等高线

从图6.17(b)和图6.17(c)可以看出，青藏高原东部闪电平均持续时间在春季和夏季最长，而其中西部则在秋季最长，高原大部分地区闪电平均持续时间的季节差异在0.1s内。

3. 闪电延展面积

闪电延展面积可以反映闪电的空间尺度特征。在春季［图6.18(a)］，青藏高原的闪电平均延展面积与印度次大陆北部地区相似，都普遍小于中国东部大陆和海洋地区（大于450km²），特别是高原西部地区，对应范围在200km²以下。进入夏季［图6.18(b)］，青藏高原东南部闪电平均延展面积增加到250km²，与陆地和海洋整体闪电平均延展面积明显增大的变化趋势一致。进入秋季［图6.18(c)］，青藏高原西北部闪电空间尺度增大到与其东南部相当，即高原大部分地区的闪电平均延展面积达到250km²。冬季高原闪电频数少，仅在东部局地出现较小的闪电平均延展面积［图6.18(d)］。

第 6 章　青藏高原的闪电活动特征

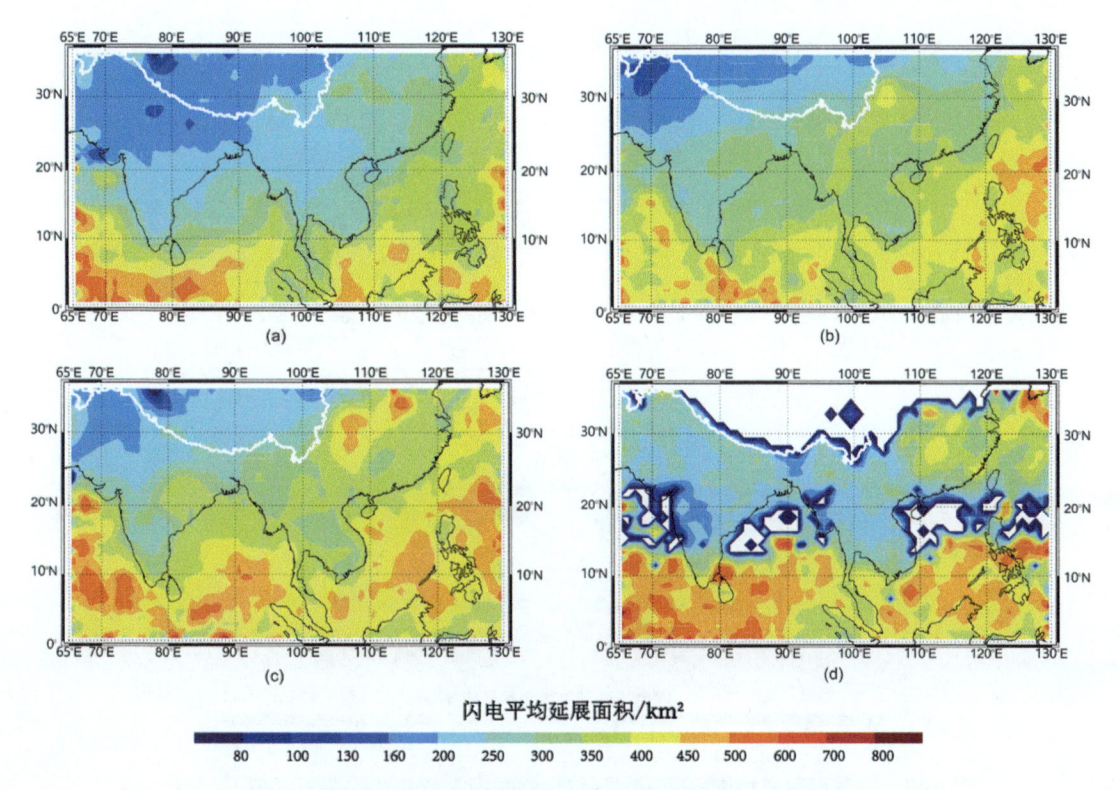

图 6.18　青藏高原及周边地区闪电平均延展面积的空间分布（1°×1°）
(a) 春季；(b) 夏季；(c) 秋季；(d) 冬季。白色实线为 3km 等高线

图 6.19(a) 进一步给出青藏高原及周边地区夏季与春季闪电平均延展面积季节差异的空间分布。与光辐射能和持续时间不同，除了其西北部的部分区域，青藏高原大部分地区都呈现正位相（增加 100km² 以内），与孟加拉湾和中国南海北部地区一样，与中国江淮流域以及南亚大陆西部的部分地区相反。

从图 6.19(b) 和图 6.19(c) 可以看出，除了高原北部和东南部分地区，以及孟加拉湾地区外，秋季闪电的延展面积最大，特别是在中国东部地区，与春季和夏季相比存在 100～300km² 的增幅。

综合上述分析可以发现，闪电在光辐射能、持续时间和延展面积上均存在显著的季节性差异。在闪电光辐射能上，青藏高原南部和东部部分地区在春季最大，与其他陆地地区秋季最大有所不同，与中国东海洋面春季闪电光辐射能最强一致。在闪电平均持续时间上，青藏高原东部闪电平均持续时间在春季和夏季最长，而其中西部则在秋季最长，高原大部分地区闪电平均持续时间的季节差异在 0.1s 内。在闪电延展面积上，青藏高原北部和东南部分地区在秋季闪电的延展面积最大，而高原其他大部分地区则是在夏季最大。

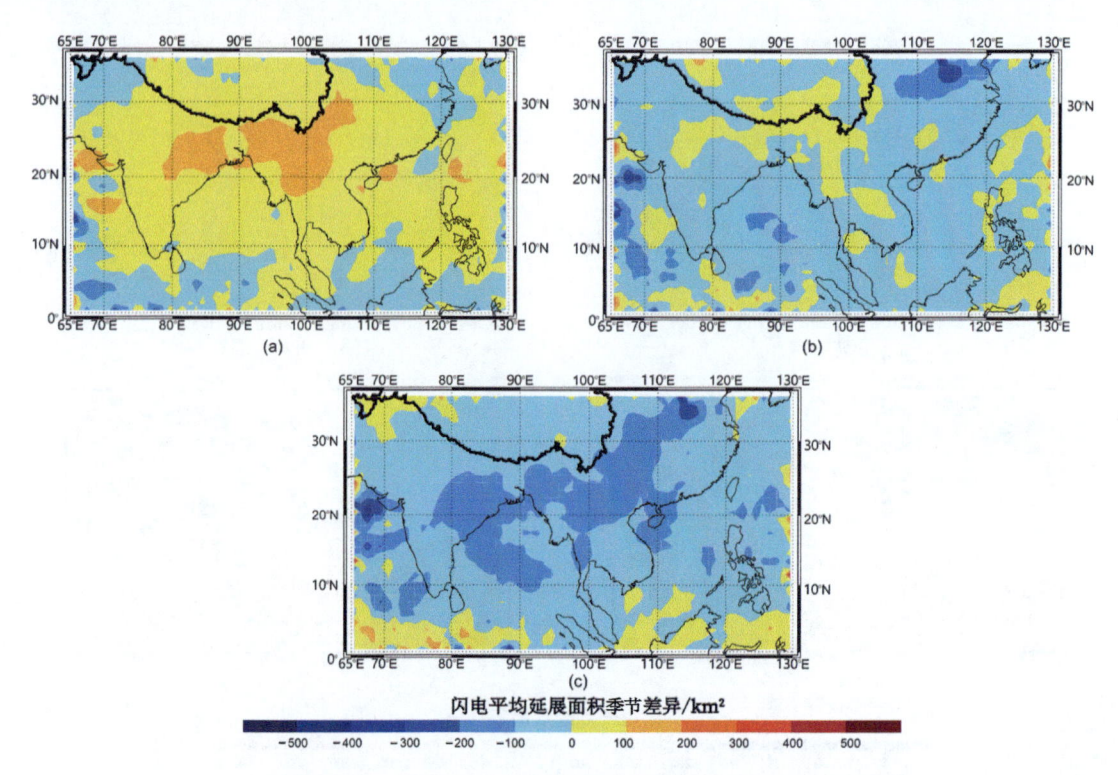

图 6.19　青藏高原及周边地区闪电平均延展面积季节差异的空间分布（1°×1°）
(a) 夏季-春季；(b) 夏季-秋季；(c) 春季-秋季。黑色加粗实线为 3km 等高线

一些针对雷暴个例和超级单体的研究指出，闪电的尺度与雷暴强度之间存在着反向关系（Bruning and MacGorman，2013；Chronis et al.，2015；Zhang et al.，2017）。Chronis 等（2015）在分析圣保罗地区的闪电活动时发现，闪电尺度的日变化与闪电频数的日变化呈反向关系。Zhang 等（2017）发现在超级单体中，在接近强上升气流的区域，闪电活动频繁，但闪电尺度较小，而远离强上升气流的前侧云砧，闪电活动少但闪电尺度大。本研究中闪电特征参量的季节变化与雷暴强度也呈现出反向关系。

4. 闪电特征参量频数分布

图 6.20 给出青藏高原及周边地区的闪电特征参量的频数分布。青藏高原约 80% 闪电的光辐射能集中在小于 5×10^5 J/(m²·sr·μm) 区间，与中国东部地区、印度次大陆地区相似，如图 6.20(a) 所示。在大于 1.5×10^6 J/(m²·sr·μm) 区间，青藏高原占比最小。从闪电持续时间可以看出 [图 6.20(b)]，在小于 0.2s 区间，青藏高原占比最高，但在大于 0.4s 区间，高原占比最小，说明青藏高原闪电持续时间短。而其周边的热带海洋性大陆地区闪电光辐射能和持续时间在最大值区域内占比较其他地区大，表明该区域的雷暴活动受海洋气候调节明显，其闪电活动具有更大的放电强度和更长的持

续时间。闪电的延展面积反映了闪电的空间尺度大小，也在一定程度上反映了该地区雷暴的尺度。青藏高原地区 200km² 以下占比最高，超过 60%。可以注意到，闪电持续时间与闪电事件数量在四个区域表现出相似的频数分布特征，说明更长的闪电持续时间意味着其包含有更多的事件。综合四个参量来看，青藏高原的闪电活动最弱。

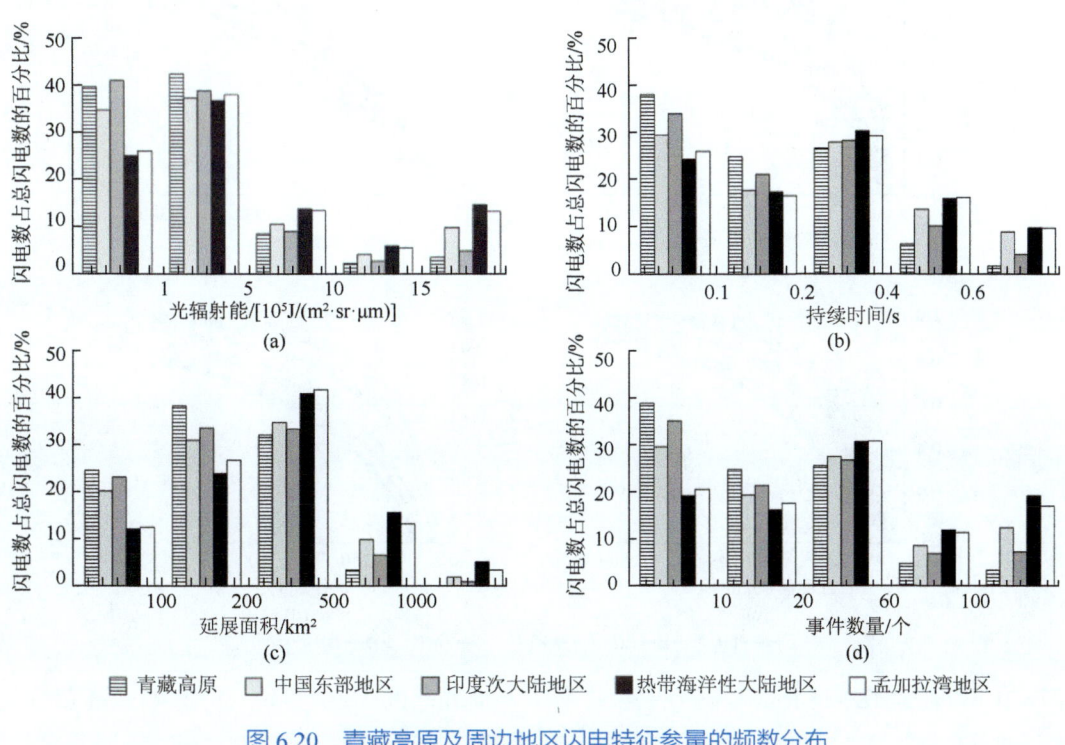

图 6.20　青藏高原及周边地区闪电特征参量的频数分布
(a) 光辐射能；(b) 持续时间；(c) 延展面积；(d) 事件数量

5. 暖季内的闪电特征参量

为了进一步揭示青藏高原闪电特征参量的季节特征与周边地区的差异，图 6.21 给出了青藏高原及周边地区闪电特征参量在不同季节的累积分布（CDF）曲线。考虑到冬季时闪电活动较少，这里只给出春季、夏季和秋季的变化曲线。从图 6.21(a) 可以看到，青藏高原光辐射能的季节差异与中国东部地区比，相对较小。青藏高原的闪电光辐射能表现为秋季最强、春季次之、夏季最弱，与印度次大陆地区相同，但热带海洋性大陆地区和孟加拉湾地区则表现出秋季最强、夏季次之、春季最弱的特点。从图 6.21(b) 可以看到，青藏高原地区的闪电持续时间表现为秋季最大、春季次之、夏季最小。闪电延展面积如图 6.21(c) 所示，可以看到，高原闪电延展面积在秋季为最大，与其他地区一致。值得注意的是，以图 6.21(d) 中闪电包含事件数量为例，在事件数量小于 50 个区间，青藏高原集中在 75%～88%，而热带海洋性大陆地区则集中在 47%～65%，呈现出明显的陆地型和海洋型闪电属性差异。这一规律在闪电光辐射能也有较为清晰的体现。综上，在四个区域中，秋季的闪电相比于春季和夏季具有放电强度更大、持续时间更长和延展面积更大的特点，但青藏高原闪电活动季节差异相对较小。

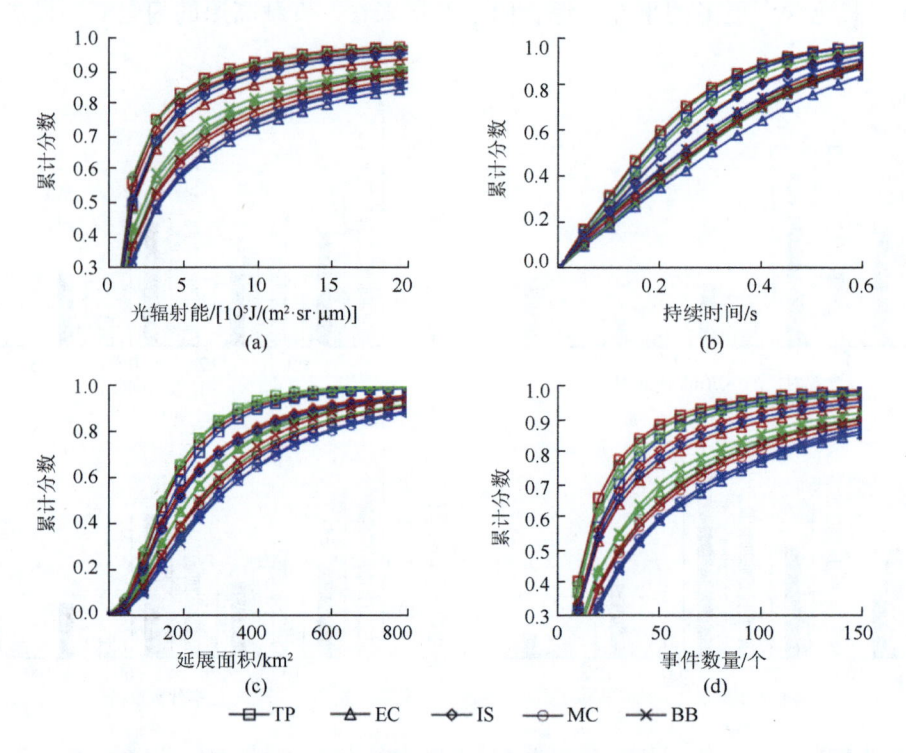

图 6.21 青藏高原及周边地区闪电的光辐射能（a）、持续时间（b）、延展面积（c）和事件数量（d）在不同季节的累积分布曲线

图中绿色、红色和蓝色分别代表春季（3～5月）、夏季（6～8月）和秋季（9～11月）。正方形、三角形、菱形、圆形和钢叉分别代表青藏高原（TP）、中国东部地区（EC）、印度次大陆地区（IS）、热带海洋性大陆地区（MC）以及孟加拉湾地区（BB）

6.6 青藏高原及周边地区闪电与降水的空间分布特征

图 6.22 显示了基于 TRMM 3A25 产品给出的全年平均总降水率、对流降水率和层云降水率。总体来说，青藏高原上各个降水率都小于大陆东部和南部地区，且其区域降水高值位于高原东南部。总降水率在高原地区相对较小。从图 6.22（b）和图 6.22（c）中 TRMM 分析给出的对流降水和层云降水分布来看，就全年平均而言，对流降水和层云降水对总降水的贡献相当。从图 6.22（c）可以看到，青藏高原地区层云降水达到 0.5mm/d，超过对流降水的 0.3mm/d。而一般认为，青藏高原降水应以对流降水主，特别是在夏季。造成这种现象的原因是高原上空冻结层距离地面较低，TRMM 的降水类型算法有可能将地面回波误判为融化层亮带，进而将对流降水识别为层云降水（Fu and Liu，2007）。

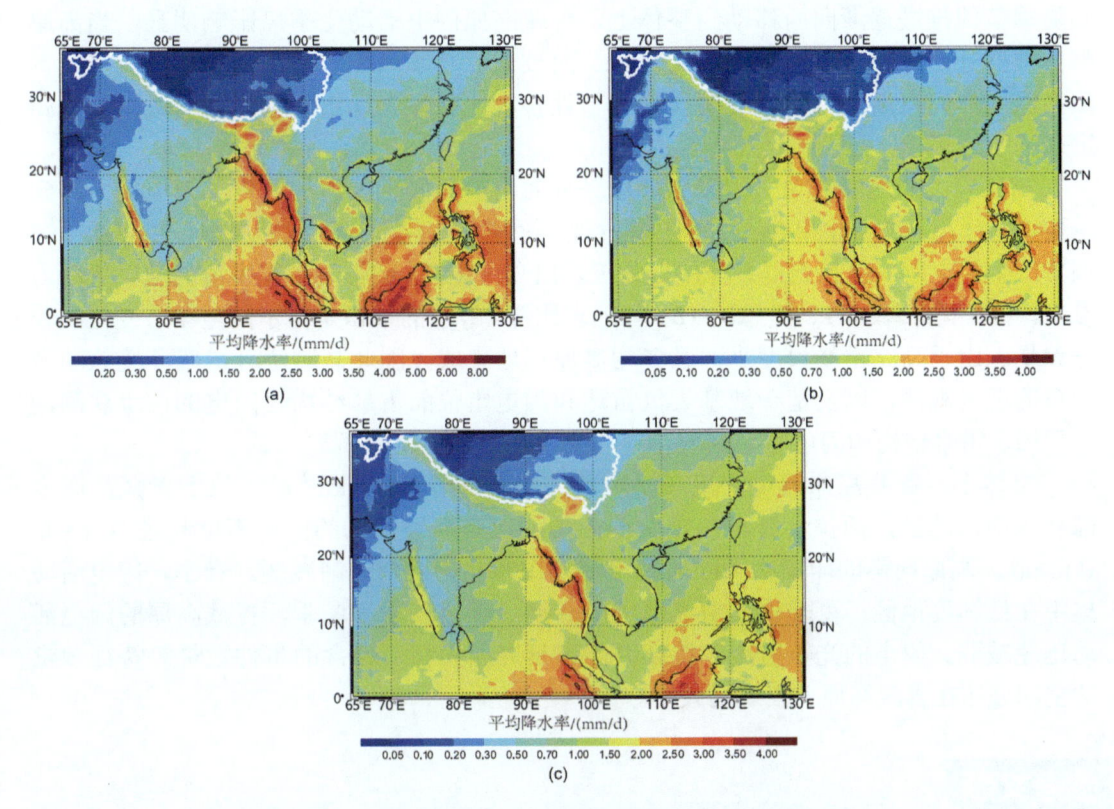

因此，高原上的降水类型及其分布还需要利用更准确的资料进行检验。

图 6.22 基于 TRMM 3A25 产品给出的全年平均降水率
(a) 总降水率；(b) 对流降水率；(c) 层云降水率

对比降水率与闪电密度的空间分布可以注意到，在青藏高原所处的中纬度地区，如东亚地区降水率与闪电密度的空间分布均呈现随地形的梯级减少的趋势。但高原中部和东部的闪电密度分布相似，而其东南部的降水率高于西北部的降水率，特别是对流降水率。喜马拉雅山南麓沿线为降水率和闪电密度的带状高值区。

6.7 小结

本章利用 LIS/OTD 闪电格点资料以及 LIS 观测到的闪电特征参量，研究了青藏高原不同区域的闪电活动变化，并进一步分析了青藏高原闪电密度和闪电特征参量的空间分布特征和季节变化特征，探讨了不同季节闪电特征参量的差异，主要结论如下。

青藏高原上闪电密度的地理分布呈现自东向西逐渐减小的趋势，高原东部地区平均闪电密度最大，西部最小。高原复杂地形显著影响着闪电活动，具体表现为沿喜马拉雅山南侧的雅鲁藏布江河谷有一条明显的闪电密度低值带，在海拔 3000m 以上的高原区域，闪电密度随着海拔的升高逐渐减小。海拔高于 4000m 的高原主体区域存在两个闪电活动中心，位于高原北部的玉树州和高原中部的那曲市，并且两个闪电活动中心随季节的推进逐渐向西移动。整体上，青藏高原闪电活动受季风影响明显，当高原整体被盛行西风控制时，闪电活动较少，而被南亚夏季风控制时，闪电活动较多。青藏高原主体闪电活动中心呈现明显的季节性移动，整体表现出随季风同步进退的"西进东退"特征。

高原强大的地表热动力因素和环境条件对雷暴的发生发展和起电、闪电能力起到重要调节作用。Toumi和Qie（2004）曾发现，在季节变化上，青藏高原地表感热通量在调节产生闪电效率上起到重要作用。最近，Li等（2020）结合雷暴发生前的地表热动力参量，提出降水率（P）、鲍恩比（B）与地表比湿（SH）的乘积是指示闪电季节变化的较好参量。由于高原雷暴尺度小，且多为高原局地生成，因此高时空分辨率环境热动力参量的现场观测，以及基于地基天气雷达和闪电定位的雷暴结构与闪电的同步观测，对于揭示雷暴结构和闪电活动区域差异的成因是必不可少的环节。

整体上，青藏高原闪电密度较小，最大值小于6 flash/($km^2 \cdot a$)，位于青藏高原中部和东南部地区，而位于喜马拉雅山西南端的巴基斯坦地区的闪电密度超过70 flash/($km^2 \cdot a$)。高原向南的印度次大陆的闪电活动由东北向西南逐渐减弱。春季，闪电活动集中在低纬度地区；夏季，青藏高原闪电活动活跃；秋季和冬季，青藏高原的闪电活动迅速减弱。闪电的光辐射能、持续时间、延展面积和所包含的事件数量等特征参量的空间分布在青藏高原上表现均较小。

参考文献

齐鹏程，郑栋，张义军，等. 2016. 青藏高原闪电和降水气候特征及时空对应关系. 应用气象学报，27(4): 488-497.

吴学珂，郄秀书，袁铁. 2013. 亚洲季风区深对流系统的区域分布和日变化特征. 中国科学：地球科学，43(4): 556-569.

Albrecht R, Goodman S, Buechler D, et al. 2016. Where are the lightning hotspots on earth? Bulletin of the American Meteorological Society, 97(11): 2051-2068.

Boccippio D, Goodman S, Heckman S. 2000. Regional differences in tropical lightning distributions. Journal of Applied Meteorology, 39(12): 2231-2248.

Boccippio D, Koshak W, Blakeslee R. 2002. Performance assessment of the optical transient detector and lightning imaging sensor. Part I: Predicted diurnal variability. Journal of Atmospheric and Oceanic Technology, 19(9): 1318-1332.

Bruning E, MacGorman D. 2013. Theory and observations of controls on lightning flash size spectra. Journal of the Atmospheric Sciences, 70(12): 4012-4029.

Cecil D, Buechler D, Blakeslee R. 2014. Gridded lightning climatology from TRMM-LIS and OTD: Dataset description. Atmospheric Research, 135: 404-414.

Christian H, Blakeslee R, Boccippio D, et al. 2003. Global frequency and distribution of lightning as observed from space by the Optical Transient Detector. Journal of Geophysical Research: Atmospheres, 108(D1): 4005.

Christian H, Blakeslee R, Goodman S, et al. 1999. The lightning imaging sensor. Guntersville: 11th International Conference on Atmospheric Electricity: 746-749.

Chronis T, Lang T, Koshak W, et al. 2015. Diurnal characteristics of lightning flashes detected over the São Paulo lightning mapping array. Journal of Geophysical Research: Atmospheres, 120(23): 11799-11808.

Fu Y, Liu G. 2007. Possible misidentification of rain type by TRMM PR over Tibetan Plateau. Journal of Applied Meteorology and Climatology, 46(5): 667-672.

Guo F, Ju X, Bao M, et al. 2017. Relationship between lightning activity and tropospheric nitrogen dioxide and the estimation of lightning-produced nitrogen oxides over China. Advances in Atmospheric Sciences, 34(2): 235-245.

Houze R, Wilton D, Smull B. 2007. Monsoon convection in the Himalayan region as seen by the TRMM precipitation radar. Quarterly Journal of the Royal Meteorological Society, 133(627): 1389-1411.

Li J, Wu X, Yang J, et al. 2020. Lightning activity and its association with surface thermodynamics over the Tibetan Plateau. Atmospheric Research, 245: 105118.

Luo Y, Zhang R, Qian W, et al. 2011. Intercomparison of deep convection over the Tibetan Plateau-Asian monsoon region and subtropical North America in boreal summer using CloudSat/CALIPSO data. Journal of Climate, 24: 2164-2177.

Ma R, Zheng D, Zhang Y, et al. 2021. Spatiotemporal lightning activity detected by WWLLN over the Tibetan Plateau and its comparison with LIS lightning. Journal of Atmospheric and Oceanic Technology, 38: 511-523.

Price C. 2000. Evidence for a link between global lightning activity and upper tropospheric water vapour. Nature, 406(6793): 290-293.

Qie X, Toumi R, Yuan T. 2003a. Lightning activities on the Tibetan Plateau as observed by the lightning imaging sensor. Journal of Geophysical Research: Atmospheres, 108(D17): 4551.

Qie X, Toumi R, Zhou Y. 2003b. Lightning activity on the central Tibetan Plateau and its response to convective available potential energy. Chinese Science Bulletin, 48(3): 296-299.

Qie X, Wu X, Yuan T, et al. 2014. Comprehensive pattern of deep convective systems over the Tibetan Plateau-South Asian monsoon region based on TRMM data. Journal of Climate, 27(17): 6612-6626.

Reeve N, Toumi R. 1999. Lightning activity as an indicator of climate change. Quarterly Journal of the Royal Meteorological Society, 125(555): 893-903.

Schumann U, Huntrieser H. 2007. The global lightning-induced nitrogen oxides source. Atmospheric Chemistry and Physics, 7: 3823-3907.

Thomas R, Krehbiel P, Rison W, et al. 2000. Comparison of ground-based 3-dimensional lightning mapping observations with satellite-based LIS observations in Oklahoma. Geophysical Research Letters, 27(12): 1703-1706.

Toumi R, Qie X. 2004. Seasonal variation of lightning on the Tibetan Plateau: A spring anomaly? Geophysical Research Letters, 31: L04115.

Ushio T, Heckman S, Driscoll K, et al. 2002. Cross-sensor comparison of the lightning imaging sensor (LIS). International Journal of Remote Sensing, 23(13): 2703-2712.

Williams E. 1992. The Schumann resonance: A global tropical thermometer. Science, 256(5060): 1184-1187.

Williams E, Guha A, Boldi R, et al. 2019. Global lightning activity and the hiatus in global warming. Journal of Atmospheric and Solar-Terrestrial Physics, 189: 27-34.

Wu X, Qie X, Yuan T, et al. 2016. Meteorological regimes of the most intense convective systems along the southern Himalayan front. Journal of Climate, 29(12): 4383-4398.

Xu W. 2013. Precipitation and convective characteristics of summer deep convection over East Asia observed by TRMM. Monthly Weather Review, 141(5): 1577-1592.

You H, Zhang Q, Ma J, et al. 2016. Follow phenomenon of breakdown voltage in SF 6 under lightning impulse. IEEE Transactions on Dielectrics and Electrical Insulation, 23(5): 2677-2684.

Zhang Z, Zheng D, Zhang Y. et al. 2017. Spatial-temporal characteristics of lightning flash size in a supercell storm. Atmospheric Research, 197: 201-210.

Zheng D, Zhang Y. 2021. New insights into the correlation between lightning flash rate and size in thunderstorms. Geophysical Research Letters, 48: e2021GL096085.

第 7 章

青藏高原的强闪电活动特征

闪电具有大电流、高电压、强电磁辐射等特点，常常造成严重的人员伤亡和经济损失。随着高原地区建设的加快及经济增长，高原及周边地区人口持续增长，电子设备应用增多，闪电尤其是强闪电引起的灾害越来越严重，造成的影响也越来越大。经济的发展和民众防灾意识的增加对闪电的监测、预警及防护提出了更高的需求。本章主要对易引发雷击灾害的强地闪事件及其影响和变化趋势进行研究。

第 5 章、第 6 章基于 LIS 卫星闪电资料给出了青藏高原雷暴和闪电活动的时空分布特征，由于该卫星闪电资料不能分辨闪电类型是云闪还是地闪，且 LIS 更易捕捉到雷暴云上部的闪电，探测到的闪电以云闪为主；对于发生在云中下层的地闪放电因云层遮挡，并不容易被 LIS 探测到（Boccippio et al., 2002）。地基闪电观测网利用闪电辐射的宽频段电磁辐射信号监测和定位闪电。本章首先基于全球闪电定位网（WWLLN）闪电资料系统研究青藏高原强闪电时空分布特征，其次结合红色精灵和高层大气闪电成像仪（imager of sprites and upper atmospheric lightning，ISUAL）观测资料，研究青藏高原上中高层放电事件的时空分布特征，并分析其与 WWLLN 探测到的闪电分布特征的关系，进一步基于 1998～2013 年热带降雨测量卫星（TRMM）的 LIS/OTD 闪电数据和测雨雷达数据，以及 2010～2019 年 WWLLN 闪电数据，分析青藏高原闪电和强闪电的活动趋势及其影响因素。

7.1 资料和方法

7.1.1 全球闪电定位网数据

WWLLN 由华盛顿大学与多所大学和研究机构联合开发，能够探测全球闪电活动。自 2004 年以来，WWLLN 迅速地在世界各地布设子站点，目前已在全球设有 70 多个传感器。其可以探测 3～30 kHz 频段内的 VLF 闪电电磁辐射信号，并利用 GPS 获得闪电信号到达各观测站的精确时间。当至少有 5 个站探测到同一闪电辐射的 VLF 信号时，采用到达时间差法获得闪电发生的位置、时间等信息（Rodger et al., 2009；Dowden et al., 2002, 2008）。WWLLN 仅可以探测强地闪和强云闪，但不能区分地闪和云闪，随着地闪回击电流的增大，其探测效率也有所增加。WWLLN 数据主要由包含强击穿事件的闪电组成，其中探测的大电流地闪占更大比例（Rodger et al., 2005, 2006；Abarca et al., 2010；Abreu et al., 2010）。通过与国家电网 CGLLS 进行对比，Fan 等（2018）发现 2013～2015 年 WWLLN 在青藏高原中南部的数据中 71.98% 为地闪，总闪探测效率约为 2.58%，地闪探测效率约为 9.37%，在高原平均定位精度约 10km。尽管 WWLLN 闪电探测效率和精度相对较低，但其能够连续不间断地监测全球范围内的闪电活动，对认识闪电活动时空分布特征具有一定优势。

第 7 章　青藏高原的强闪电活动特征

本研究使用 2010～2019 年 WWLLN 闪电定位数据对青藏高原及其周边地区的强闪电活动开展时空分布特征研究，并预先对其原始事件数据进行归闪处理，将时间间隔在 0.5s 以内、空间距离在 30km 范围内的相邻事件处理为一次闪电。引入 1°×1° 网格的 WWLLN 相对探测效率（RDE）(http://wwlln.net/deMaps) 对每个网格的 WWLLN 闪电数进行订正，确保 WWLLN 闪电探测效率在空间分布的均匀性（Hutchins et al.，2012）。图 7.1 给出了 2010～2019 年青藏高原及其周边地区（0°N～45°N，65°E～110°E）WWLLN 闪电数的年际变化以及 RDE 的平均年际变化。随着测站增设及处理算法改进，WWLLN 的探测精度和探测效率都得到了提高。闪电数的年际变化主要与 WWLLN 的探测效率变化有关，在本章分析中主要关注其时空分布形态特征，而忽略其具体数值。

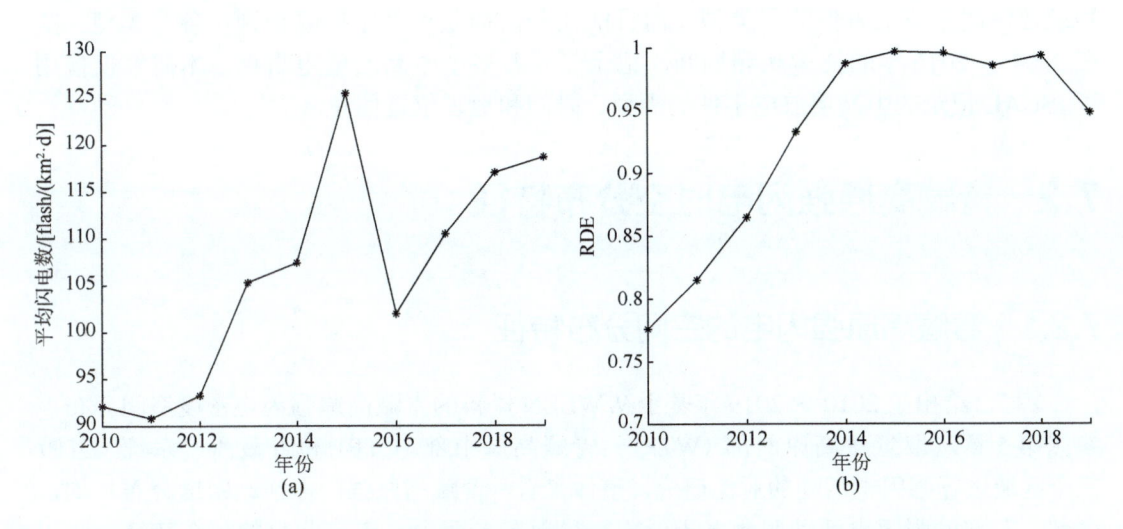

图 7.1　2010～2019 年青藏高原及其周边地区 WWLLN 闪电数的年际变化图（a）及 RDE 的平均年际变化图（b）

7.1.2　红色精灵和高层大气闪电成像仪数据

ISUAL 是搭载在福卫（FORMOSAT2）卫星上的一种用于观测全球瞬态发光事件（TLE）的有效载荷。它使用包括增强型 CCD 成像器、六通道分光光度计（SP）和具有 20°(H)×5°(V) 视场的双模块阵列光度计（AP）在内的传感器进行临边视野观测（Chern et al.，2003；Frey et al.，2016）。根据 TLE 在成像仪中的形态外观以及 SP 和 AP 获得的光变曲线，可分为淘气精灵（elves）、红色精灵（red sprite）、光晕（halo）、蓝色喷流（blue jet）和巨型喷流（gigantic jet）(Kuo et al.，2005，2009，2015；Chang et al.，2010；Chou et al.，2010，2011，2018)。淘气精灵、光晕和红色精灵的全球探测率分别为每分钟 72 个、3.7 个和 1 个事件（Hsu et al.，2009）。

假设中高层放电事件或其母体雷暴云顶处于确定的高度，ISUAL 临边观测的精度根据其成像器框架与中高层放电事件的距离从优于 50km/ 像素到高达 220km/ 像素不等（Chen et al.，2004，2008）。ISUAL 的探测区域覆盖北半球冬季 25°S ～ 45°N，北半球夏季 45°S ～ 25°N。但由于 ISUAL 的观测视野较广，在北半球夏季的 25°N ～ 45°N 观测到中高层放电事件，其累积观测时间相对低海拔地区较短（Chen et al.，2008），但仍有部分区域的累积观测时间大于最小分析时间长度（0.51h）。因此，该观测数据可用于分析青藏高原及周边地区，以及同纬度带的中国东部地区的中高层放电事件的时空分布特征（王子健等，2020）。此外，由于 ISUAL 有效载荷在 25°N 左右离开地球本影之前必须关闭，以保护敏感仪器免受阳光直射，因此东海不在北半球夏季的勘测区域内（Chen et al.，2008）。地球临边后面的淘气精灵不能被 ISUAL 发现，其部分原因是触发器未能启动 ISUAL 记录或受到大气衰减效应的影响（Chen et al.，2014）。ISUAL 能分别统计中高层放电事件的子类型，而且能在一次捕获事件中同时识别出各个类型。其在 2004 ～ 2016 年的持续观测期间，记录了 4 万多个中高层放电事件。本研究仅使用了 ISUAL 记录的中高层放电事件的类型、时间和地理位置信息。

7.2 青藏高原强闪电时空分布特征

7.2.1 青藏高原强闪电的空间分布特征

图 7.2 给出了 2010 ～ 2019 年基于 WWLLN 资料的青藏高原强闪电密度空间分布，参照第 5 章选取青藏高原西部（WTP）、青藏高原中部（CTP）和青藏高原东部（ETP）三个区域进行强闪电活动的对比研究。整体来看，青藏高原强闪电活动密度分布不均，中部、东部的强闪电活动明显多于西部，呈现东多西少、南多北少的分布特征。强闪电活动在高原上主要存在三个活跃区域，分别是青藏高原东南部横断山区区域附近，高原中部的拉萨－那曲地区以及高原西南部的日喀则地区。从闪电密度相对大小来看，青藏高原东南部最大，中部次之，最后是西偏南区域。其中，高原东南部横断山脉区域（约 30°N，100°E）强闪电活动最为强烈，活跃范围也最大，WWLLN 探测到平均强闪电密度超过 0.5 flash/(km²·a)。在高原中部拉萨－那曲地区，地形上主要处于念青唐古拉山脉及其附近，那曲东部（31°N，94°E）地区强闪电活动密度达到 0.33 flash/(km²·a)。高原西部日喀则（30.5°N，88°E）及附近的强闪电活跃中心最弱，范围也最小。在闪电相对活跃的高原中南部，也有闪电密度的相对低值区，其位于海拔较低的林芝及以东地区（约 30°N，95°E），闪电密度约为东部闪电密度高值区域的 1/10。

整体来看，与第 6 章 LIS/OTD 闪电资料分析结果（图 6.1）类似的是，WWLLN 资料同样指示出闪电活动强烈区域位于高原东南部和中南部，闪电活动较弱区域位于高原西部、北部、喜马拉雅山脉北侧以及海拔较低的林芝及以东地区，并且也呈现了青藏高原闪电密度的最大差异出现在喜马拉雅山南北两侧的特征。青藏高原南麓存在随喜马拉雅山地形分布的一条带状闪电密度高值区，特别是在西北端山脉凹槽处（约

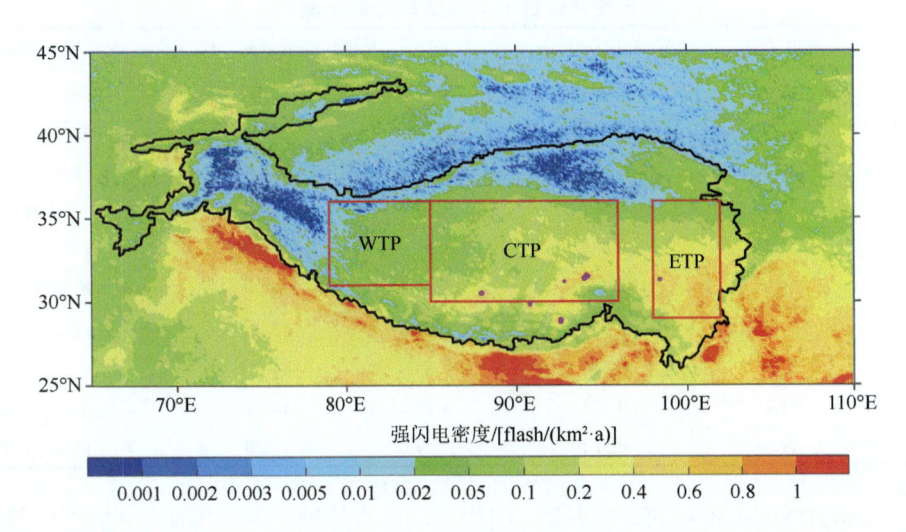

34°N，75°E）和东南部（约 27°N，90°E）存在闪电密度高值中心。

图 7.2　2010～2019 年基于 WWLLN 资料的青藏高原强闪电密度空间分布

高原主体区域（海拔超过 4500m）闪电密度最大的 10 个点在图中用粉色点标示。红色方格标示出三个研究子区域

WWLLN 资料与 LIS/OTD 资料呈现的闪电密度高值中心也存在明显的区域性差异。首先，高原中部闪电活跃区域，WWLLN 资料给出的拉萨-那曲地区强闪电密度高值中心（约 31°N，93°E）较 LIS/OTD 指示的闪电活跃中心（约 31.5°N，91.5°E）更偏东南；WWLLN 资料得到的高原西部日喀则地区（30.5°N，88°E）强闪电密度高值区在 LIS/OTD 的气候态资料中并没有体现出来；LIS/OTD 资料观测到高原北部山区有多个闪电密度高值中心，但 WWLLN 资料显示的强闪电活动却不活跃，尤其是高原东北部约 34°N 以北，98°E 以东的地区，其 LIS/OTD 资料显示的闪电密度远大于高原中部，但 WWLLN 资料却显示其强闪电密度低于高原中部。此外，相较于 LIS/OTD 资料，WWLLN 资料显示的闪电活动在西北端山脉凹槽处强闪电密度高值中心位置略偏东南，且东南部强闪电密度高值区的范围和强度大于西北部。

本次科考利用近 20 年的 LIS/OTD 长时间序列闪电资料，在 0.1° 高分辨率下发现，在高原中部那曲、北部玉树（唐古拉山以北）山区存在闪电密度高值中心，闪电密度最高的 10 个格点中有四个位于北部山区（图 6.1）。而基于 WWLLN 资料，强闪电密度最高的 10 个格点有 9 个位于高原中部偏南地区，1 个位于高原东部。

表 7.1 给出了基于 WWLLN 资料得到的海拔 4500m 以上强闪电最活跃的 10 个格点详细信息。可以看到，各个格点强闪电密度相差不大，最大值出现在中部那曲。与基于 LIS/OTD 资料得到的结果对比表明，尽管高原中部那曲及北部玉树均为高原主体区域的闪电活跃中心，但是玉树的闪电活动以弱闪电为主，中部那曲的强闪电活动明显强于北部玉树，是对流和闪电活动最为频繁的地区。

表 7.1 青藏高原主体区域闪电活动最为频繁的 10 个格点的经纬度、闪电密度、方位、
         日变化峰值时间及所属行政区域

序号	经度（°E）	纬度（°N）	闪电密度/[flash/(km²·a)]	方位	日变化峰值时间（时：分）	所属行政区域
1	94	31.4	0.661	中部	14:00	比如县，那曲市
2	92.6	28.9	0.615	南部	15:00	加查县，山南市
3	88	30.5	0.605	中部	14:00	申扎县，那曲市
4	92.6	28.8	0.597	南部	15:00	朗县，林芝市
5	94.2	31.5	0.588	中部	15:00	索县，那曲市
6	90.8	29.9	0.536	南部	18:00	堆龙德庆区，拉萨市
7	98.4	31.3	0.538	东部	13:00	江达县，昌都市
8	94.1	31.6	0.526	中部	14:00	索县，那曲市
9	92.8	31.2	0.519	中部	14:00	色尼区，那曲市
10	90.8	29.8	0.512	南部	18:00	堆龙德庆区，拉萨市

基于 LIS/OTD 闪电资料的研究发现，闪电活动对高原地形表现出明显的响应（图 6.2）。为进一步研究强闪电活动与高原地形的特征关系，图 7.3 给出了青藏高原平均强闪电密度随海拔的变化特征。从图 7.3 中可以看出，青藏高原约 80% 的强闪电发生在海拔 5100m 以下的地区，强闪电密度集中分布在 0.2 flash/(km²·a) 以下。海拔 4500～5000m 的强闪电分布占比最高，约占整个青藏高原强闪电活动的 60 %。与平均闪电密度变化相似，随着海拔上升，平均强闪电密度近似线性减小，相关系数为 –0.91。强闪电密度衰减率为每升高 100m 减小 0.0039 flash/(km²·a)，约是闪电密度每升高 100m 衰减率的 1/20。

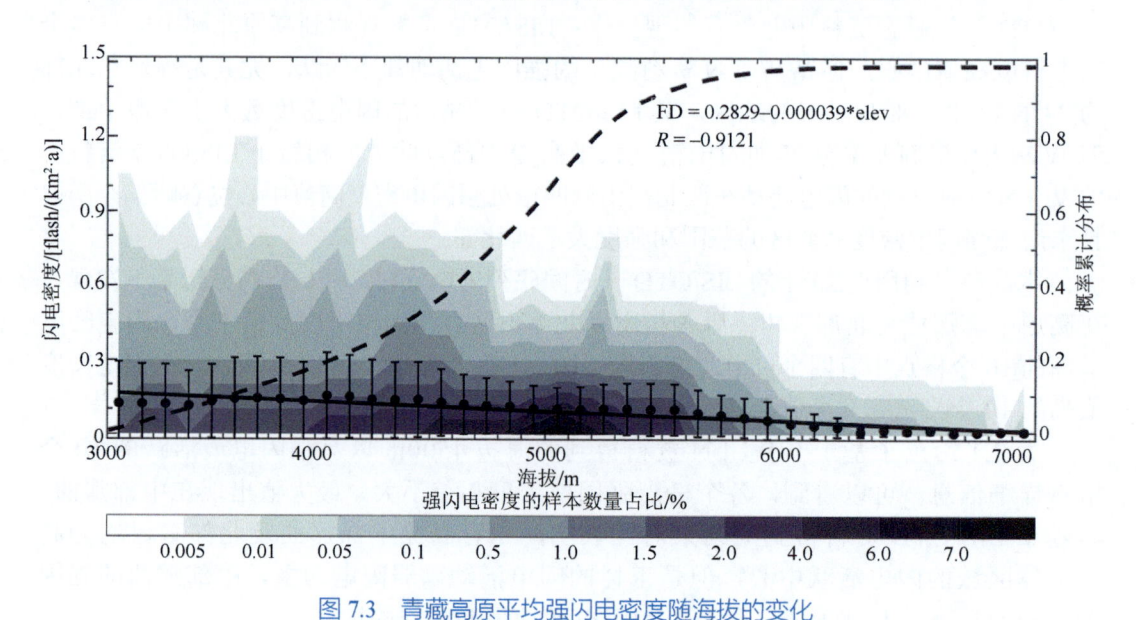

图 7.3 青藏高原平均强闪电密度随海拔的变化

黑色圆点及误差棒（±1σ）表示以海拔 100m 为间隔计算的平均强闪电密度，最优拟合线与相关系数也在图中标出。灰度填充代表在一定海拔下，一定强闪电密度的样本数量在青藏高原强闪电密度总样本数中的占比。图中虚线为累积分布曲线（CDF）

7.2.2 青藏高原强闪电的季节变化特征

从青藏高原 4～9 月强闪电密度的空间分布可以看到,强闪电活动在逐月的密度分布同样呈现东南大而西北小的特征。本节分析中主要关注强闪电在不同区域的时空分布特征,考虑到 WWLLN 区域探测效率不均衡且探测效率具有一定的年际变化,其具体数值仅用于对比分析不同区域、不同季节间的差异特征。

4 月高原整体的强闪电活动还较弱,主要集中在高原东部的横断山脉地区,最大的强闪电密度不足 0.01 flash/(km^2·a),高原中部也有少量的强闪电活动。从 5 月开始,高原东部及高原中部的那曲强闪电活动加强,强闪电密度超过 0.05 flash/(km^2·a),高原西部也出现少量强闪电活动,整体上强闪电活动密度的极大值区位于高原东部边缘,其闪电密度超过 0.1 flash/(km^2·a)。6 月,高原中东部的强闪电活动更加活跃,且中部地区强闪电活动出现北移趋势,而高原西部强闪电活动变化不大。强闪电密度高值区分别位于高原东部的横断山脉和中部那曲,逐步形成东、西两个强闪电活动活跃中心,其中位于东部的高值区范围更广,强闪电密度最大值达 0.4 flash/(km^2·a)。

进入 7 月,随着高原夏季季风的进一步加强,北部山区和中部山谷地区出现频繁的强闪电活动。高原中部的强闪电密度高值区域向西部扩大,延伸至日喀则(30.5°N,88°E)附近,沿狭长的中部山谷呈现带状的强闪电密度高值区域。而高原东部地区的强闪电活动密度区域则向南回缩,强闪电密度最大值也有所回落,为 0.2 flash/(km^2·a)。此时,在青藏高原以东的四川盆地上,大范围强闪电活动开始活跃,强闪电密度达 0.6 flash/(km^2·a)。

8 月,高原东部强闪电密度高值区域再次向北扩展,整个东部都出现活跃的强闪电活动,但密度极值继续回落。高原中部地区出现两个强闪电活动高密度区域,分别是那曲北部地区和那曲以南山谷的带状区域,并且带状高值区继续向西延伸进入高原西部南沿,说明季风持续向西挺进。进入 9 月,随着季风的衰退,高原西部的强闪电迅速减少,高原中部仍然有相对频繁的强闪电活动,强闪电密度高值区向中部偏东方向转移,且强闪电密度达到暖季最大值,超过 0.4 flash/(km^2·a)。此时,东部地区强闪电活动也趋于增强,出现了较大范围的强闪电密度大于 0.3 flash/(km^2·a)的活跃区,高原整体强闪电活动依旧活跃。进入 10 月,强闪电活动减弱十分明显,高原主体大部分地区的强闪电密度已小于 $5×10^{-3}$ flash/(km^2·a)。

整体来看,高原东部地区在 4～9 月一直有强闪电活动,强闪电的高密度中心存在先增强后减弱再增强的变化。其中,6 月和 9 月强闪电活动的活跃区域范围最大,但强闪电的高密度区域均集中在 33°N 以南区域,而基于 LIS/OTD 闪电资料得到的高原东部闪电活动中心随季节由南向北移动(图 6.4)。LIS/OTD 闪电资料显示 7～9 月闪电高频中心位于高原东北地区,但相应的 WWLLN 资料得到的强闪电活跃程度并不显著,说明相较于其他地区,高原东北地区的雷暴在云上部产生更多闪电,但强闪电的比例较低。高原主体强闪电的季节变化则呈现出与季风推进和撤退一致的先自东向西延伸发展,而后又自西向东消退的特点,这与基于 LIS/OTD 闪电资料得到的高原闪电活动逐月分析结果大致相同(齐鹏程等,2016;Li et al.,2020)。

为进一步分析强闪电频数月均变化的区域特征，图 7.4 给出了青藏高原不同区域强闪电频数月变化分布。冬季（12 月至次年 2 月）高原整体强闪电极少发生，3 月开始强闪电活动开始增加。一年的强闪电活动主要集中在 6～9 月，约占强闪电总数的 85%，其中 8 月占比最高，占强闪电总数的 27%，其次是 9 月，占比约 25%，10 月强闪电频数迅速回落。而 LIS/OTD 资料显示，高原闪电活动峰值出现在 7 月，其次是 6 月。

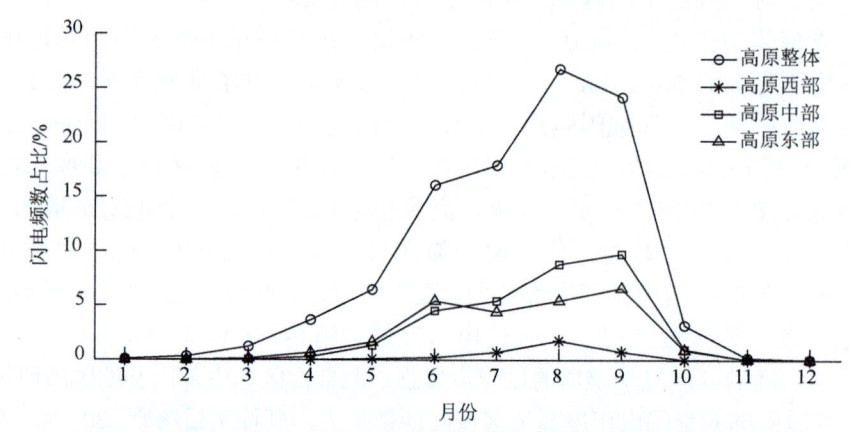

图 7.4 基于 WWLLN 的青藏高原不同区域强闪电频数月变化分布

各区域强闪电频数占比由大到小分别是高原中部、高原东部以及高原西部。三个区域中，高原东部地区存在两个闪电活动峰值，且率先在 6 月达到峰值，约占高原强闪电的 5.4%，7 月稍有回落，在 8 月再次增加，并于 9 月达到最大值，约占高原强闪电的 6.6%。高原中部地区强闪电活动与高原整体区域变化趋势较为一致，5 月开始强闪电活动持续增多，不同的是，中部地区强闪电活动峰值在 9 月最高，较高原整体区域晚。高原西部地区强闪电活动季节变化也呈现单峰分布，强闪电开始活跃时间晚于东部及中部地区，从 7 月开始增强，自 8 月达到峰值后逐渐回落，超过 95% 的强闪电活动发生在 7～9 月，强闪电活跃期短于其他区域。尽管不同区域强闪电活跃的开始时间及持续时间不同，但强闪电频数均在 10 月迅速下降。

值得注意的是，图 5.2 高原不同区域雷暴主要发生在 4～9 月，但雷暴频数月峰值均出现在 7 月，表明夏季前期雷暴频繁，但是对流较弱，强闪电活动较少，而随着季风的进一步加强，雷暴对流增强，强闪电活动占比增多。

7.2.3　青藏高原强闪电的日变化特征

图 7.5 给出了基于 WWLLN 的青藏高原不同区域强闪电频数日变化特征。高原整体及三个子区域强闪电集中出现在下午至傍晚时段。高原整体、高原东部和高原中部地区日变化具有明显的单峰特征，峰值出现在当地时间 15:00；高原西部地区日变化单峰较为平缓，峰值出现在当地时间 17:00。四个区域谷值均出现在当地时间 5:00～6:00，高原东部和中部地区日变化特征与之前基于 LIS/OTD 闪电数据的研究结果相同（Li et al., 2008; Qie et al., 2003; 郄秀书等, 2003），表明太阳辐射以及地

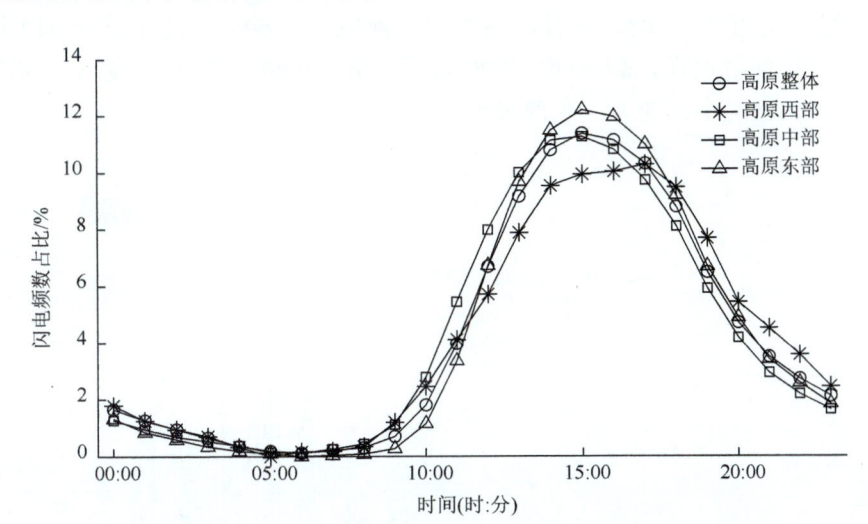

表加热是影响高原雷暴活动的主要因素。

图 7.5 基于 WWLLN 的青藏高原不同区域强闪电频数日变化特征

图 7.6 给出了青藏高原不同区域强闪电活动日变化峰值时间的空间分布。总体来看，高原东部和中部大部分地区的闪电日变化峰值时间主要出现在 15:00（当地时间，下同）左右。高原西部多数地区、中部西南地区、东部偏中地区及高原北部地区的强闪电活动日变化峰值时间相对较晚，主要出现在 20:00 至次日 02:00。

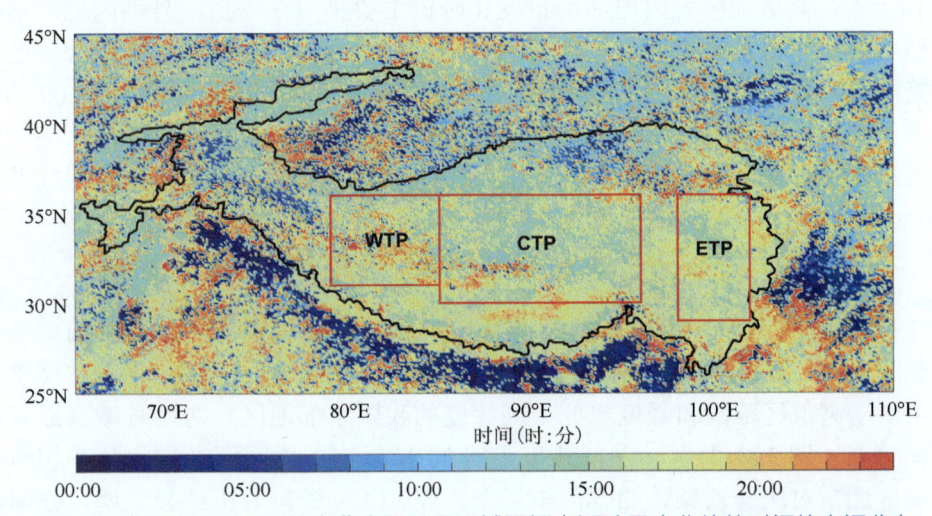

图 7.6 基于 WWLLN 的青藏高原不同区域强闪电活动日变化峰值时间的空间分布

图 7.7 进一步给出了青藏高原不同区域强闪电日变化峰值出现时间的占比分布。高原东部、中部和西部三个区域日变化峰值出现时间的占比分布趋势大致相同，强闪电日变化峰值出现时间集中在午后和夜晚，上午最少。但峰值集中时段不同，高原东部接近 70% 的地区强闪电日变化峰值发生在当地时间 14:00 ～ 17:00，占比最大的日变化峰值时间是当地时间 15:00；高原中部地区占比较大的日变化峰值时间段是当地时间

14:00～16:00，合计约占高原中部地区的50%；高原西部地区日变化峰值分布主要集中在当地时间14:00～18:00，合计约占高原西部地区的60%，且这一时段内占比较为均匀。比较三个区域发现，高原西部在夜间至凌晨（20:00～24:00）发生强闪活动的区域占比最高，其次是中部地区，东部最少。

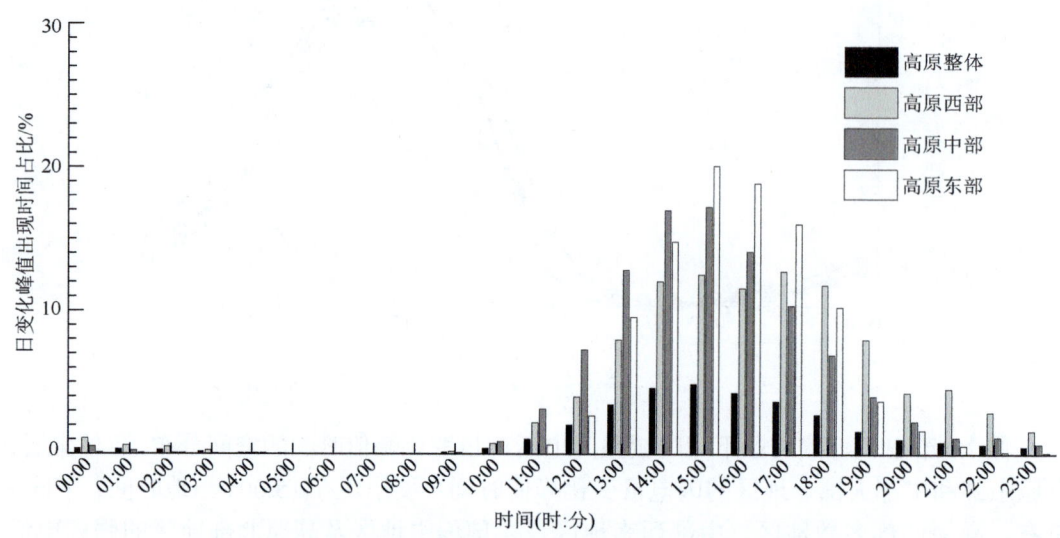

图 7.7　青藏高原不同区域强闪电日变化峰值出现时间的占比分布

整体上看，高原地区强闪电活动日变化峰值主要集中在午后，且强闪电活动峰值自东向西有向夜间增多的趋势。从表7.1也可以看到，高原主体区域10个强闪电活动最为频繁格点中有8个强闪电活动日变化峰值出现在午后，而峰值时间为18:00的2个地区均在拉萨市。这表明高原不同地区局地气候温湿条件、地形作用下的太阳辐射、地表加热及夜间辐射冷却的作用速度不同，使得对流系统的形成和发展存在时间差异。

7.2.4　青藏高原及周边地区强闪电活动特征对比

图7.8给出了2010～2019年基于WWLLN的青藏高原及周边地区强闪电年平均密度的空间分布，数据网格为0.1°×0.1°。可以看出，青藏高原强闪电活动密度整体偏低，闪电活动高值区范围和强度也低于同纬度的我国东部地区。对比青藏高原雷暴数密度空间分布（图5.8）发现，在低纬度（约30°N以南）地区两者空间分布相似，雷暴高密度区通常对应着较频繁的强闪电活动。WWLLN资料分析结果表明，强闪电在中国中纬度（30°N～36°N）地区的分布均呈现东多西少的特征，这与雷暴分布特征相反，即青藏高原地区的雷暴密度明显高于同纬度的江淮流域，但其闪电密度以及强闪电密度明显小于中国东部地区。结合LIS/OTD资料观测到的闪电密度空间分布（图6.6），可以看出与同纬度的中国东部地区相比，青藏高原雷暴活动虽然比较频繁，但雷暴的闪电频数以及强闪电频数均较低，这主要与高原上的雷暴系统对流相对较弱、混合相区域浅薄、冰相粒子含量少有关（Luo et al.，2011；吴学珂等，2013；Qie et al.，2014）。

第 7 章 青藏高原的强闪电活动特征

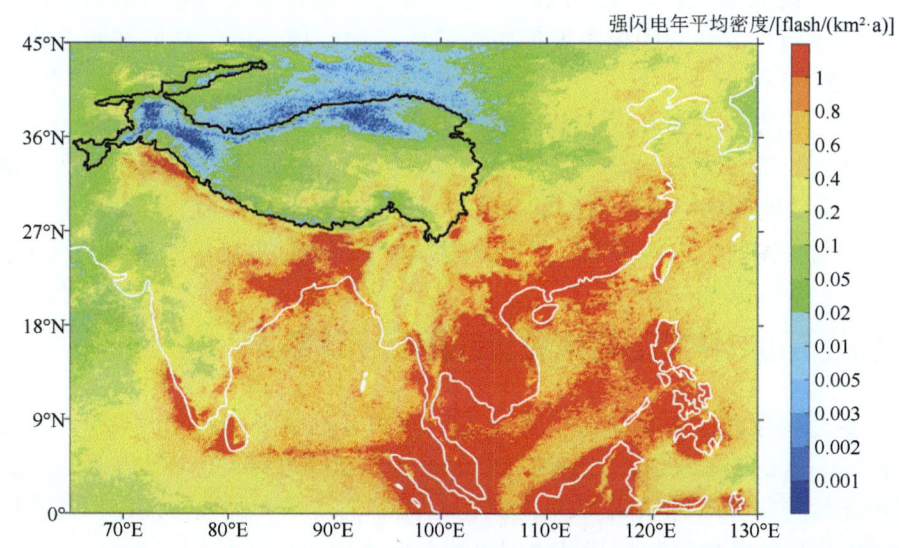

图 7.8 2010～2019 年基于 WWLLN 的青藏高原及周边地区强闪电年平均密度的空间分布
黑线表示 3km 海拔等高线；白线表示海岸线

图 7.9 进一步给出青藏高原及周边地区四个不同季节强闪电密度的空间分布。春季（亚洲季风前），青藏高原的强闪电活动整体较少，仅在高原东南部地区出现一定量的强闪电活动，而在马来群岛等低纬度海洋性大陆区域、喜马拉雅山南麓、中南半岛以及印度半岛南部地区强闪电活动则相对频繁，强闪电密度最大值出现在马来群岛。

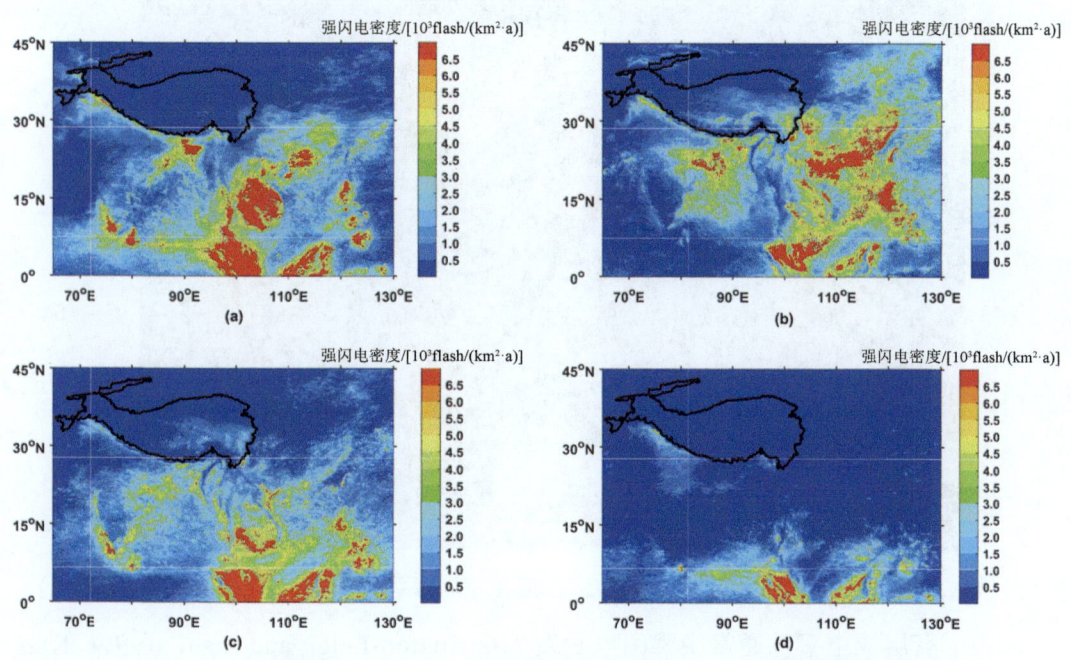

图 7.9 2010～2019 年基于 WWLLN 的青藏高原及周边地区四个不同季节强闪电密度的空间分布
(a) 春季；(b) 夏季；(c) 秋季；(d) 冬季。黑线表示 3km 海拔等高线

155

夏季，随着南亚季风和东亚季风的快速推进，青藏高原强闪电活动的活跃程度明显增强，但总体而言，其强闪电密度依然较其他陆地区域偏低，高值区域主要集中在高原的中部和东部。

进入秋季，由于南亚季风和东亚季风的减退，青藏高原的强闪电活动明显减少，其中，中西部区域减少尤为显著，强闪电活跃区域主要集中在青藏高原东南部地区。与此同时，中国陆地的强闪电活动也迅速减少，强闪电活动空间分布特征与春季类似，但总体上密度明显偏低。进入冬季后，青藏高原及中国中纬度区域强闪电活动最少。

7.3 青藏高原中高层放电的时空分布特征

中高层放电现象是过去30年中，从太空、飞机和地面观测到的大气瞬态发光事件（transient luminous events，TLEs）。中高层放电事件包括红色精灵、淘气精灵、蓝色喷流、巨型喷流和光晕等多种形态（图7.10），其由对流层的雷暴和闪电激发，但是不同类型的中高层放电事件的产生机制与其母体闪电的关系不同（Inan et al.，1991；Fukunishi et al.，1996；Pasko et al.，1997；Williams et al.，2007，2012；Yang et al.，2008，2018；Chou et al.，2018；Tilles et al.，2019；Liu et al.，2021）。高原上频繁发生的雷暴和闪电活动是否会在其上方诱发中高层放电事件？对其时空分布特征及其与闪电和雷暴关系的研究有助于了解雷暴和闪电对上层大气的电扰动和大气环境的影响。

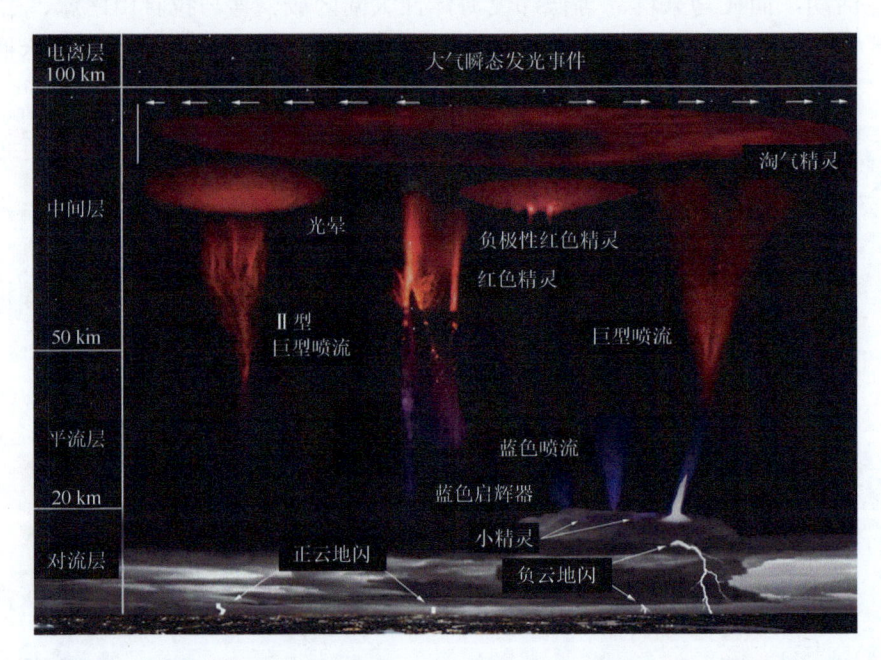

图7.10 中高层大气放电事件示意图（https://spaceweatherarchive.com/2020/03/07/get-ready-for-sprite-season/）

因为中高层放电事件通常由强闪电触发（Barrington-Leigh and Inan，1999；Kuo et al.，2008，2009；Chen et al.，2008，2014），而WWLLN对强闪电有较好的探测效

率（Hutchins et al.，2012，2013），因此本节将运用 ISUAL 在 10 多年观测的中高层放电事件以及对应的 WWLLN 闪电资料，研究中高层放电事件在青藏高原的时空分布特征，以及中高层放电事件与闪电的关系特征。

7.3.1 研究区域的中高层放电事件分布特征

虽然青藏高原地区发生的对流和闪电大多较弱（Qie et al.，2014），但 ISUAL 观测到的中高层放电事件空间分布图（图 7.11）显示，2004～2016 年，仍有 45 个淘气精灵、2 个红色精灵和 1 个光晕分布在海拔高于 3km 的青藏高原上。

从图 7.11 中可以看到，青藏高原上的中高层放电事件大多为淘气精灵，且大部分分布在青藏高原东南部。此外，淘气精灵也出现在高原中部的那曲（91.94°E，32.32°N）和西海（91.93°E，33.79°N）地区，还有一个在祁连山地区（99.1°E，38.23°N）。在日喀则（89.29°E，29.1°N）同时出现了淘气精灵、红色精灵和光晕，说明青藏高原上存在能产生中高层放电的强闪电回击，并且其在东南地区比其他地区出现得更为频繁。在 ISUAL 运行期间，蓝色喷流事件只出现在高原南部地区，在高原上没有观测到该事件。

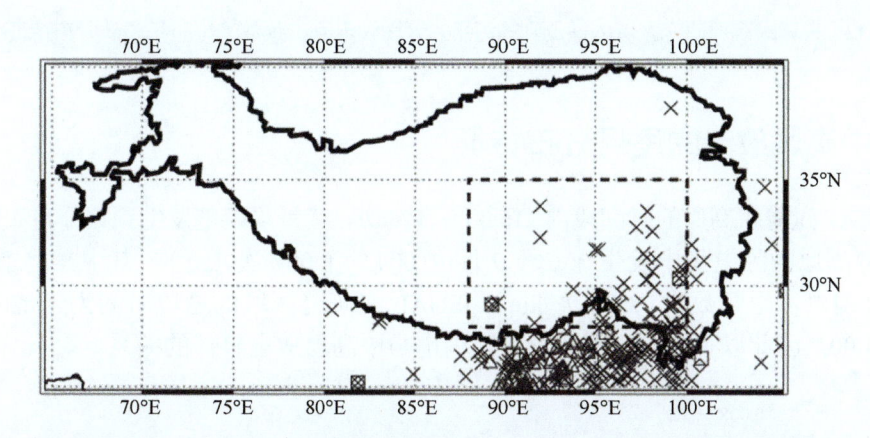

图 7.11　ISUAL 观测到的青藏高原上中高层放电事件的空间分布图
实线为 3km 等高线。虚线框为本节的研究区域。× 为淘气精灵，方框为红色精灵，菱形为光晕，三角形为蓝色喷流

由于青藏高原相对强烈的雷暴和强闪电活动主要发生在其东南部和中部地区（Li et al.，2020），结合中高层放电事件发生的空间分布和 ISUAL 累计观测时间［参照 Chen 等（2008），大于 0.51h］，选取 28°N～35°N、88°E～100°E 的区域作为中高层放电事件研究的高原地区（如图 7.11 虚线框所示）。

7.3.2 闪电的逐小时和季节分布特征

图 7.12 为在青藏高原研究区域内探测到的每平方公里闪电回击频数（次/km²）的小时和季节分布特征。青藏高原地区探测到的闪电回击频数峰值（0.13～0.14 次/km²）集中在 9:00～12:00。大部分闪电发生在夏季，但冬季也有少量闪电发生。在 ISUAL

过境研究区域期间（14:00～16:00），青藏高原闪电回击频数为0.04～0.08次/km²。以下分析将基于ISUAL过青藏高原时的闪电回击频数特征。

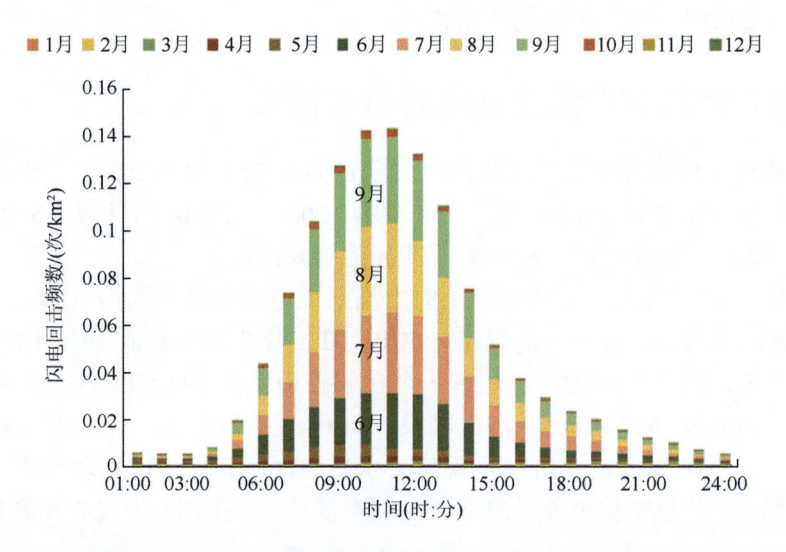

图 7.12　在青藏高原研究区域内探测到的每平方公里闪电回击频数的小时和季节分布特征

7.3.3　中高层放电的逐月分布特征

在ISUAL过青藏高原的时间段内（16:00～17:00），其月均闪电发生频数分布如图7.13所示。青藏高原的闪电集中发生在6～9月（0.004～0.007次/km²），其中在夏季（6～8月）的总闪电发生频数为0.018次/km²。ISUAL在研究区域的过境时间为当地时间的22:00～24:00，因此以下分析主要研究午夜闪电与中高层放电事件的关系。

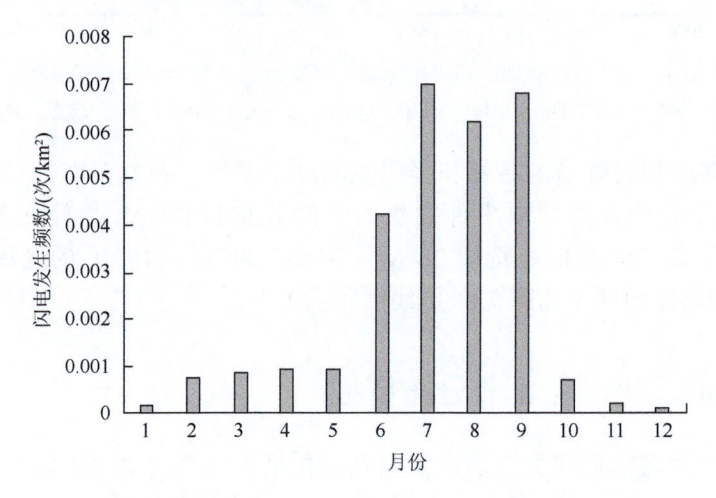

图 7.13　青藏高原每平方公里月均闪电发生频数的分布

第 7 章　青藏高原的强闪电活动特征

为了研究淘气精灵与闪电之间的关系，图 7.14 显示了青藏高原淘气精灵数量以及淘气精灵与闪电回击比例的月均分布特征。青藏高原上的淘气精灵出现在 3 月、6～10 月，且大部分出现在 8 月和 9 月。高原上的淘气精灵与闪电回击比例为 2.6‰～39‰。该比例可能被高估，部分原因为 WWLLN 的探测效率较低，探测到的闪电数量偏少（Rodger et al.，2006；Fan et al.，2018）。

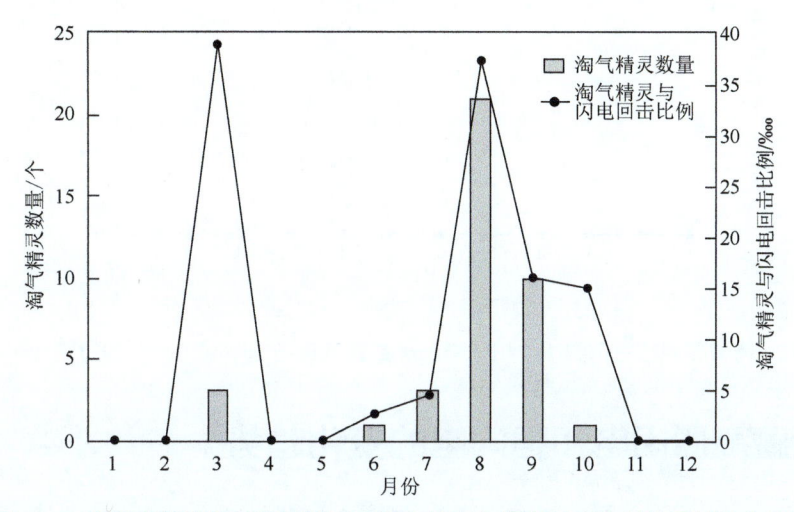

图 7.14　青藏高原淘气精灵数量以及淘气精灵与闪电回击比例的月均分布特征

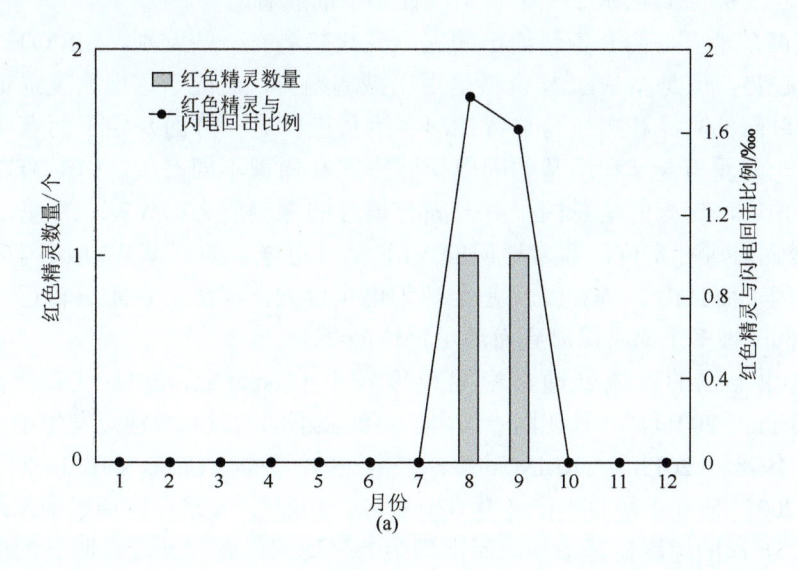

与图 7.14 相似，红色精灵和光晕数量及其与闪电回击比例的月均分布特征如图 7.15 所示。青藏高原上观测到 2 个红色精灵，8 月和 9 月各 1 个［图 7.15（a）］。图 7.15（b）显示青藏高原的光晕事件发生在 8 月。由于产生光晕的脉冲电荷矩变化要比红色精灵更大（Lu et al.，2018），而且光晕较小的形状和昏暗的亮度可能使其无法被观测到，因此总体观察到的光晕数量少于红色精灵。

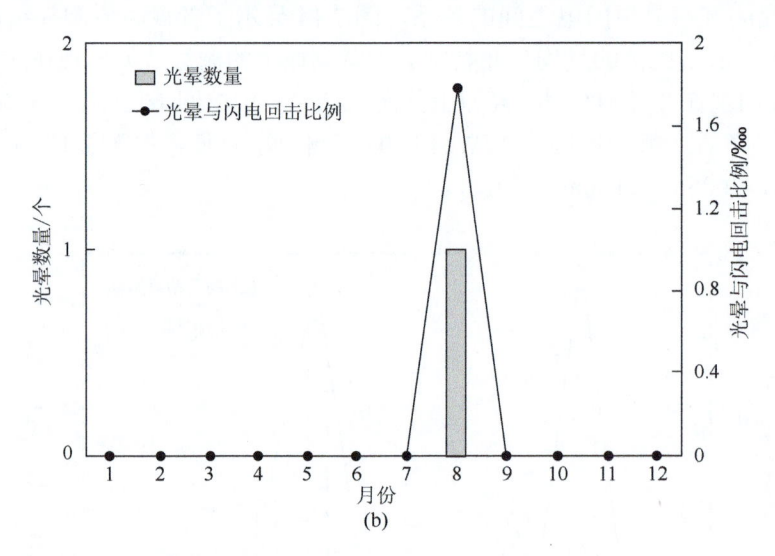

图 7.15　青藏高原红色精灵（a）和光晕（b）数量及其与闪电回击比例的月均分布特征

7.4　青藏高原闪电和强闪电的变化趋势

对闪电变化趋势的研究依赖于长时间观测资料的积累，目前观测时间相对较长、探测效率相对均一的观测资料来自 LIS/OTD 卫星闪电资料（1996～2013 年）和地基 WWLLN 闪电观测资料（2010～2019 年），本节将基于这两个数据集，探讨青藏高原闪电的长期变化趋势。图 7.16 给出了基于 LIS/OTD 和 WWLLN 闪电资料得到的青藏高原闪电活动的变化趋势，两套资料都显示出在 1996～2019 年中，青藏高原闪电活动整体上呈增加趋势，其中在闪电密度较大的高原东部和中部地区，闪电密度增加的趋势也最大，在 95% 置信水平上呈现出统计学上的显著趋势。

在高原西部地区，两套资料给出的闪电变化趋势有一些差别，LIS/OTD 资料呈现微弱的增加趋势，但是 WWLLN 资料呈现出减弱趋势，对应于闪电密度最低的雅鲁藏布江流域，以西部高原和布拉马普特拉河谷为代表。这一方面是由于两套资料的时间段不同，另一方面与天基和地基的闪电探测方式和原理不同有关。LIS/OTD 利用光学系统从天顶拍摄，探测的是总闪，对云闪有很好的探测能力；WWLLN 基于闪电产生的 VLF 电磁辐射进行定位，通常地闪的 VLF 信号更强，因此 WWLLN 闪电资料主要反映的是地闪，而且由于 WWLLN 是全球闪电定位网，探测站点距离较远，仅有较强的闪电才能同时被多个测站探测到而满足定位的要求。

青藏高原上空的对流云通常空间尺度较小（Luo et al., 2011；Qie et al., 2014；Zheng and Zhang, 2021），并且在同一天内，可能在不同的时间或地点发生不止一次雷暴过程。基于 1998～2013 年 TRMM 的降水特征（PF）数据（Liu N and Liu C, 2016；Liu and Zipser, 2005）研究雷暴的变化趋势（Qie et al., 2022），发现在高原东南部地区，雷暴数量以每年 5.4 次的速度显著增加，而雷暴中的平均闪电频数并没有明显的变化，而且表征雷暴强度的 30 dBZ 和 40 dBZ 雷达回波的体积、平均最大高度和发展深度均呈现不显著变化趋势。因此，青藏高原闪电密度的增加主要是由于雷暴数量的增加，而不是雷暴中闪电频数的变化，这一趋势所依赖的大气环境和热动力条件还需要进一步研究。

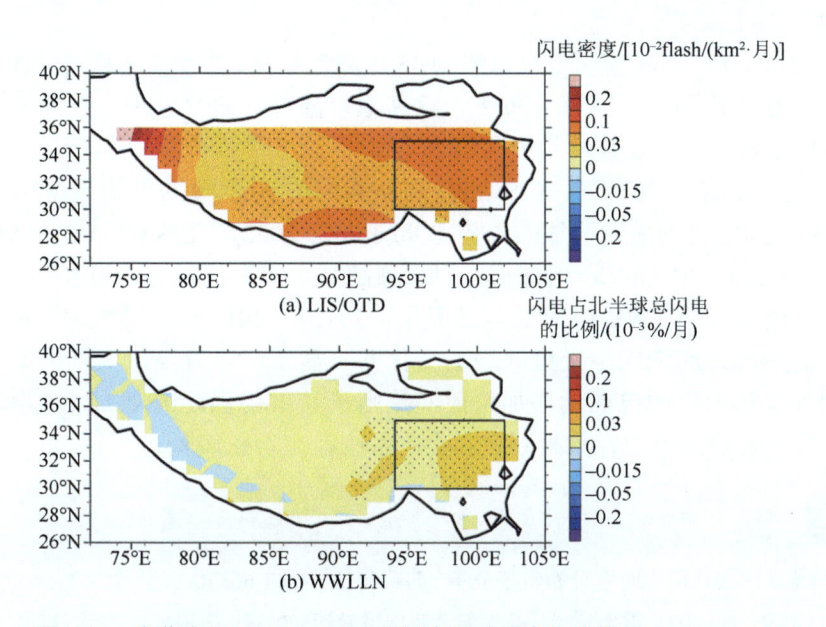

图 7.16　青藏高原 1996～2019 年闪电活动的变化趋势（Qie et al.，2022）

(a) 1996～2013 年的 LIS/OTD 闪电密度；(b) 2010～2019 年 WWLLN 在研究区域观测到的闪电占北半球总闪电的比例。黑色等高线表示青藏高原主体，黑色方框表示青藏高原东部（30°N～35°N，94°E～102°E）。点状区域表示闪电活动趋势在 95% 的置信水平上具有显著性

7.5　小结

本章利用 WWLLN 数据分析了青藏高原东、中、西部三个区域强闪电活动的时空分布特征，并结合 ISUAL 探测资料分析高原地区中高层放电事件的分布特征及其与闪电的关系特征，进一步研究了青藏高原闪电和强闪电的变化趋势及其影响因素，主要结论如下。

基于 WWLLN 数据发现相对于周边区域，整体上青藏高原强闪电密度较小。青藏高原复杂地形显著影响着闪电活动，高原上存在三个强闪电的主要活跃区，主要在高原东南部、中部偏南区域以及西南部。高原北部、西部、东南部低海拔地区以及喜马拉雅山北麓区域闪电活动相对较弱。WWLLN 资料的高原强闪电分布和 LIS/OTD 资料的闪电分布在高原东北部、中部和西南部存在差异；强闪电活动占比最高的两个月份为 8 月和 9 月，与青藏高原东南部地闪活动月变化峰值一致，而 LIS/OTD 闪电占比最高的两个月份则为 7 月和 6 月，WWLLN 和 LIS/OTD 两套系统探测到的主导闪电类型不同，所揭示的闪电活动差异显示高原雷暴电活动的区域和季节差异。

海拔在 3000m 以上的高原区域，闪电密度随着海拔的升高逐渐减小。高于 4500m

的高原主体区域闪电活动中心位于高原中部地区。青藏高原超过 85% 的强闪电发生在 4～9 月，强闪电活动中心与第 5 章、第 6 章的雷暴和闪电活动类似，表现出随季风同步进退的"西进东退"特征。青藏高原东南地区地闪活动呈现南多北少、东多西少的趋势，约 95% 的地闪发生在 4～9 月。

2004～2016 年，青藏高原上空探测到 45 个淘气精灵、2 个红色精灵和 1 个光晕，其大部分发生在 8 月和 9 月，且分布在青藏高原东南部。研究发现，在对流和闪电相对较弱的高原上发生了一定数量的中高层放电事件。

在全球气候变暖的背景下，LIS/OTD 和 WWLLN 两个数据集均展现出青藏高原 1996～2019 年闪电活动显著增加的趋势（Qie et al.，2022）。LIS/OTD 在 1996～2013 年以 0.072 ± 0.069 flash/$(km^2 \cdot a)$ 的速率在以青藏高原东部为代表的高闪电密度区域发现了闪电活动的最大上升。WWLLN 数据还显示，2010～2019 年，最大闪电密度区域的闪电频数显著增加，而低闪电密度区域的变化并不显著。青藏高原大部分地区的雷暴频数显著增加，从而使闪电活动增加，而不是由于其雷暴强度的增加。闪电活动的增加意味着气候变暖对人类和青藏高原脆弱生态系统存在潜在风险。

参考文献

仓啦 . 2018. 西藏地区云地闪电时空分布特征分析 . 西藏科技，7: 62-66, 70.

马瑞阳, 郑栋, 姚雯, 等 . 2021. 雷暴云特征数据集及我国雷暴活动特征 . 应用气象学报，32(3): 358-369.

齐鹏程, 郑栋, 张义军, 等 . 2016. 青藏高原闪电和降水气候特征及时空对应关系 . 应用气象学报，27(4): 488-497.

郄秀书, Toumi R. 2003. 卫星观测到的青藏高原雷电活动特征 . 高原气象，22(3): 288-294.

郄秀书, 周筠珺, 袁铁 . 2003. 卫星观测到的全球闪电活动及其地域差异 . 地球物理学报，46(6): 743-750.

王子健, 陆高鹏, 王庸平, 等 . 2020. ISUAL 探测器在青藏高原南麓地区对于红色精灵现象的观测分析 . 大气科学，44(1): 93-104.

吴学珂, 郄秀书, 袁铁 . 2013. 亚洲季风区深对流系统的区域分布和日变化特征, 中国科学：地球科学，43: 556-569.

袁铁, 郄秀书 . 2005. 青藏高原中部闪电活动与相关气象要素季节变化的相关分析 . 气象学报，63(1): 123-127.

Abarca S, Corbosiero K, Galarneau T. 2010. An evaluation of the World Wide Lightning Location Network (WWLLN) using the National Lightning Detection Network (NLDN) as ground truth. Journal of Geophysical Research, 115(18): 206.

Abreu D, Chandan D, Holzworth R, et al. 2010. A performance assessment of the World Wide Lightning Location Network (WWLLN) via comparison with the Canadian Lightning Detection Network (CLDN). Atmospheric Measurement Techniques, 3(4): 1861-1887.

Barrington-Leigh C, Inan U. 1999. Elves triggered by positive and negative lightning discharges. Geophysical Research Letters, 26(6): 683-686.

Boccippio D J, Koshak W J, Blakeslee R J. 2002. Performance assessment of the optical transient detector and lightning imaging sensor, I, predicted diurnal variability. Journal of Atmospheric and Oceanic Technology, 19: 1318-1332.

Chang S C, Kuo C L, Lee L J, et al. 2010. ISUAL far-ultraviolet events, elves, and lightning current. Journal of Geophysical Research: Space Physics, 115(A7).

Chen A, Kuo C, Lee Y J, et al. 2004. ISUAL calibration and optional ground coverage for detecting transient luminous events. Eos, Transactions, American Geophysical Union.

Chen A, Kuo C, Lee Y, et al. 2008. Global distributions and occurrence rates of transient luminous events. Journal of Geophysical Research: Space Physics, 113: A08306.

Chen A, Su H, Hsu R. 2014. Energetics and geographic distribution of elve-producing discharges. Journal of Geophysical Research: Space Physics, 119(2): 1381-1391.

Chern J L, Hsu R R, Su H T, et al. 2003. Global survey of upper atmospheric transient luminous events on the ROCSAT-2 satellite. Journal of Atmospheric and Solar-Terrestrial Physics, 65(5): 647-659.

Chou J, Hsu R, Su H, et al. 2018. ISUAL-observed blue luminous events: the associated sferics. Journal of Geophysical Research: Space Physics, 123(4): 3063-3077.

Chou J K, Kuo C L, Tsai L Y, et al. 2010. Gigantic jets with negative and positive polarity streamers. Journal of Geophysical Research: Space Physics, 115(A7).

Chou J K, Tsai L Y, Kuo C L, et al. 2011. Optical emissions and behaviors of the blue starters, blue jets, and gigantic jets observed in the Taiwan transient luminous event ground campaign. Journal of Geophysical Research: Space Physics, 116(A7).

Dowden R, Brunde J, Rodger C. 2002. VLF lightning location by time of group arrival (TOGA) at multiple sites. Journal of Atmospheric and Solar-Terrestrial Physics, 64(7): 817-830.

Dowden R, Holzworth R, Rodger C, et al. 2008. World-wide lightning location using VLF propagation in the earth-ionosphere waveguide. IEEE Antennas and Propagation Magazine, 50(5): 40-60.

Fan P, Zheng D, Zhang Y, et al. 2018. A performance evaluation of the world wide lightning location network (WWLLN) over the Tibetan Plateau. Journal of Atmospheric and Oceanic Technology, 35(4): 927-939.

Frey H U, Mende S B, Harris S E, et al. 2016. The imager for sprites and upper atmospheric lightning (ISUAL). Journal of Geophysical Research: Space Physics, 121(8): 8134-8145.

Fukunishi H, Takahashi Y, Kubota M, et al. 1996. Elves: Lightning-induced transient luminous events in the lower ionosphere. Geophysical Research Letters, 23(16): 2157-2160.

Hsu R R, Chen A B, Kuo C L, et al. 2009. On the global occurrence and impacts of transient luminous events (TLEs). American Institute of Physics, 1118(1): 99-107.

Hutchins M, Holzworth R, Brundell J, et al. 2012. Relative detection efficiency of the World Wide Lightning Location Network. Radio Science, 47(6): 1389-1411.

Hutchins M, Holzworth R, Virts K, et al. 2013. Radiated VLF energy differences of land and oceanic lightning. Geophysical Research Letters, 40(10): 2390-2394.

Kuo C L, Chen A, Chou J, et al. 2008. Radiative emission and energy deposition in transient luminous events. Journal of Physics D: Applied Physics, 41(23): 234014.

Kuo C L, Chou J, Tsai L, et al. 2009. Discharge processes, electric field, and electron energy in ISUAL-recorded gigantic jets. Journal of Geophysical Research: Space Physics, 114: A04314.

Kuo C L, Hsu R R, Chen A B, et al. 2005. Electric fields and electron energies inferred from the ISUAL recorded sprites. Geophysical Research Letters, 32(19).

Kuo C L, Su H T, Hsu R R. 2015. The blue luminous events observed by ISUAL payload on board FORMOSAT-2 satellite. Journal of Geophysical Research: Space Physics, 120(11): 9795-9804.

Inan U, Bell T, Rodriguez J. 1991. Heating and ionization of the lower ionosphere by lightning. Geophysical Research Letters, 18(4): 705-708.

Li J, Wu X, Yang J, et al. 2020. Lightning activity and its association with surface thermodynamics over the Tibetan Plateau. Atmospheric Research, 245: 105118.

Li Y, Wang Y, Song Y, et al. 2008. Characteristics of summer convective systems initiated over the Tibetan Plateau. Part I: Origin, track, development, and precipitation. Journal of Applied Meteorology and Climatology, 47(10): 2679-2695.

Liu C, Zipser E J. 2005. Global distribution of convection penetrating the tropical tropopause. Journal of Geophysical Research: Atmospheres, 110: D23104.

Liu F, Lu G, Neubert T, et al. 2021. Optical emissions associated with narrow bipolar events from thunderstorm clouds penetrating into the stratosphere. Nature Communications, 12(1): 1-8.

Liu N, Liu C. 2016. Global distribution of deep convection reaching tropopause in 1 year GPM observations. Journal of Geophysical Research: Atmospheres, 121(8): 3824-3842.

Lu G, Yu B, Cummer S, et al. 2018. On the causative strokes of halos observed by ISUAL in the vicinity of North America. Geophysical Research Letters, 45(19): 10781-10789.

Luo Y, Zhang R, Qian W. 2011. Intercomparison of deep convection over the Tibetan Plateau-Asian monsoon region and subtropical North America in boreal summer using CloudSat/CALIPSO data. Journal of Climate, 24(8): 2164-2177.

Pasko V, Inan U, Bell T, et al. 1997. Sprites produced by quasi-electrostatic heating and ionization in the lower ionosphere. Journal of Geophysical Research: Space Physics, 102(A3): 4529-4561.

Qie X, Qie K, Wei L, et al. 2022. Significantly increased lightning activity over the Tibetan Plateau and its relation to thunderstorm genesis. Geophysical Research Letters, 49: e2022GL099894.

Qie X, Toumi R, Zhou Y. 2003. Lightning activity on the central Tibetan Plateau and its response to convective available potential energy. Chinese Science Bulletin, 48(3): 296-299.

Qie X, Wu X, Yuan T, et al. 2014. Comprehensive pattern of deep convective systems over the Tibetan Plateau-South Asian monsoon region based on TRMM data. Journal of Climate, 27(17): 6612-6626.

Rodger C, Brundell J, Dowden R. 2005. Location accuracy of VLF World-Wide Lightning Location (WWLL) network: Post-algorithm upgrade. Annales Geophysicae, 23(2): 277-290.

Rodger C, Brundell J, Holzworth R, et al. 2009. Growing detection efficiency of the World Wide Lightning Location Network. AIP Conference Proceedings, 1118: 15-20.

Rodger C, Werner S, Brundell J, et al. 2006. Detection efficiency of the VLF World-Wide Lightning Location

Network (WWLLN), initial case study. Annales Geophysicae, 24(12): 3197-3214.

Saunders C, Peck S. 1998. Laboratory studies of the influence of the rime accretion rate on charge transfer during crystal/graupel collisions. Journal of Geophysical Research, 103(D12): 13949-13956.

Takahashi T. 1978. Riming electrification as a charge generation mechanism in thunderstorms. Journal of Atmospheric Sciences, 35(8): 1536-1548.

Tilles J, Liu N, Stanley M, et al. 2019. Fast negative breakdown in thunderstorms. Nature Communications, 10(1): 1-12.

Williams E, Downes E, Boldi R, et al. 2007. Polarity asymmetry of sprite-producing lightning: A paradox? Radio Science, 42(2): 1-15.

Williams E, Kuo C, Bór J, et al. 2012. Resolution of the sprite polarity paradox: The role of halos. Radio Science, 47(2): 1-12.

Yang J, Qie X, Zhang G, et al. 2008. Red sprites over thunderstorms in the coast of Shandong Province, China. Chinese Science Bulletin, 53(7): 1079-1086.

Yang J, Liu N, Sato M, et al. 2018. Characteristics of thunderstorm structure and lightning activity causing negative and positive sprites. Journal of Geophysical Research: Atmospheres, 123(15): 8190-8207.

Zheng D, Zhang Y. 2021. New insights into the correlation between lightning flash rate and size in thunderstorms. Geophysical Research Letters, 48(24): e2021GL096085.

第 8 章

青藏高原东部地形过渡区域的闪电活动特征

雷暴及闪电活动的发生与发展是不同尺度天气过程相互耦合及作用的结果，其与下垫面地形特征有着较为密切的联系，具有鲜明的区域性差异。雷暴不仅会因受到地形的强迫而增强，而且其中的地闪先导与连接过程也会因与地形间存在相互作用而呈现不同的物理过程。青藏高原地处我国地势的第一阶梯，其东部边缘及紧邻的地势第二阶梯区域的闪电活动与高原的主体区域特征迥异。为进一步明确这些区域闪电活动的时空分布特征、闪电活动与环境气象因子的相关关系、环流背景和对流参数对闪电活动的影响、闪电活动的双极性窄脉冲放电特征以及闪电反演物理参量的最优模型等科学问题，本章将基于多种地基闪电观测数据，结合多普勒天气雷达、风云卫星、探空及欧洲中期天气预报中心大气再分析数据集（ERA5）等资料，聚焦青藏高原东、北部地形过渡区域，主要在藏东地区、川西高原、云贵高原，及祁连山地区分别开展研究，旨在为青藏高原东部地形过渡区域的雷电和强对流灾害天气预警提供科学依据，助力青藏高原复杂地形区域的防灾减灾。

8.1 资料和方法

8.1.1 雷电资料与处理

本章使用的闪电资料主要包括中国气象局的地闪定位系统（ADTD）资料、全球闪电定位网（WWLLN）资料和位于青海大通县的闪电辐射源三维定位资料。WWLLN资料在第7章已经有较多的介绍，下面对ADTD资料和闪电辐射源三维定位资料进行简单介绍。

1. ADTD 资料

本书使用的地闪定位数据来自中国气象局的ADTD资料，从每个站点获得的数据包括地闪发生的时间、极性、经纬度和地闪回击电流的强度。其中，西藏地区由24个测站组成，单站探测范围约为150km，探测效率标称值为94%，定位精度为500m，青藏高原观测点的位置和海拔如图8.1所示。四川省由25个地基ADTD地闪传感器组成（图8.2），探测网络中每个探测传感器的平均探测半径约为300km，网络的探测效率标称值约为90%。其中，正地闪和负地闪的相对频率定义为正地闪或负地闪的次数除以总地闪的次数：

$$相对频率 = \frac{正/负地闪次数}{总地闪次数} \times 100\% \tag{8.1}$$

云南省的定位网络包括23个测站和1个中心站（图8.3）。本书采用地闪回击定位资料，结合强对流系统卫星云图的覆盖区域，对雷暴发生时段及区域范围内的地闪数据进行提取和筛选，形成与风云卫星资料匹配的格点化地闪数据集。

第 8 章　青藏高原东部地形过渡区域的闪电活动特征

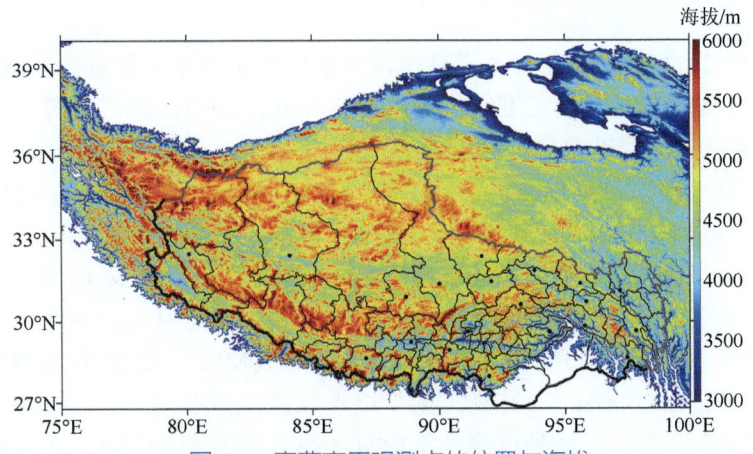

图 8.1　青藏高原观测点的位置与海拔

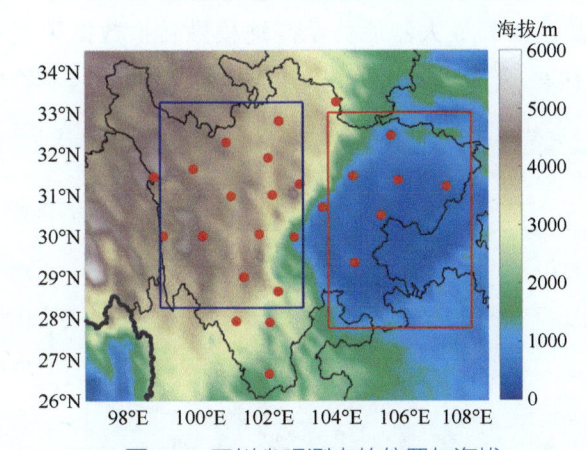

图 8.2　四川省观测点的位置与海拔
红点代表地闪传感器位置；蓝色矩形代表高原地区；红色矩形代表盆地地区

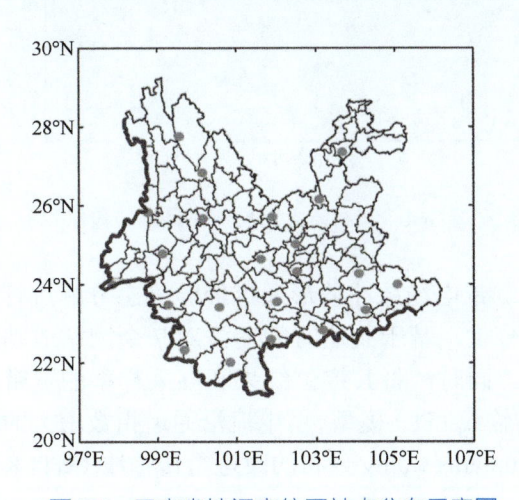

图 8.3　云南省地闪定位网站点分布示意图

2. 闪电辐射源三维定位资料

本章利用了 2011 年在青海省大通县境内开展的闪电多站定位观测实验所获取的闪电电场变化资料、闪电辐射源三维定位资料（Li et al.，2013；张广庶等，2015），对云内特殊放电现象——双极性窄脉冲时间进行研究。

闪电辐射源三维定位系统架设于青海省大通县境内，以观测主站明德小学（主站的经纬度为 36.926974°N，101.685621°E）为中心，如图 8.4 所示，在半径在 8km 范围内建立 6 个子测站，测站之间通过无线宽带通信系统连接观测，每个测站安装有闪电辐射源三维定位系统（张广庶等，2015），单次闪电记录时长为 1.2s，其中甚高频天线接收系统中心频率为 270MHz，带宽 6MHz，宽带电场测量系统带宽 160Hz~10MHz(Zhang G et al.，2010)，宽带电场仪探测设备对闪电放电通道的定位是基于电磁场脉冲信号的脉冲峰到达测站的时间差法，所提供的有用信息为电磁场数值本身的测量值和电磁场脉冲相对于测站而言的通道位置（Li et al.，2013）。闪电辐射数据通过系统中的带通滤波器和放大器后传至高速模数转换数据采集卡，信号采样率为 20MS/s，时间常数为 1ms，利用 GPS 同步高精度时钟（50ns）记录各个测站的触发时间及实时到达数据。

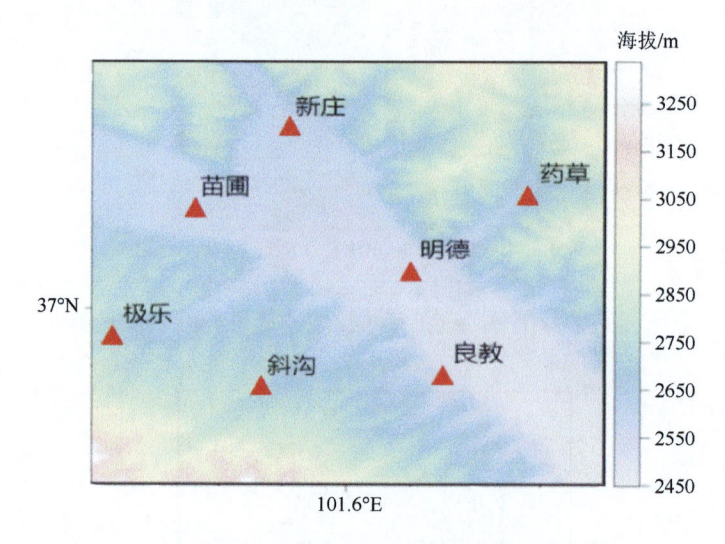

图 8.4　青海省大通县测站地理位置

本工作将采集到的宽带电场脉冲波形通过经验模态分解进行分解，并滤除高频噪声和闪电电场中的低频分量，基于到达时间差法对 7 个测站成功匹配的闪电电场波形进行辐射源的三维定位。同时，将其定位结果和高采样率的宽带电场双极性窄脉冲波形作为输入参数，输入传输线（TL）模型、雷电流沿通道指数增大的改进传输线（MTLEI）模型、雷电流随高度呈 kumaras wamy 分布的改进型传输线（MTLK）模型进行波形拟合，采用粒子群优化（PSO）算法加速迭代寻找最优解，获得双极性窄脉冲放电物理参数并进行多模型反演结果的对比分析。

8.1.2 非雷电数据与处理

1. 气象要素数据

对于环境因子，本书采用欧洲中期天气预报中心 2005～2017 年的 ERA5 再分析数据集，选用参量包括对流有效位能（CAPE）、0～5km 的垂直风切变、3km 高度平均相对湿度、云底高度、零度层高度、柱状液态水含量和柱状冰水含量等，空间分辨率为 0.25°×0.25°，时间分辨率为 1 个月。

2. 卫星数据

气溶胶光学厚度（AOD）数据集来自 MERRA-2 再分析数据集，包括各种气溶胶的光学厚度，如总气溶胶、硫酸盐、黑碳（BC）、有机碳、海盐和灰尘。本章选取了空间分辨率为 0.25°×0.25° 的硫酸盐气溶胶光学厚度和黑碳气溶胶光学厚度，由原来的空间分辨率 0.5°×0.625° 内插而成，以讨论气溶胶和正地闪之间的关系。

此外，本章还使用风云二号（FY-2）气象卫星的黑体亮度温度数据，它反映了不同下垫面的亮度温度状况。产品有效覆盖范围为 45°E～165°E，60°S～60°N，即 120°×120°，分辨率为 0.1°×0.1°，黑体亮度温度的精度为 1K，时间间隔为 1h。为能利用卫星云图跟踪观测强对流系统的整个生命过程，首先通过 MATLAB 程序读取图像产品文件，经单位转换得到云顶亮温的格点数据，其次对图像坐标和地理经纬度坐标进行换算，最后将温度数据以等值线填充的方式绘制成伪彩色卫星云图。观察获取的卫星云图能明确一次强对流天气发生的起止时间，逐时分析对流活动期间内云顶亮温的分布情况，圈定该时刻的主要对流区域，统计区域内云顶亮温的温度及面积，生成强对流过程的发生时段、发展区域范围、云顶亮温变化和云顶面积等数据集。

3. 雷达数据

本研究中使用的多普勒天气雷达资料来自云南新一代天气雷达（102.5°E，25.0°N），此雷达属于 C 波段的多普勒天气雷达，海拔 2484.5m，扫描半径约 150km，体扫间隔时间 6min。我们选取了 2017～2019 年雷达基数据进行分析，筛选出对流活动强烈、闪电频数多且强回波中心经过扫描区域的强对流系统个例（表 8.1）。本书对云南新一代天气雷达每 6min 组合反射率 CR ≥ 20dBZ 的回波边界信息进行逐时统计，将此区域作为雷暴的回波区域，以下称为 Size20；将 20～60dB 的组合反射率以 5dBZ 为间隔划分成 8 个强度段，按 0～18km 间隔为 1km 的 18 个高度区间对回波顶高进行统计。为了分析更高时间精度的雷达参数变化特征，本研究还对雷达资料的平均时间间隔进行了细化处理，计算各个时刻组合反射率图中反射率因子达到 35dBZ、40dBZ、

45dBZ 部分的面积及其对应的最大回波顶高，获得了每分钟的数据集。

表 8.1　10 次强对流系统的雷达数据信息

序号	雷暴编号	类型	体扫数 / 次	持续时间 /h
1	20180821	单体雷暴	177	17.5
2	20180922	单体雷暴	166	16
3	20180921	单体雷暴	159	15.5
4	20180829	多单体雷暴	119	11.5
5	20180815	多单体雷暴	152	15
6	20170829	多单体雷暴	74	7.5
7	20190623	飑线	177	17.5
8	20180902	中尺度对流复合体（贝塔尺度）($M_\beta CC$)	121	12
9	20170823	中尺度对流复合体 MCC	171	17
10	20170905	MCC	192	19

8.2　藏东过渡地区的地闪活动特征

西藏东部地区地形复杂，毗邻川西高原，是青藏高原地区闪电发生最为频繁的地区之一，其中昌都地区平均海拔达到 3500m 以上，最高海拔可达 5460m。全年主要分为雨季与旱季，绝大部分的闪电活动和降水主要集中在雨季，尤其是 6～9 月的雷电活动较为强烈。当地的雷暴活动以小尺度活动为主，持续时间短且正地闪比例较高。

8.2.1　地闪活动时空分布特征

昌都地区（28.4°N～32.5°N，93.6°E～99.1°E）位于西藏东部，地势高，气压低，气候干燥，夏季对流强烈，雷暴日数多，平均年雷暴日数明显高于周围同纬度地区，属于雷暴多发区。图 8.5 给出了昌都地区逐年、逐月、逐小时的地闪分布特征，可见地闪发生的最高年份为 2014 年。昌都地区正地闪的出现更为频繁，10 年中其所占比例均在 10% 以上，在 2013 年最为频繁，可达 18%。图 8.5（b）为昌都地区地闪逐月分布特征，地闪集中发生在 6～9 月，这四个月份也对应了西藏自治区的雨季，丰富的水汽条件为闪电的发生提供了必要的条件。正地闪占比在这四个月中小于 10%，而在其余月份均大于 20%。图 8.5（c）为昌都地区地闪逐小时分布特征，可见在全天之中，每日 18 时左右是地闪发生的高值时间段，18 时后发生频数逐渐下降，至次日 12 时左右下降至最低谷。

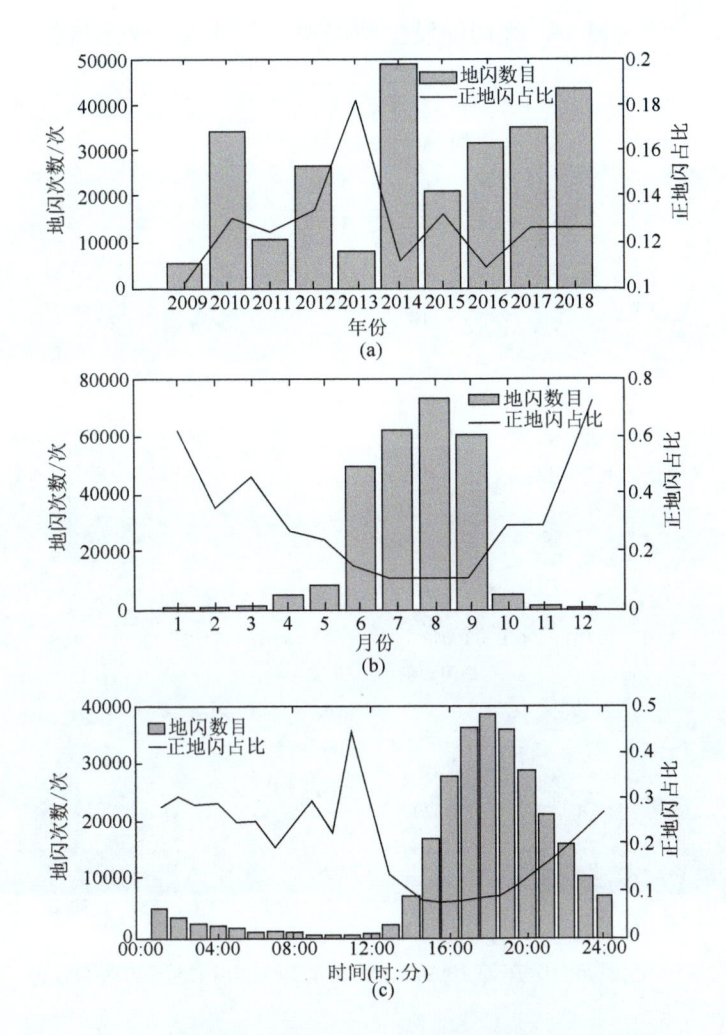

图 8.5　昌都地区逐年、逐月、逐小时的地闪分布特征

(a) 2009～2018 年地闪的逐年分布；(b) 地闪逐月分布；(c) 地闪逐小时分布

下面给出西藏自治区东部 2009～2018 年 5～10 月地闪的平均分布，如图 8.6 所示，统计时取 0.1°×0.1° 为一个单位面积，将单位面积内小于 2 次/月的区域略去。因为本书只讨论西藏自治区东部地闪的分布特征，因此不对阴影区域进行讨论。在每年的 5 月，西藏自治区东部仅在昌都北部与林芝西部有少量地闪分布，且均少于每月 100 次。6～9 月，地闪明显增多，6 月在昌都东部出现一个明显的高值中心，分布最多处地闪次数可到 500 次以上，而此时横断山脉以南区域的地闪分布依旧较少。7～8 月地闪的发生位置开始扩张，昌都东部地闪高值中心的地闪数量开始下降，但地闪分布范围更加广泛，横断山脉以南区域出现普遍地闪的分布，而在 5 月存在少量地闪分布的昌都北部区域成为地闪的主要集中区域，此时昌都的地闪数量和分布区域达到顶峰。9 月地闪的次数开始减少，横断山脉以南区域部分地区不再发生地闪，昌都北部的分布区域也开始收缩。

至 10 月，地闪次数迅速减少，地闪的发生情况和 5 月类似，仅在昌都北部少数地区有地闪的发生。

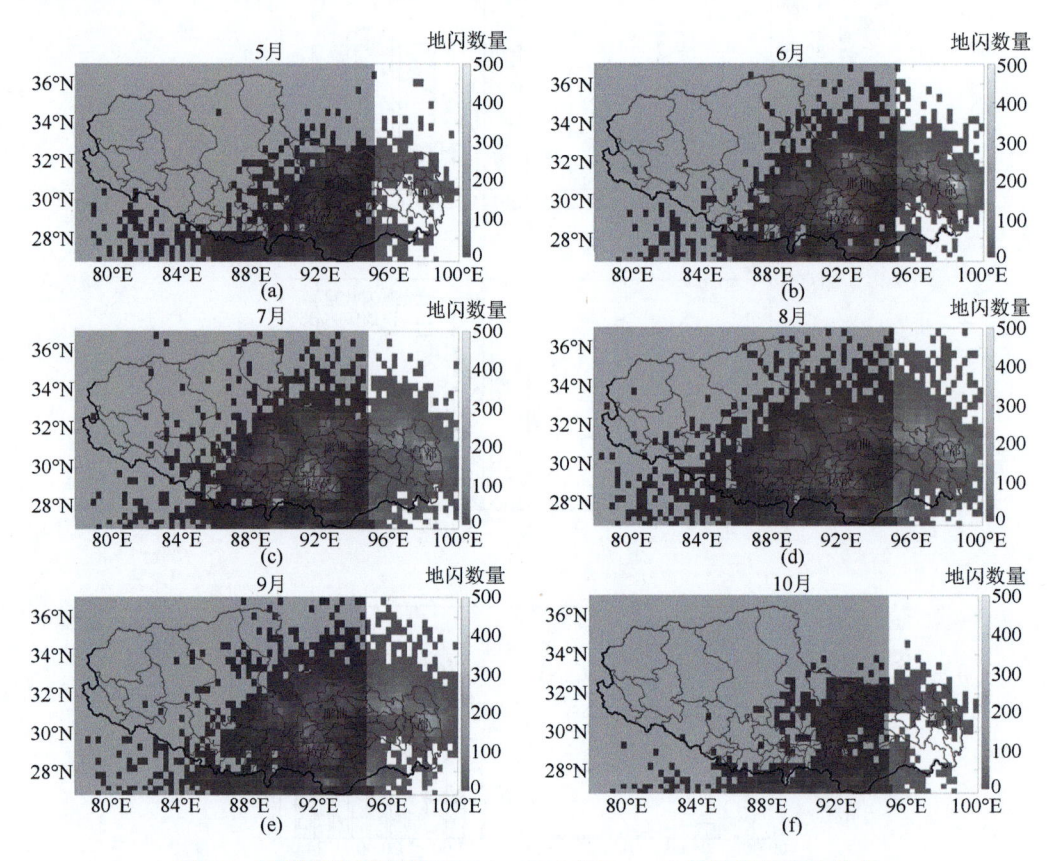

图 8.6　西藏自治区东部 2009～2018 年 5～10 月地闪的平均分布

8.2.2　地闪活动时空分布的环境热动力场

将西藏自治区地闪年数量序列标准化，筛选出高值年（2010 年、2012 年、2016 年）和低值年（2009 年、2011 年、2013 年），对 6～9 月 500hPa 位势高度场、风场异常和地闪数量的低值年与高值年进行分析（图 8.7）。结果表明，高值年的 500hPa 位势高度场异常值与低值年呈反位相。在高值年，中纬度中亚地区至我国东南沿海地区一线高压较强，来自西伯利亚的冷空气被阻挡在青海、甘肃附近，西藏东部主要受偏南风控制，来自南海与印度洋的水汽为雷暴的发生提供了充足的条件。青藏高原西北部主要受西北风控制，干冷气流与来自南方的暖湿气流在西藏中部地区相遇，有利于雷暴等强对流天气的发生。而在低值年，高纬度地区为两脊一槽，乌拉尔山与日本北部各存在一个脊，中间的大槽引导来自西伯利亚的冷空气南下。由风场图可以看出［图 8.7(c) 和图 8.7(d)］，低值年的青藏高原主要受到偏北风控制，而东亚季风与南亚季风停留在中国东部与印度地区，对高原影响较小。西藏东部地区缺乏水汽的输送且缺

第8章 青藏高原东部地形过渡区域的闪电活动特征

少风场的切变，不利于雷暴天气的发生。因此，西藏东部低值年的地闪发生次数较高值年相对较少。

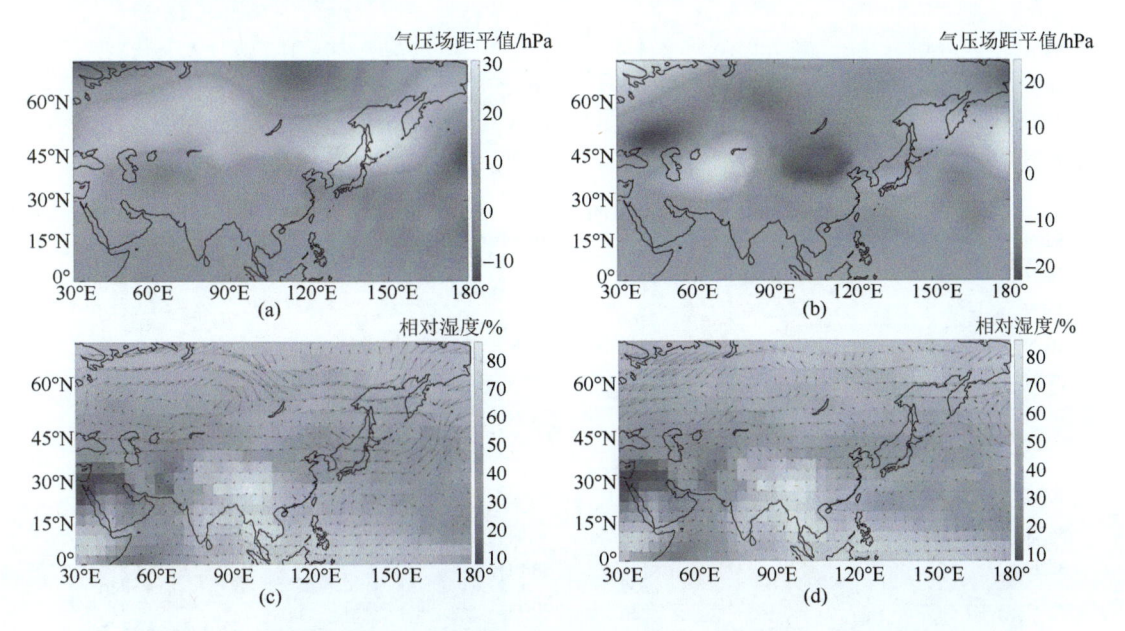

图8.7 6~9月500hPa位势高度场，风场异常与地闪数量低值、高值年份对比
(a)和(b)为地闪高值年和低值年500hPa位势高度场异常；(c)和(d)为地闪高值年和低值年500hPa风场异常

由于西藏自治区东部的闪电主要发生在6~9月，因此下面介绍ECWMF再分析数据给出的风场在5~10月的变化（图8.8）。5月，青藏高原大部分500hPa风场被西风带控制，仅在横断山脉以南由西南风控制，此时的地闪活动普遍较少。至6月，印度季风增强，西藏自治区东部逐渐转为被西南风控制，昌都大部分的平均相对湿度可到70%以上，地闪开始进入多发时间段。7~8月，夏季风逐渐加强，在8月达到最强，昌都水汽十分充沛，南部地区的水汽可达80%以上，北部大部分地区的水汽也有70%左右，此时地闪的发生达到最高峰。进入9月以后夏季风减弱，来自印度洋的水汽输送减少，但青藏高原的大部分地区依旧由西南风控制，青藏高原西部山区的相对湿度降低至50%左右，中西部的水汽依旧充沛。至10月，青藏高原主体风向又转回被西风带控制，平均相对湿度迅速下降，仅在横断山脉以南有高值区，闪电活动也快速减弱。

综上，藏东地区北接青海、东临川西高原，处于地形复杂的青藏高原东部地形过渡区域，是闪电活动的高发地区。在地闪发生的高值年中纬度高压较强，西藏自治区东部处于东亚季风与南亚季风和西北冷空气交汇之处，水汽辐合加强，雷暴增多；低值年环流形势相反，西藏自治区东部主要受偏北干冷空气控制，雷暴偏少。在被西风带控制时，西藏自治区东部的地闪活动整体偏弱，而在6~9月风转为被夏季风控制时，高原整体水汽充沛，闪电活动较为活跃。以风场为代表的气象要素的变化显著影响着地闪的时空分布特征。

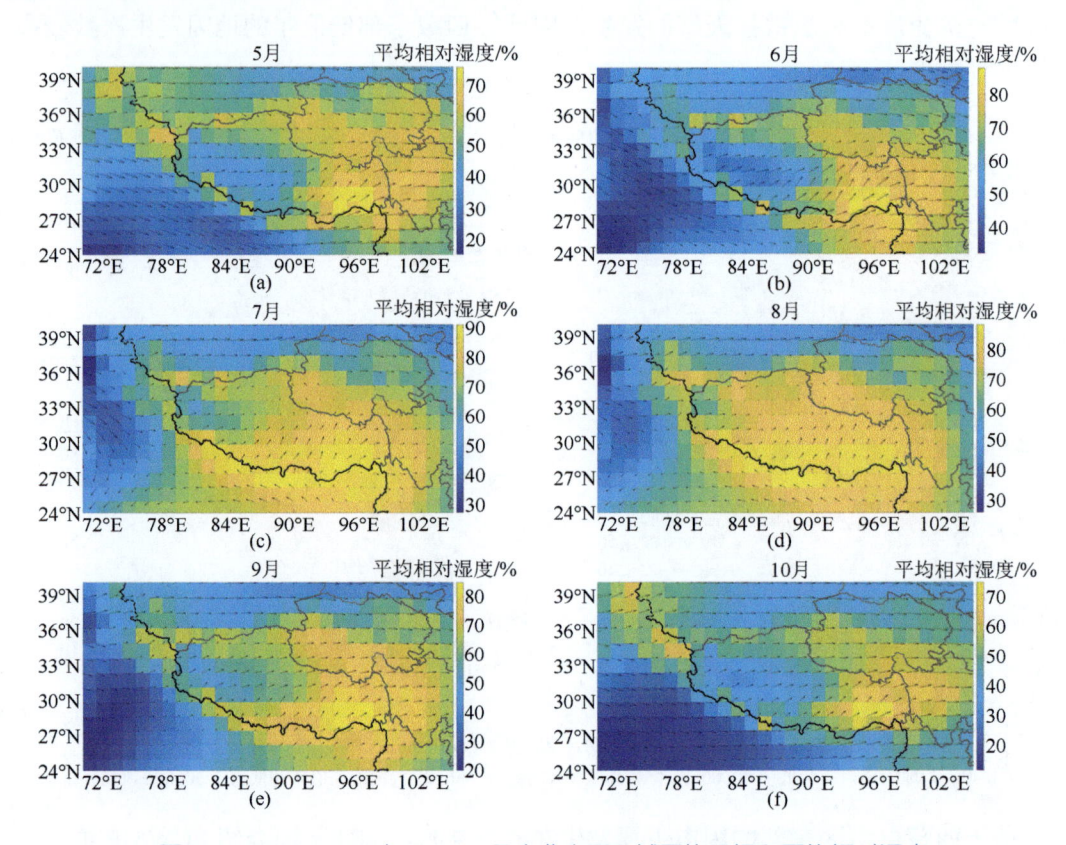

图 8.8　2009～2018 年 5～10 月青藏高原区域平均风场和平均相对湿度

8.3　川西高原及邻近区域的闪电活动特征

位于青藏高原东部的川西高原及邻近区域地形复杂，涵盖了四川西部以高原和山地为主的地区，平均海拔超过 3000m，其东部以盆地和丘陵为主的地区，平均海拔约 600m。四川是中国闪电最活跃的地区之一。

8.3.1　闪电活动与环境因子的相关关系分析

环境因素对闪电极性的影响存在明显的区域差异和不确定性。本节重点探讨在四川复杂地形下，地闪极性对热力学和水汽因素的依赖关系，并比较高原地区和盆地地区地闪活动对环境因子依赖关系的异同。

闪电活动与地形变化关系密切，川西高原地区与其邻近川东盆地地区的地闪相对频率存在显著差异（图 8.9）。盆地地区的负地闪相对频率明显高于高原地区，为 70%～90%，而高原地区的负地闪相对频率为 50%～70%。而对于正地闪而言，高原地区的相对频率高于盆地地区，高原地区的相对频率为 30%～50%，盆地地区的

第8章 青藏高原东部地形过渡区域的闪电活动特征

相对频率为 10%～30%。在暖季，盆地地区最大闪电密度约为 0.4flash/(km²·a)，而高原地区最大闪电密度约为 0.2flash/(km²·a)，盆地地区和川南地区正地闪密度高于高原地区［图 8.9（c）］。而在闪电活动活跃的夏季，正地闪相对频率则低于暖季其他月份［图 8.9（d）］。

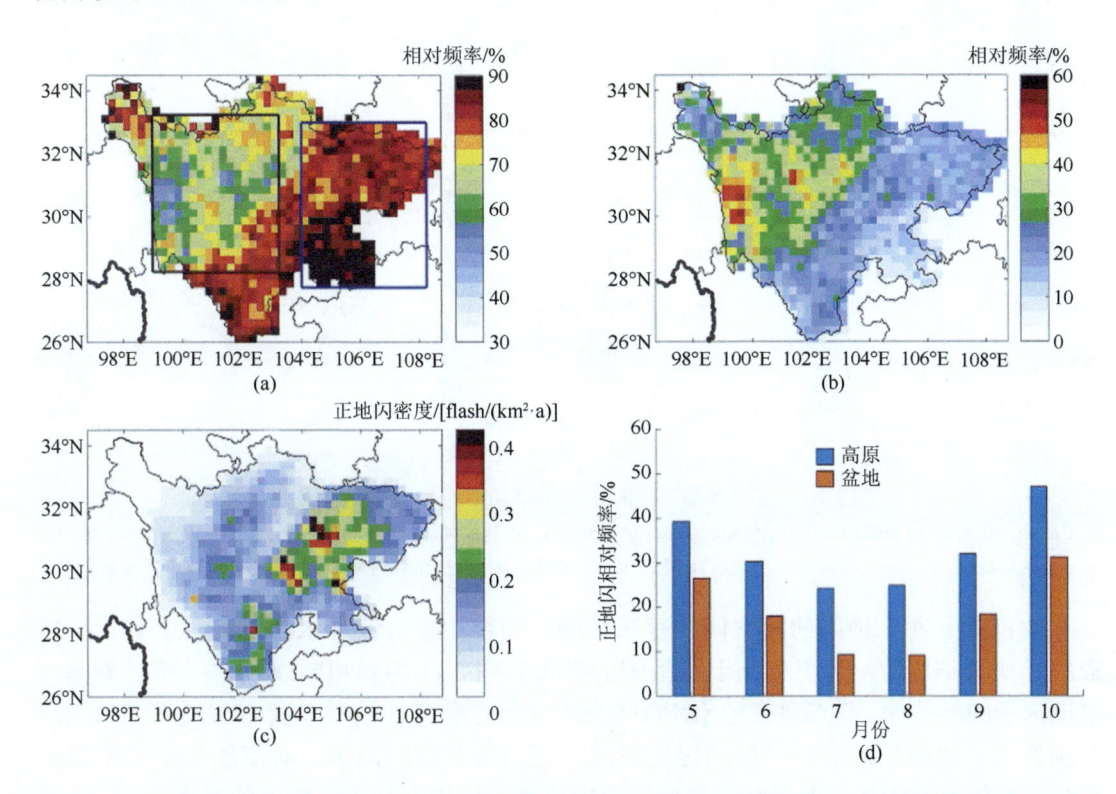

图 8.9 四川暖季负地闪（a）和正地闪（b）的相对频率、正地闪密度（c）、正地闪相对频率逐月分布（d）
图（a）中，高原地区和盆地地区分别用黑色和蓝色的矩形框表示

图 8.10 为四川暖季正地闪相对频率与热力学因子的相关性。在整个四川地区，对流有效位能（CAPE）［图 8.10（a）］、位温（THETA）［图 8.10（c）］与正地闪相对频率呈显著负相关，说明暖季强热条件不利于正地闪的发生。较强的热不稳定条件不利于正地闪产生，反映出雷暴越弱越容易产生正地闪，换句话说，雷暴或风暴消散阶段越弱，就越容易产生正地闪。

川南和高原地区的垂直风切变与正地闪呈正相关［图 8.10（d）和图 8.10（e）］，说明垂直风切变的增加引起了正地闪的发生。雷暴中较强的垂直风切变会导致云团的倾斜，有利于雷暴上部主要正电荷区倾斜，避免了下部负电荷区阻塞。这样有利于从雷暴中向地面传输正电荷，形成正地闪。垂直风切变引起的上层带有正电荷的冰晶粒子位移是正地闪产生的重要原因。值得注意的是，地表气压（SP）［图 8.10（b）］在高原地区与正地闪相对频率呈负相关，在盆地地区与正地闪相对频率呈正相关。3km 风切变（VV-3km）［图 8.10（f）］与川南地区正地闪呈正相关，而在四川其他地区相关性不显著。

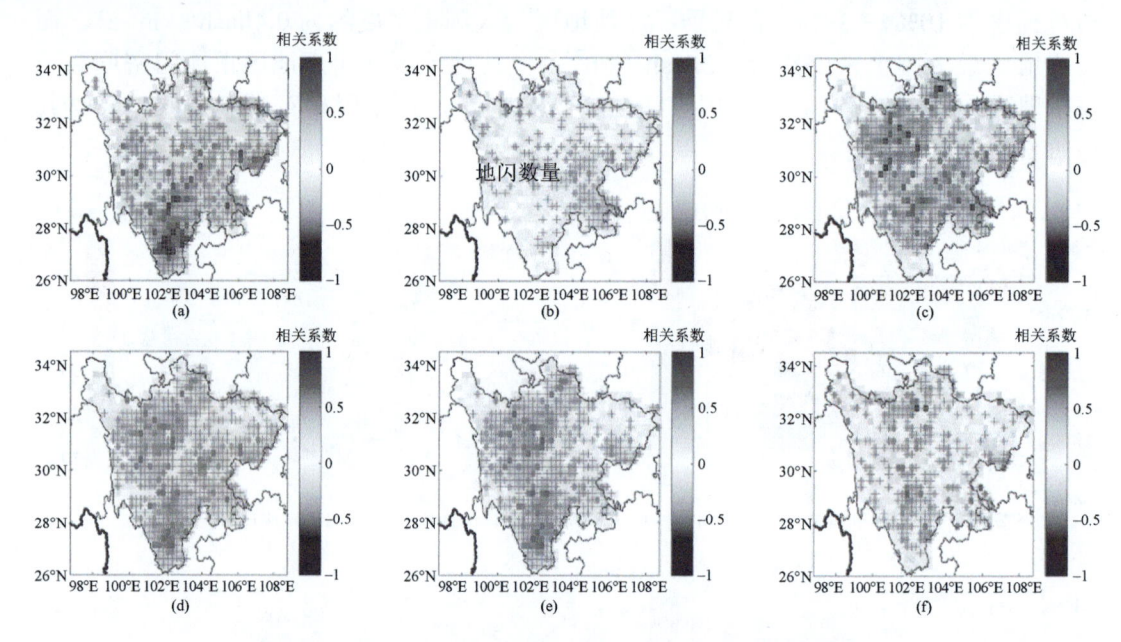

图 8.10 四川暖季正地闪相对频率与热力学因子的相关性

(a) CAPE；(b) SP；(c) THETA；(d) 5km 风切变（SHEAR-5km）；(e) 3km 风切变（SHEAR-3km）；(f) VV-3km。从 78 个月的月数据中计算各网格盒的相关系数，网格盒中的十字符号表示网格在 95% 的置信水平下通过显著性检验

水汽因子对正地闪的发生同样存在影响，混合相态区液态水含量高，会导致中层霰粒子挟带正电荷，这更有利于正地闪的产生。图 8.11 为四川暖季正地闪相对频率与水汽因子的相关性。露点温度差（DPD）[图 8.11(a)]和平均相对湿度（RH）[图 8.11(b)]分别表征了对流层低层至中层的湿度情况。在川南和高原地区，对流层低层至中层湿度与正地闪呈负相关，表明对流层低层至中层越干燥越有利于正地闪的发生。

在高原地区，云底高度（CBH）与川南及高原地区正地闪相对频率呈显著正相关[图 8.11(c)]。CBH 与上升气流呈显著的线性相关，CBH 越高，上升气流越强，有利于将液态水输送到混合相态区。此外，CBH 越高，暖云厚度越薄，云水更有可能被输送到冻结层以上区域。而在盆地地区，CBH 与正地闪相对频率的相关性不显著。CBH 对正地闪的影响存在明显的区域差异，强热力学因素对闪电极性的影响抵消了 CBH 带来的影响。总体来看，四川地区零度层高度（ZDH）和总柱状冰水（TCIW）与正地闪相对频率呈负相关。这可能是由于 ZDH 越高，暖云越厚，不利于混合相态区大量液态水的存在。较大的 TCIW 可能表明云中冰相过程比液相过程更为活跃，而这些条件都不利于雷暴中霰粒子挟带正电荷。

总柱状液态水（TCLW）[图 8.11(e)]在高原地区与正地闪呈负相关，而在盆地地区则呈正相关。这与地形诱发的压缩效应有关，该区域的对流云比同纬度其他区域的对流云更浅薄。TCLW 的增加往往导致暖云厚度的增加，并不是过冷水含量的增加。而在盆地区域，TCLW 的增加意味着对流增强和混合相态区液态水含量的增加。

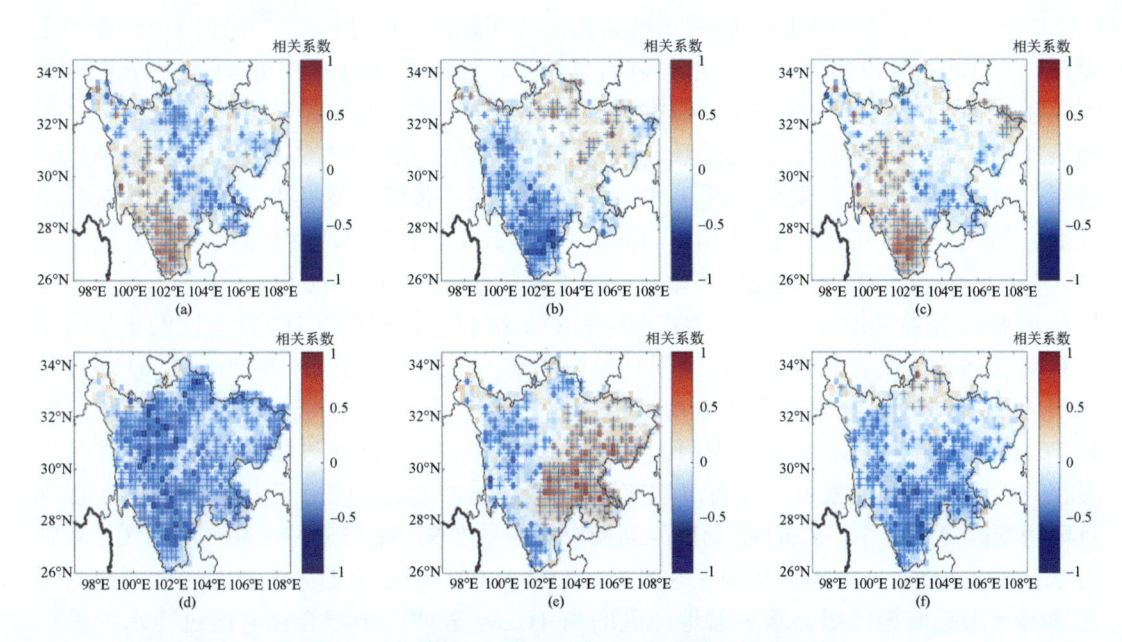

第8章 青藏高原东部地形过渡区域的闪电活动特征

图 8.11 四川暖季正地闪相对频率与水汽因子的相关性
(a) DPD；(b) RH；(c) CBH；(d) ZDH；(e) TCLW；(f) TCIW。从 78 个月的月数据中计算各网格盒的相关系数，网格盒中的十字符号表示网格在 95% 的置信水平下通过显著性检验

热力学因子和水汽因子相互作用共同影响闪电的强度和极性。图 8.12 为高原地区 CAPE、SHEAR-5km 与 ZDH、TCLW 和 TCIW 之间的正地闪相对频率散点图。由于

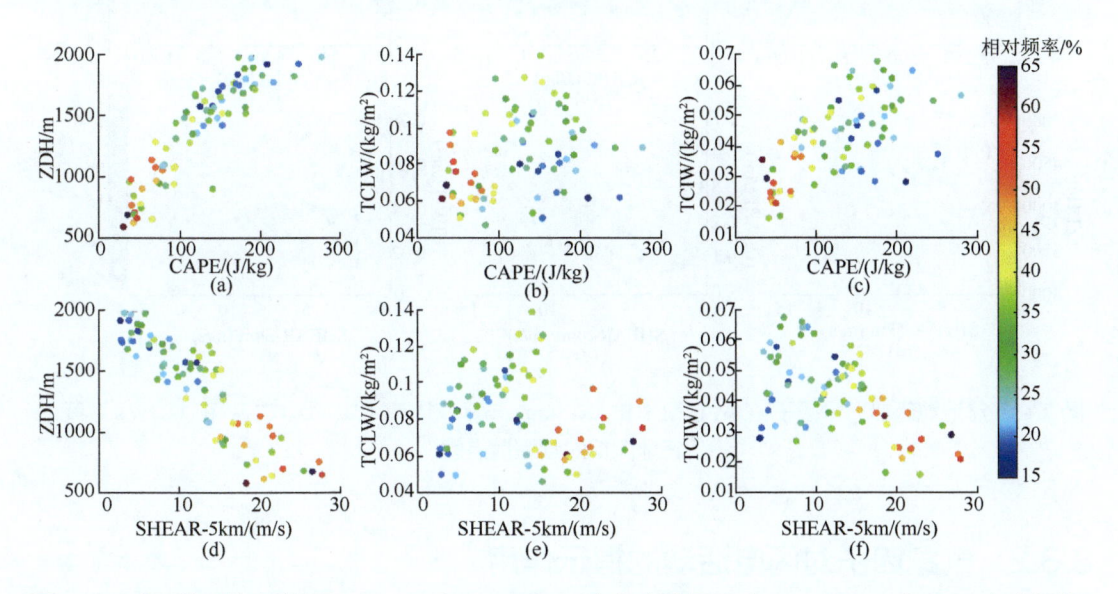

图 8.12 高原地区热力学因子（CAPE 和 SHEAR-5km）与水汽因子（ZDH、TCLW 和 TCIW）之间的正地闪相对频率散点图

CAPE 较小，对流强度较弱，因此正地闪相对频率较高。CAPE 的高正地闪相对频率主要集中在 100J/kg 以内。在 CAPE 固定的条件下，较小的 TCIW 和 ZDH 有利于正地闪的发生。当 ZDH 小于 1000m，TCIW 小于 0.04kg/m^2 时，正地闪发生频数较高。高原地区地势高，风切变明显大于盆地地区。垂直风切变的增加导致 ZDH 和 TCIW 的减小，表明高原地区高垂直风切变不利于冰相过程的发展。强风切变条件下正地闪相对频率较高。当 SHEAR-5km 固定在 20～30m/s 时，ZDH 的正地闪高相对频率主要集中在 500～1000m，TCIW 的正地闪高相对频率主要集中在 0.02～0.04kg/m^2。

图 8.13 为盆地地区 CAPE、SHEAR-5km 与 ZDH、TCLW 和 TCIW 之间的正地闪相对频率散点图。在盆地地区，正地闪高相对频率主要发生在当 CAPE 小于 250J/kg，且 ZDH 和 TCIW 随 CAPE 的增加呈增加趋势时。盆地地区垂直风切变的增加导致 ZDH 和 TCIW 下降，TCLW 增加，表明大的垂直风切变不利于冰相过程的发展，但有利于暖相或混合相过程的发展。垂直风切变在 10～15m/s 时，有利于正地闪的发生。在垂直风切变固定情况下，ZDH 的正地闪高相对频率主要集中在 3500～4000m，TCLW 则为 0.2～0.4kg/m^2，而 TCIW 则在 0.015～0.04kg/m^2。在盆地地区，TCLW 对正地闪频数的影响比高原地区更显著。盆地地区的高 TCLW 表明云中混合相态区过冷水含量较高，有利于霰粒子挟带正电荷，从而有利于正地闪的产生。

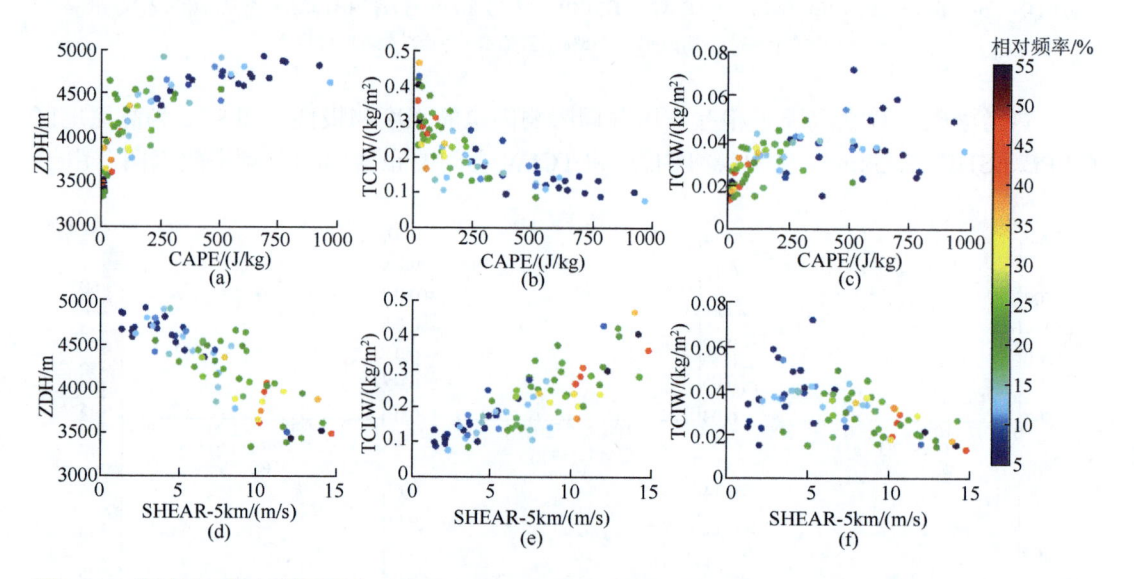

图 8.13 盆地地区热力学因子（CAPE 和 SHEAR-5km）与水汽因子（ZDH、TCLW 和 TCIW）之间的正地闪相对频率散点图

8.3.2 气象因子对闪电活动的指示作用

本节基于中国西南地区 2005～2017 年的气象数据，利用气象指示因子 CP 比例系数，即 CAPE 和降水率的乘积，对其在四川省地闪密度的气候特征方面的指示作用

进行评估。

地闪密度与相应 CP 比例系数的月变化特征一致，地闪活动在夏季（尤其在 7 月）最为活跃（图 8.14）。对于正地闪密度来说，其在 1~5 月比 CP 比例系数大，而 6~10 月小于 CP 比例系数，其中 5 月和 8 月的正地闪密度和 CP 比例系数最为接近。对于负地闪密度来说，除了 6~8 月的 CP 比例系数明显高于其观测值以外，其余月份的观测值与 CP 比例系数十分接近。整体而言，正地闪密度与 CP 比例系数之间的差异大于负地闪密度。

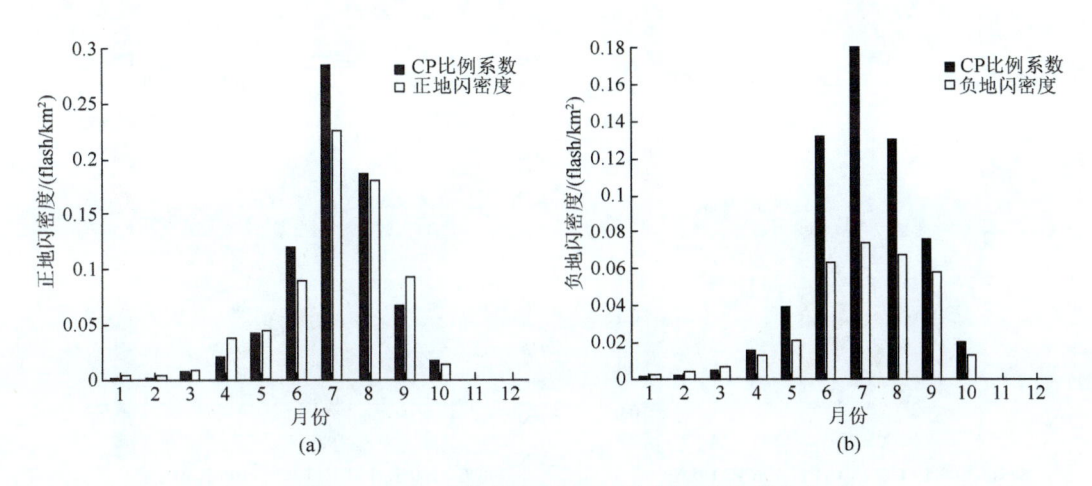

图 8.14 正、负地闪密度和 CP 比例系数的月分布

研究区域年平均正地闪密度与 CP 比例系数的空间分布比较表明，CP 比例系数可以合理地反映出正地闪密度分布特征［图 8.15(a)］。正地闪密度的高值区主要分布在盆地的中部和南部，CP 比例系数的总体分布和大小在盆地地区和正地闪密度比较相近，但正地闪密度的高值区和 CP 比例系数的吻合度较低。CP 比例系数和正地闪密度在南部地区均存在高值区，但 CP 比例系数不能很好地描述高原地区正地闪的带状分布。CP 比例系数较好地描述了东部和南部地区负地闪的高发生特征，但在数值大小上存在着偏差。负地闪密度的高值区域主要分布在盆地南部，但是在盆地地区 CP 比例系数明显低估了负地闪密度，可能是由于盆地内降水与闪电的相关性较低，而且 CP 比例系数忽略了对闪电有重要贡献的其他热力学因子，如垂直风切变、气溶胶负荷、对流层中下部的相对湿度等。

地闪密度、CAPE、降水率和 CP 比例系数之间的线性相关系数是基于 2005~2017 年 156 个月的区域平均月数据来计算的，显著性检验水平为 95%。盆地地区的 CAPE 和降水率与正地闪密度有良好的相关性，相关系数分别为 0.52 和 0.55［图 8.16(a) 和图 8.16(b)］。盆地地区内 CP 比例系数与正地闪密度的相关性不如四川省总体的平均相关性好，CP 比例系数能反映 57% 的正地闪密度。在盆地内，CAPE 与负地闪密度显示出良好的相关性，相关系数为 0.64［图 8.16(d)］。CP 比例系数可以合理地指示出负地闪的活动特征，其相关系数为 0.67［图 8.16(f)］。

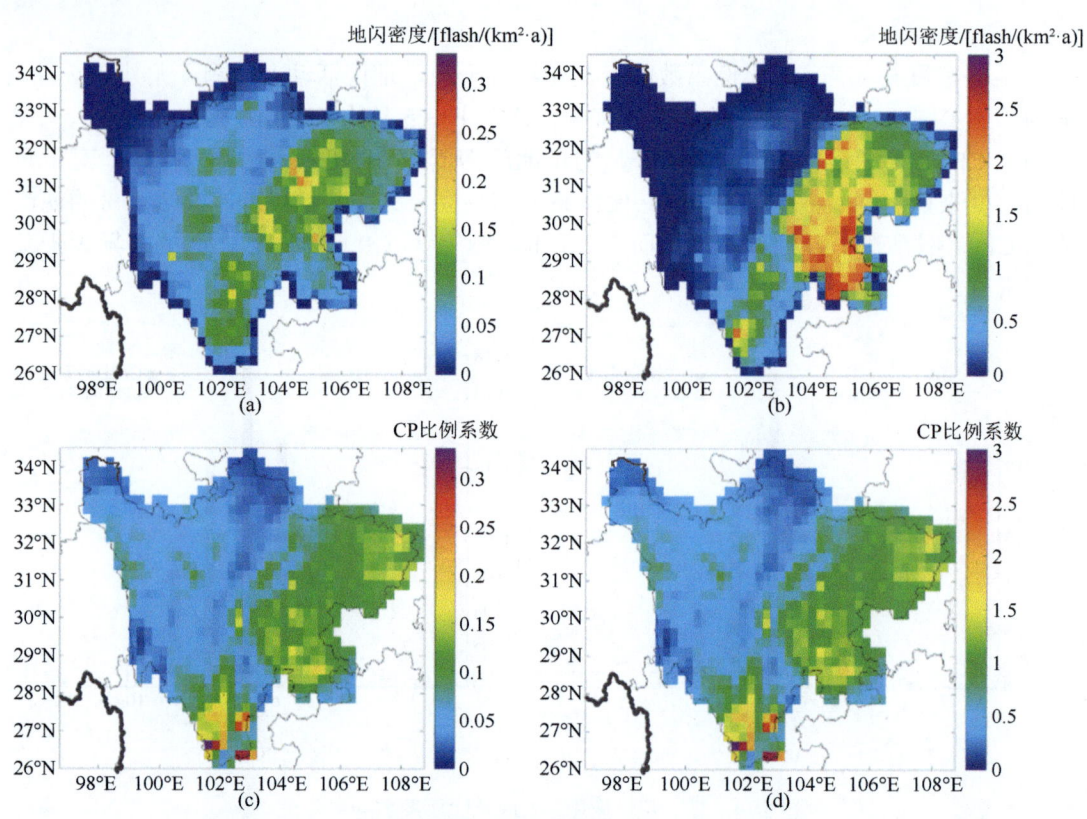

图 8.15　年平均正地闪密度（a）、负地闪密度（b）和正地闪 CP 比例系数（c）、负地闪 CP 比例系数（d）的空间分布

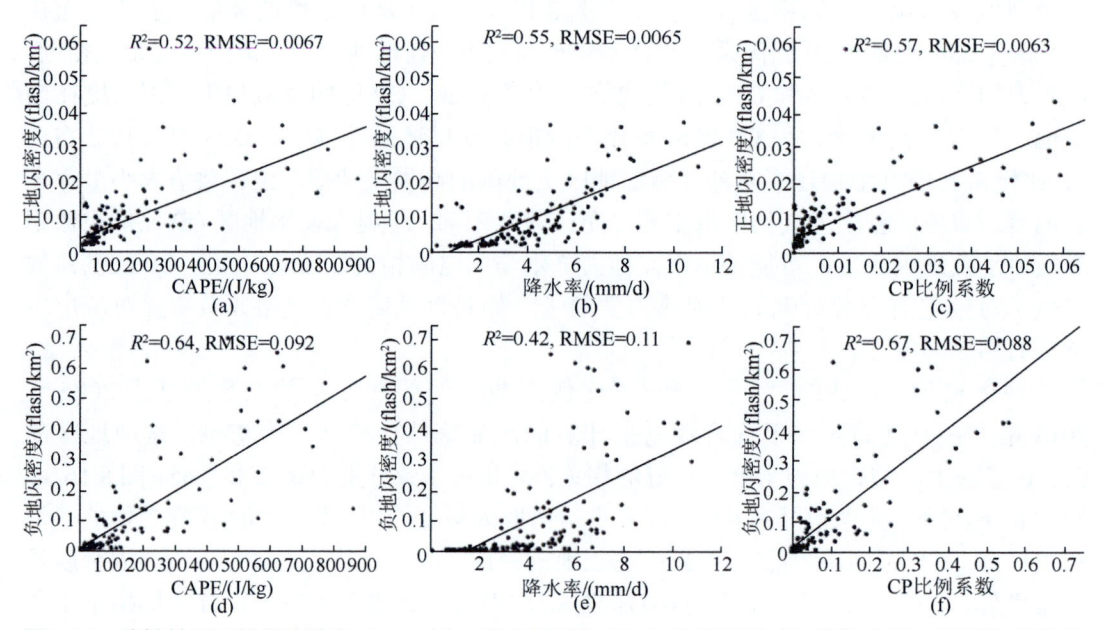

图 8.16　盆地地区正地闪密度与 CAPE(a)、降水率（b）和 CP 比例系数（c）的散点图，以及负地闪密度与 CAPE(d)、降水率（e）和 CP 比例系数（f）的散点图

相比于盆地地区以及整个四川地区，高原地区的正地闪密度和CAPE与降水率之间的相关性明显提高，相关系数为0.67[图8.17(a)和图8.17(b)]。然而，高原地区的负地闪密度和CAPE与降水率的相关性明显低于盆地地区，相关系数为0.53和0.42[图8.17(d)和图8.17(e)]。相应的CP比例系数分别占正、负地闪密度的64%和49%。高原地区的正地闪对CAPE和降水率比盆地地区更敏感。

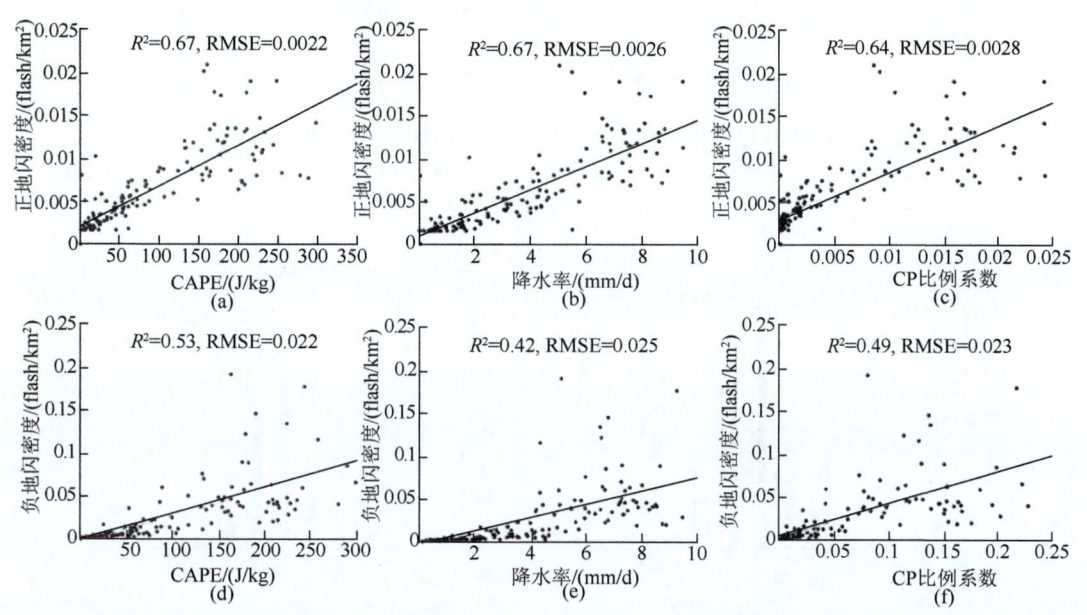

图8.17 高原地区正地闪密度与CAPE(a)、降水率(b)和CP比例系数(c)的散点图，以及负地闪密度与CAPE(d)、降水率(e)和CP比例系数(f)的散点图

如图8.18所示，CP比例系数与地闪密度有很好的相关性，其中指示负地闪密度的效果更好。CAPE和降水率在高原地区对正地闪的贡献较大，但在盆地地区与负地闪的相关性较好。这可能与高原地区特殊地形造成的正地闪相对比例较高有关。CAPE和降水率对闪电的影响是局部的。CAPE是决定闪电发生和发展的关键因素，其也高度依赖当地的气象条件和地形。由于较高的CAPE和降水率可能与较高的地表温度有关，低海拔的地形更容易发生强烈的闪电活动。

图8.19显示了CP比例系数反映盆地地区和高原地区总地闪密度的月变化和年变化的效果。在整个研究区域，除了6月和7月，CP比例系数接近于总地闪密度，但是略大一些。在盆地地区，8月和9月的CP比例系数略低于总地闪密度，其他月份则接近总地闪密度。在高原5～10月的温暖季节，CP比例系数高于总地闪密度，尤其是夏季的6～8月。总的来说，CP比例系数能够成功地反映出四川大部分地区和盆地地区总地闪密度的变化特征，而对高原地区总地闪密度月变化的表现则存在一些不足。

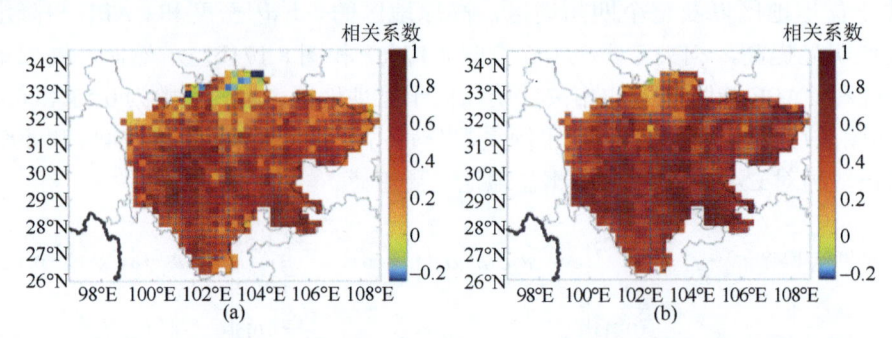

图 8.18 正地闪（a）和负地闪（b）的 CP 比例系数与地闪密度的相关系数

每个网格的相关系数由 156 个月（2005～2017 年）平均数据计算而来，月平均数据由三点移动平均处理。图中的十字表示该网格已通过 95% 的显著性检验

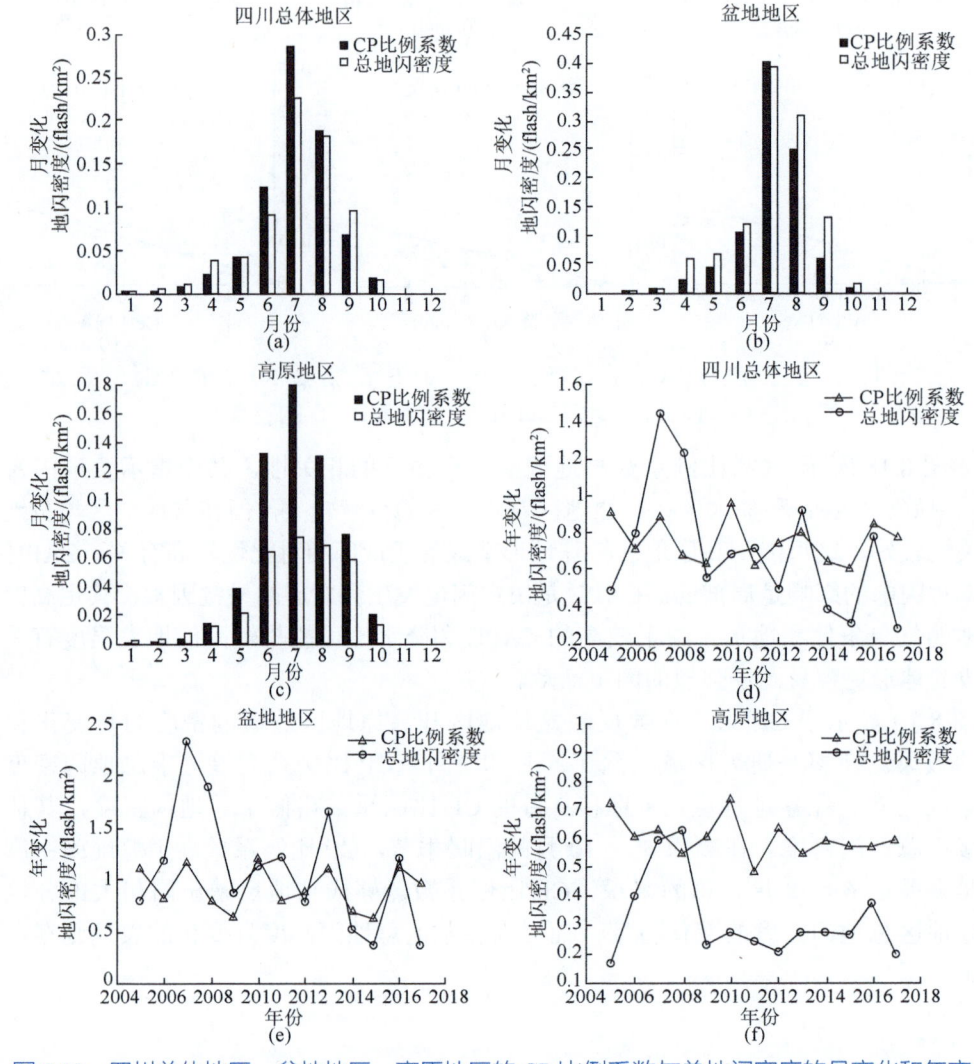

图 8.19 四川总体地区、盆地地区、高原地区的 CP 比例系数与总地闪密度的月变化和年变化

在四川总体地区和盆地地区，CP 比例系数合理地反映了总地闪密度的年变化特征。除 2005～2006 年和 2010～2011 年外，CP 比例系数的年变化与总地闪密度的年变化相对应，特别是在盆地地区，CP 比例系数与总地闪密度的大小非常接近。在高原地区，CP 比例系数并不能较好地反映总地闪密度的年变化，数值上存在明显的差异。在四川总体地区和盆地地区，CP 比例系数对月变化和年变化的表现比高原地区更合理。

如图 8.20 所示，CP 比例系数可以合理地表现出四川总体地区总地闪密度的特征，其相关系数为 0.64。在盆地地区，CP 比例系数和总地闪密度显示出最好的相关性，相关系数为 0.68，比高原地区的相关系数 0.54 要高。总的来说，虽然受到复杂的地形和气象条件的限制，但以 CP 比例系数为四川地区地闪活动的指示因子，还是可以合理地表现出总地闪的分布特征。盆地地区 CP 比例系数与总地闪活动的相关性较高，可能是由于盆地地区有利的湿度条件，有利于 CAPE 向动能转化。

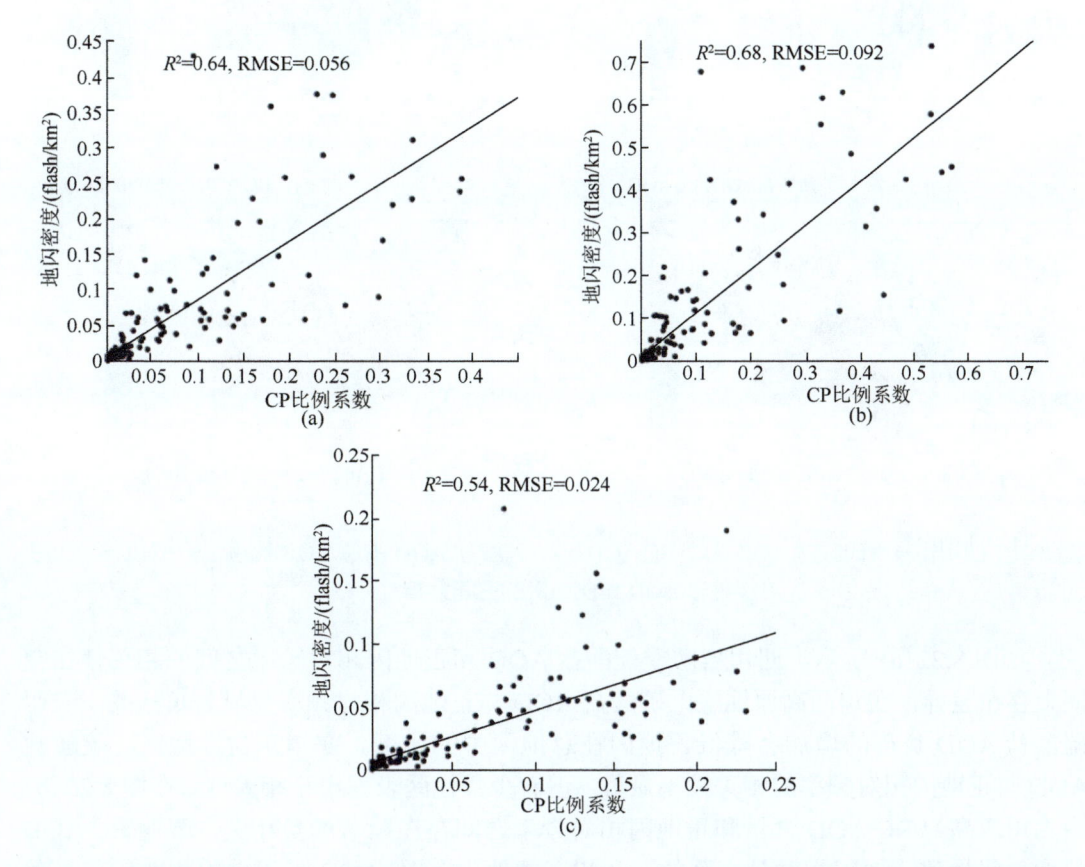

图 8.20 四川总体地区 (a)、盆地地区 (b) 和高原地区 (c) 的总地闪密度与 CP 比例系数之间的散点

8.3.3 气溶胶对闪电活动的可能影响

四川盆地是中国西南地区人口最稠密的地区之一，由于许多人为排放物和不利于

空气污染物扩散的特殊地形，四川盆地是我国最突出的空气污染地区之一。图8.21显示了四川暖季硫酸盐AOD、BC AOD、硫酸盐AOD占总AOD比例以及BC AOD占总AOD比例的空间分布。盆地地区的AOD含量明显高于高原地区，盆地地区的硫酸盐AOD和BC AOD分别超过0.4和0.04，而高原地区的硫酸盐AOD和BC AOD分别约为0.1和0.01。BC AOD在总气溶胶中的比例并不显著，但其通过加热作用对大气结构的影响不容忽视，因此我们同时考虑了硫酸盐AOD和BC AOD对正地闪的影响。

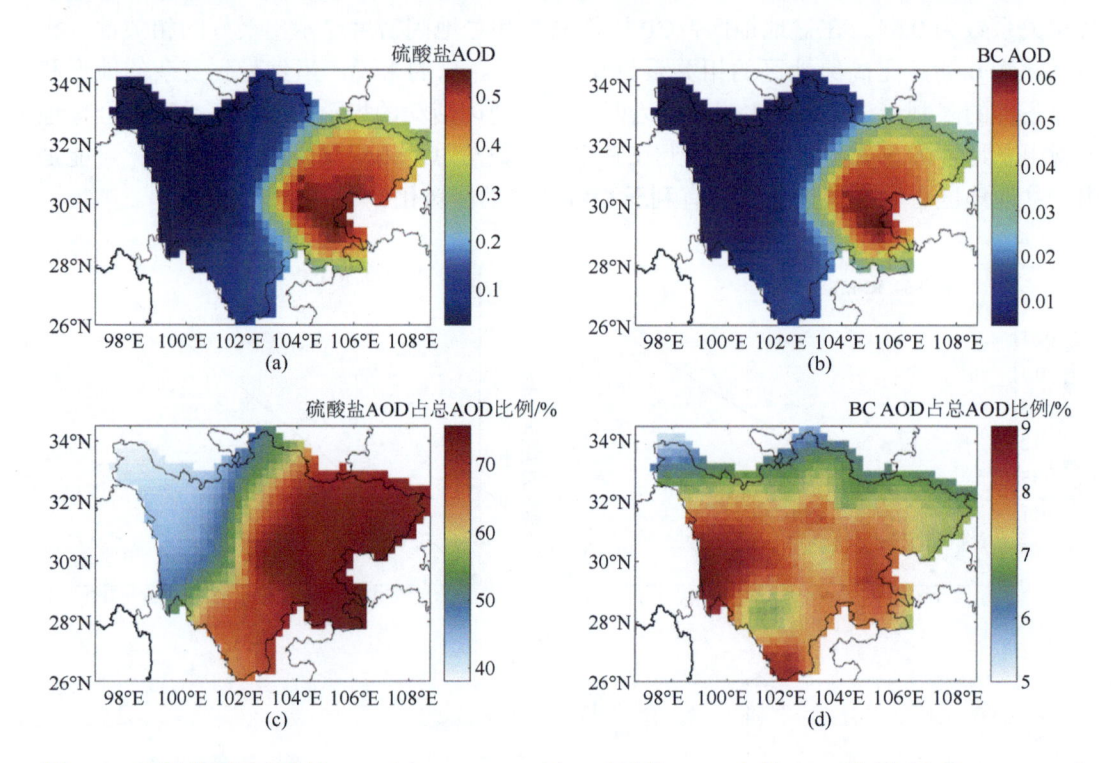

图8.21 四川省暖季硫酸盐AOD(a)、BC AOD(b)、硫酸盐AOD占总AOD比例(c)和BC AOD占总AOD比例(d)的空间分布

如图8.22(a)所示，四川省暖季硫酸盐AOD和正地闪相对频率之间的相关性在空间上存在差异，在川西高原地区，硫酸盐AOD与正地闪相对频率呈显著负相关，表明硫酸盐AOD负荷的增加会降低正地闪在总地闪中的比例。在川东盆地地区，硫酸盐AOD与正地闪相对频率的相关性不显著，但有少数地区表现出正相关性。在图8.22(b)中，川西高原BC AOD含量和正地闪相对频率之间存在显著的负相关，表明BC AOD的增加将导致正地闪相对频率降低。在川东盆地内，BC AOD与正地闪相对频率呈负相关，但相关性较弱。在川西高原，硫酸盐AOD与正地闪相对频率之间的负相关主要是因为硫酸盐AOD刺激雷暴，而强雷暴云不利于正地闪发生。在川东盆地，硫酸盐AOD与正地闪相对频率之间的相关性不显著，可能与该地区正地闪相对频率较低有关，硫酸盐AOD和正地闪相对频率之间的关系被其他潜在影响因素覆盖。在四川地区，BC AOD与正地闪相对频率呈现一致的负相关，表明BC AOD对闪电活动有一定激发

作用，从而抑制了正地闪活动，这可能是由于 BC AOD 对低层大气有加热作用，而加热效应有利于对流的发展。

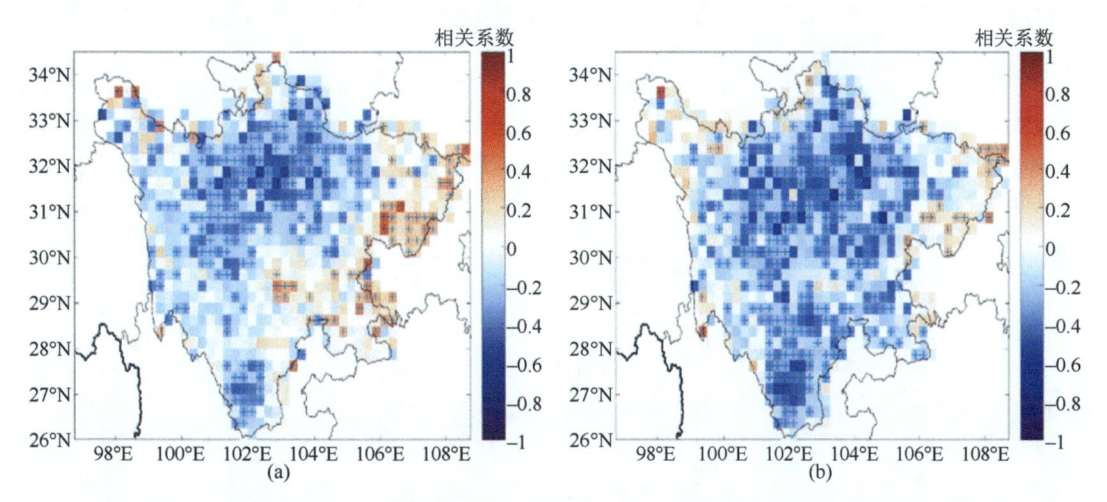

图 8.22 四川省暖季硫酸盐 AOD(a) 和 BC AOD(b) 与正地闪相对频率之间的皮尔逊相关系数
"+" 符号表示网格已通过 95% 显著性检验

除了 AOD，大气热力学条件在影响正地闪方面也起着重要作用。在高原和盆地地区，正地闪的相对频率受到 CAPE、SHEAR-5km 和水相云水路径 (IWP) 的显著影响。图 8.23 显示了盆地地区正地闪相对频率和气溶胶与 CAPE、SHEAR-5km 和 IWP 的相关性。总的来说，盆地地区正地闪的比例更多地取决于环境因素。当 CAPE 大于 200J/kg 时，正地闪相对频率为 5%～20%，而当 CAPE 小于 200J/kg 时，正地闪相对频率显著增加，为 25%～65%。当 SHEAR-5km 在 5～15m/s 时，正地闪相对频率明显较高，约为 20%，而当 SHEAR-5km 小于 5m/s 时，正地闪相对频率约为 10%。与热力学因素相比，正地闪对冰水含量的依赖性较小，当 IWP 大于 0.03kg/m² 时，正地闪相对频率约为 20%，当 IWP 小于 0.03kg/m 时约为 30%。对于硫酸盐 AOD 来说，当其大于 0.5 时，形成正地闪的概率更高。对于 BC AOD 来说，其对正地闪相对频率的影响并不显著。盆地地区的闪电活动比高原地区更为强烈，但正地闪相对频率低于高原地区。

图 8.24 显示了高原地区正地闪相对频率和气溶胶与 CAPE、SHEAR-5km 和 IWP 的相关性。较低的硫酸盐 AOD 更有利于高原地区的正地闪。当硫酸盐 AOD 小于 0.08 时，正地闪相对频率约为 40%。当硫酸盐 AOD 小于 0.08 且 CAPE 小于 100J/kg，正地闪相对频率为 40%～70%。当 SHEAR-5km 超过 10m/s，IWP 小于 0.04kg/m²，硫酸盐 AOD 小于 0.08 时，正地闪相对频率较高，平均超过 50%，BC AOD 也存在类似的现象。在 CAPE 和 IWP 偏小以及 SHEAR-5km 偏大的条件下，BC AOD 含量低更有利于正地闪的发生。从另外一个角度来看，气溶胶可能会对热力学和云相关因素产生潜在影响，从而影响闪电极性。在高原地区，硫酸盐 AOD 可能充当云凝结核，通过影响微物理过程来调节云的热力学结构。更多的硫酸盐 AOD 使云滴半径减小，数量浓度增加，云滴的碰撞聚并效率降低，从而抑制了暖雨过程。较小的云滴被输送到冰相区域，形成更

多的冰颗粒，冻结过程中释放的大量潜热进一步促进对流的发展。强对流运动意味着较高的正电荷分布不利于正地闪的发生。BC AOD 通过加热低层大气，增加了当地环境的对流能量，进而降低了垂直风切变，使对流发展更加旺盛，促进了冰粒的形成和闪电活动，而正地闪的比例降低。

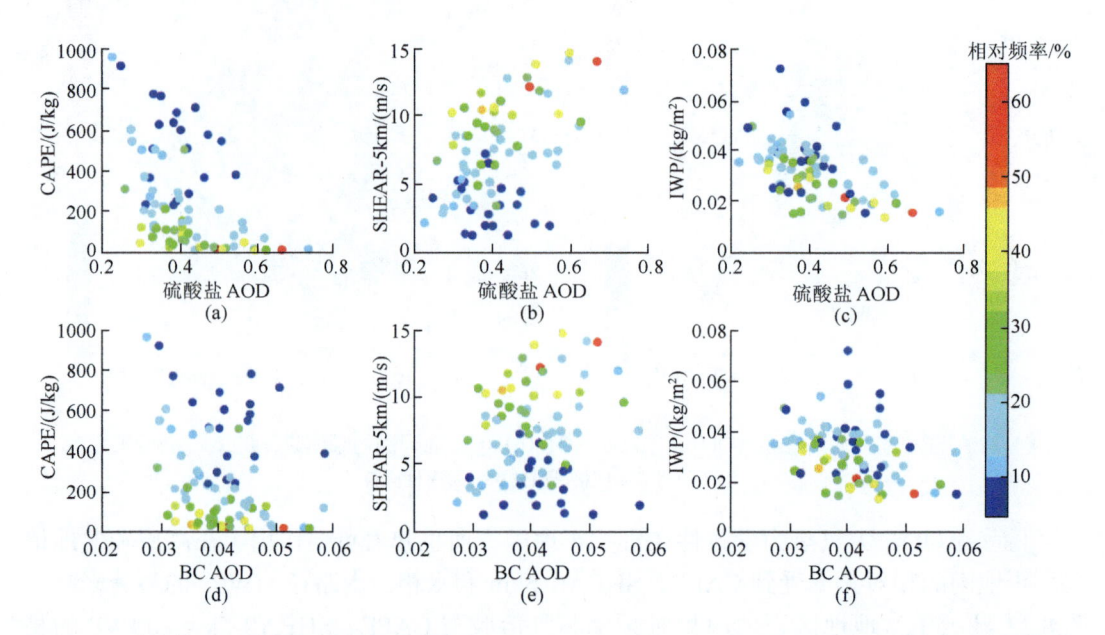

图 8.23　盆地地区正地闪相对频率和硫酸盐 AOD、BC AOD 与 CAPE、SHEAR-5km 和 IWP 的相关性

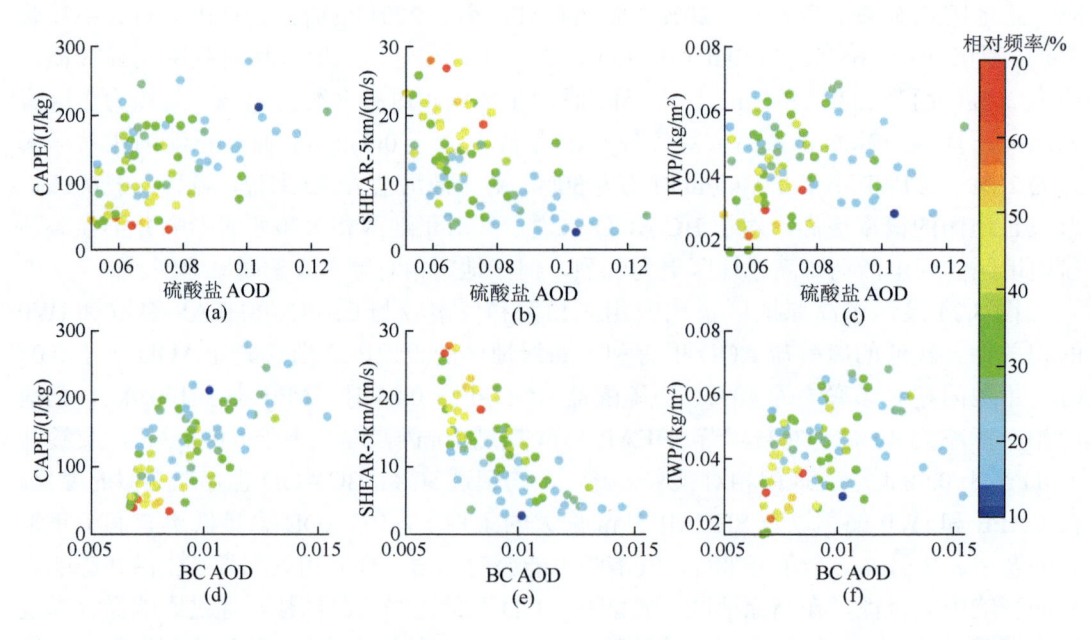

图 8.24　高原地区正地闪相对频率和硫酸盐 AOD、BC AOD 与 CAPE、SHEAR-5km 和 IWP 的相关性

8.4 云贵高原的闪电活动特征

云南省位于我国西南边陲，属青藏高原的南部延伸，地形复杂多变，海拔自西北向东南呈阶梯状下降[图 8.25(a)]。滇中以东 24°N～28°N 的区域是构成云贵高原的主体部分，平均海拔约 2000m，地势呈中部高、南北低的海拔分布；西部为横断山区，地势险峻，高山峡谷相间，北部海拔达到 3000～4000m，南部则在 1500～2200m；滇西南部及滇南边界地势平缓开阔，海拔一般为 600～1000m，跨越热带季风和亚热带季风两大气候区。

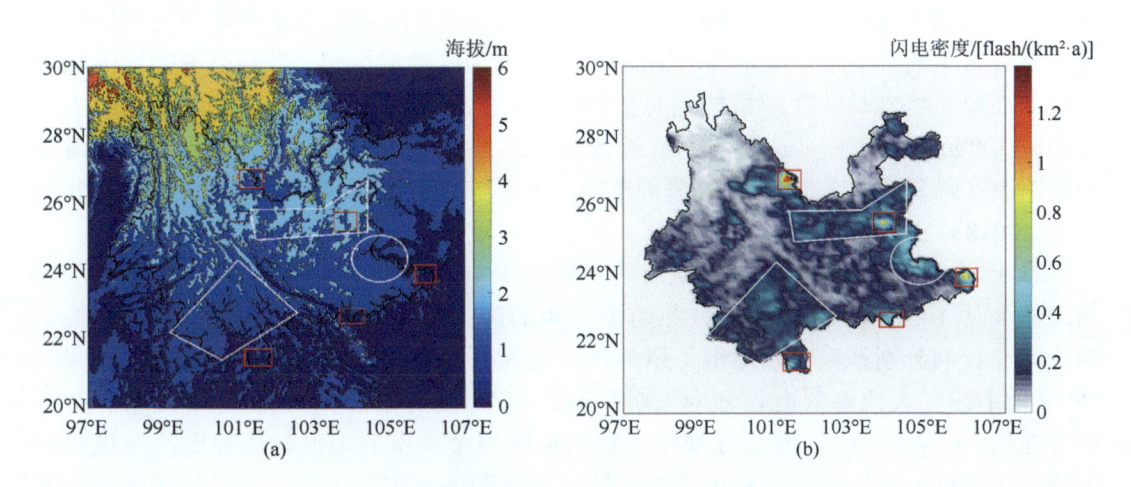

图 8.25　云南省海拔变化与闪电密度分布对比

(a) 研究区域地形；(b) 年平均闪电密度分布

本节综合分析 WWLLN、地闪定位系统、天气雷达和卫星等资料，对云南高原地区的闪电时空分布特征进行研究；分析雷暴云不同发展阶段强反射率的时空特征及其与地闪的关系；研究旨在进一步明确地处青藏高原边缘地带、南亚和东亚季风交会区域的云南高原地区的强对流天气与地闪活动的关系。

8.4.1　基于 WWLLN 的闪电时空分布特征

利用 WWLLN 资料计算了云南 2010～2018 年平均闪电密度分布及其随经纬度的变化，数据网格精度为 0.1°×0.1°[图 8.25(b)]。可以看出，闪电密度自西北向东南逐渐增加，大体上沿等高线呈块状分布。中部高原、东部边界、西南及南部边境等地的闪电活动最为频繁，滇南哀牢山一线的闪电密度明显低于两侧的低海拔山区，西北的横断山脉是全省闪电活动最弱的区域。对比闪电密度与地形可以看到，西南和东南的闪电密度大值区（图 8.25 中白色线框区域）对应起伏小且连续的地形，南部边界、曲靖中部和丽江东侧的几处闪电密度极高值（图 8.25 中红色线框区域）也都出现在平缓的盆地或山谷地区，通过等高线能反映出密度中心四周的地形呈骤变趋势，且随着海拔迅速升高闪电密度陡然减小。这些结果表明，云南的闪电多发生于地形起伏度小的区域，在相对海拔落差大的地区，闪电多出现在海拔较低且地势平缓的一侧。

为了进一步讨论地形和海拔对闪电分布的影响，以50m为单位区间，对不同海拔区间内发生的闪电频数进行统计，结果表明，随着海拔的不断增加，闪电频数呈现出先增后减的变化趋势，且夏半年（春分、秋分之间）和冬半年的闪电频数随海拔的变化趋势基本一致，闪电活动主要集中在海拔1000~2500m的地区，第一峰值出现在海拔1550~1600m，第二峰值则位于海拔1900~1950m，最大闪电频数为17682次。通常海拔较高的地区更容易受到太阳的直射，在加热作用下形成不稳定的大气层结，利于对流活动的发生（郑永光等，2008）。结合云南的地形可知，海拔越高的地区越靠近青藏高原，特别是丽江和攀枝花的交界地带，此处属攀西裂谷中南段，最大海拔落差超过3000m，密度中心出现在河谷地形区，最大值超过3flash/(km²·a)，同时其附近的横断山区属青藏高原东南角，高原闪电活动的影响使得该地区年均闪电密度较大（Fan et al., 2018）。

从上面分析可知，云南的闪电活动多发生于1000~2500m的中海拔范围内，但当海拔高达1650m左右时，夏、冬两个半年的闪电频数都出现了谷值。为明确其中的原因，我们分别计算了各地市（州）年平均闪电密度和海拔标准差（表8.2），并以25°N为中线，大致将云南划分为偏南和偏北两个地区，分别统计各地市（州）的海拔分布情况（图8.26）。海拔标准差能粗略反映每个城市的地形起伏程度，海拔数据的箱线图可以反映出地势的整体情况：箱体长度和两端虚线越短，表示数据离散程度越小，即海拔越平均，地形起伏越小，中线越靠近箱体下（上）端，表示该地区低（高）海拔区域占比越大；异常值则对应海拔从低向高过渡时的陡峭程度，数量越多则表示山体坡度越大。

表8.2 云南省各地市（州）年平均闪电密度和海拔标准差（陶心怡等，2021）

		怒江州	迪庆州	丽江市	大理州	楚雄州	昆明市	曲靖市	昭通市
年平均闪电密度/[flash/(km²·a)]	夏半年	0.15	0.25	0.92	0.53	1.09	0.84	1.52	0.59
	冬半年	0.11	0.03	0.25	0.24	0.22	0.16	0.67	0.23
海拔标准差/m		1495	1406	902	645	571	465	693	745
		德宏州	保山市	临沧市	普洱市	西双版纳州	玉溪市	红河州	文山州
年平均闪电密度/[flash/(km²·a)]	夏半年	0.67	0.46	0.79	1.13	1.32	0.39	1.22	0.83
	冬半年	0.46	0.28	0.54	0.78	0.14	0.12	1.07	0.47
海拔标准差/m		941	753	643	776	839	491	622	685

注：怒江州，全称为怒江傈僳族自治州；迪庆州，全称为迪庆藏族自治州；大理州，全称为大理白族自治州；楚雄州，全称为楚雄彝族自治州；德宏州，全称为德宏傣族景颇族自治州；西双版纳州，全称为西双版纳傣族自治州；红河州，全称为红河哈尼族彝族自治州；文山州，全称为文山壮族苗族自治州。下同。

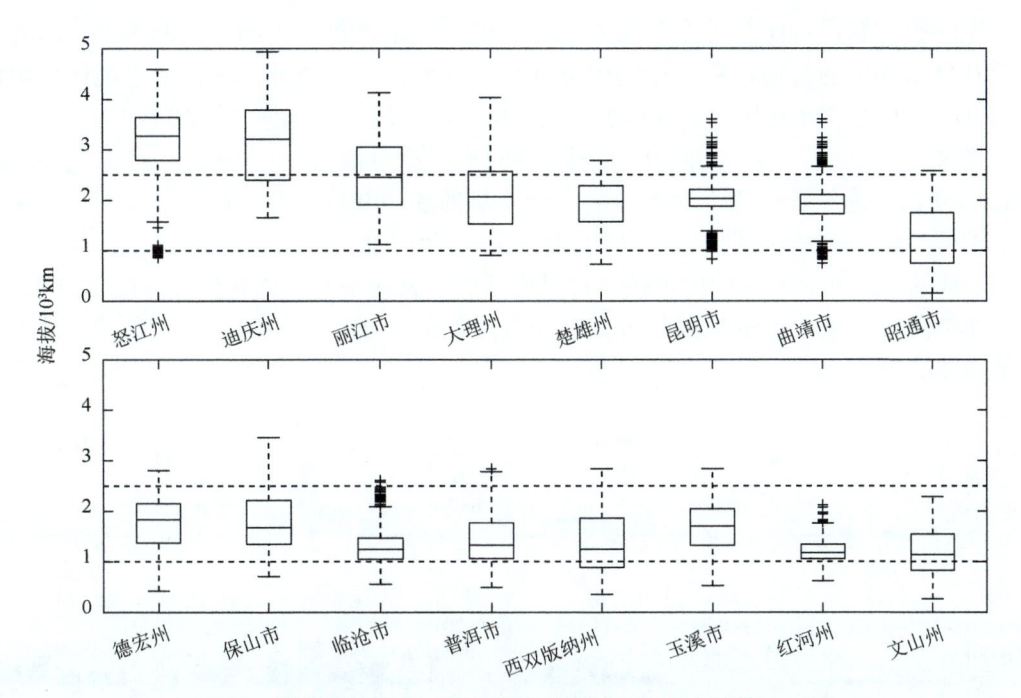

图 8.26　云南省各地市（州）海拔分布情况（陶心怡等，2021）

箱体的上下边界分别代表第三四分位和第一四分位；箱体部分表示海拔数据的中间 50% 区域值；箱体中间的黑线代表中值；箱体两侧虚线表示数据集中的极大值（98%）和极小值（2%），"+"表示异常值

结合图 8.26 和表 8.2 可知，偏北地区的海拔变化普遍大于偏南地区，滇西北的怒江州和迪庆州闪电密度最小，海拔标准差超过 1400m，对应了横断山区山高谷深的地形，除此之外的各地市（州）的海拔基本都处于闪电活跃的高度区间。偏北的昆明市和曲靖市，南北两侧的山体坡度大，中间是地形起伏较小的过渡地带，属云贵高原的主体，对应云南中部的密度高值区；偏南的红河州和临沧市地势北陡南平，河流众多，是典型的河谷地形，从图 8.25（b）中可以看出，闪电集中发生在两市（州）的南侧边界处。对比同一经度的昭通市和文山州，前者海拔标准差较大而闪电密度较小，而同纬度的大理州和楚雄州也有相同的结论；同时，海拔标准差相近但地形起伏度更小的红河州的闪电密度是大理州的 2.8 倍，普洱市是保山市的 2.5 倍，说明不同海拔的闪电活动都更容易发生在地势平缓的山地高原或河谷平原。综上分析可知，云南地区的闪电活动有明显的地域差异，其空间分布情况与地形地势和海拔密切相关，平缓开阔的地势有利于闪电的发生，而起伏剧烈的地形不利于闪电的形成，地势较海拔更能影响闪电活动。

整体而言，闪电密度随经度的增加而增加，随纬度的增加而减少，但夏、冬半年的闪电密度在经向上的变化趋势基本一致，闪电密度的变化主要受地形因素的影响，而纬向上两个半年的闪电密度差异较明显，24°N～26°N 的闪电密度在夏半年呈增长趋势，而冬半年则相反，并且纬度高于 27°N 的区域冬半年几乎没有闪电活动。青藏高原表面热源与东亚夏季风环流密切相关，夏季风的减弱与高原表面热源的减弱密切相关（李文韬等，2018），受其影响，云南的闪电活动多集中于夏半年，夏季风盛行期间云南地区的雷暴日占比超过全年的 69%，夏至后太阳直射点渐渐移出北半球，随着日照的减少和季风的南退，冬半年的闪电活动大幅度减少。由此可知，云南地区闪电活动的时间分布受经度变化的影响较小，闪电密度随纬度的增加而逐渐减小。

图 8.27 为 2017～2019 年 ADTD 探测网络中云南地闪定位系统（lightning location system，LLS）的统计结果，对于地闪活动密集的 5～9 月，云南西北、东北、西南以及中部的楚雄州等地区的地闪活动均为单峰型分布，而昆明市、玉溪市、红河州、文山州一线的东南地区 6 月的闪电较 7 月更为活跃，云南全省闪电频数最大值均出现在 8 月。在空间分布上，湿季地闪的频数分布与全年的分布特征相同，自东向西、从南到北呈递减的趋势。

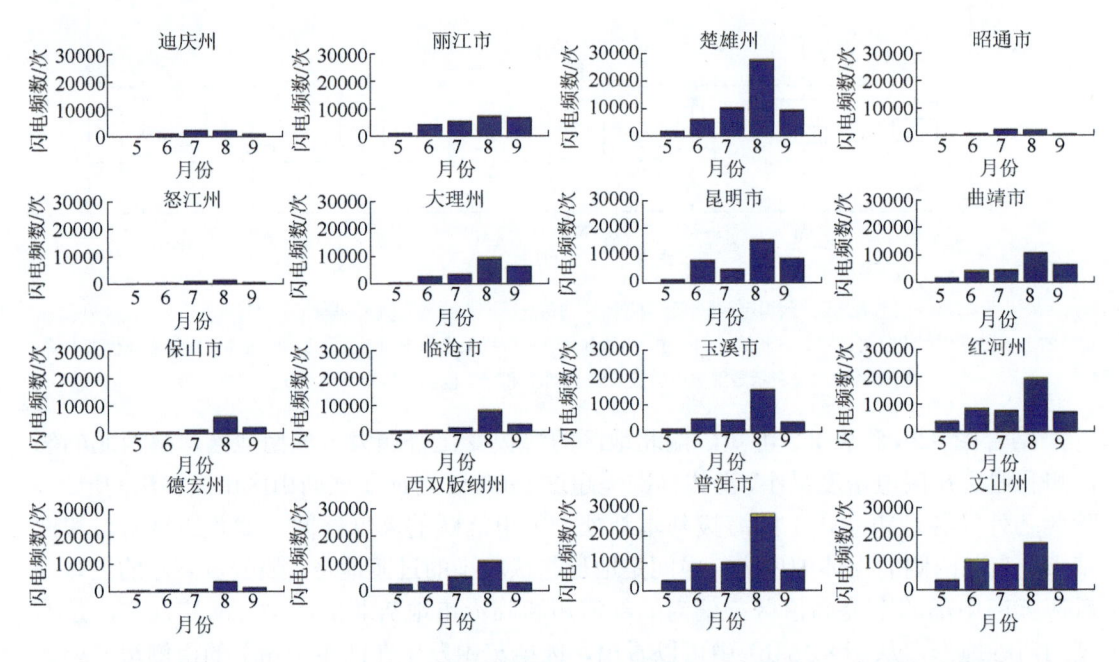

图 8.27　2017～2019 年 ADTD 探测网络中云南地闪定位系统（LLS）的统计结果
黑色柱形表示负地闪频数，白色柱形表示正地闪频数

从图 8.28 可以看出，LLS 闪电资料与 WWLLN 闪电资料的闪电频数在随时间的变化趋势上具有较好一致性，而 LLS 闪电资料相较于 WWLLN 闪电资料在探测精度上表现更为良好，探测效率是 WWLLN 的 3.4 倍，同时，LLS 闪电资料还能提供闪电的正负极性。正地闪与负地闪的总比值在 0.1842～1.3419，最小为楚雄州，最高为昭通市。除曲靖市外的 15 个城市最大正负地闪月比值均出现在 5 月，而曲靖市则在 6 月时正负地闪月比值高达 1.238，也是全省最大值。德宏州、普洱市、西双版纳州 6 月的正负地闪月比值达最低，依次为 0.2817、0.0364、0.0234，怒江州和迪庆州则为 7 月最低，依次为 0.0884、0.0479，滇西南的临沧市和滇东昭通市、曲靖市、昆明市、玉溪市、红河州都在 8 月出现最低值，依次为 0.0503、0.0394、0.0183、0.0214、0.0227、0.0225，东南部的文山州及西部的丽江市、大理州、楚雄州和保山市的正负地闪月比值则在 9 月

降至最低。从上述分析可知，云南各地区湿季的地闪均以负地闪为主，正地闪在 5 月发生的占比最大。

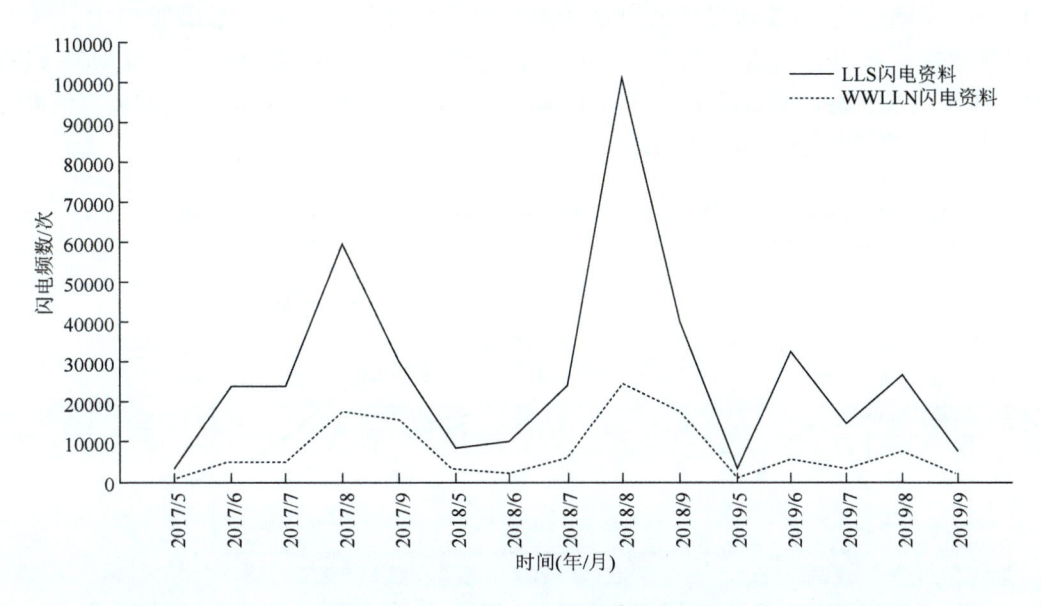

图 8.28　2017～2019 年 5～9 月的 LLS 闪电资料与 WWLLN 闪电资料对比

8.4.2　强雷暴对流参数与地闪活动关系的分析

云顶亮温（TBB）是反映雷暴云团发展高度及降水强弱的重要特征量，TBB 的值越低表示云团对流活动越强。温度梯度是除 TBB 之外的另一个与降水量相关的特征量，它也能反映出云团内部的对流活跃程度，在卫星云图中，等值线越密集表示温度梯度越大，云顶起伏越剧烈，通常在对流云团移动前方的低空入流区呈现出较大的温度梯度。

1. 正负地闪频数变化与 TBB 的对应关系

本研究通过个例对云南夏季常见的四类典型强对流系统［单体雷暴、多单体雷暴、飑线和中尺度对流系统（MCS）］的地闪频数和 TBB 随时间的变化关系进行了分析，发现 4 次过程的持续时间均超过 15h，TBB 与地闪频数随时间的变化规律基本一致，负地闪占主导地位，这与我国雷暴的三极性电荷结构有关，负地闪频数远多于正地闪频数。多单体雷暴、飑线和 MCS 的地闪变化呈单峰型，只有单体雷暴具有双峰型特征［图 8.29(a)］，可能是由于单体雷暴前期经历了一次云团合并，因此第二次峰值明显大于第一次，这也是造成此次雷暴持续时间较长的原因。构成飑线的各个对流单体发展程度不一致，且有的对流单体是从上一个系统分裂出来的，导致正地闪在系统发展初期就有出现，且变化趋势与负地闪基本一致。在强对流系统发展期间，TBB 快速下降，强对流系统云团发展迅速，地闪活动快速增加，当 TBB 接近或降至最低值时地闪频数达到峰值，表明对流系统发展趋于成熟，大风、冰雹、短时强降水等灾害天气也在此时产生，其中单体雷暴和 MCS 两次过程的 TBB 接近最低值时地闪频数达到峰值，而多单体雷暴和飑线的 TBB 达最低值时地闪频数也达到峰值，单体雷暴最低 TBB 出现在地闪频数峰值前 4h，可能与两个对流单体合并造成冷云面积突增有关，而 MCS 过程最低 TBB 出现在地闪频数峰值后 5h，说明对流系统进入成熟阶段后开始减弱，但高层卷云砧的存在减缓了 TBB 的增加。

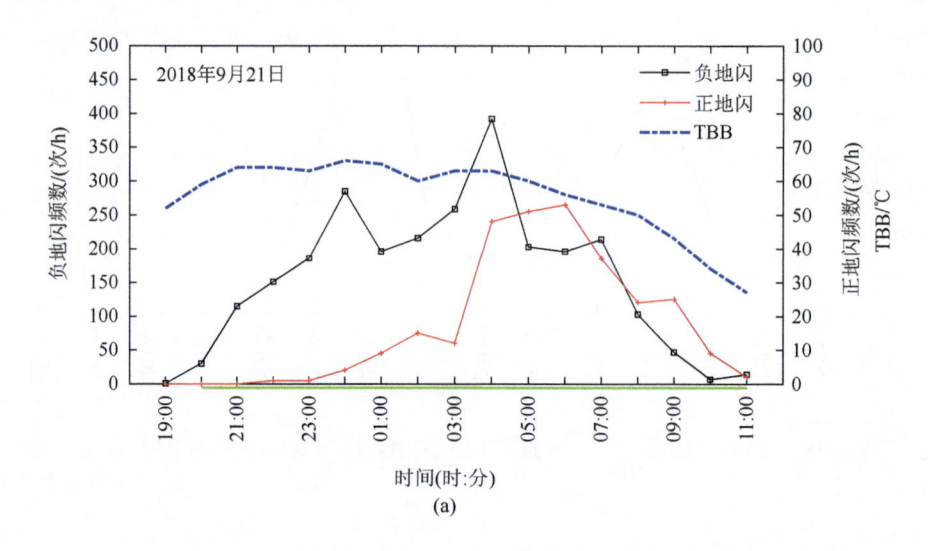

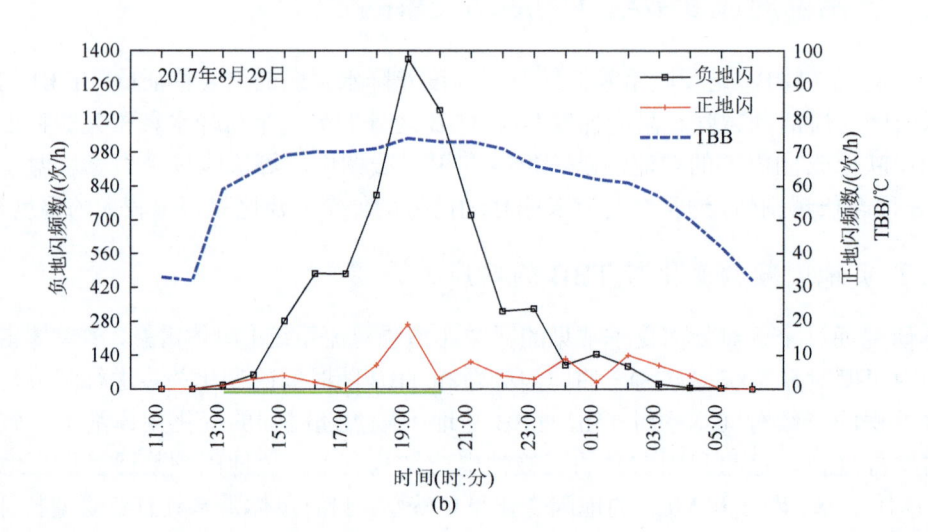

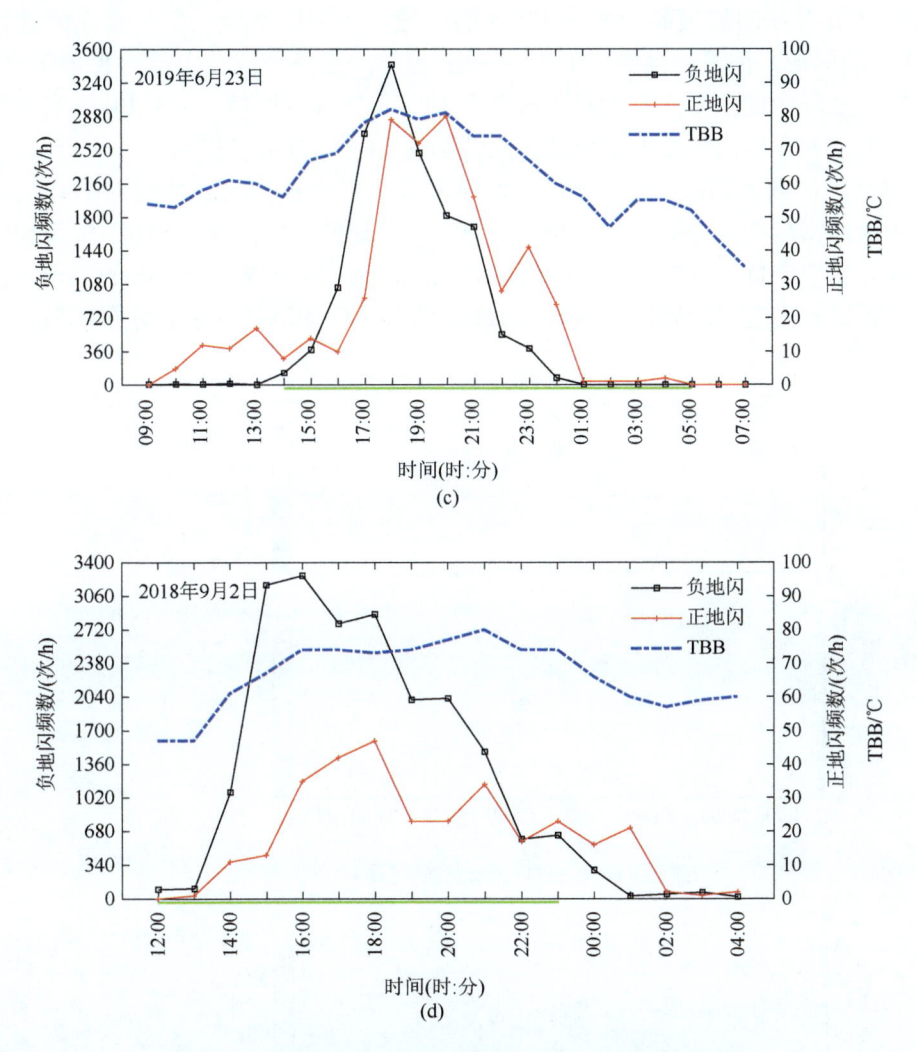

第8章 青藏高原东部地形过渡区域的闪电活动特征

图8.29 4次强对流系统地闪频数与TBB随时间的演变

(a) 单体雷暴；(b) 多单体雷暴；(c) 飑线；(d) MCS

4种类型的强对流系统中负地闪都占绝对优势，正地闪较少且基本在对流发展的成熟阶段开始活跃，与TBB都存在较好的相关性。在强对流系统的发展阶段，TBB迅速下降，负地闪频数也相应快速增长，当TBB接近或达到最低值时，负地闪频数出现峰值；进入成熟阶段后，雷暴云团顶部的层状云使得TBB能维持在较低的温度，此时负地闪频数开始减少，正地闪频数有所增加；在对流强度减弱到消亡阶段时，TBB逐渐上升，负地闪频数迅速减少至几乎与正地闪频数持平，且正地闪频数以波动起伏的趋势减少。

2. 地闪分布与回波顶高的关系

图8.30给出了回波顶高与地闪密度随时间的演变。图8.30(a)中单体雷暴的负地

195

闪密度主要分布在回波顶高为 8～15km 的区域，正地闪密度主要分布在回波顶高为 7～13km 的区域，回波顶高较低的 2～6km 也有少量正地闪发生；图 8.30(b) 中多单体雷暴的负地闪密度主要分布在回波顶高为 13～17km 的区域，9～13km 高度处也有负地闪发生，而正地闪密度大部分处在回波顶高 11～15km 的区域，7～11km 也有不少正地闪产生；图 8.30(c) 中飑线的负地闪密度主要分布在回波顶高为 11～17km 的区域，正地闪密度主要分布在回波顶高为 8～15km 的区域；图 8.30(d) 中负地闪密度的分布较为集中，11～17km 的地闪密度较大，回波顶高为 8～11km 的负地闪密度分布均匀，正地闪密度在回波顶高为 7～18km 的各个区间均有发生且分布松散。

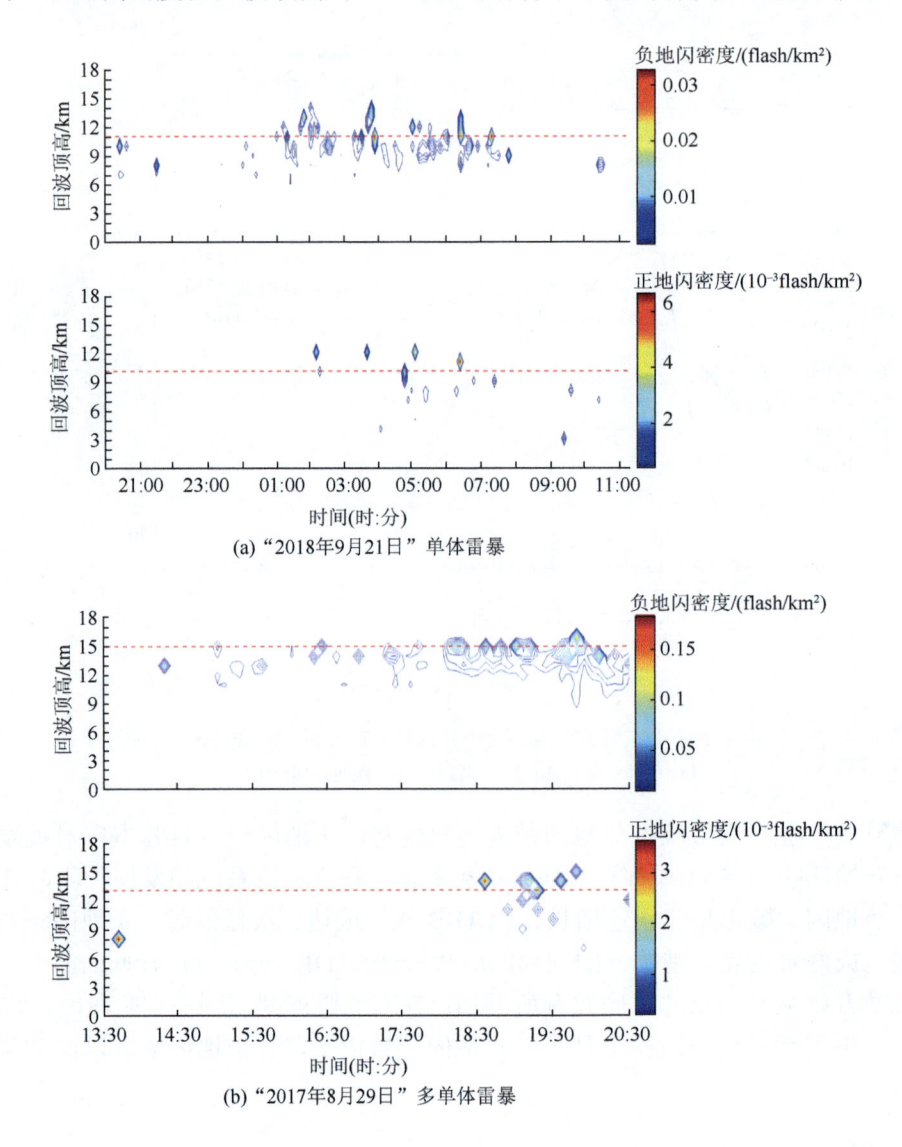

(a) "2018年9月21日" 单体雷暴

(b) "2017年8月29日" 多单体雷暴

(c) "2019年6月23日"飑线

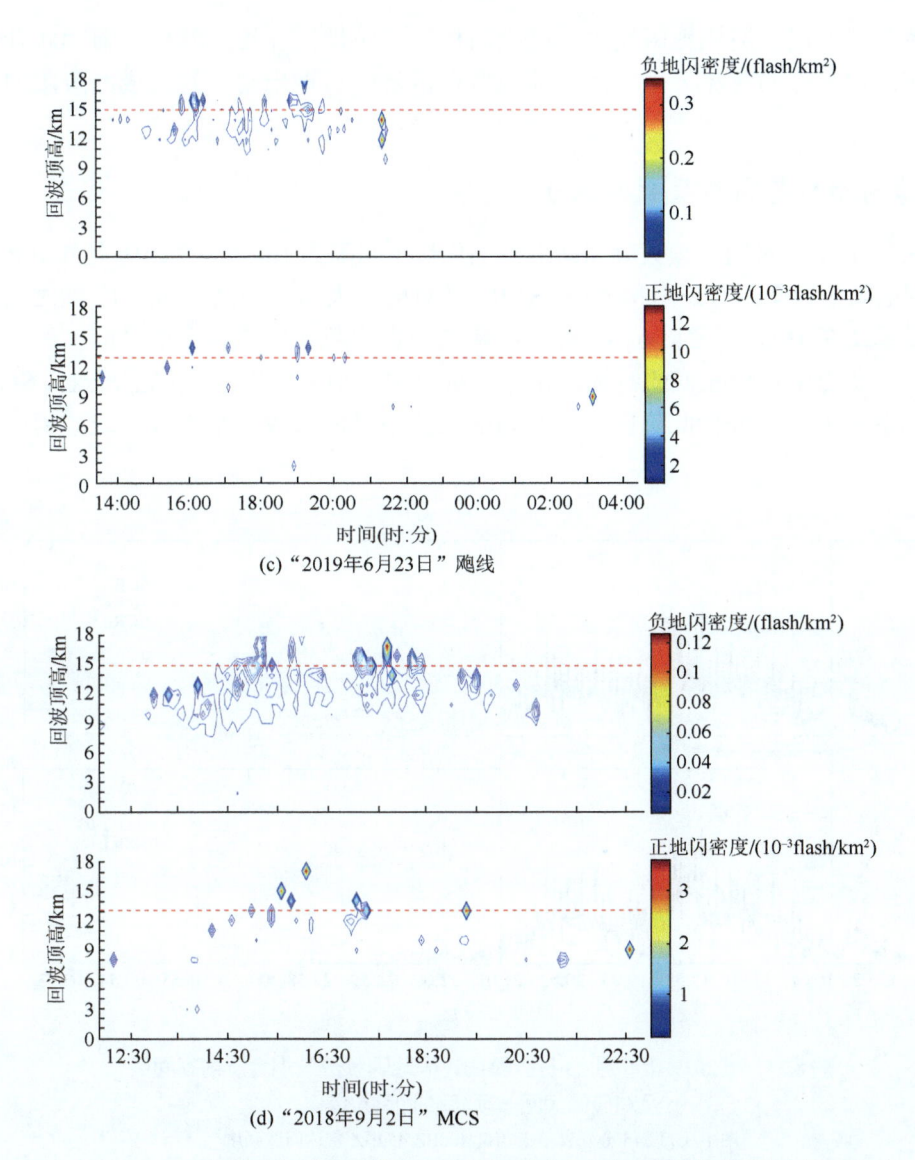

(d) "2018年9月2日" MCS

图 8.30 4 种类型强对流系统负、正地闪密度和回波顶高随时间演变过程图
图中虚线为地闪密度较大区域对应的回波顶高

统计结果也表明，回波顶高在 8km 以下的区域地闪活动较少，地闪活动主要集中在回波顶高 9～15km 的区域中。由于单体雷暴 –20℃层高度最低，并且对流云团进入雷达扫描区域时已进入成熟阶段，所以闪电整体的发生高度都偏低，负地闪密度偏小而正地闪密度偏大。其余 3 次雷暴过程的负地闪密度基本在回波顶高 15km 上下均匀分布，正地闪密度则主要发生在 13km 的高度附近。飑线系统的地闪密度最大，多单体雷暴和 MCS 次之，可能原因是据卫星云图，此次飑线系统中的强对流单体发展结构紧实且均匀，相互影响，导致地闪发生分布集中，而多单体雷暴和 MCS 内部

对流单体分散发展，造成地闪发生范围大而松散。负地闪在雷暴发展的前期就开始活跃，对应云顶上升的对流云区，而正地闪多在雷暴中后期出现，对应成熟阶段的层状云区。

3. 地闪频数与雷达反射率因子的关系

图 8.31 显示了对闪电频数时间间隔精细化后（间隔为 1min），"2019 年 6 月 23 日"飑线过程地闪频数与组合反射率面积（SCR）及对应最大回波顶高（maxET）随时间的变化。飑线系统在 16:00～21:00（图 8.31 中两条竖直黑色实线所标示的区间）的地闪活动是整个生命史中较为旺盛的时期，在这一阶段中，地闪频数（N）剧烈变化，SCR 与 maxET 涨落幅度大，分析此阶段三者间的响应关系最能代表整个飑线系统的闪电活动特征。

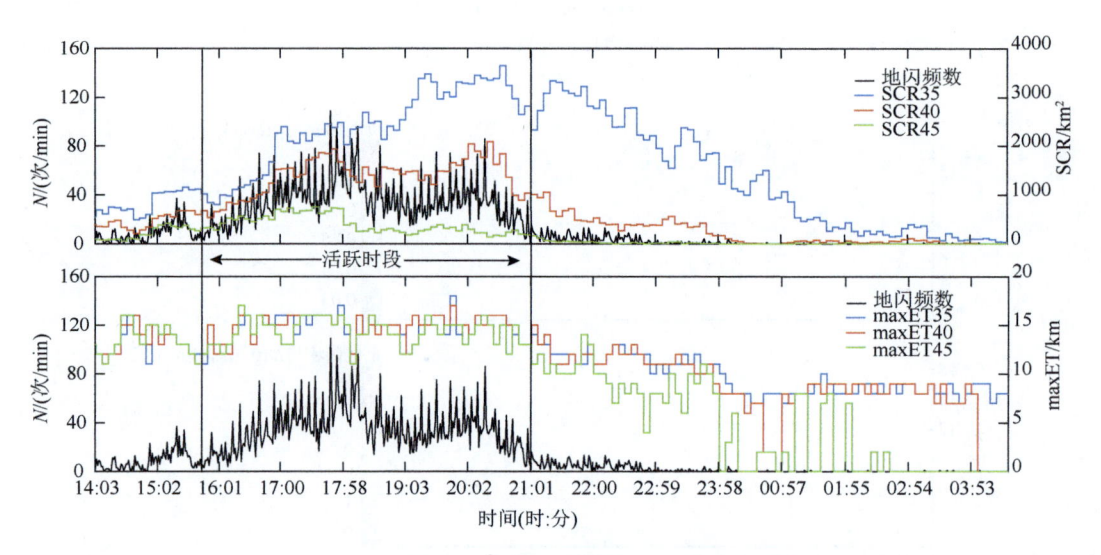

图 8.31 "2019 年 6 月 23 日"飑线过程地闪频数与组合反射率面积
及对应最大回波顶高随时间的变化
图中 35/40/45 分别表示 35dBZ/40dBZ/45dBZ 雷达回波强度

不难发现，飑线在活跃时期存在多个 N 与 SCR、maxET 变化一致的时刻，如图 8.32 所示，N 与 SCR35 在①、②两点对应的时期同时增加，③、⑤两点同时减少；N 与 maxET35 在②、⑥两点同时增加，③、④两点同时减少。通过统计多个时段的变化率 k（如时段①地闪频数增加量（ΔN）=22 次 /min，ΔSCR35=130km²/min，Δt=1min，则地闪频数的增加速率 kN=22 次 /min²，SCR35 的增加速率 kCR=130km²/min²；时段② Δt=3min，kN=20.67 次 /min²，kCR=12km²/min²，kET=1km /min² 等），可以获得 N 与 SCR35、N 与 maxET35 在变化率上的量化结果，进而得出两者间的相关系数 r。

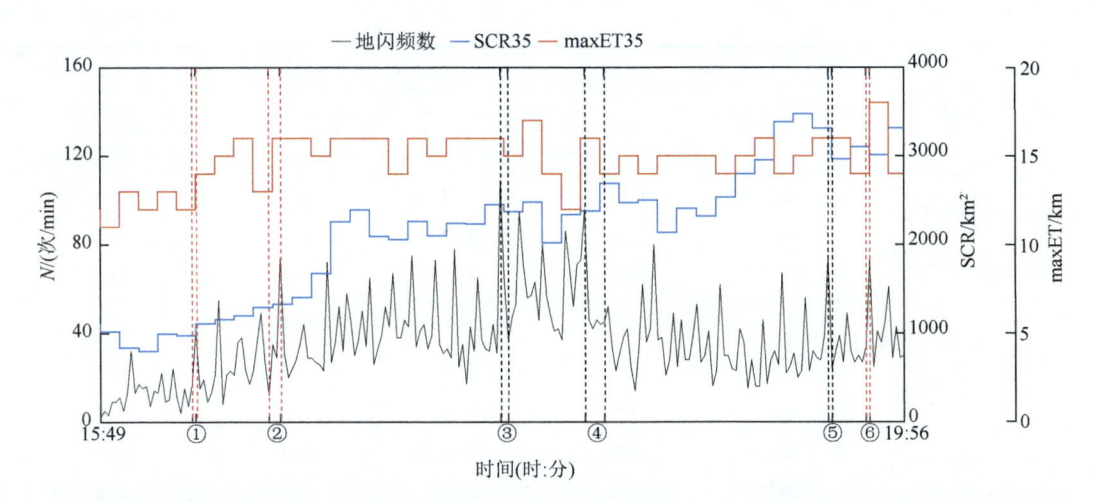

第8章 青藏高原东部地形过渡区域的闪电活动特征

图 8.32 "2019 年 6 月 23 日"飑线 15:49～19:56 的地闪频数、35dBZ 的 SCR 及 maxET 变化曲线
红色虚线①、②、⑥之间地闪频数增加，黑色虚线③、④、⑤之间地闪频数减少

根据之前的分析可知，当时间间隔 Δt=1～15min 时，地闪活动与雷达回波的对应关系良好，故在对 10 个雷暴系统的 k 值进行统计分析时，对于 kN>0 且 kCR>0、kN<0 且 kCR<0、kN>0 且 kET>0、kN<0 且 kET<0 这四种情况，分别在 SCR=35dBZ、40dBZ、45dBZ 时取 Δt=1～10min 的 10 个变化时段，计算时段内 kN、kCR、kET 的大小，统计 N 与 SCR、maxET 的相关系数（表 8.3）。统计结果表明，闪电活动与 35dBZ、40dBZ、45dBZ 之间都存在较高的相关系数，N 与 SCR、maxET 的相关系数大小和雷暴的类型并无明显的关联性，不同类型雷暴之间的相关系数存在差异，但总体上都是显著相关的。

表 8.3 10 次雷暴系统 kN、kCR、kET 的相关系数统计

序号	雷暴编号	回波强度/dBZ	N 与 SCR kN>0 且 kCR>0	N 与 SCR kN<0 且 kCR<0	N 与 maxET kN>0 且 kET>0	N 与 maxET kN<0 且 kET<0
1	"2018 年 8 月 21 日"单体雷暴	35	0.92	0.48	0.62	0.89
		40	0.39	0.95	0.91	0.47
		45	0.70	0.49	0.56	0.68
2	"2018 年 9 月 22 日"单体雷暴	35	0.97	0.23	0.88	0.83
		40	0.94	0.89	0.82	0.95
		45	0.55	0.71	0.96	0.86
3	"2018 年 9 月 21 日"单体雷暴	35	0.99	0.08	0.98	0.88
		40	0.93	0.41	0.99	0.93
		45	0.96	0.98	0.92	0.86

续表

序号	雷暴编号	回波强度 /dBZ	相关系数 r			
			N 与 SCR		N 与 maxET	
			kN>0 且 kCR>0	kN<0 且 kCR<0	kN>0 且 kET>0	kN<0 且 kET<0
4	"2018 年 8 月 29 日" 多单体雷暴	35	0.79	0.58	0.90	0.93
		40	0.79	0.52	0.96	0.95
		45	0.83	0.43	0.85	0.86
5	"2018 年 8 月 15 日" 多单体雷暴	35	0.97	0.68	0.86	0.93
		40	0.76	0.34	0.90	0.94
		45	0.56	0.40	0.77	0.76
6	"2017 年 8 月 29 日" 多单体雷暴	35	0.89	0.66	0.86	0.24
		40	0.74	0.22	0.89	0.98
		45	0.61	0.02	0.69	0.62
7	"2019 年 6 月 23 日" 飑线	35	0.85	0.80	0.95	0.77
		40	0.91	0.93	0.99	0.88
		45	0.52	0.60	0.87	0.88
8	"2018 年 9 月 2 日" $M_\beta CC$	35	0.88	0.74	0.97	0.94
		40	0.97	0.97	0.99	0.64
		45	0.62	0.83	0.97	0.91
9	"2017 年 8 月 23 日" MCC	35	0.97	0.71	0.99	0.90
		40	0.89	0.03	0.96	0.71
		45	0.91	0.90	0.84	0.62
10	"2017 年 9 月 5 日" MCC	35	0.73	0.50	0.93	0.87
		40	0.94	0.80	0.88	0.98
		45	0.94	0.46	0.99	0.99

r 值的大小主要取决于回波强度的大小和闪电频数的增减，取 10 次雷暴系统 N 与不同强度回波之间的相关系数平均值，可以得出如下结果：在闪电活动增加时期，N 与 SCR35、SCR40、SCR45 的相关系数分别为 0.90、0.83、0.61，与 maxET35、maxET40、maxET45 的相关系数分别为 0.90、0.93、0.84；在闪电活动减少时期，N 与 SCR35、SCR40、SCR45 的相关系数分别为 0.55、0.61、0.58，与 maxET35、maxET40、maxET45 的相关系数分别为 0.82、0.84、0.80，可见闪电频数与回波顶高的相关性较 SCR 更好，其中增长型 maxET40 对应的相关系数最大，而闪电频数增加与雷达回波因子增加的变化规律更为一致，减少型 SCR35 对应的相关系数最小。对比分析了 r 值较大与较小的点发现，当 kN 与 kCR（kET）的比值小于 1 的个数越多时，r 值就越小，即 N 的增长（减少）速率小于 SCR（maxET）的变化速率时，两者间的相关性减弱。

总的来说，闪电活动与 SCR 的变化关系为显著相关，相关系数平均可达到 0.58～0.78；与 maxET 为高度相关，相关系数则在 0.82～0.89，即 N 变化的快慢程度与 maxET 的增速相关性较高，40dBZ 强度回波对应的 maxET 的增加可以作为判断 N 增长的依据。

8.5 祁连山地区的闪电活动特征

大通县地处青海省东部河湟谷地、祁连山南麓，是青藏高原和黄土高原过渡地带；海拔 2280～4622m，地势西北高东南低，属高原大陆性气候。本节利用历史资料对闪电放电过程进行了滤波定位，分析了云闪和地闪放电特征，并对云内特殊放电现象——双极性窄脉冲进行了放电物理参数的反演分析。

8.5.1 闪电放电过程定位及闪电放电特征分析

为了得到精细的闪电三维定位结果，首先利用经验模态分解（Huang et al.，1998）对所测量到的闪电辐射波形进行了处理（Wang et al.，2021）。经验模态分解的实质是通过特征时间尺度来识别信号中所内含的所有振动模态，为了从原始信号中分解出本征模函数，经验模态分解方法过程如下：找到测站 i 的原始信号 $X_i(t)$ 所有的极值点，用 3 次样条曲线分别拟合出上下极值点的包络线，原始信号减去两条包络线的平均值得到 c_1，根据预设判据判断 c_1 是否为本征模函数，如果不是，则以 c_1 代替 $X_i(t)$，重复以上步骤直到 c_1 满足判据，则 c_1 就是需要提取的本征模函数分量。每得到一阶本征模函数分量，就从原信号中扣除该分量，重复以上步骤，直到信号最后剩余部分 r_n 满足预设判据，剩余部分 r_n 通常是直流分量、单调分量和低频周期分量或三种分量的叠加。

由于不同的测站对信号的放大能力不完全相同，以及测站与辐射源的距离会影响测站接收到的辐射源信号强度，因此需要对经验模态分解方法处理之后的闪电电场信号进行归一化处理，以使得不同测站的同一辐射源脉冲信号强度更趋于一致，并根据波形对应的同步时间实现信号波形的整体对齐。进一步，以明德站脉冲序列为样板，以各个测站距明德站的光程差以及同步时间确定各测站滑动窗口的位置和窗口时间长度，即在滑动窗口内匹配相同辐射源的脉冲信号。各测站完成当前窗口的脉冲匹配，滑动窗口移动到主站下一个脉冲所在位置，各测站截取新的滑动窗口数据进行下一个窗口的匹配。匹配过程需要采用 Pearson 相关系数判断任意两个测站的小波段相似程度，在小波段匹配完成后，寻找所有测站的匹配波形的区域极值进行脉冲匹配，进而可以实现精确的辐射源三维定位。

图 8.33 显示了一次负极性地闪放电过程的三维定位结果，共定位出 5017 个辐射源点。根据三维定位结果可以估计，从闪电起始点到明德站的水平距离约为 9km，大致起始高度为 2～3km。通道在启动后的前 70ms 闪电水平发展。然后，闪电通道向下

延伸，约 40ms 后接地。显然，这是一次单回击地闪。然后，地闪扩展到闪电辐射源三维定位网络的西北和东南部。在回击结束后，一个负先导向闪电起始区域的东南方向发展，一个正先导向西北方向发展。

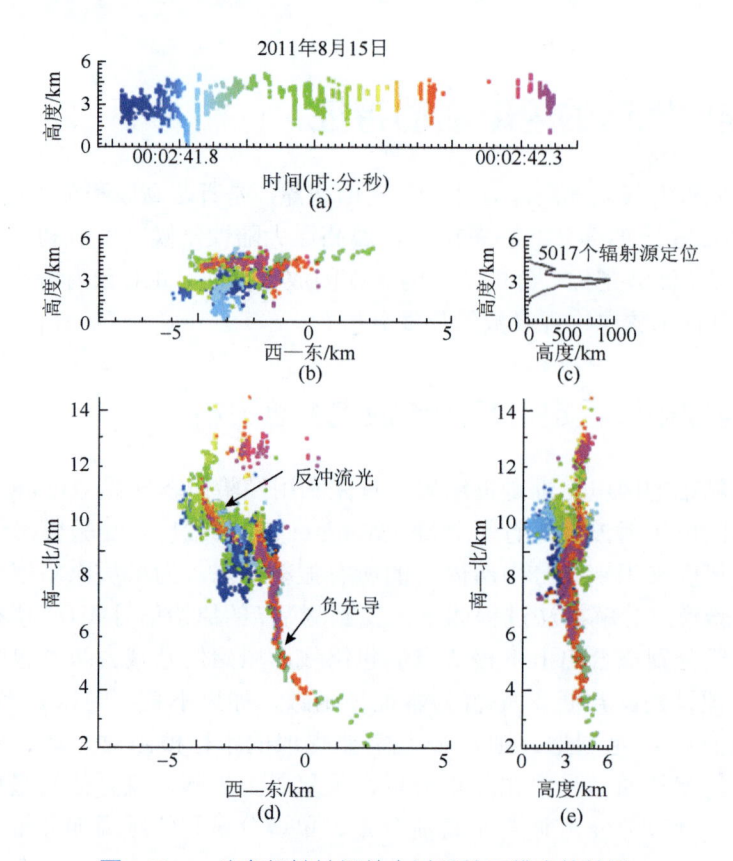

图 8.33　一次负极性地闪放电过程的三维定位结果
(a) 高度-时间图；(b) 南北垂直投影；(c) 辐射源的高度分布；(d) 俯视图；(e) 闪电辐射源的东西垂直投影。
图中从蓝色到紫色表示时间的先后，(a) 从左到右为时间序列

可以看出，在正先导通道中有三个负反冲流光。假设与 K 过程相关的负反冲流光从正先导终止开始并向闪电源传播。负反冲流光的平均速度估计为 $10^7 \sim 10^8$ m/s，比初始流光快两个量级，说明反冲流光是追溯正先导路径的过程。图 8.34 显示了第二个负反冲流光的脉冲和负先导通道的第二个再放电脉冲。第二个负反冲流光的脉冲幅度小于负先导通道第二个再放电的脉冲，并且负反冲流光的持续时间很短（约 0.2ms），水平距离约为 3km。第二个负反冲流光的平均速度约为 1.5×10^7 m/s。根据地闪的定位结果，在三个负反冲流光完成约 1ms、12ms 和 2ms 后，负先导通道分别经历了再放电过程。负反冲流光未连接到再放电过程，我们认为可能是正先导通道的三个负反冲流光分别触发了闪电水平负先导通道的 3 次再放电。

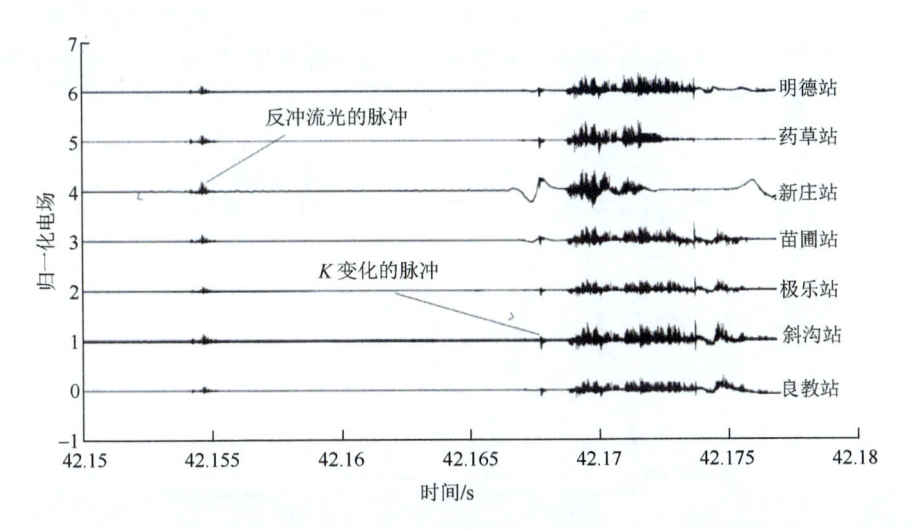

图 8.34　第二个负反冲流光脉冲和第二个负反冲流光触发的负先导通道中再放电的脉冲

8.5.2　双极性窄脉冲放电特征及物理参数

对双极性窄脉冲（NBE）事件的研究大多集中于统计和分类 NBE 发生的位置和辐射强度等表观物理特征上，而少有研究结合三维定位和 VHF 频段来研究放电过程中 NBE 的物理特征。目前已有多种工程模型应用于雷电脉冲波形的拟合，通过强调模型计算的电磁场与一定范围内实测电磁场的一致性，以分析不同雷电流的放电物理特性和物理机制。如何进一步认识 NBE 的放电物理过程，不仅需要实验观测以获取 NBE 的真实波形及三维位置，更重要的是在观测数据的基础上，结合理论模型进行物理参数的反演和分析。综合低频和 VHF 两个频段的观测数据研究远场正 NBE 波形，挑选 7 个测站同时具有宽带电场和 VHF 辐射波形观测数据的个例，在精确定位的基础上，将位置作为传输线模型的输入参数，利用 TL 模型、MTLEI 模型和 MTLK 模型分别对发生在不同距离处的闪电 NBE 脉冲进行拟合，并结合粒子群优化（PSO）算法加速迭代，反演得到闪电通道内电流波形的物理特性参数，进一步计算和统计分析 NBE 的传输电荷量垂直电偶极矩。

统计发现，在给定 200 个粒子数量，粒子群优化算法迭代循环 150～200 次之后，可在取值范围内寻找到最优解，当用 TL 模型进行拟合时，所给定各参数的取值范围为：电流值为 0～100 kA，t_1 为 5～10 μs，t_2 为 35～45 μs，H_2-H_1 为 300～1000 m，v 为 $3×10^7$～$3×10^8$ m/s。通过确定系数 R^2 评估拟合的效果，其中计算值越接近 1，表明模型对波形的拟合效果越好，越能够表征此脉冲的物理参数特性。

在低频段根据脉冲宽度、信噪比等条件筛选 NBE 波形（图 8.35），各参数定义如下。①上升沿：上升沿 10% 峰值点到峰值点的时间差；②下降沿：峰值点至下降沿 10% 峰值点的时间差；③半峰宽度：下降沿 50% 峰值点至上升沿 50% 峰值点的时间差；④全峰宽度：下降沿 10% 峰值点到上升沿 10% 峰值点的时间差。在明德主站得到的 24 个正 NBE 统计分析中，上升沿、下降沿、半峰宽度以及全峰宽度的平均值分别为 1.74 μs、2.71 μs、2.87 μs 和 4.75 μs。

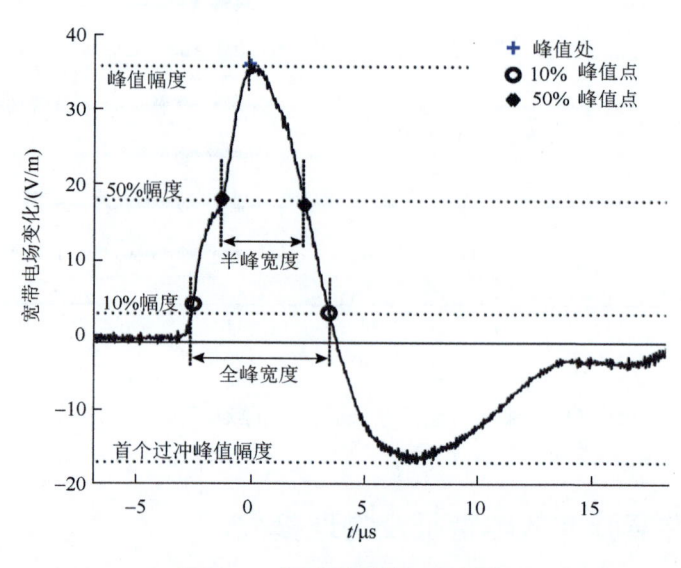

图 8.35 闪电波形特征定义图

与云闪放电极性的定义一致，将发生在上正下负两电荷区之间的双极性窄脉冲称为正极性 NBE，相反发生在上负下正两电荷区之间的则称为负极性 NBE（郄秀书等，2013）。由于近距离测量包括大量的静电场和感应场分量，双极性窄脉冲不容易辨别，因此本工作主要采用在远场识别到的 NBE 脉冲进行反演，专注于辐射分量很大的 NBE，而远距离辐射场正比于电流变化率，电流脉冲在开始和消退阶段必然产生双极性电场变化，使得 NBE 形成双极性的电场变化特征。

图 8.36 给出了距主站 60km、高 12km 的一次正 NBE 的总场和分量的拟合曲线（王彦辉等，2022），拟合确定系数分别为 0.973、0.961、0.969，说明三种模型均能够较好地拟合 NBE 脉冲波形。只是在脉冲波形正电场变化的上升沿初期以及负电场变化的上升区域其拟合效果并不是特别理想，主要是由于 NBE 波形上升沿（8.8～12 μs）变化率极快，三种模型尽最大可能拟合波形，但在上升沿初期拟合波形始终要大于观测脉冲，而在负电场变化上升沿阶段，拟合波形始终略小于观测脉冲。

由拟合总场分解出来的静电场、感应场和辐射场的各个分量可知，电场变化主要是由辐射场分量起主导作用，静电场和感应场几乎无剧烈变化，只有感应场在观测波形下降沿的过零点处（图 8.36 中 15 μs 处），相较于其他时刻，有一个比较明显的高度为 0.62 V/m 的电场变化峰值，持续时间在 10.4～22.8 μs，这也佐证了静电场分量和感应场分量在远场中的作用微乎其微。

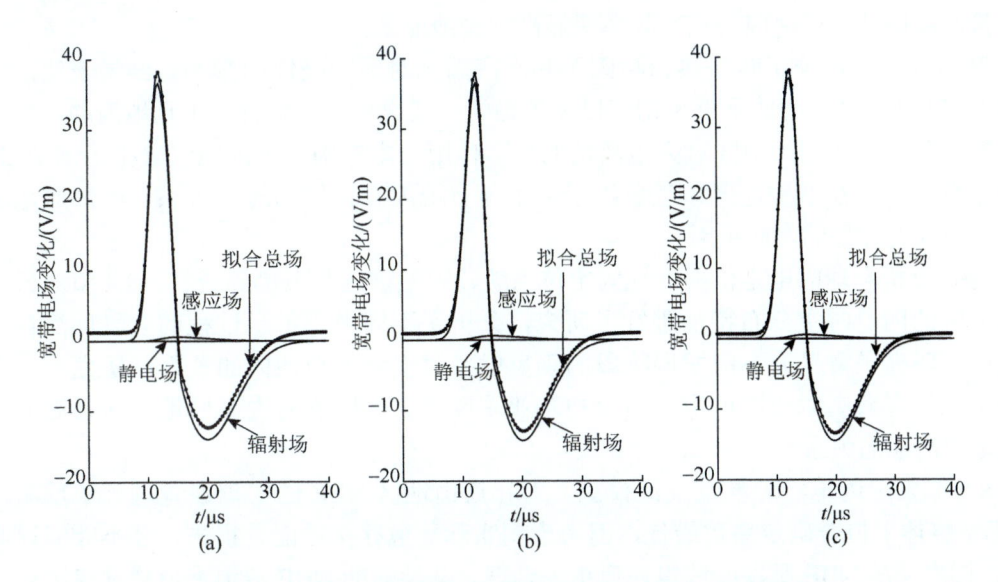

图 8.36　基于 3 种模型下 NBE 拟合电场变化及分量场对比
(a) TL 模型分量场；(b) MTLEI 模型分量场；(c) MTLK 模型分量场

由于 TL 模型和 MTLK 模型都是基于流光-先导的准静电场传统空气热击穿机制，中间层-低电离层中能量较低的电子受到对流层雷电放电引起准静电场的激发，从而产生辐射，因此这两种模型反演 NBE 脉冲得到的物理参数非常接近，MTLK 模型所拟合得到的电流峰值、通道长度、电流速度值略大于 TL 模型，是由于 MTLK 模型通道内电流峰值随高度变化而衰减，会产生光和热的能量损失，从而拟合同样强度的电场大小值，需要更强的电流值、更长的通道长度和更快的电流速度。

而基于准静电场相对逃逸雪崩击穿机制的 MTLEI 模型，其电流峰值远大于其他两种模型，这是由于 Watson 和 Marshall(2007) 认为 NBE 脉冲电流值应随高度呈指数增加，在通道顶端 $z=H_2$(z 表示垂直地面高度，$z \in H_1, H_2$) 时，电流达到峰值处，且因电偶极矩与宽带电场观测电场变化值相关，三种模型反演得到的电偶极矩 p_m 相差不大，较为合理。

8.6　小结

本章基于地基地闪定位系统资料、全球闪电定位网资料和局域闪电辐射源三维定位资料、多普勒天气雷达资料、探空及 ERA5 再分析等资料，聚焦青藏高原东部地形过渡区域，主要包括藏东地区、川西高原、云贵高原，以及祁连山地区，分别对闪电活动特征开展系统的研究。

首先基于地基地闪定位系统资料和 ERA5 再分析资料，对藏东地区和四川地区地闪活动特性进行了研究，发现盆地地区负地闪的相对频率明显高于高原地区，高原地区正地闪的相对频率高于盆地地区。在闪电高发的夏季，正地闪相对频率低于暖季其他月份，高原地区正地闪的相对频率明显高于盆地地区。

随后进一步讨论了暖季热力学因子和水汽因子对地闪极性的影响，结果表明，较低的对流有效位能、大的垂直风切变以及干燥的中低层和高云底有利于正地闪的产生。为研究气象因子在四川地区对闪电活动的指示作用，本书构建了闪电气象指示因子 CP 比例系数，发现在盆地地区该气象指示因子与负地闪有较好的对应关系，而高原地区则与正地闪有较好的对应关系。

综合分析全球闪电定位网、地闪定位系统、天气雷达和卫星等资料，8.4 节对云贵高原地区的闪电时空分布特征进行了研究，分析了不同类型雷暴过程的大气环流背景的特征，研究了雷暴云不同发展阶段的强反射率时空特征与地闪的关系。研究进一步明确了地处青藏高原边缘地带、南亚和东亚季风交会区域的云贵高原地区的强对流天气与地闪活动的关系。

8.5 节采用闪电物理参量反演模型，对祁连山地区 NBE 的物理参量进行了反演，TL 模型整体上拟合确定系数最佳，但考虑到实际环境存在着能量损失，并不能够说明用 TL 模型反演 NBE 脉冲的放电通道更为合理。从反演的 NBE 放电通道物理参数对比来看，MTLEI 模型呈现出与 TL 模型、MTLK 模型不一样的结果分布，而同为一种机制的 TL 模型和 MTLK 模型，其拟合结果值基本一致。在反演的电流函数上，相比 TL 模型，MTLK 模型上升沿时间更长、下降沿时间略低、持续时间更长，其在理想 TL 传输线模型的基础上考虑了能量的损耗，更符合实际通道内的发展。

参考文献

李文韬，李兴宇，张礼林，等. 2018. 青藏高原云水气候特征分析. 气候与环境研究，23（5）：574-586.

鲁亚斌，解明恩，范菠，等. 2008. 春季高原东南角多雨中心的气候特征及水汽输送分析. 高原气象，27（6）：1189-1194.

郄秀书，袁铁，谢屹然，等. 2004. 青藏高原闪电活动的时空分布特征. 地球物理学报，（6）：997-1002.

郄秀书，张其林，袁铁. 2013. 雷电物理学. 北京：科学出版社.

陶心怡，赵阳，谢屹然，等. 2021. 基于 WWLLN 的云南闪电活动特征及其成因分析. 电磁避雷器，303：100-106.

王彦辉，刘亚栎，金旺，等. 2022. 青藏高原东北部双极性窄脉冲放电物理参数模型反演. 电波科学学报，37（6）：1007-1018.

张广庶，李亚珺，王彦辉，等. 2015. 闪电 VHF 辐射源三维定位网络测量精度的实验研究. 中国科学：地球科学，（10）：1537-1552.

郑永光，陈炯，朱佩君. 2008. 中国及周边地区夏季中尺度对流系统分布及其日变化特征. 科学通报，（4）：471-481.

Fan P, Zheng D, Zhang Y, et al. 2018. A performance evaluation of the World Wide Lightning Location Network（WWLLN）over the Tibetan Plateau. Journal of Atmospheric and Oceanic Technology, 35（4）：927-939.

Hamilton H, Núñez Ocasio K, Evans J, et al. 2020. Topographic influence on the African easterly jet and African easterly wave energetics. Journal of Geophysical Research: Atmospheres, 125: e2019JD032138.

Huang N, Zheng S, Steven L, et al. 1998. The empirical mode decomposition and the Hilbert spectrum for nonlinear and non-stationary time series analysis. Proceedings A: Mathematical, Physical and Engineering Science, 454(1971): 903-995.

Li Y, Zhang G, Wen J, et al. 2013. Electrical structure of a Qinghai-Tibet Plateau thunderstorm based on three-dimensional lightning mapping. Atmospheric Research, 134: 137-149.

Qie X, Liu D, Sun Z. 2014. Recent advances in research of lightning meteorology. Journal of Meteorological Research, 28(5): 983-1002.

Wang Y, Min Y, Liu Y, et al. 2021. A new approach of 3D lightning location based on Pearson correlation combined with empirical mode decomposition. Remote Sensing, 13: 3883.

Watson S, Marshall T. 2007. Current propagation model for a narrow bipolar pulse. Geophysical Research Letters, 34(4): 344-356.

Zhang G, Wang Y, Qie X, et al. 2010. Using lightning locating system based on time-of-arrival technique to study three-dimensional lightning discharge processes. Science China Earth Sciences, 53: 591-602.

Zhang Y, Ma M, Lu W, et al. 2010. Review on climate characteristics of lightning activity. Journal of Meteorological Research, 24(2): 137-149.

第 9 章

川藏铁路沿线的闪电活动特征

川藏铁路是一条连接四川省与西藏自治区的快速铁路，呈东西走向，东起四川省成都市、西至西藏自治区拉萨市，是中国国内第二条进藏铁路，也是中国西南地区的干线铁路之一。川藏铁路全长 1838km，集合了山岭重丘、高原高寒、风沙荒漠、雷雨雪霜等多种极端地理环境和气候特征，跨 14 条大江大河、21 座 4000m 以上的雪山，被称为"最难建的铁路"（朱颖，2017）。图 9.1 给出了川藏铁路路线及主要站点分布，川藏铁路采用兴建新线与合并旧线的方式修筑，分期分段建设运营。其中，拉萨—林芝段和成都—雅安段已经完成建设，并投入运营；而中间段雅安—林芝于 2020 年 11 月开工建设，预计 2030 年完工。

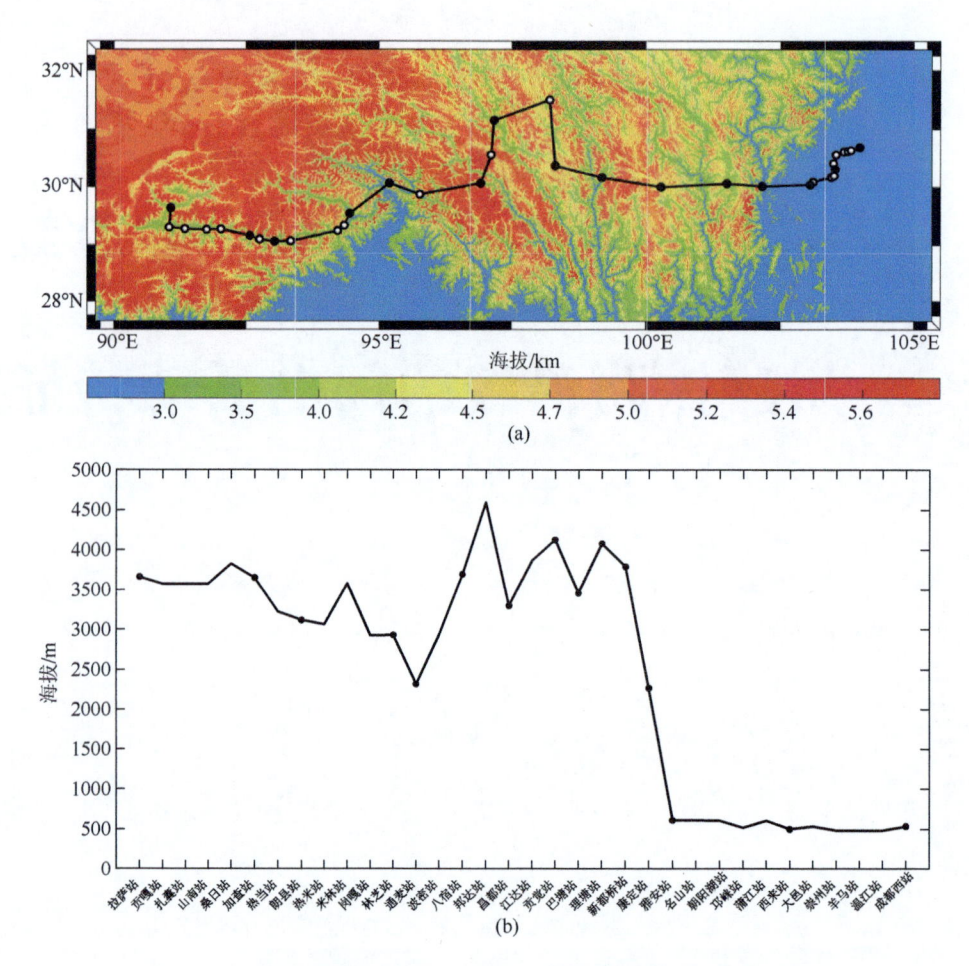

图 9.1 川藏铁路路线和地势（a）以及川藏铁路沿线主要站点的海拔（b）
图（a）中实心圆点是主要站点，空心圆点是其他站点，下同

川藏铁路利用现代化和智能化理念设计和建设（张锦等，2020），车辆设施包括复兴号高原电力动车组、和谐号电力机车等。闪电作为青藏高原频发的一种自然现象（郄秀书和 Toumi，2003），其放电过程伴随有大电流、强电磁辐射、高温高压等特征，对

第 9 章　川藏铁路沿线的闪电活动特征

智能化川藏铁路的电力系统、信号系统以及各精密电子设备等产生严重影响和危害，影响铁路的正常运行。因此，本章主要针对川藏铁路开展闪电活动特征研究，分析铁路沿线的闪电时空分布特征，以及主要站点所在区域的闪电长期变化趋势，为川藏铁路沿线及主要站点的雷电灾害应对和防护提供参考。根据川藏铁路的空间跨度，本章重点关注的铁路沿线及附近区域的经纬度范围为 90°E ～ 105°E、28°N ～ 32°N。

本章使用的闪电资料来自 LIS/OTD 卫星闪电资料、WWLLN 资料，以及国家电网地闪定位系统（CGLLS）的地闪资料。

9.1　川藏铁路沿线的闪电空间分布

9.1.1　基于 LIS/OTD 的川藏铁路沿线闪电空间分布

本节基于 1998 ～ 2013 年 LIS/OTD 卫星闪电观测资料进行格点化处理，分辨率设置为 0.1°×0.1°，得到川藏铁路沿线闪电活动的空间分布，如图 9.2 所示。可以看出，整个川藏铁路沿线的闪电活动存在空间不均匀性，呈现与高原雷暴相似的特征（尤伟 等，2012）。铁路沿线东侧部分，包括雅安—成都的闪电发生频繁，最大闪电密度超过 20 flash/(km^2·a)。而雅安—贡觉的闪电活动则有所减少，闪电密度约为 5 flash/(km^2·a)，昌都—林芝—加查站附近的闪电发生频次更少，闪电密度仅有 0.6 flash/(km^2·a)，这主要是由于当地发生雷暴较少（李进梁 等，2019；马瑞阳 等，2021），向西至拉萨站点的闪电发生频数又略有增加。整体上看，川藏铁路沿线呈现东多西少的走向分布。需要指出的是，LIS/OTD 为卫星观测资料，因此对雷暴云内发生的云闪的探测效率较高。对于可能直接影响川藏铁路运行安全的地闪活动，还需要同时借助于地闪定位资料进行分析。

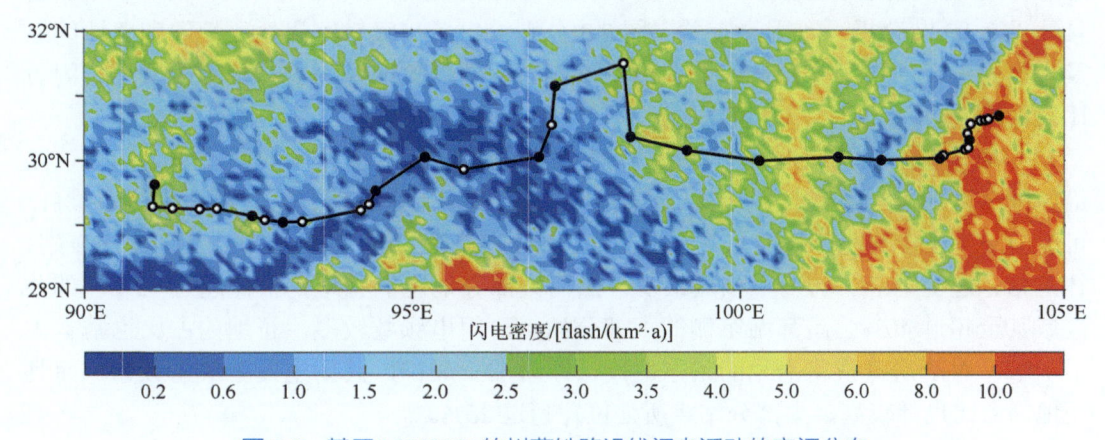

图 9.2　基于 LIS/OTD 的川藏铁路沿线闪电活动的空间分布

9.1.2　基于 CGLLS 的川藏铁路沿线地闪空间分布

本节利用国家电网 CGLLS 的地闪定位资料，对川藏铁路附近的地闪空间分布特征进行分析。该定位系统为全国范围的区域网络，采用磁定向和到达时间差结合的方法对地闪回击过程进行定位（Chen et al.，2002），其数据产品主要包括地闪回击的时间、经纬度、闪电极性、电流强度等信息。目前该系统在西藏共有 108 个定位系统探测站。Chen 等（2012）评估了 CGLLS 在中国广东地区的探测性能，发现地闪和回击的探测效率分别为 94% 和 60%，对人工触发闪电和高建筑闪电的定位误差平均值为 710m。CGLLS 在青藏高原区域站网内部的探测性能与广东地区的水平相当，高原中部及东部地区有较高的探测效率（Fan et al.，2018），由于西部探测站点稀少，其探测效率相对较低。按照类似地闪定位网的资料处理方法（Cummins et al.，1998；Zheng et al.，2016；Fan et al.，2018），去掉电流小于 10 kA 的正回击，避免其为云闪的误判，并将时间间隔在 0.5s 以内、空间距离在 10km 范围内的回击数据处理为一次地闪数据。闪电的位置和电流信息取该闪电内具有最大电流的回击相关信息。定位资料包含闪电的发生时间、位置以及电流强度等信息，所用数据的起止时间为 2017～2021 年。

在此期间，川藏铁路附近（90°E～105°E，28°N～32°N）共记录到 440 万次地闪，从整个区域地闪的空间分布结果可以看出，地闪空间分布与 9.1.1 节 LIS/OTD 的观测结果大致相似，川藏铁路东侧段（成都西站—雅安站—康定站等）的地闪发生较为频繁，最大密度超过 5 flash/(km^2·a)。而昌都站—林芝站—加查站附近的地闪发生频次最少，平均闪电密度仅有 0.2 flash/(km^2·a)，较东侧段小一个数量级。但拉萨站附近，尤其站点西北侧的闪电密度则比较大，约为 3.1 flash/(km^2·a)。

闪电活动对于川藏铁路安全平稳运行的潜在威胁，不仅与闪电的发生频次有关，还与各地区闪电活动的强弱、正负地闪的发生比例（正地闪通常具有更大的峰值电流，具体见 9.2.3 节分析）等因素有关。图 9.3 分别给出了川藏铁路沿线正地闪和负地闪以及正地闪占比的空间分布。可以看出，该地区主要以负地闪为主，整个区域正地闪占比的平均值约为 13.2%。

川藏铁路沿线不同地区的正地闪发生比例有所不同。其中，拉萨站作为川藏铁路沿线闪电发生相对频繁的站点之一，其附近的正地闪发生比例普遍较低，仅约为 4%，可能与高原独特的电荷结构相关（Qie et al.，2005；张廷龙等，2007）。林芝附近（加查站、林芝站、通麦站等）的闪电频数最少，然而大部分地区的正地闪占比超过 15%，部分区域甚至超过 40%。昌都站东侧的大部分站点，闪电频数较多，正地闪占比也基本大于 10%。对于川藏铁路沿线的最东侧段，即雅安—成都，其闪电发生最为频繁，而且正地闪占比也都较高，大部分站点所处位置超过 25%。

第 9 章　川藏铁路沿线的闪电活动特征

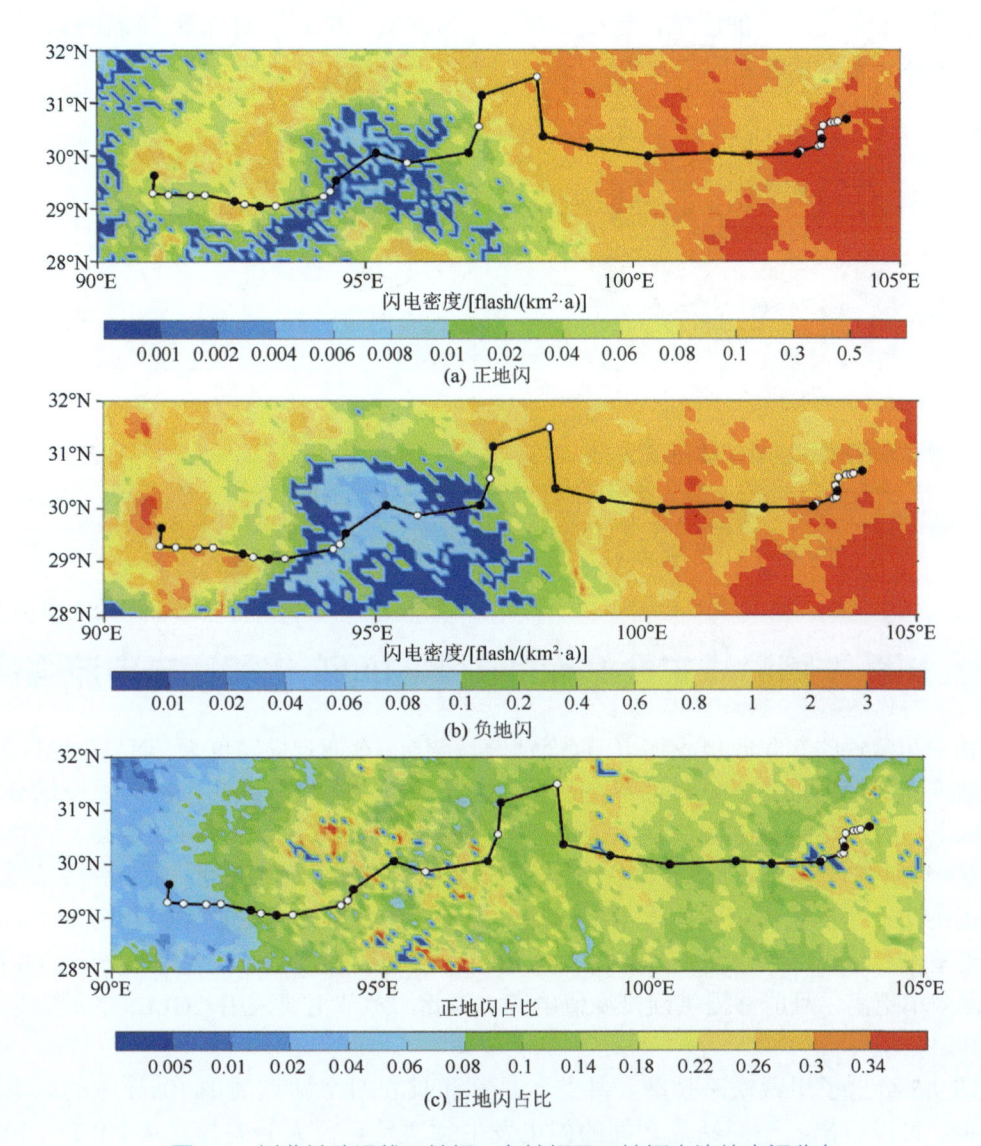

图 9.3　川藏铁路沿线正地闪、负地闪及正地闪占比的空间分布

9.1.3　基于 WWLLN 的川藏铁路沿线强闪电空间分布

强闪电通常具有更大的电流强度，产生更强的电磁辐射，可对川藏铁路沿线设备的安全运行产生更大的潜在危害。因此，在前文的基础上，本节进一步使用探测效率虽然较低但却相对均一的 WWLLN 闪电资料，对强闪电的空间分布进行分析，采用 2010~2019 共 10 年的观测资料，同样对定位资料进行格点化处理，格点分辨率为 0.1°×0.1°，得到的结果如图 9.4 所示。对比图 9.2 可以看出，二者分布基本一致。强闪

213

电主要发生于闪电频发的区域，包括成都站—昌都站、拉萨站附近等。而在林芝—昌都段，仍然只有少量的强闪电发生。

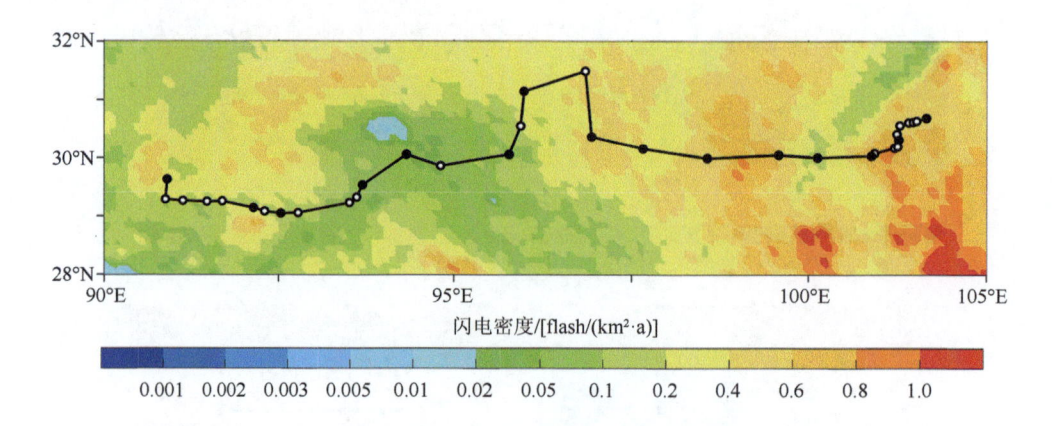

图 9.4　基于 WWLLN 的川藏铁路沿线强闪电空间分布

9.2　川藏铁路沿线主要站点的闪电时间变化和回击电流强度

由于川藏铁路东起四川成都市，西至西藏拉萨市，东西走向跨度大，而且不同区段、不同站点的地理地形、气象特征存在差异，因此本节将在川藏铁路沿线闪电空间分布的基础上，对铁路沿线主要站点的闪电活动时间分布进行分析。选取的主要站点位置如图 9.1 黑色圆点所示，基本上均匀分布在已经建成的拉萨—林芝段、雅安—成都段，以及正在建设的林芝—雅安段。考虑到基于多种资料得到的川藏铁路沿线闪电空间分布结果基本一致，而铁路建设和运行对地闪活动较为敏感，相比于 WWLLN，CGLLS 的探测效率更高，且能够提供回击峰值电流，因此，本节主要采用 CGLLS 的地闪定位资料开展分析。

图 9.5 给出了川藏铁路拉萨、林芝、昌都和雅安四个站点周围 10km 内的闪电空间分布。可以看出，不同站点之间的闪电发生频次具有很大的差异。从 2017～2021 年五年站点附近的总闪电数来看，拉萨站附近共发生闪电 2787 次，而林芝站附近则只有 162 次，雅安站附近闪电最多，达 5462 次，是林芝站闪电发生频次的 34 倍。昌都站、林芝站四周的闪电分布基本均匀，而拉萨站东北侧的闪电则明显高于其他方位，雅安站西侧的闪电频数则略高于其站点东侧。川藏铁路沿线选取的各个主要站点 2017～2021 年的闪电频数如图 9.6 所示。同样可以看出，不同站点的闪电频数差别较大，其中雅安站的闪电最多，雅安—林芝段的东侧（至昌都站）、拉萨站等附近的闪电都比较多，而拉萨站—昌都站的大部分测站，闪电非常少。另外，不同年份各站点附近的闪电频数变化趋势有所不同，将在 9.3 节中展开分析。

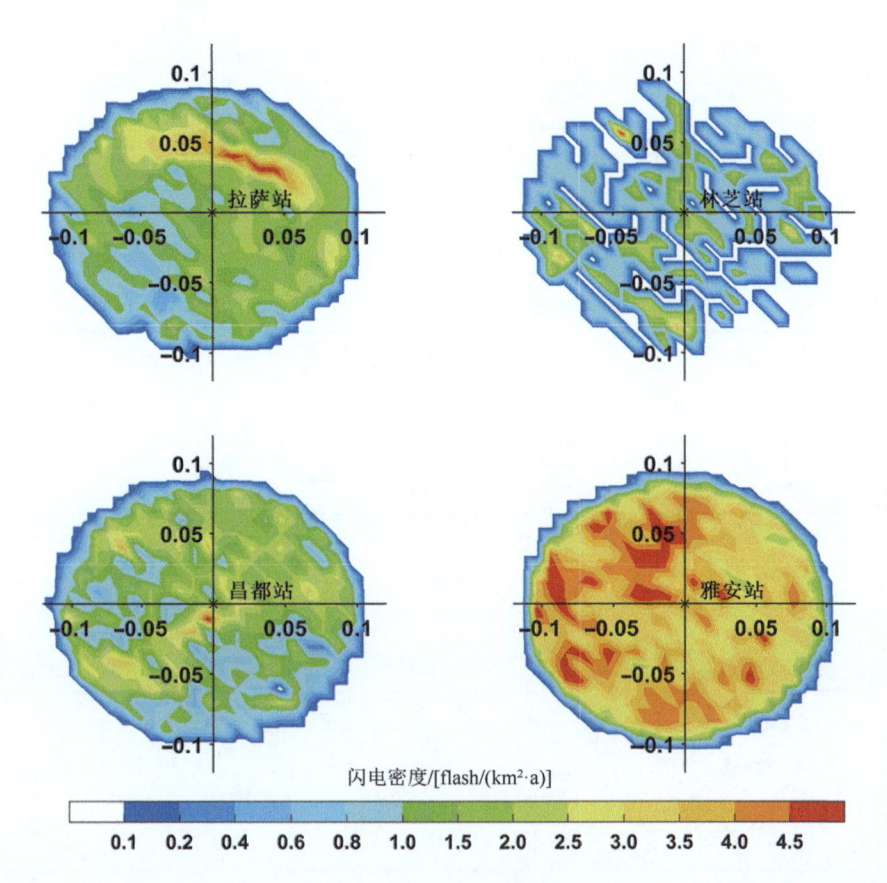

图 9.5 川藏铁路拉萨站、林芝站、昌都站和雅安站点周围 10km 内的闪电空间分布

图中数字表示经纬度。横轴负值 0.1 表示向西 10km，纵轴负值 0.1 表示向南 10km，以此类推

9.2.1 地闪的季节变化

利用 CGLLS 资料分析发现，川藏铁路沿线的闪电活动呈现明显的季节变化（图 9.7）。对于覆盖川藏铁路的整个区域（28°N～32°N，90°E～105°E）而言，地闪发生频数呈单峰分布，4 月逐渐开始增多，峰值出现在 7 月，而 10 月之后则显著减少，其中约 95% 的闪电发生在 4～9 月。不同站点的季节变化略有不同。其中，川藏铁路西侧段的站点，如拉萨站、加查站、林芝站等基本为单峰分布，闪电活动从 4 月开始逐渐增加，6 月或 7 月达到峰值，之后又逐渐减少，到 10 月则只有少量的闪电发生。但是，川藏铁路中间段的理塘站、新都桥站等则表现为双峰分布，峰值出现在 6 月和 9 月两个月份。在川藏铁路的东段，如雅安站、西来站、成都西站，其绝大部分（>70%）的闪电发生在 7 月和 8 月，季节变化趋势类似于单峰分布，但与铁路西侧段又有所不同。

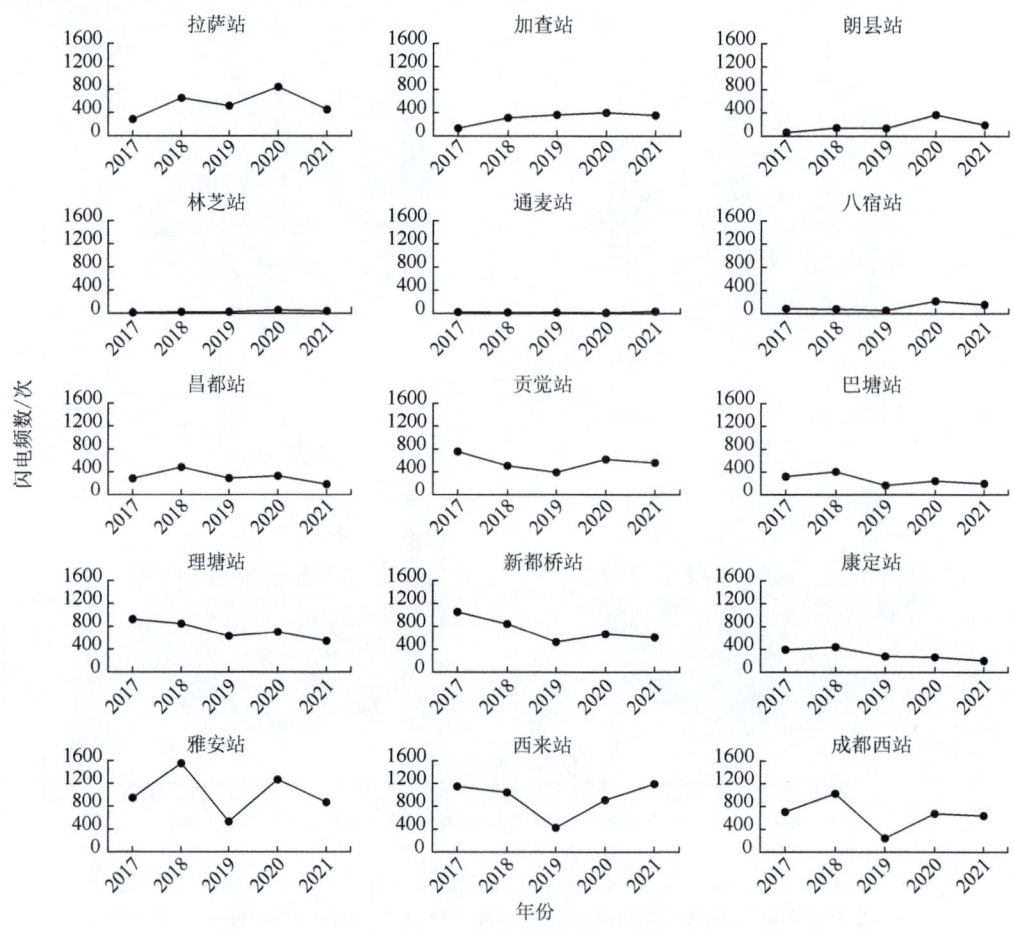

图 9.6　2017～2021 年川藏铁路沿线主要站点的闪电频数

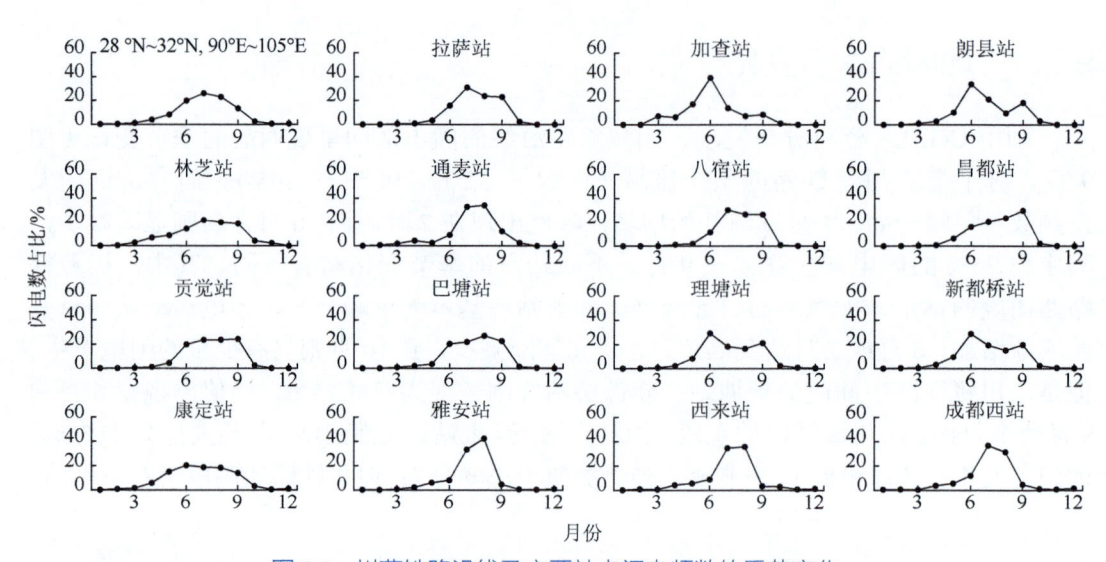

图 9.7　川藏铁路沿线及主要站点闪电频数的季节变化

图 9.8 进一步给出了川藏铁路沿线 4～9 月的地闪空间分布。整体来看，川藏铁路沿线附近的地闪活动存在一个自东向西发展，再向东消退的过程，这与齐鹏程等（2016）基于 LIS 卫星的观测资料基本一致。铁路沿线不同位置的地闪活动特征差异明显，以图 9.8(d) 为例，7 月拉萨站和成都西站附近的地闪频发，地闪密度较林芝站等高一个数量级；而在 4 月，仅川藏铁路东侧部分测站出现一定的地闪活动，昌都站及其西边各站点则仅有少量的地闪发生。结合图 9.7 可以看出，各站点的地闪逐月变化趋势有所差异，尤其是成都—雅安段和雅安—昌都段的月变化明显不同。这与不同站点所处的气象环境、地形条件等的差异导致各站点出现不同的雷暴、闪电活动特征有关。

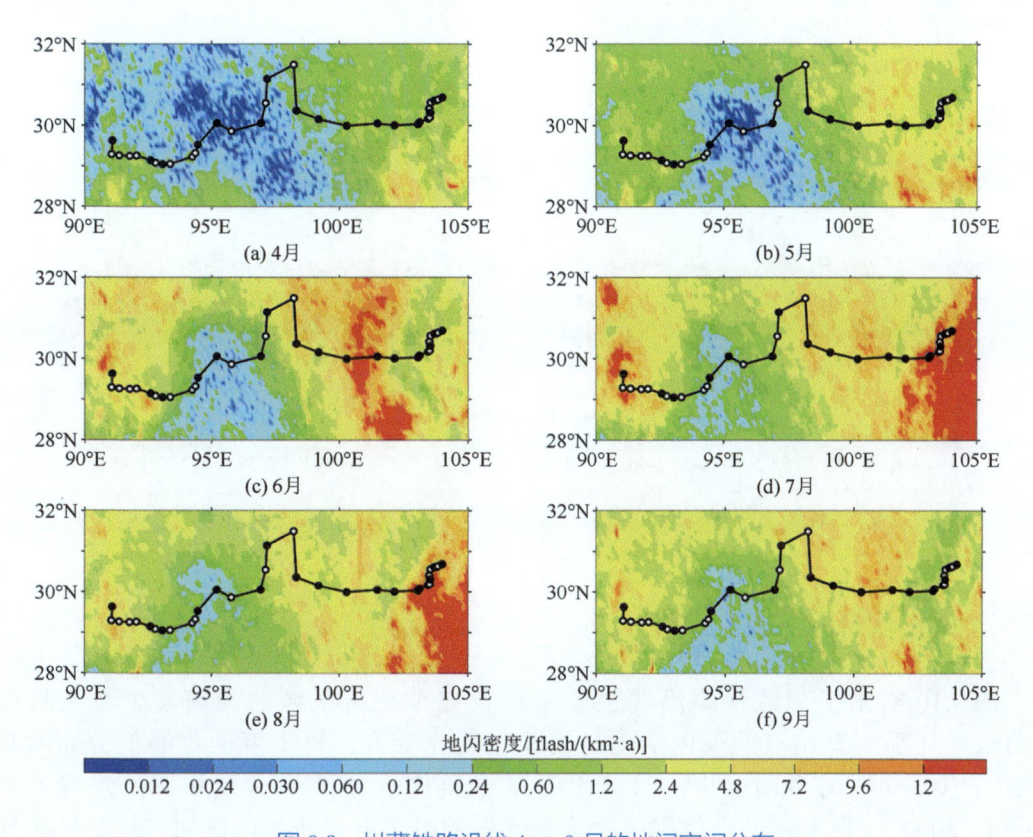

图 9.8　川藏铁路沿线 4～9 月的地闪空间分布

图 9.9 是川藏铁路沿线 4～9 月正地闪发生比例的空间分布。可以看出，不同站点的正地闪比例逐月变化趋势有所不同。其中比较明显的是雅安—成都段的几个站点，7 月和 8 月是这几个站点地闪最活跃的月份，但是 7 月的正地闪发生比例明显小于 8 月，而且 8 月这些站点周边正地闪比例较高的区域范围更大。在闪电发生频数明显降低的 9 月，这些站点所在区域的正地闪发生比例还比较高，其幅值和覆盖区域均大于 7 月。

图 9.9　川藏铁路沿线 4～9 月正地闪发生比例的空间分布

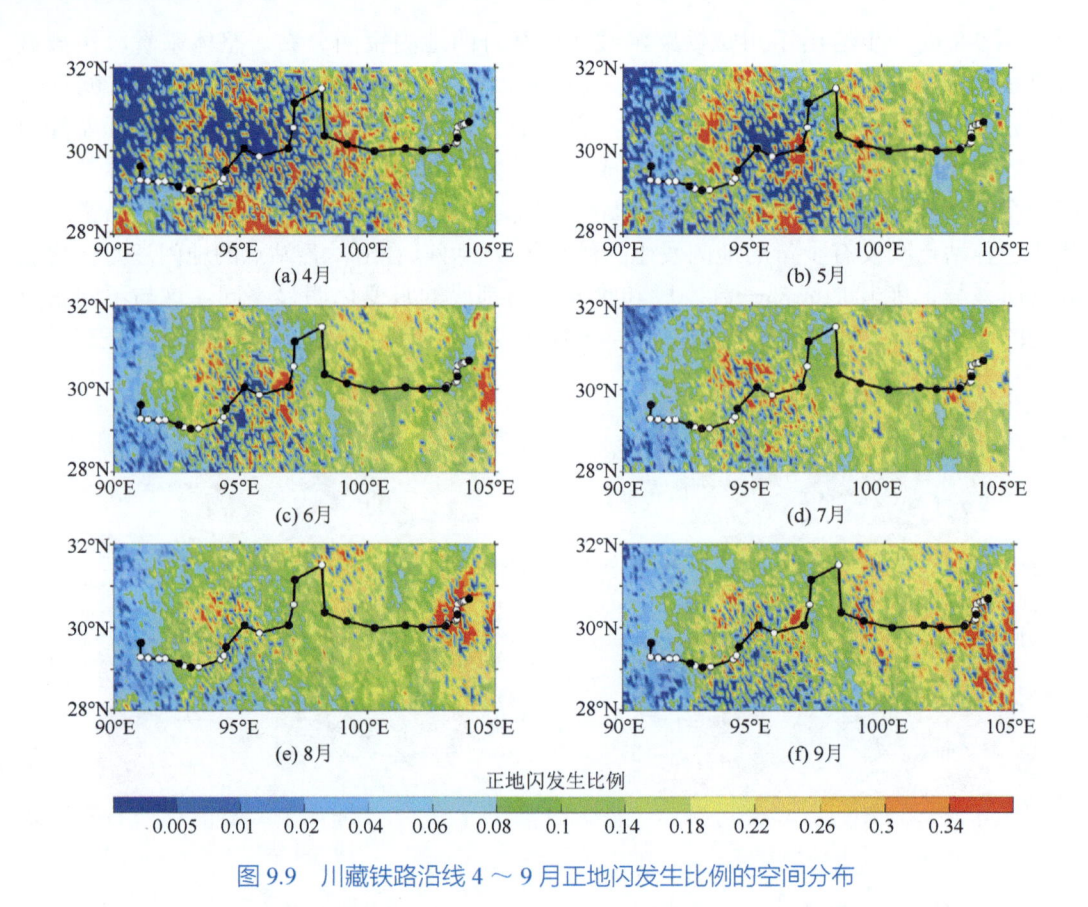

9.2.2　地闪的日变化

图 9.10 给出了川藏铁路沿线主要站点及整个分析区域的地闪发生频数日变化曲线。几乎所有站点的地闪活动日变化呈现先上升、再下降的单峰值分布，从 00:00～10:00 地闪活动很少，与基于卫星资料的观测结果大致相同（郄秀书和 Toumi，2003）。但不同站点地闪活动达到峰值的时间并不相同。例如，拉萨站的地闪活动峰值时间出现在当地时间 19:00（赵定池等，2017）。而林芝站的地闪活动峰值时间则出现在 17:00，昌都站的峰值时间出现在 16:00，巴塘站的峰值时间则出现在 19:00。相比其他测站而言，雅安站、西来站和成都西站三个站点的地闪日变化曲线明显不同，具有两个或多个峰值，而且闪电峰值时间基本在 20:00～4:00，这可能与当地夜晚雷暴活动频繁，而且雷暴持续时间长、雷暴发生频次较高，而使得不同时间段都有一定量的闪电发生有关。

图 9.11 给出了川藏铁路沿线主要站点的地闪发生频数日变化峰值出现时间曲线。可以看出，自川藏铁路西侧拉萨站至中间段昌都站，峰值出现的时间逐渐由 18:00 提前至 15:00；而昌都站至康定站，闪电峰值时间又逐渐变回至 18:00，呈现"V"形变化。

雅安—成都段峰值主要出现在晚上—凌晨，使得川藏铁路沿线主要站点的闪电峰值时间出现不连续变化。

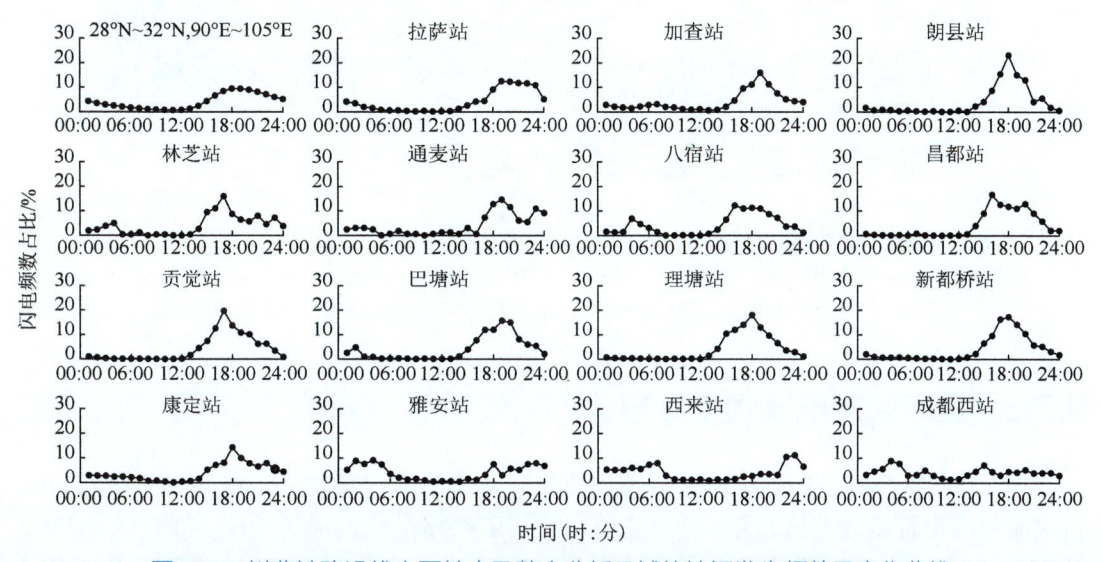

图 9.10 川藏铁路沿线主要站点及整个分析区域的地闪发生频数日变化曲线

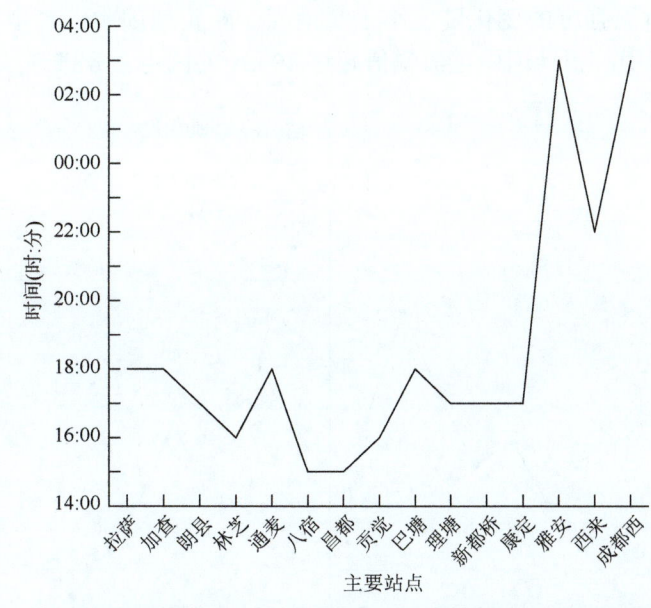

图 9.11 川藏铁路沿线主要站点的地闪发生频数日变化峰值出现时间曲线

本节接下来进一步对川藏铁路沿线及其周边地区进行 0.1°×0.1° 格点网格化，统计每个格点地闪日变化峰值出现时间，结果如图 9.12 所示。整体而言，沿着川藏铁路自西向东，地闪峰值出现时间逐渐由"暖色"变为"冷色"，即峰值时间逐渐提前。不过，雅安—成都段及其东侧区域的地闪日变化峰值时间则在凌晨，峰值时间表现不同。

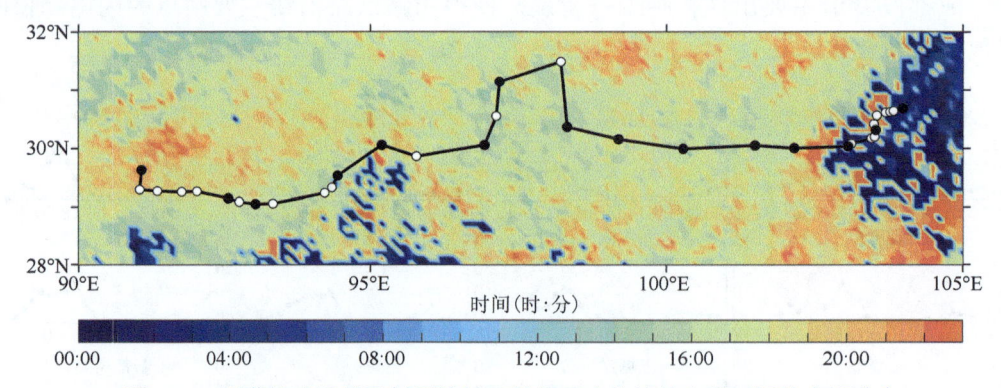

图 9.12　川藏铁路沿线及其周边地区地闪日变化峰值出现时间的空间分布

9.2.3　地闪回击电流强度分布

基于 CGLLS 提供的地闪回击峰值电流资料，本节对川藏铁路沿线及主要站点的回击电流强度进行统计分析。图 9.13 首先给出了川藏铁路沿线及周边地区（90°E～105°E，28°N～32°N）全部地闪的回击电流幅值占比分布图，可以看出，随着地闪回击电流幅值的增大，相应的地闪数占比降低。不过，正、负地闪随电流幅值呈现不对称分布，其中，正地闪数占比随电流强度的变化陡度小于负地闪，即正地闪中，高电流幅值的闪电数占比更多一些，其中，正地闪中电流幅值超过 30 kA 的闪电占 48.2%，而负地闪中相应

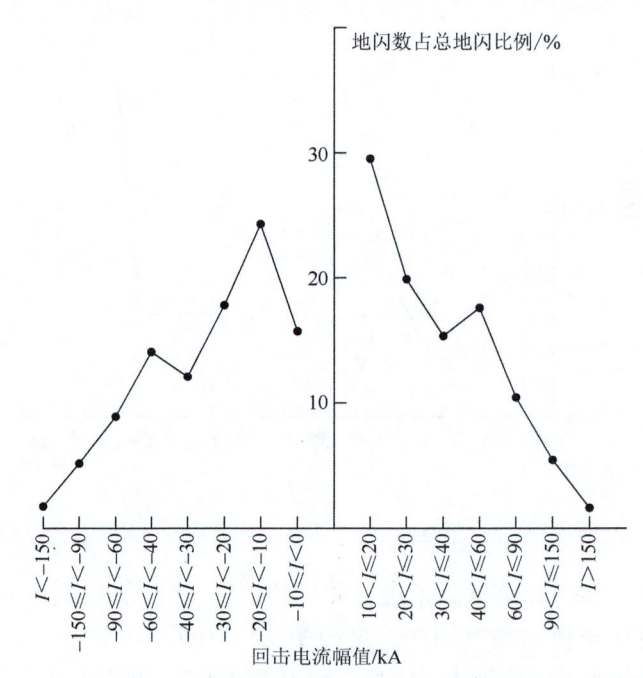

图 9.13　川藏铁路沿线及周边地区地闪回击电流幅值占比分布

回击电流幅值大于 0 即正地闪，小于 0 即负地闪，下同

第 9 章 川藏铁路沿线的闪电活动特征

比例为 38.8%。该区域全部地闪的统计结果表明，正地闪的平均电流幅值为 40.1 kA，高于负地闪的平均电流幅值 −36.1 kA。

图 9.14 给出了川藏铁路沿线主要站点的地闪回击电流幅值占比分布。可以看出，大部分站点附近地闪回击电流幅值占比的分布特征与整个区域的分布特征基本一致，即随电流幅值的增大而占比减小，正、负地闪中不同电流幅值的占比呈不对称分布。其中，拉萨站附近正、负地闪的平均电流幅值为 29.4 kA、−13.8 kA，昌都站为 35.6 kA、−32.2 kA，理塘站为 42.7 kA、−37.6 kA，雅安站为 38.5 kA、−41.4 kA，成都站为 44.3 kA、−47.2 kA。川藏铁路西侧区域的平均地闪回击电流幅值小于闪电频发的东侧区域。

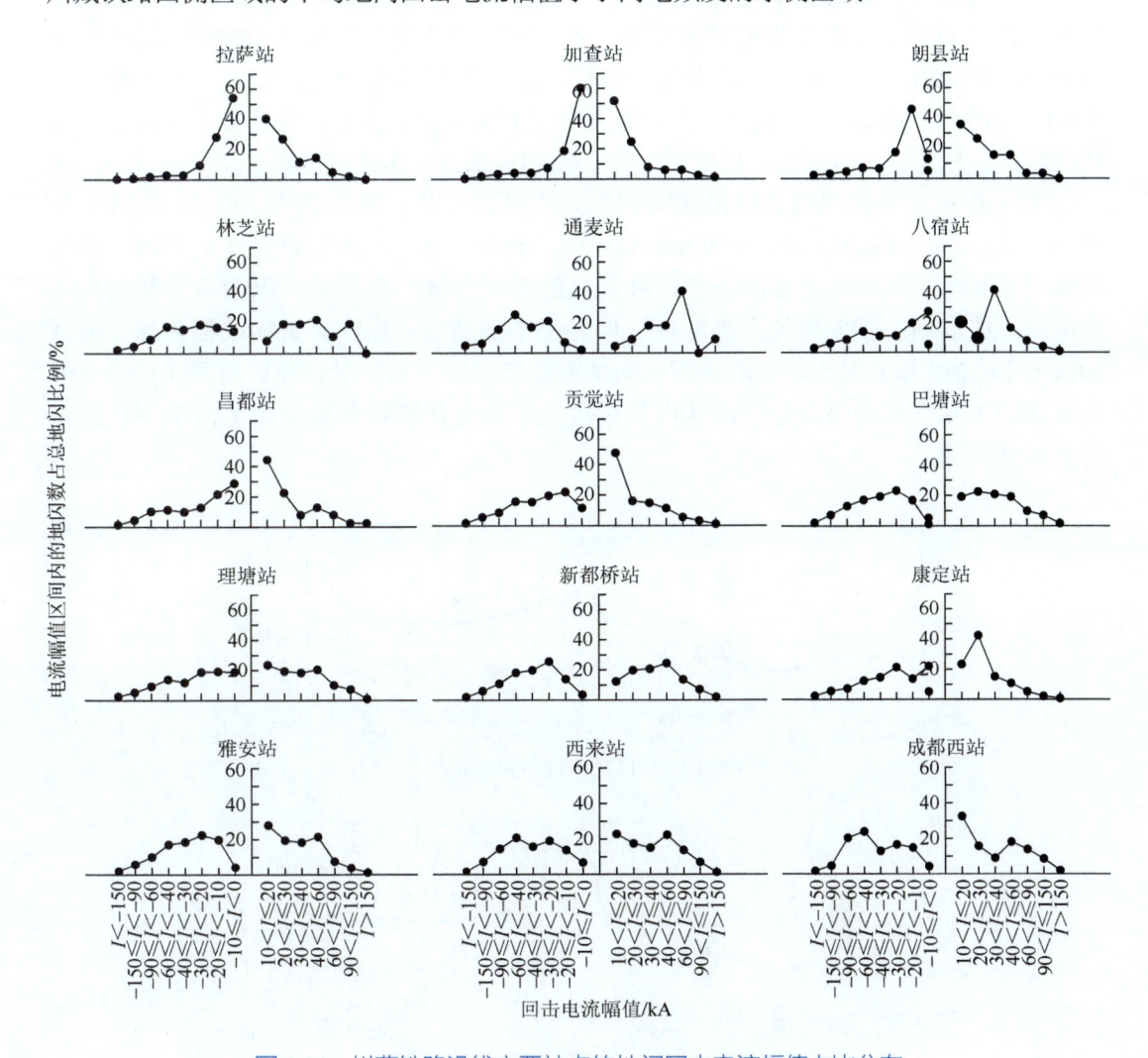

图 9.14 川藏铁路沿线主要站点的地闪回击电流幅值占比分布

林芝、通麦和八宿等站的地闪，尤其正地闪，其电流幅值则表现为相对特殊的变化趋势，其高电流幅值的地闪占比较大（30 kA 以上的闪电占比分别为 77.8%、100%、72.7%），相应地，平均电流幅值也比较大。结合图 9.6 可以看出，这几个站点附近的地闪发生频数较低。通常而言，电流强度大的闪电更容易被探测定位到，这可能导致以上几个站点统计得到的平均电流幅值偏高（图 9.14），但也不能排除这些站点附近的地闪电流强度确实比较强，还需要更多的观测实验予以验证。

9.3 川藏铁路沿线的闪电长期变化趋势

当闪电发生在川藏铁路沿线及其附近时，很有可能影响铁路的正常运行。因此，对川藏铁路沿线闪电的长期变化趋势进行研究，以此针对性地指导相关站点更加科学地开展雷电防护设计等是非常有必要的。本节中使用的主要资料是 2010～2019 年长达 10 年的 WWLLN 资料，并对不同年份资料进行探测效率校正，研究区域（90°E～105°E，28°N～32°N）与前两节一致，覆盖整个川藏铁路，并对铁路沿线主要站点（包括拉萨站、林芝站、昌都站、巴塘站、雅安站和成都西站）进行分析。

为了直观地体现川藏铁路沿线的闪电发生频数变化，图 9.15 分别给出了 2011 年和 2019 年川藏铁路沿线闪电空间分布对比图。整体上看，川藏铁路沿线的闪电有增加趋势，尤其在拉萨—林芝段的北部，林芝站的南部区域，昌都站—巴塘站及其大片东北区域，巴塘站—雅安站的南部区域。但是在个别站点，如雅安站和成都西站，根据 2011 年和 2019 年的对比，可能有闪电的减弱趋势。接下来将定量分析川藏铁路沿线闪电活动的年际变化趋势，包括区域内整体闪电活动变化趋势及局部闪电活动变化趋势的空间分布等。

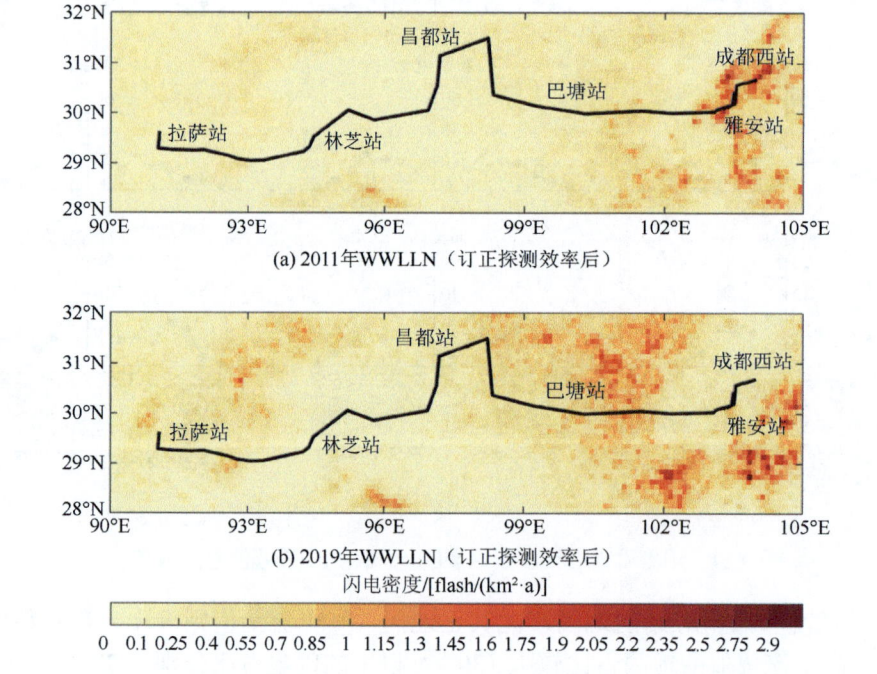

图 9.15 基于订正探测效率后 WWLLN 资料获取的不同年份川藏铁路沿线的闪电空间分布

9.3.1 川藏铁路主要站点附近的闪电长期变化趋势

图 9.16 是川藏铁路沿线区域 WWLLN 记录的总闪电频数的年际变化。2010～2015 年，川藏铁路沿线区域 WWLLN 的相对探测效率从约 0.79 快速上升至 1，之后一直维持在 1 附近，2019 年的相对探测效率略回落至 0.94。当不考虑探测效率时，WWLLN 记录的闪电频数年际变化在 2013 年出现峰值，2018～2019 年区域总闪电频数下降。考虑探测效率之后，区域总闪电频数在 2019 年达到最大值，但与不考虑探测效率的年际变化曲线相比，其总闪电频数在 2010～2012 年的下降趋势更明显，而在 2017～2019 年呈上升趋势。不过总的来说，订正探测效率前后 2010～2019 年 WWLLN 的年际变化均呈现上升趋势。

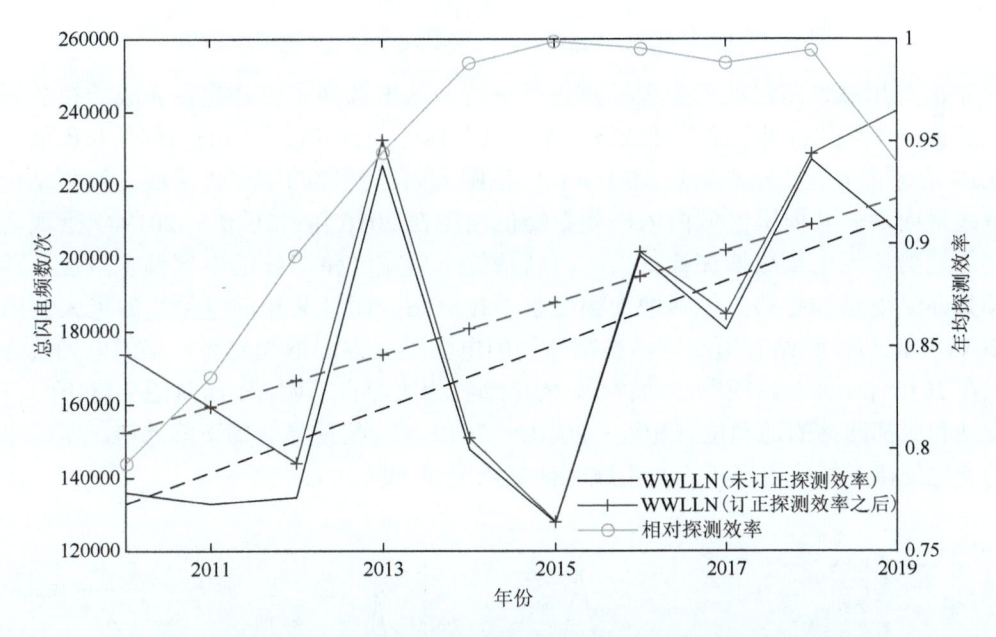

图 9.16 基于 WWLLN 资料的川藏铁路沿线区域总闪电频数的年际变化
加号标记（无标记）黑色实线折线为订正探测效率后（前）的区域总闪电频数年际变化，加号标记（无标记）黑色虚线是其线性拟合结果；圆圈标记实线折线是区域平均的逐年 WWLLN 相对探测效率

整体而言，从图 9.16 中可以看出，不管是加号标记还是无标记的拟合虚线，其线性趋势都为正，表明整个川藏铁路沿线闪电活动的长期变化呈现增加趋势，该研究结果与 Qie 等（2022）得出的青藏高原东部的闪电活动增加趋势结果一致。但是与青藏高原地区雷暴日数减少或波动变化的趋势不同（李江林等，2015；孔锋等，2019；Zou et al.，2018）。

为了更好地说明这种变化，基于探测效率订正后的 WWLLN 资料，图 9.17 进一步给出了逐月闪电数距平百分率的变化趋势。月闪电数距平去除了年内闪电活动的变化。可以看出，2010～2019 年川藏铁路沿线区域整体闪电活动仍然呈增多趋势。

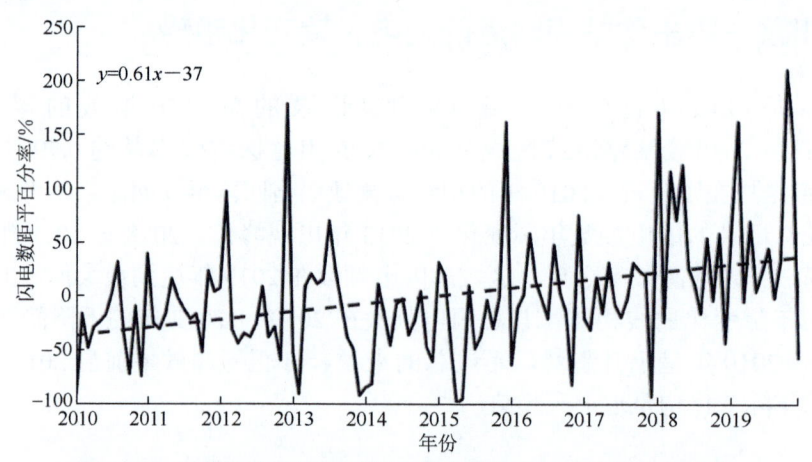

图 9.17　川藏铁路沿线区域逐月闪电数距平百分率的变化趋势

下面对川藏铁路沿线的主要站点进行分析，这里选择了已经建设完成的拉萨—林芝、雅安—成都段的四个始发站或终点站，以及林芝—雅安段中间的昌都站和巴塘站。图 9.18 是这 6 个主要站点附近（$0.1°×0.1°$ 范围）闪电频数的年变化曲线。拉萨站位于川藏线最西端，其周围区域内闪电频数峰值出现在 2016 年，2010~2019 年呈现明显的增加趋势，闪电频数增加约 1 倍。巴塘站位于川藏铁路沿线的中部偏东附近，其闪电频数亦呈现增加趋势，但其增加幅度小于拉萨站，而且其年闪电频数的极大值出现在 2018 年，与拉萨站有所不同。昌都站的闪电活动呈现弱增加趋势，年闪电频数峰值出现在 2016 年。林芝站闪电活动较少，变化趋势相比而言不明显。而从图 9.18(b) 可知，雅安站和成都西站的地理位置相近，2010~2019 年均呈现显著的下降趋势，年闪电频数的变化规律及峰值出现年份与沿线其他站点明显不同。

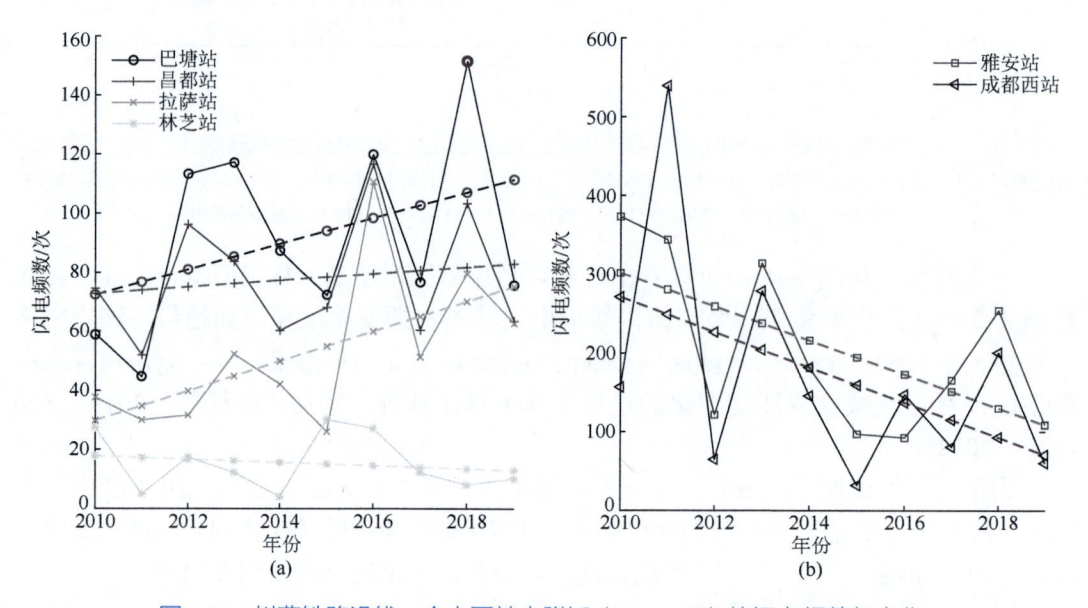

图 9.18　川藏铁路沿线 6 个主要站点附近（$0.1°×0.1°$）的闪电频数年变化

9.3.2 川藏铁路沿线区域闪电长期变化趋势的空间分布

基于 WWLLN 订正探测效率后的 2010～2019 年观测资料进一步研究川藏铁路沿线附近的闪电变化趋势，获得 0.1°×0.1° 格点化的年闪电频数变化的线性拟合斜率系数，即闪电频数的年际变化率。图 9.19 给出了川藏铁路沿线区域闪电频数线性拟合年际变化率的空间分布，其中通过了 90% 显著性检验（t 检验）的格点用灰色表示。由图 9.19 可见，川藏铁路沿线闪电活动显著增加的区域主要集中在拉萨站西侧，昌都站—巴塘站沿线及其东侧、东北侧的大部分区域，雅安站的西南侧，雅安站和成都西站东南方向的带状区域。同时也可以看出，雅安站和成都西站附近等区域有显著的下降趋势。这与 9.3.1 节川藏铁路沿线主要站点附近的闪电频数年变化曲线趋势是相符的。

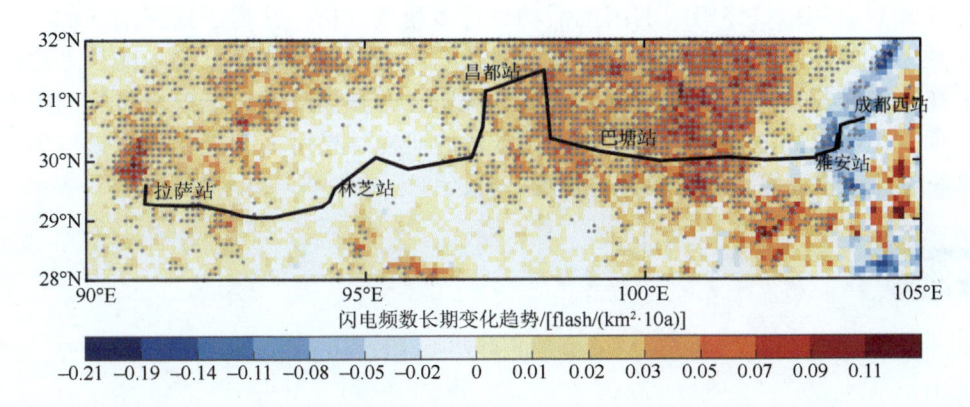

图 9.19　川藏铁路沿线区域闪电活动的长期变化趋势（闪电频数线性拟合年际变化率）空间分布
灰色点状区域是通过了 90% 的显著性检验（t 检验）的格点

整体而言，川藏铁路沿线大部分站点区域的闪电频数呈现增加趋势，而东侧雅安—成都段的闪电频数呈减少趋势。这可能与全球气候变化的大环境下，青藏高原对气候的响应更加敏感（高原气温变化、地温变化、下垫面条件变化等）有关（张人禾和周顺武，2008；郭东林等，2017；张亚春等，2021）。因此，有必要对川藏铁路沿线附近未来的闪电活动进行长期关注和持续探测，而且在铁路设计、建设和运行中均有必要考虑该变化。

9.4　小结

建设川藏铁路是我国一项重大战略部署，是长远发展和以百年计的伟大工程，具有重大而深远的意义。因此，保障川藏铁路的稳固建设和安全运行非常重要。雷电作为高原上一种频发的自然灾害，可能对智能化川藏铁路的电子信息系统产生巨大影响和危害。本章对川藏铁路沿线的闪电活动特征开展研究，研究结果如下：

（1）川藏铁路沿线的闪电活动呈现不均匀分布，其中成都西站—雅安站东侧段的闪电活动最为频繁，西侧段拉萨站附近的闪电活动较少一些，而中间段林芝站—昌都站则仅有少量的闪电活动。这与高原复杂的地形环境、气候特征有关。

（2）川藏铁路沿线的闪电活动呈现明显的季节变化和日变化特征，但不同站点的闪电活动变化规律和峰值出现时间有所差异，根据其所处位置大致可分为川藏铁路西侧段、中间段和东侧段三种表现类型。除成都西站—雅安站的闪电日变化峰值出现在凌晨以外，其他主要站点的闪电活动日变化峰值时间基本出现在下午，而且随测站经度的增大而逐渐提前。川藏铁路沿线东侧段站点附近的闪电电流强度高于西侧段。

（3）利用探测效率在空间上相对均一的 2010～2019 年 WWLLN 闪电定位资料发现，川藏铁路沿线大部分区域的闪电活动呈现出显著的长期变化趋势，其中拉萨站及其附近，以及在建的林芝—雅安段的闪电活动基本均是增加趋势，而成都—雅安段的闪电活动则为下降趋势。

本章通过对川藏铁路沿线的闪电活动进行多角度分析，获得了铁路沿线的闪电时空变化规律，并发现川藏铁路沿线大部分站点的闪电活动总体上呈增加的长期变化趋势，而在东段成都—雅安段的闪电活动则呈现明显的减少趋势。不过，引起闪电发生频数长期变化的原因还需要进一步研究。本章的研究结果可为智能化川藏铁路的雷电防护系统设计和建设提供科学参考与数据基础。

参考文献

郭东林，李多，刘广岳. 2017. 1901～2010 年青藏高原土壤温度变化的模拟研究. 第四纪研究，37(5)：1102-1110.

孔锋，方建，孙劭，等. 2019. 1961～2016 年我国闪电日数时空分异格局及其变化趋势和波动特征. 浙江大学学报（理学版），46(2)：225-236.

李江林，余晔，刘川. 2015. 青藏高原与黄土高原过渡区雷暴活动特征及东亚夏季风的影响. 高原气象，34(6)：1575-1583.

李进梁，吴学珂，袁铁，等. 2019. 基于 TRMM 卫星多传感器资料揭示的亚洲季风区雷暴时空分布特征. 地球物理学报，62(11)：4098-4109.

马瑞阳，郑栋，姚雯，等. 2021. 雷暴云特征数据集及我国雷暴活动特征. 应用气象学报，32(3)：358-369.

齐鹏程，郑栋，张义军，等. 2016. 青藏高原闪电和降水气候特征及时空对应关系. 应用气象学报，27(4)：488-497.

郄秀书，Toumi R. 2003. 卫星观测到的青藏高原雷电活动特征. 高原气象，22(3)：288-294.

郄秀书，袁铁，谢毅然，等. 2004. 青藏高原闪电活动的时空分布特征. 地球物理学报，47(6)：997-1002.

薛翊国，孔凡猛，杨为民，等. 2020. 川藏铁路沿线主要不良地质条件与工程地质问题. 岩石力学与工程学报，39(3)：445-468.

尤伟，臧增亮，潘晓滨，等. 2012. 夏季青藏高原雷暴天气及其天气学特征的统计分析. 高原气象，31(6)：1523-1529.

袁铁，郄秀书. 2005. 青藏高原中部闪电活动与相关气象要素季节变化的相关分析. 气象学报，(1)：123-128.

第 9 章　川藏铁路沿线的闪电活动特征

张锦, 徐君翔, 郭静妮, 等. 2020. 智能川藏铁路系统总体架构设计与研究. 综合运输,(1): 100-107.

张人禾, 周顺武. 2008. 青藏高原气温变化趋势与同纬度带其他地区的差异以及臭氧的可能作用. 气象学报, 66(6): 916-925.

张廷龙, 郄秀书, 言穆弘. 2007. 青藏高原雷暴的闪电特征及其成因探讨. 高原气象, 4: 122-130.

张亚春, 马耀明, 马伟强, 等. 2021. 青藏高原不同下垫面蒸散量及其与气象因子的相关性. 干旱气象, 39(3): 366-373.

赵定池, 李毅, 尤伟, 等. 2017. 拉萨地区夏季夜间雷暴的物理量指数分析. 气象与环境科学, 40(1): 114-119.

朱颖. 2017. 川藏铁路建设的挑战与对策. 北京: 人民交通出版社.

Chen L, Zhang Y, Lu W, et al. 2012. Performance evaluation for a lightning location system based on observations of artificially triggered lightning and natural lightning flashes. Journal of Atmospheric and Oceanic Technology, 29: 1835-1844.

Chen S, Du Y, Fan L, et al. 2002. Evaluation of the Guang Dong lightning location system with transmission line fault data. IEE Proceedings-Science Measurement and Technology, 149: 9-16.

Cummins K, Murphy M, Bardo E, et al. 1998. A combined TOA/MDF technology upgrade of the U. S. National Lightning Detection Network. Journal of Geophysical Research, 103(D8): 9035-9044.

Fan P, Zheng D, Zhang Y, et al. 2018. A performance evaluation of the world wide lightning location network (WWLLN) over the Tibetan Plateau. Journal of Atmospheric and Oceanic Technology, 35: 927-939.

Li J, Wu X, Yang J, et al. 2020. Lightning activity and its association with surface thermodynamics over the Tibetan Plateau. Atmospheric Research, 245: 105118.

Qie K, Qie X, Tian W. 2020. Increasing trend of lightning activity in the South Asia region. Science Bulletin, 66(1): 78-84.

Qie X, Qie K, Wei L, et al. 2022. Significantly increased lightning activity over the Tibetan Plateau and its relation to thunderstorm genesis. Geophysical Research Letters, 49:e2022GL099894.

Qie X, Zhang T, Chen C, et al. 2005. The lower positive charge center and its effect on lightning discharges on the Tibetan Plateau. Geophysical Research Letters, 32: L05814.

Zheng D, Zhang Y, Meng Q, et al. 2016. Climatological comparison of small- and large-current cloud-to-ground lightning flashes over Southern China. Journal of Climate, 29(8): 2831-2848.

Zou T, Zhang Q, Li W, et al. 2018. Responses of hail and storm days to climate change in the Tibetan Plateau. Geophysical Research Letters, 45(9): 4485-4493.

第10章

西藏地区的雷电灾害统计

雷电灾害是联合国有关部门列出的"最严重的十种自然灾害之一",也是我国的主要气象灾害之一,其每年都给我国造成了大量的人员伤亡和财产损失。青藏高原是世界屋脊,由于其特殊的人文和地理环境,每年由雷击造成的人员伤亡尤其值得关注。根据中国气象局的相关统计,西藏地区每年的雷电灾害事故数量与其他省、自治区和直辖市相比并不突出,多数情况下都位列全国15位之后,但雷击导致的人身伤亡数量方面相对突出,多数年份里位列全国5～12位。而且在考虑西藏地区地广人稀的条件后,从人均雷灾事故率和伤亡率方面进行考量,西藏地区在全国的排名多在前三位,尤其是人身伤亡率更是多年名列首位(Zhang et al., 2011;中国气象局, 2012, 2013, 2014, 2015, 2016, 2017, 2018, 2019)。因此,有必要针对西藏地区的雷电灾害开展深入细致的调查和分析工作,了解这些雷灾的分布和演变特征,从而为更好地开展防雷减灾工作奠定坚实的基础。

10.1 西藏地区的雷电灾害

根据中国气象局雷电灾害上报系统的汇总数据和西藏自治区整理数据,2002～2019年,西藏自治区共计上报雷电灾害事故313起,雷击造成人员伤亡事故110起,导致128人受伤、122人身亡。

2002～2019年,西藏自治区年均上报雷灾事故约17起,雷击导致的年均人员伤亡事故约6起,由雷击导致的年均人员受伤和身亡人数都达到约7人。从年度雷灾和由雷击导致的人员伤亡事故总数统计[图10.1(a)]来看,2008年的雷灾事故数最多,达到了57起。雷击导致的人员伤亡事故数在2006年最多,达到14起,2009年和2013年也较多,均达到了13起。

遭受雷击的人员伤亡人数[图10.1(b)]的总体趋势与事故数趋势相似,呈现了前期逐年波动上升、后期波动下降的变化,但在具体变化细节上和事故数的变化有所不同。雷击受伤人数在2009年达到峰值(35人),晚于雷灾事故数的峰值年份;而雷击死亡人数的峰值(22人)则出现在2006年,早于雷灾事故数的峰值年份。与雷击伤亡事故数的对比显示,雷击伤亡人数与雷击伤亡事故数之间并没有明显的对应关系。

这些变化特征说明雷击导致人员伤亡的因素非常复杂,雷灾事故数与人员伤亡事故数之间并不存在简单的对应关系。虽然雷灾事故数增多后会导致发生人员伤亡的概率明显上升,但雷灾事故数下降却并不意味着人员伤亡数量也一定会随之下降。

从西藏自治区2002～2019年月平均雷灾事故数分布[图10.2(a)]来看,西藏自治区的雷灾事故主要集中在5～9月发生,其中6～8月的雷灾事故数要明显多于其他几个月份。月平均雷灾事故数的峰值出现在8月,达到约5.7起;次峰值出现在6月,约为4.9起。由雷击导致的人员伤亡事故数也主要集中在5～9月,但月平均人员伤亡事故数的峰值(约2.2起)出现在6月,要早于月平均雷灾事故数的峰值月份。

第 10 章 西藏地区的雷电灾害统计

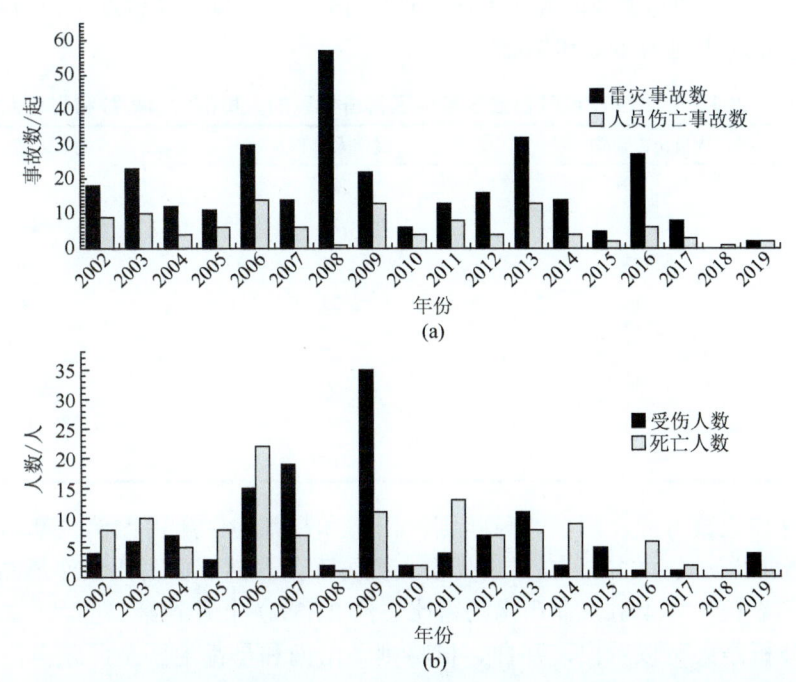

图 10.1 2002～2019 年雷灾事故数、人员伤亡事故数 (a) 和雷击导致的人员伤亡总数 (b)

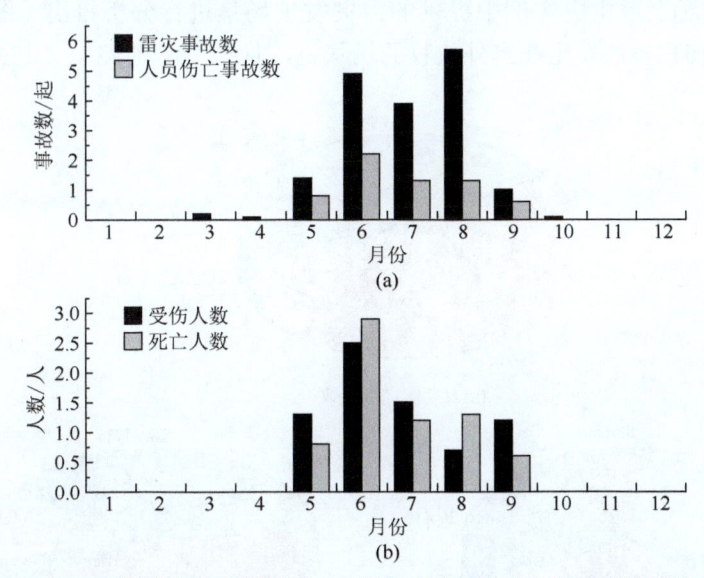

图 10.2 2002～2019 年月平均雷灾事故数、人员伤亡事故数 (a) 和雷击导致的人员伤亡总数 (b)

月平均雷击受伤人数和死亡人数均在 6 月达到峰值 [图 10.2(b)]。这些分析表明，5～9 月是西藏自治区雷灾和雷击人员伤亡事故的多发期，尤其是 6 月，更是雷击导致人员伤亡数量相对较多的时间段。

从上报的雷击人员伤亡事故数在各地区的分布情况（表 10.1）来看，那曲、日喀则、山南和昌都是雷击人员伤亡事故的多发地区，人员伤亡事故数占比均在 10% 以上。尤

231

其是那曲的人员伤亡事故数（49 起）占比高达约 35.3%，日喀则（25 起）和山南（23 起）地区的占比也分别达到 18.0% 和 16.5%。

表 10.1　2002～2019 年西藏自治区各地区雷击导致的人员伤亡事故数和伤亡人数分布

地区	人员伤亡事故/起	受伤人数/人	身亡人数/人
那曲	49	65	70
日喀则	25	22	24
山南	23	37	19
昌都	15	29	18
拉萨	11	12	9
阿里	11	0	12
林芝	3	9	4
当雄	2	0	2

在雷击身亡人数方面，那曲、日喀则、山南和昌都地区所占比例也都是较高的。占比最高的那曲比例约 44.3%。在雷击受伤人数方面，虽然那曲占比依然最高，但其所占比例有所下降（约 37.4%），而山南的占比（约 21.3%）上升到第二位。

从以上分析结果可以看出，那曲、日喀则、山南和昌都地区是西藏自治区雷击导致的人员伤亡事故的主要发生区域，由雷击造成的人员伤亡情况也是最为严重的。

此外，根据对上报雷灾实例中提供的雷灾发生场景进行分析得出（图 10.3），几乎一半的雷击人员伤亡事故发生在野外放牧的场景下，且在空旷的路上（包括水面）以及

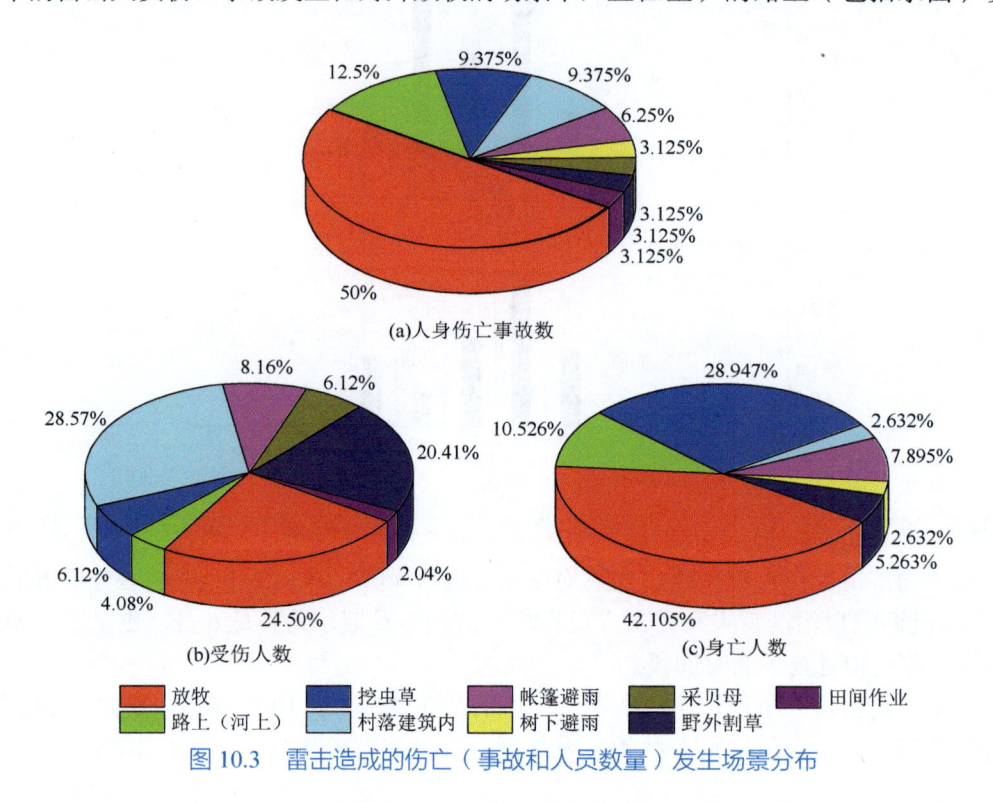

图 10.3　雷击造成的伤亡（事故和人员数量）发生场景分布

野外挖虫草的环境下发生雷击人员伤亡事故的概率也较高。在雷击造成的人员伤亡数量方面，放牧时发生人员身亡的比例是最高的，约 42.11%，其次是挖虫草的环境下（约 28.95%）。这些结果表明，野外旷野条件是雷击伤亡事故的主要发生环境，也是造成人员身亡最多的环境条件。而在雷击造成的受伤人员数量占比方面，发生在村落建筑中的占比则是最高的（28.57%），在放牧条件下出现的受伤人数占比也与此相当，达到 24.49%。这些结果表明，西藏村落建筑的防雷工作以及雷电监测预警预报工作还有待加强。

10.2 西藏古建筑的雷电灾害

西藏的古建筑数量庞大、历史悠久，是世界文化遗产中的瑰宝。据统计，西藏拥有世界级保护建筑布达拉宫、大昭寺、罗布林卡，还有国家级文物保护建筑 55 处，自治区级文物保护建筑 391 处，县级文物保护建筑 978 处。西藏古建筑以宫殿和寺庙为主，多数依山傍水，并且部分古建筑物周围有高大树木，古建筑顶部的金幢、金顶、走兽、吻兽等都是建筑物上部的尖端，容易接闪。根据收集的 2002～2017 年西藏古文物建筑 14 起雷灾实例数据，古建筑物雷灾大多数由雷电直击造成：一是雷电直接击中古建筑金顶等高耸部位或者古建筑物附近设施高耸的部位造成其物理损坏；二是由雷电引起火灾造成建筑物、内部储存物或者附近设施损坏，还有少部分雷灾是由雷电过电压对弱电设备造成的损坏。从表 10.2 可以看出，有 4 起是由雷电直接击中建筑物或附近设施等引发的火灾，3 起是雷电直接击中建筑物等部位引起建筑物的物理损坏，1 起是雷击金顶后造成人员受伤，1 起是雷击古建筑附近树木等物体引起人员伤亡。

表 10.2 西藏古建筑物雷电灾情部分实例

序号	受灾时间（当地时间）	寺庙或遗址	雷击位置	损失情况
1	2003 年 8 月	日喀则班禅新宫	变压器	给新宫供电的日喀则德莱居委会变压器遭雷击，喇嘛居住的房间内若干电器烧毁
2	2005 年 6 月 15 日 16:30	山南日当寺	寺庙塔	塔顶西北面上有长约 2.8m、宽 3cm 的裂缝全段有烧痕，塔顶东北面长 60cm、宽 35cm 的墙皮爆掉。塔身中部，西北面爆掉长 90cm、宽 60cm 的墙皮，此中央有 3cm 宽的裂痕。塔根南面有三处爆掉了的墙皮
3	2008 年 7 月 23 日	拉萨甘丹寺	僧舍	雷击僧舍，门窗、墙角、屋面被损坏，部分家具损坏，照明电路损毁
4	2008 年 8 月	布达拉宫	灯光、配电系统	广场 3 个监控探头因雷击造成损坏，派出所内监控室有些设备也被损坏
5	2008 年 8 月 27 日	拉萨甘丹寺	监控	发生雷电灾情，致使监控机房监控系统瘫痪，6 个监控探头被击坏
6	2009 年 8 月 19 日 14:00	日喀则扎什伦布寺	古树	2 名在大树底下避雨的经商人员，背靠大树一人当场死亡，另一人受重伤
7	2011 年 7 月	拉萨甘丹寺	僧舍	僧舍床、毛毯、藏毯被烧毁，房屋被击出一个洞
8	2012 年 6 月 19 日	布达拉宫	树木、景观灯	一棵树被雷击起火，布达拉宫南面部分景观灯损坏

续表

序号	受灾时间（当地时间）	寺庙或遗址	雷击位置	损失情况
9	2012 年夏	山南雍布拉康	金顶	雷电劈中大殿顶上一铝制尖状层顶，将当时正在工作的僧人手臂击中
10	2014 年夏	山南雍布拉康	经桶	雷电击中金顶旁一露台边的经桶
11	2015 年 7 月	布达拉宫	白宫	日出康、南大门、夏金窖三处投光灯控制模块击毁，二级配电室稳压器耦合器击毁
12	2016 年 6 月 20 日	日喀则宗山古堡	遗址古堡城墙一角	宗山古堡遭雷击，城堡附近居民供电短时中断，城堡上面部分灯烧毁，变压器损坏
13	2017 年 3 月	日喀则嘎东寺	寺庙南侧、东侧	南侧变压室遭雷击，东侧变压器高压闸刀受雷击燃烧
14	2017 年 7 月初	拉萨甘丹寺	寺庙藏香厂	仓库损坏，内部储存物全部烧毁

根据文物建筑受损情况将雷灾事故分为建筑物突出部位、服务设施、起火以及其他四类，如表 10.3 所示。有些雷电灾害会造成建筑物突出部位和服务设施等同时受损，并可能同时伴有起火发生，因此表 10.3 中建筑物突出部位、服务设施、起火中有重复统计。

表 10.3　西藏古文物建筑部分雷灾实例雷击部位统计

项目	建筑物突出部位	服务设施	起火	其他
雷灾事故数 / 起	3	10	4	4
占比 /%	21.4	71.4	28.6	28.6

从表 10.2 可以看出，随着文物保护、旅游事业的发展以及出于安全方面的考虑，越来越多的古建筑安装了服务于古建筑物的电源、通信、安防系统等服务设施，一方面使得文物管理和旅游服务更加高效便捷，但是另一个方面，增加了雷电侵入的通道和雷电灾害发生的概率。从表 10.3 中可以看到，雷击中服务设施引发的灾害有 10 起，占总数的 71.4%。

藏式古建筑物的地理位置、自身结构、建筑材料特性以及现代电子电气设备等服务设施的布设是藏式古建筑物遭雷击的主要原因。建议加大雷电防御科普宣传力度，提高人们的雷电防护意识，进一步加强对藏式古建筑物的雷电监测、预警工作。

10.3　小结

根据上报数据，2002～2019 年，西藏自治区年均雷灾事故数约为 17 起，由雷击导致的年均人员伤亡事故数约 6 起，雷击导致的年均人员受伤和身亡人数均约为 7 人。西藏自治区的雷灾事故主要集中在 5～9 月发生，8 月的平均雷灾事故数最高，达到约 5.7 起，但雷击造成的人员伤亡事故数 6 月最高。从地域分布来看，那曲、日喀则、山南和昌都都是雷击人员伤亡事故的多发地区，也都是雷击人员伤亡数量较多的地区。野外空旷环境下进行的活动，主要包括放牧和挖虫草等，是雷击人员伤亡事故的多发场景。

收集的西藏自治区古文物建筑雷灾实例表明，古建筑物雷灾大多数由雷电直击造成，或者由雷击造成的火灾造成，还有少部分雷灾是由雷电过电压对弱电设备造成的损坏。西藏村落建筑的防雷工作以及雷电监测预警预报工作还有待加强。

参考文献

中国气象局. 2012. 中国气象灾害年鉴（2011）. 北京：气象出版社.

中国气象局. 2013. 中国气象灾害年鉴（2012）. 北京：气象出版社.

中国气象局. 2014. 中国气象灾害年鉴（2013）. 北京：气象出版社.

中国气象局. 2015. 中国气象灾害年鉴（2014）. 北京：气象出版社.

中国气象局. 2016. 中国气象灾害年鉴（2015）. 北京：气象出版社.

中国气象局. 2017. 中国气象灾害年鉴（2016）. 北京：气象出版社.

中国气象局. 2018. 中国气象灾害年鉴（2017）. 北京：气象出版社.

中国气象局. 2019. 中国气象灾害年鉴（2018）. 北京：气象出版社.

中国气象局. 2020. 中国气象灾害年鉴（2019）. 北京：气象出版社.

Zhang W, Meng Q, Ma M, et al. 2011. Lightning casualties and damages in China from 1997 to 2009. Natural Hazards, 57: 465-476.

附　录

附录1 2019～2021年青藏高原雷暴和闪电科考日志

2019年3月29日～4月6日，郄秀书、蒋如斌、刘明远由北京到林芝，赴藏东南考察，为雷电科考选择观测站点，途经林芝市米林市、波密县和昌都市八宿县，访问中国科学院青藏高原研究所藏东南实验站，赴墨脱途中遭遇雪崩，道路中断折返。藏东南复杂的高山地形，对地面接收闪电电磁波影响较大，沿途没发现理想的雷电观测站。

2019年7月16日～8月22日，孙竹玲、刘明远、李进梁、李丰全、郑天雪、袁善锋、唐国瑛自北京抵达拉萨，实地考察西藏自治区气象局及西藏大学，调研闪电观测设备架设场地，明确与西藏大学的合作事宜。科考队分别在西藏自治区气象局及西藏大学纳金校区安装闪电通道射频干涉成像系统、闪电高速光学成像系统、闪电电场变化和磁场辐射信号探测系统、大气电场探测仪及自动气象站等观测设备，开展夏季雷暴强对流天气和闪电活动综合观测实验。

2019年7月9日，赵阳、王彦辉到昆明，与昆明电波观测站合作人员讨论野外观测具体安排。当天一行人到达云南省曲靖市沾益区，安排科考人员住宿；7月10日，研究生邱振峰、陶心怡到达曲靖市沾益区；7月14～15日，参加科考的学生田耀文、吴萍、朱江皖、房敏、任欣、廖亚玲、黎奇到达曲靖市沾益区；7月16日，全部科考人员赴沾益区昆明电波观测站进行科考调研，同时进行了雷暴和闪电观测仪器的安装调试，并进入正常观测状态；7月25日，在云南省气象局谢屹然高级工程师的协助下，赵阳与邱振峰对昆明市西山区和禄劝彝族苗族自治县进行了考察，了解两地区雷暴和雷电活动状况；7月30日，参加科考的学生一行在云南省气象局谢屹然高级工程师的安排下到云南省气象局进行了参观交流，了解了气象预报流程和云南天气特征；8月16日，科考工作顺利结束。

2019年7月20日，孙竹玲、刘明远、李进梁、李丰全、郑天雪、袁善锋、唐国瑛赴羊八井、纳木错，考察羊八井全大气层观象台，维护闪电磁场辐射信号探测系统，参观考察中国科学院青藏高原研究所纳木错多圈层综合观测研究站，了解在观测场架设站点的可能性。

2019年7月18日～8月15日，范祥鹏、崔延星由北京到那曲，对2017年架设的第一代闪电低频电场探测阵列（LFEDA）进行维护。

2020年6月3～5日，孙竹玲、刘冬霞自北京赴拉萨与国网西藏电力有限公司电力科学研究院（简称西藏电科院）协商考察站点事宜，赴拉火、金珠、柳梧、西郊考察站点，测量电磁背景，明确了与西藏电科院、国家电网的合作事宜。

2020年7月2日～8月21日，郄秀书、孙竹玲、李丰全、吕慧敏、孙春发、唐国瑛、韦蕾自北京抵达拉萨，于中国科学院青藏高原研究所拉萨部的天文台和草坪上架设闪电通道射频干涉成像系统、闪电高速光学成像系统、闪电电场变化和磁场辐射信号探测系统及自动气象站等观测设备，开展夏季雷暴强对流天气和闪电活动综合观测试验；7月9日，增设大气电场探测仪；7月31日，在国家电网金珠变电站架设闪电通道射频干涉成像系统、闪电VHF干涉仪定位系统、闪电快天线电场变化仪和闪电慢天线电场变化仪，开展雷暴和闪电放电双站同步观测。

2020年7月10日，孙竹玲、南卫东、李丰全、韦蕾前往羊八井维护闪电磁场辐射信号探测系统，并测量甚高频段电磁环境，由于羊八井环境噪声太大，不适合架设闪电通道射频干涉成像系统。

2020年8月13日，郄秀书、吕慧敏、孙春发、韦蕾自拉萨前往纳木错考察，调研闪电通道射频干涉成像系统架设条件，明确与中国科学院青藏高原研究所纳木错多圈层综合观测研究站合作事宜。

2020年6月10日～8月30日，成都信息工程大学那曲科考队的徐文瀚在那曲协助架设了地基观测设备，包括一部Ka波段毫米波雷达、一部微波辐射计、一部激光雨滴谱仪和一部激光测风雷达，并实时记录了天气过程与设备状态，保证设备正常工作，确保了那曲降水宏观、微观物理特征研究的野外观测顺利展开，获取了相对科学完整的观测数据。

2020年6月10日～8月30日，成都信息工程大学玉树科考队的周峰、舒磊在玉树州协助架设了地基观测设备，包括一部Ka波段毫米波雷达和一部激光雨滴谱仪，实时记录了天气过程与设备运行状态，保证设备正常工作，对断电和故障等意外情况进行了记录，确保了玉树州降水宏观、微观物理特征研究的野外观测顺利展开，获取了相对科学完整的观测数据。

2021年6月15～20日，吕伟涛、郑栋、姚雯由北京到那曲，调研和遴选新一代LFEDA和闪电通道成像仪（LCI）的架设位置，预选子站安装位置，并明确了与那曲市气象局的合作事宜。

2021年6月21日～7月27日，郑栋、潘赟、梁栋斌、杜洋星熠在那曲进一步考察并与当地乡、村确认了LFEDA子站安装位置和方式，其间在那曲市气象局、尼玛乡、卓青村、玛尔库村、永曲村、拉姆措村、孔玛乡、查仓村、彭青村、色庆乡一共10个地点架设了LFEDA子站，并进行了调试，实现了各子站的正常工作。

2021年7月3日～8月24日，郄秀书、李丰全、袁善锋、韦蕾、朱可欣、孙春发、张天睿在拉萨开展夏季雷暴强对流天气和闪电活动综合观测实验，其间团队在中国科学院青藏高原研究所拉萨部及周边探测场地信号，架设设备，并在中国科学院青藏高原研究所拉萨部进行闪电观测；去西藏职业技术学院、拉萨市第四高级中学、拉萨那曲高级中学等地探测场地信号，并在拉萨市第四高级中学架设设备，开展双站闪电通道射频成像观测。

2021年7月18～27日，张阳、郑栋、梁栋斌将2017年建设的第一代LFEDA子站收回。

2021年7月18～24日，姚雯、夏登城、张晨在那曲市气象局业务楼上方架设了

LCI。

2021年9月9～15日，郑栋、吕凡超、刘啸捷由北京到那曲，对LFEDA的采集系统和观测数据进行回收，采集系统在那曲市气象局保存。

附录2　青藏高原雷暴和闪电科考照片

2019年3月30日～4月5日，赴西藏昌都和林芝等地考察选择雷电科考观测站点，赴墨脱途中遭遇雪崩，道路中断折返（资料来源：中国科学院大气物理研究所）

2019年7月16～18日，在昆明电波观测站组装闪电电场变化探测系统
（资料来源：南京信息工程大学）

附　录

2019年7月21日，在沾益区昆明电波观测站进行科考调研（资料来源：南京信息工程大学）

2019年7月26日，在西藏自治区气象局调试闪电磁场探测设备
（资料来源：中国科学院大气物理研究所）

2019 年 8 月 6 日，在西藏大学调试闪电磁场探测天线（资料来源：中国科学院大气物理研究所）

2019 年 8 月 14 日，拉萨的雷暴天气（资料来源：中国科学院大气物理研究所）

2019 年 8 月 14 日，拉萨雷电科考团队在西藏自治区气象局测站合影
（资料来源：中国科学院大气物理研究所）

附 录

2020 年 7 月 9 日～8 月 2 日，在那曲市气象局观测站点参观，并架设地基观测设备（资料来源：成都信息工程大学）

2020 年 7 月 12 日，在青海玉树州观测站点架设地基观测设备（资料来源：成都信息工程大学）

2020 年 7 月 18 日凌晨，在拉萨开展雷暴和闪电观测（资料来源：中国科学院大气物理研究所）

243

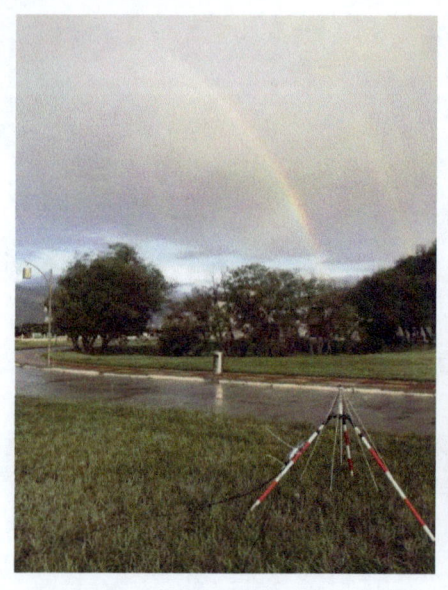

2020年7月28日，拉萨雷暴天气雨过天晴后，彩虹映照下的闪电甚高频干涉仪定位系统天线与设备维护（资料来源：中国科学院大气物理研究所）

2020年8月11日，拉萨雷暴和闪电观测团队在中国科学院青藏高原研究所拉萨部场地合影
（资料来源：中国科学院大气物理研究所）

附 录

2020年8月13日,赴中国科学院青藏高原研究所纳木错观测站科考,途经当雄县境内海拔5190m的那根拉山口(资料来源:中国科学院大气物理研究所)

2021年5月8日,访问中国科学院高能物理研究所高海拔宇宙线观测站
(资料来源:中国科学院大气物理研究所)

2021 年 5 月 8～9 日，在四川稻城进行电磁环境测试（资料来源：中国科学院大气物理研究所）

2021 年 6 月 18 日，在那曲考察设备架设位置（资料来源：中国气象科学研究院、复旦大学）

2021 年 6 月 19 日和 7 月 20 日，在那曲考察 LFEDA 建设站点与在孔玛乡子站合影
（资料来源：中国气象科学研究院、复旦大学）

附 录

2021年7月4日和7月25日，架设大气电场探测仪、自动气象站和闪电偏振信号探测仪
（资料来源：中国科学院大气物理研究所）

2021年7月28日，观测前的准备（资料来源：中国科学院大气物理研究所）

2021年7月15日和9月12日，科考LFEDA架站和维护过程中遭遇冰雹和龙卷过程
（资料来源：中国气象科学研究院、复旦大学）

247